GRAPHIC EUROPE

AN ALTERNATIVE GUIDE TO 31 EUROPEAN CITIES

그래픽 유럽

지기 해너오어 엮음 | 권호정 옮김

이숲

CONTENTS

4 편집자의 말

6 AUSTRIA, VIENNA 오스트리아 비엔나
16 BELGIUM, BRUSSELS 벨기에 브뤼셀
24 BULGARIA, SOFIA 불가리아 소피아
32 CROATIA, ZAGREB 크로아티아 자그레브
40 CYPRUS, LEFKOSIA 사이프러스 레프코시아
46 CZECH REPUBLIC, PRAGUE 체코 프라하
56 DENMARK, COPENHAGEN 덴마크 코펜하겐
64 ESTONIA, TALLINN 에스토니아, 탈린
72 FINLAND, HELSINKI 핀란드 헬싱키
80 FRANCE, PARIS 프랑스 파리
90 GERMANY, BERLIN 독일 베를린
100 GREECE, ATHENS 그리스 아테네
108 HUNGARY, BUDAPEST 헝가리 부다페스트
116 IRELAND, DUBLIN 아일랜드 더블린
126 ITALY, TRIESTE 이탈리아 트리에스테
132 LATVIA, RIGA 라트비아 리가
140 LITHUANIA, VILNIUS 리투아니아 빌니우스
148 LUXEMBOURG, LUXEMBOURG 룩셈부르크 룩셈부르크
156 MALTA, VALLETTA 말타 발레타
162 THE NETHERLANDS, DEN BOSCH 네덜란드 덴보스
170 NORWAY, OSLOI 노르웨이 오슬로
180 POLAND, WARSAW 폴란드 바르샤바
188 PORTUGAL, PORTO 포르투갈 포르투
196 ROMANIA, BUCHAREST 루마니아 부카레스트
204 SLOVAKIA, BRATISLAVA 슬로바키아 브라티슬라바
212 SLOVENIA, LJUBLJANA 슬로베니아 류블랴냐
220 SPAIN, BARCELONA 스페인 바르셀로나
230 SWEDEN, STOCKHOLM 스웨덴 스톡홀름
240 SWITZERLAND, ZURICH 스위스 취리히
250 TURKEY, ISTANBUL 터키 이스탄불
258 UNITED KINGDOM, LONDON 영국 런던

270 약력
288 감사의 말

편집자의 말

이 프로젝트는 디자이너 조안나 니마이어와의 스카이프 대화에서 처음 비롯되었다. 조안나는 디자이너들의 글과 일러스트로 이루어진 유럽 여행 안내책자 제작을 구상 중이었고, 내게 편집자 자리를 맡아달라고 부탁해왔다. 약간의 고민 후, 우리는 출판사에 따로 의뢰하기보다는 직접 우리가 그 과정을 진행하는 것이 나을 것 같다고 판단했다. 그렇게 모든 과정이 시작되었다.

가장 먼저 각 나라를 대표해 줄 디자이너를 찾는 작업이 진행되었다. 각 도시에 대한 친밀하면서도 개인적인 관점이 필요했기에 되도록이면 스튜디오 소속 디자이너보다는 개별적으로 작업하는 프리랜스 디자이너에 집중했다. 조안나가 예전 프로젝트를 통해 알게 된 디자이너들부터 시작해서, 특색 있는 작업을 하는 디자이너들의 리스트를 만들었고 그들에게 일일이 참여 의사를 확인했다. 감격스럽게도 디자이너들은 대부분 긍정적인 답을 보내왔고, 한 명도 빠짐없이 완전한 헌신과 열정으로 이 프로젝트에 뛰어들었다.

유럽의 디자인 커뮤니티는 거대하게 서로 얽혀 있는 조직으로, 각 도시들이 그들의 접점 역할을 하고 있다. 유럽의 도시는 재능을 끌어모으고 길러주며, 자유롭게 교류할 수 있도록 해준다. 그래서 지금까지 자신이 거친 모든 장소와 과정에서의 영향이 자양분이 될 수 있게 한다. 또 그래픽 디자이너들은 인터넷에 있어서 남들보다는 한 발 앞서 있다는 것도 큰 장점이었다(물론 인터넷은 영감의 최대 원천이자 세계에서 가장 접근이 쉬운 오락거리이다). 개개인 간에 국경을 넘어선 소통이 끊임없이 이루어진다는 의미이다. 이 책에 소개된 각 도시들은 저마다의 개성은 다르지만, 예술적 중심은 상당 부분 다국적 클라이언트와의 관계에서 영향을 받은 것이다.

비슷한 성향의 다양한 사람들과 한마음이 되어 작업하는 것은 큰 즐거움이었다. 이 책에 참여한 디자이너 중 다수는 내가 직접 만나보지도 못했지만(그리고 그들 중 대부분이 아직도 내가 남자인 줄 알고 있다), 제작 과정을 통해 이메일을 나누고 작업물을 보면서 이미 아주 잘 아는 사이가 된 것 같은 느낌을 받았다. 영어가 모국어가 아닌 이들이 많았음에도 불구하고 모두가 영문으로 원고를 써주었고, 정성 들여 제작한 근사한 이미지들을 보내 주었다. 조안나 니마이어는 아무도 흉내낼 수 없는 능숙한 솜씨로 원고와 이미지를 다루며 놓치는 부분 없이 이 모든 것을 한 권의 책으로 엮었다. 그리하여 함께해 준 모든 이들의 많은 애정이 담긴 책이 완성되었다.

『그래픽 유럽』은 그래픽이 살아 있는 아름다운 예술서이면서 동시에 실용적 여행 안내 책자로 기획되었다. 일러스트가 해당 도시에 소개된 장소들을 직접적으로 보여주지는 않지만, 그 도시에 직접 살면서 느낀 디자이너들의 개인적인 해석을 담아내고 있다. 책자에 소개된 곳들에 대한 상세 정보를 뒷받침해 줄 노련한 리서치팀은 없었지만, 디자이너들의 개인적인 의견과 일러스트가 보다 더 격식 없고 친숙한 안내를 해줄 것으로 기대한다. 자신들이 좋아하는 장소에 데려가주고 그 도시에 사는 것이 어떤지 얘기해주는 친구를 생각하면 될 것이다. 이 책이 여러분으로 하여금 여행하고 싶게 만들고 또 창의력을 줄 수 있기를 바란다. 여행과 창의성은 종종 서로 연결된 일이 아니던가.

지기 해너오어(Ziggy Hanaor)

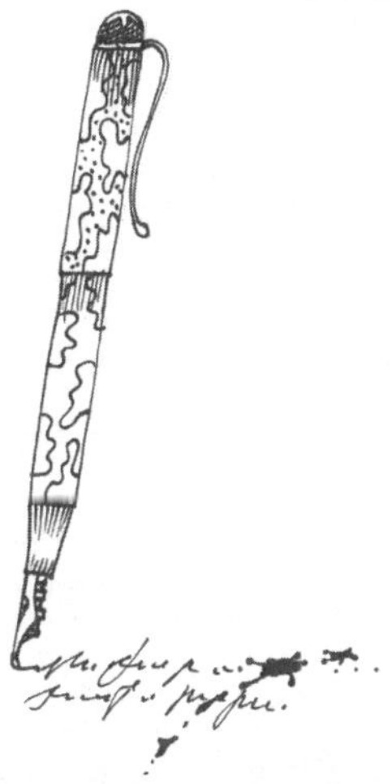

Illustration by Radovan Jenko

21.
19.
20.
22.
18
9.
14.
16.
8.
1.
2.
7.
15.
6.
4.
3.
5.
13.
12.
10.
23.

크리스토프 나르딘의 비엔나

CHRISTOF NARDIN'S VIENNA

오스트리아-헝가리 제국의 붕괴 후 거의 한 세기가 지났지만, 오스트리아 역사 속 그 영광의 순간은 여전히 메아리되어 비엔나 곳곳에 울려퍼지고 있다. 전설적인 카페들은 지나가버린 세월에 머물러 있고, 노인들은 좋았던 그 시절에 대해 끊임없이 이야기하곤 한다. 도시의 미학 또한 어느 정도의 향수를 반영하고 있다. 많은 상점들이 여전히 전통적인 타이포그래피를 사용하고 있으며, 화려하게 장식된 창문은 마차나 모피 코트, 요란한 머리 장식 등을 떠올리게 한다. 그 뒤로 이어진 좁은 골목을 따라가면 기이한 물건을 파는 어둡고 먼지 쌓인 가게들이 나타난다. 이런 화려함과 구식의 조합은 비엔나적인 특징으로, 수많은 영감의 원천이 된다.

역사의 소용돌이에서 자라난 새로운 비엔나의 모습도 있다. 진정한 의미의 '도시'로서는 오스트리아에서 유일한 만큼 비엔나에는 각국의 사람들이 모여든다. 모차르트 시대부터 문화 생산의 중심지였던 이곳에서는 연중 어느 때나 문화행사와 축제 등이 다양하게 펼쳐지고 있고 음악, 공연, 연극, 디자인과 예술이 생기를 뿜으며 피어난다. 이러한 병적인 향수와 진보의 열기 사이의 긴장이야말로 비엔나의 매력을 더해주는 요소가 된다. 지그문트 프로이드는 비엔나를 '애증'의 도시로 묘사했다. 새로운 일들이 일어나지만 유행이 되는 것은 그다지 없고, 대도시는 작은 마을의 사고방식과 어우러지며 전통과 현대가 만난다. 보는 시각에 따라 사회주의적이기도 하고 자본주의적이도 한, 논쟁이 치열한 곳이 바로 비엔나이다.

비엔나는 지리적으로 23개의 구(區)로 나뉘어 있다. 제1구는 과거 성벽이 있었던 자리를 대신한 환상대로인 링스트라쎄(Ringstrasse)로 둘러싸여 있고, 8개의 중심 구가 그 주변을 둘러 자리하고 있다. 이 지역은 다시 구르텔(Gurtel)이라고 하는 순환도로로 둘러싸이고 나머지 14개 구가 그 바깥으로 뻗어 있다. 도시 외곽에는 목가적 풍경의 비너발트(Wienerwald)가 있다. 나의 생활은 주로 4구~7구에서 이루어진다. 이곳에는 근사한 미술관, 바와 레스토랑이 모여 있고 비엔나의 중앙 시장인 나슈마르크트(Naschmarkt)도 있다.

PLACES TO STAY

DAS TRIEST 옛 저택을 현대적으로 화려하게 꾸민 곳. Silverbar는 비엔나 최고의 호텔바 가운데 하나이다. Wiedner Hauptstraße 12, 1040 Vienna, www.dastriest.at

ALTSTADT VIENNA 1902년에 지어진 부유한 기업가의 주택을 고급 호텔로 개조한 곳이다. 폴카(Polka), 마테오 툰(Mattheo Thun) 등 유명 건축가와 디자이너들이 42개의 방을 각각 디자인했다. 비엔나 시내 박물관 지구 뒤쪽에 위치해 있다. Kirchengasse 41, 1070 Vienna, www.altstadt.at

BEDINVIENNA AT JOSEPHINE 조세핀은 볕이 잘 드는 자신의 아파트를 임대해준다. 70m² 규모의 침실 두 개를 갖춘 아파트로 7구역 스피틀마르크트(Spittelmarkt)에 있고 가격은 합리적인 편. Sigmundgasse, 1070 Vienna, www.bedinvienna.com

HOTEL ORIENT 이곳은 과거 100여 년 간 은밀한 사랑의 도피처였다. 시간 단위로 방을 빌려준다. 개별적인 테마로 꾸며진 각 방은 크고 깨끗하며, 살짝 독특한 방식으로 로맨틱하다. 이곳의 직원들은 친절하고 신중하다. Tiefer Graben 30, 1010 Vienna, www.hotelorient.at

CAFE AM HEUMARKT 호이마르크트(Heumarkt) 거리의 카페는 50여 년 전 이미 전성기를 누렸다. 인테리어는 다소 소박해졌지만 낡은 바닥과 니코틴으로 얼룩진 가구는 그만의 퇴락한 매력을 지니고 있다. 가장 저렴한 가격으로 가장 맛있는 비엔나 슈니첼을 맛볼 수 있다. 주말에는 문을 닫는다. Am Heumarkt 15, 1030 Vienna

FINKH 심플하고 스타일리시한 공간에서 모던하고 혁신적인 오스트리아 요리를 경험할 수 있는 곳. 식당의 운영자들은 이 나라 최고의 주방에서 경력을 쌓았다. 예약은 필수. Esterhazygasse 12, 1060 Vienna, www.finkh.at

AM NORDPOL 3 노어트폴(Nordpol)은 아우가르텐(Augarten) 공원 뒤편에 있다. 눈에 띄지 않는 곳에 있지만 가는 길 걸음걸음마다 새로운 경험이 될 것이다. 매력적 인테리어에 서비스는 친절하면서도 신속히 이루어진다. 음식과 맥주가 정말 맛있다. 이곳에 가면 반드시 소시지 요리(Blunzengrostl)를 먹어 볼 것! Nordwestbahnstraße 17, 1020 Vienna, www.amnordpol3.at

CAFE ANZENGRUBER 평범해 보이는 곳이지만 환상적인 음식과 훌륭한 서비스를 제공한다. 즐거운 사람들이 모여들며 크로아티아 축구대표팀의 경기 중계를 볼 수 있는 곳이다. 강력추천! Schleifmühlgasse 19, 1040 Vienna

KIOSK 키오스크의 소시지는 다른 어느 곳보다 맛있다. 소시지와 함께 다양한 맥주와 감미로운 오스트리아산 와인을 맛볼 수 있다. Schleifmühlgasse 7, 1040 Vienna

AROMAT 작지만 아주 괜찮은 곳. 가끔 시장에서 신선한 저녁 재료를 사들고 오는 가게 주인 올리버와 마주칠 수도 있다. 메뉴는 매일 바뀌며, 종종 외부 셰프가 초청되어 요리하기도 한다. Magaretenstraße 52, 1040 Vienna, www.arom.at

AIDA - VIENNA PASTRY SHOPS
아이다는 시내 20여 개의 체인점을 갖고 있는 제과점으로 최고의 커피와 케이크를 제공한다. 선택의 폭이 넓으니 자허토르테(sachertorte, 초콜릿 스펀지 케이크)는 잊어라! www.aida.at

BARS

LOOSBAR 건축가 아돌프 로스(Adolf Loos)가 미국 방문 시 얻은 영감을 바탕으로 목재, 유리, 동, 대리석과 오닉스를 사용해 디자인한 곳이다. 현재 이곳은 훌륭한 칵테일을 제공하는 유적과도 같은 장소가 되었다. Kärntner Passage 10, 1010 Vienna

FUTUREGARDEN 예술인들이 모여 술에 취에 떠들고 이따금씩 춤을 추기도 하는 이곳은 비엔나 속의 베를린이라 할 수 있다. 매월 전시가 열리며 라이브 DJ 음악에 도시적 분위기를 띠고 있다. Schadekgasse 6, 1060 Vienna

JOANELLI 과거 비엔나에서 가장 오래된 아이스크림 가게였던 이곳은 현재 건축가, 예술가들과 화려한 헤어디자이너들이 모두 모이는 장소로 변모했다. 퇴근 후 맥주 한잔하기에 더할나위 없이 좋은 곳이다. Gumpendorferstraße 47, 1060 Vienna

FLUC 이곳은 실험적인 일렉트로닉 음악계에서 가장 중요한 곳 중 하나이다. 이 희한한 파티장은 매일 무료 공연을 펼친다. 이밖에도 Fluc 아래 지하보도에 있는 Fluc Wanne에서는 국제적인 행사가 열리곤 한다. Praterstern 5, 1020 Vienna, www.fluc.at

A BAR SHABU 제2구에 위치한 이곳은 과거 사창가였으나 지금은 매력적인 은신처와 같은 바로 바뀌어 있다. 이 지방만의 푸근한 별미와 함께 오스트리아 최고의 와인, 술, 그리고 슈넵스(schnapps)를 맛볼 수 있다. 가격은 저렴하다. Rotensterngasse 8, 1020 Vienna

CLUB NIGHTS 시내 곳곳에서 벌어지는 여러 파티 중에도 실력있는 DJ들이 참여하는 전설적인 파티가 몇몇 있다. 아래 웹사이트를 체크해보자.

WURSTSALON www.myspace.com/wurstsalon
TINGEL TANGEL www.tingeltangel.org
MEAT MARKET www.myspace.com/clubmeatmarket
PLING PLONG www.myspace.com/plingplongklub
SUSI KLUB www.myspace.com/susiklub

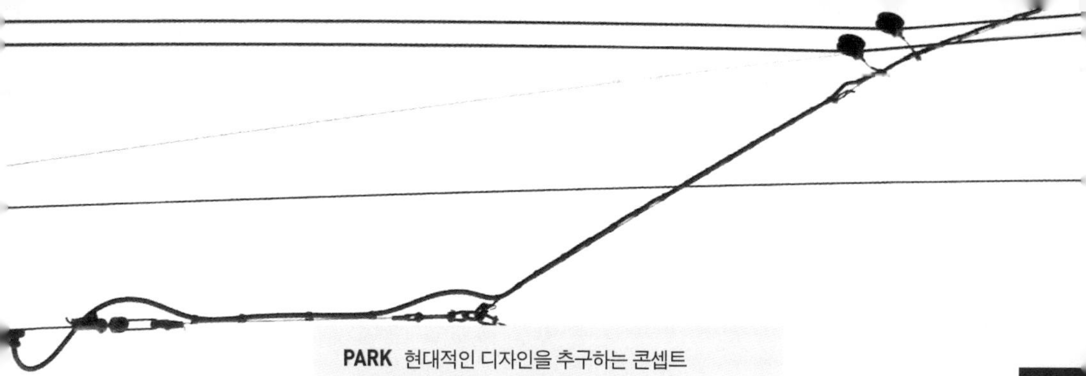

SHOPPING

PARK 현대적인 디자인을 추구하는 콘셉트 스토어이다. 의류, 스트리트웨어, 액세서리, 잡지, 도서, 그리고 가구를 판매하고 있다. Mondscheingasse 20, 1070 Vienna, www.park.co.at

PHIL 서점 겸 카페인 이곳에서는 빈티지 가구에 앉아 맥주나 커피를 마시며 음악과 함께 독서를 즐길 수 있다. 읽고 있던 책보다 가구가 마음에 든다면 구매하면 된다. 아침식사를 하기에도 그만인 곳. Gumpendorferstraße 10-12, 1060 Vienna, www.phil.info

BOOKSHOP LIA WOLF 리아가 운영하는 이 작은 서점은 예술 디자인 서적을 찾기에 더없이 완벽한 곳이다. 그녀는 재고에 있는 모든 책을 꿰뚫고 있으며 당신이 무엇을 찾든 도와줄 것이다. Bäckerststraße 2, 1010 Vienna, www.wolf.at

DAS MÖBEL 커피, 케이크와 아침 뷔페를 제공하는 곳으로, 오스트리아 출신 가구 디자이너가 정기적으로 새 작품을 전시하고 있다. 마음을 빼앗는 디자인이 있다면 굼펜도르퍼스트라쎄(Gumpendorferstrase)에 있는 가게에서 직접 구매할 수 있다. Cafe – Burggasse 10, 1070 Vienna, Shop – Gumpendorferstraße 11, 1060 Vienna, www.dasmoebel.at

LITTLE JOE'S GANG-FANSHOP 작고 멋진 보물 상자와 같은 곳. 신발, 선글라스, 음악, 셔츠와 가방 등을 팔고 있다. 좋아하는 주제를 상징할 만한 물건을 찾을 수 없다면, 이를 직접 제품에 프린트해 주기도 한다. 꼭 한번 가보길! Operngasse 34, 1040 Vienna

NASCHMARKT 이곳에서는 신선한 생선, 허브 등 당신이 필요한 모든 것을 팔고 있다. 따뜻한 여름 밤이면 시장을 둘러싼 카페들로 미디어 관계자들이 모여들고, 토요일마다 주차장에서 벼룩시장이 열린다. Between Linke Wienzeile and Rechte Wienzeile, 1040 Vienna

COCO (CONTEMPORARY CONCERNS)
이곳은 도심부의 한 좁다란 통로에 자리한 새로운 현대미술 공간으로, 두 개의 전시관과 바를 갖추고 있다. 테마에 따른 그룹전과 강연 및 이벤트 프로그램을 운영한다. Bauernmarkt 9, 1010 Vienna, www.co-co.at

SALON FÜR KUNSTBUCH 아름다운 책을 만드는 현지 예술가 베른하르트 첼라(Bernhard Cella)가 설립한 콘셉트 공간이다. 전 세계 아트북 출판인들 간의 소통을 목적으로 하고 있으며, 드라마틱한 도서 전시 등이 열리곤 한다. Mondscheingasse 11, 1070 Vienna, www.salon-fuer-kunstbuch.at

MUSEUMSQUARTIER WIEN MQW는 기본적으로 거대한 문화 단지이다. 큰 규모의 박물관, 작은 갤러리, 건축 관련 전시공간과 공연장 등이 모여 있다. 이중에서도 몇 군데를 추천하자면: TanzQuartier(무용을 위한 국제적, 최신식 아트센터), Quartier21(마흔 개 이상의 독립 문화 단체에 공간을 제공하고 있는 지원 단체), 그리고 ZoomChildren's Museum 등이 있다. 이 외에도 멋진 카페나 레스토랑, 상점도 많은 곳이다. 나는 여름이 되면 PPAG Architects가 설계한 중정에 나와 시간을 보내곤 한다. Museumsplatz 1, 1070 Vienna, www.mqw.at

BRUT 현대 무용과 퍼포먼스가 주를 이루는 신선한 공연이 펼쳐지는 곳으로 두 개의 홀을 갖추고 있다. Karlsplatz의 공연장에는 Bar Brut Deluxe라는 바가 있어 공연 후 예술가들이 모여 어울리곤 한다. Karlsplatz 5 (Künstlerhaus), 1010 Vienna, Lothringerstraße 20 (Konzerthaus), 1030 Vienna, www.brut-wien.at

GOTO 이곳은 서로 다른 분야의 젊은 예술인들이 모이는 공간으로 낭독회, 전시, 파티 등이 열린다. Ottakringerstraße 77, 1160 Vienna

GALLERIES IN ESCHENBACHGASSE

굼펜도르퍼스트라쎄 구의 에센바흐가쎄(Eschenbachgasse) 어귀에는 이미 소개한 곳들을 포함해 근사한 갤러리와 상점들 모여있다. MQ와 마리아힐퍼스트라(Mariahilferstrase)가 멀지 않은 곳에 있으니 산책을 겸해 아래 갤러리들도 둘러보기를 권한다.

MEYERKAINER Eschenbachgasse 9, 1010 Vienna, www.meyerkainer.com

MEZZANIN Eschenbachgasse 1/ Getreidemarkt 14, www.galeriemezzanin.com

MARTIN JANDA Eschenbachgasse 11, www.martinjanda.at

GALERIE STEINEK Eschenbachgasse 4, www.galerie.steinek.at

GALLERIES IN SCHLEIFMÜHLGASSE

현대미술을 감상하기에 적합한 곳이다. 이곳의 갤러리 중 Ve.Sch/Friends와 Art는 수요일마다 열리는 오프닝 파티 등으로 특히 추천하고 싶다. 길 끝에는 나슈마르크트 시장이 있어 허기를 달래기에도 좋다.

ENGHOLM ENGELHORN Schleifmühlgasse 3A, 1040 Vienna

GEORG KARGL Schleifmühlgasse 5, www.georgkargl.com

GALERIE SENN Schleifmühlgasse 1A, www.galeriesenn.at

CHRISTINE KÖNIG GALERIE Schleifmühlgasse 1A, www.christinekoeniggalerie.com

VE.SCH/FRIENDS AND ART Schikanedergasse 11/3, www.friendsandart.at

PRATER 이곳은 늪지가 주를 이루는 넓은 공원이다. 산책이나 조깅, 자전거 등을 즐길 수 있도록 길이 깔려 있고, 이밖에도 유원지, 잔디밭, 숲, 수영장 등이 있다.

DONAUKANAL 날씨가 좋은 날에는 콘크리트로 덮여 도시적인 도나우강의 운하를 따라 걷는 것도 무척 즐거운 일이 될 것이다. 걷다 보면 근사한 그래피티 작품, 수문, 오토 바그너(OttoWagner)가 설계한 'Friedensbrucke', 자하 하디드(Zaha Hadid)가 설계한 집, 훈데르트바서(Hundertwasser)의 소각로, 장 누벨(Jean Nouvel)이 설계한 고층 빌딩, 우라니아(Urania), 혁신적인 미디어 파사드가 인상 깊은 Uniqua Tower 등을 볼 수 있다.

ALTE DONAU 알테 도나우는 비엔나의 푸른 심장이이기도 하다. 이곳에서는 피크닉을 하거나 수영을 할 수도 있고(알몸으로!), 전기 보트를 빌려 도시의 스카이라인을 배경으로 뱃놀이를 즐길 수도 있다. 보름달이 뜨는 밤이면 보트 대여소들이 운영 시간을 연장하여 등불과 함께 스파클링 와인이 담긴 피크닉 바구니를 제공해 주어 물 위에서 로맨틱한 시간을 보낼 수 있다.

KARL-MARX-HOF 이곳은 하일리겐슈타트(Heiligenstadt)에 위치한 비엔나에서 가장 유명한 건축물 중 하나다. '도시 내의 도시'라는 콘셉트 하에 1927~1930년 사이 지어진 이 건물에는 1,382개 세대의 주거 공간, 세탁소, 유치원, 도서관, 의료 기관과 상점이 들어서 있다. 트램으로 4개 역에 걸쳐 서 있는 이 건축물은 세계에서 가장 긴 연립주택이 되었다.

WERKBUNDSIEDLUNG WIEN
이 연립주택 단지는 비엔나의 서쪽 끝에 자리하고 있다. 1930년대에 요제프 프랑크(Josef Frank)의 도시계획 실험으로 탄생한 곳으로, 서민용 주거 단지를 조성하기 위해 지어졌다. 리하르트 바우어(Richard Bauer), 칼 A. 비버(Karl A. Bieber), 막스 펠레러(Max Fellerer), 헬무트 바그너 프렌스하임(Helmut Wagner Freynsheim), 휴고 하링(Hugo Haring), 아돌프 로스(Adolf Loos) 등 전 세계 32인의 건축가가 설계한 70채의 빌딩이 들어서 있다. 아쉽게도 오스카 슈트르나드(Oskar Strnad)가 설계한 집은 전쟁 중에 다른 다섯 채의 건물과 함께 파괴되었다. 몇몇 집은 현재 주거인이 개조했는데 꽤 괜찮은 결과를 얻은 것 같기도 하다.

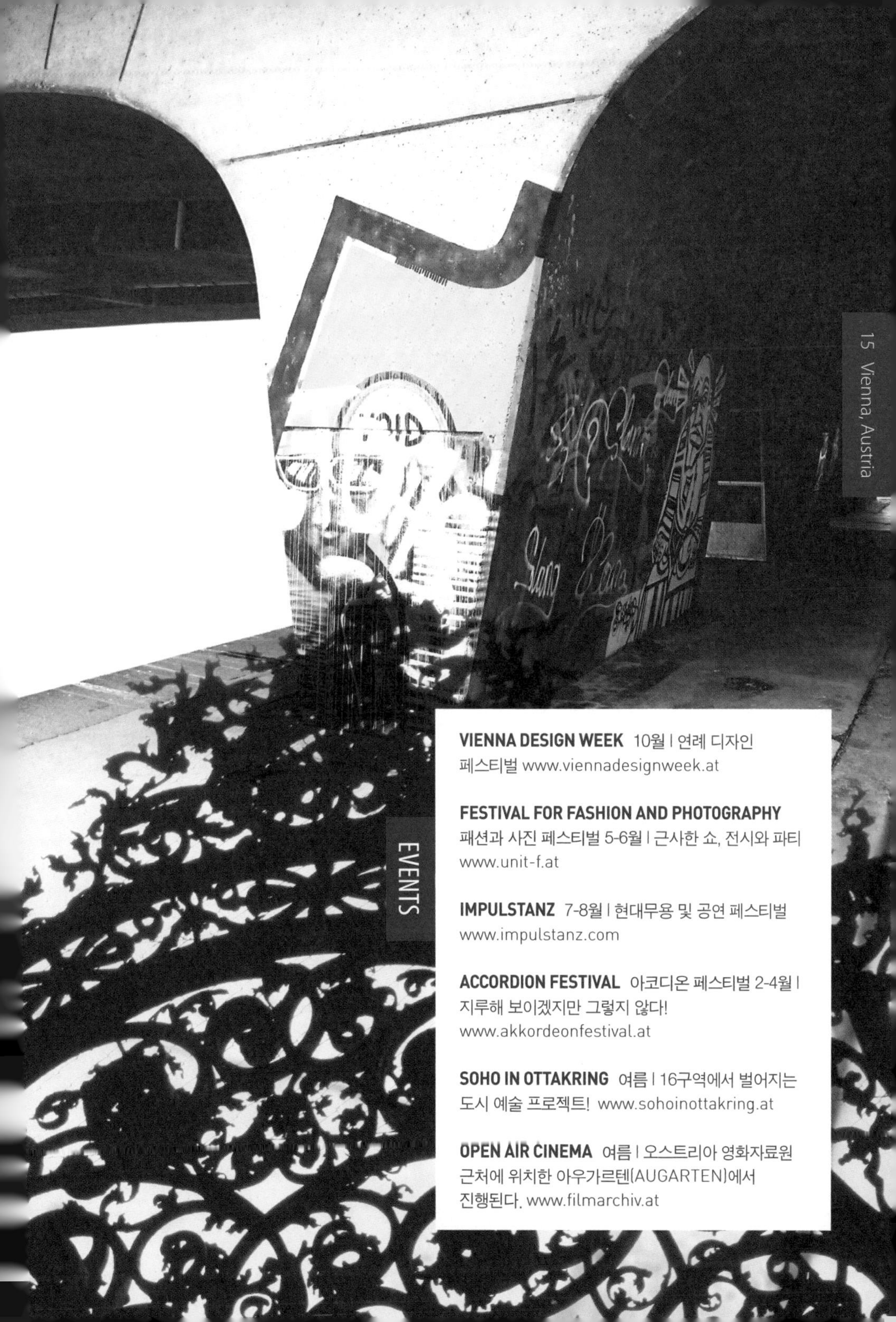

EVENTS

VIENNA DESIGN WEEK 10월 | 연례 디자인 페스티벌 www.viennadesignweek.at

FESTIVAL FOR FASHION AND PHOTOGRAPHY 패션과 사진 페스티벌 5-6월 | 근사한 쇼, 전시와 파티 www.unit-f.at

IMPULSTANZ 7-8월 | 현대무용 및 공연 페스티벌 www.impulstanz.com

ACCORDION FESTIVAL 아코디온 페스티벌 2-4월 | 지루해 보이겠지만 그렇지 않다! www.akkordeonfestival.at

SOHO IN OTTAKRING 여름 | 16구역에서 벌어지는 도시 예술 프로젝트! www.sohoinottakring.at

OPEN AIR CINEMA 여름 | 오스트리아 영화자료원 근처에 위치한 아우가르텐(AUGARTEN)에서 진행된다. www.filmarchiv.at

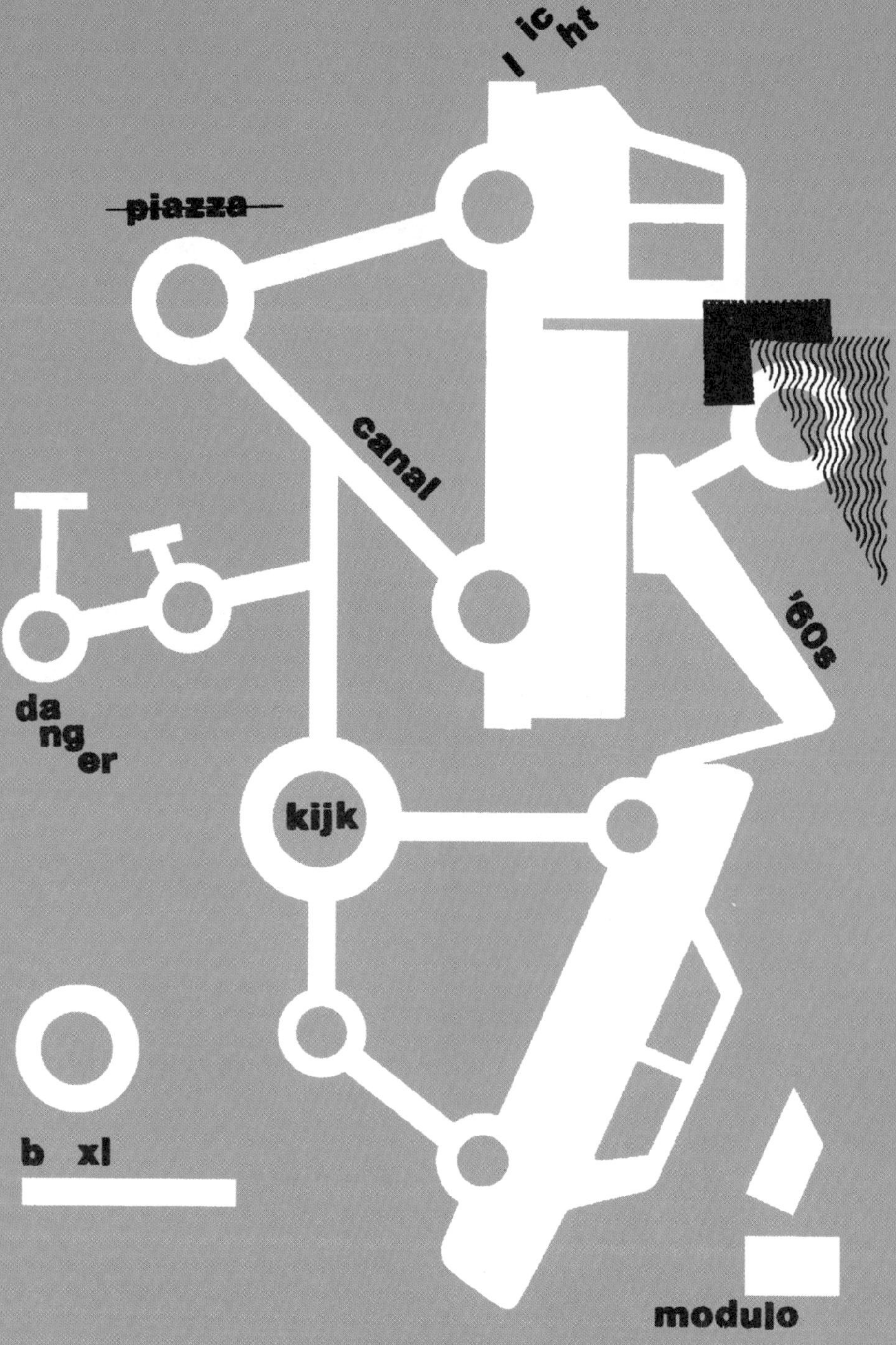
l ic ht
piazza
canal
'60s
da ng er
kijk
b xl
modulo

테레사 스드랄레비치의 브뤼셀

TERESA SDRALEVICH'S BRUSSELS

브뤼셀은 Brussels, BXXL, Brusel, BXL 등 다양한 표기방식만큼이나 그 정체성이 불투명한 도시다. 네덜란드어와 프랑스어의 두 공식 언어를 사용하지만 인구의 46%가 벨기에 출신이 아니기 때문에 보다 다양한 언어를 들을 수 있다. 인구는 100만 명이 조금 넘지만 여기에 매주 월요일부터 금요일까지 20만 명의 통근 인구가 더해진다. 브뤼셀은 유럽 국가의 수도인 만큼 많은 부가 집중되어 있으며 이와 동시에 인구의 20%가 가난에 허덕이고 있다.

건축적인 면에서도 브뤼셀은 명확한 특징이 없어 보인다. 오히려 몇 안 되는 일관성 있는 장소(17세기 대광장과 같은)를 둘러싼 무질서의 거리와, 이를 겹겹이 메운 파괴와 실수의 결과물이 이 도시의 특징을 이루었다고 할 수 있겠다. 이렇게 형편없는 도시계획은 '브뤼셀화(Brusselisation)'와 '파사디즘(facadism)'이라는 수치스러운 도시계획 용어를 낳게 되었다(위 두 용어는 위키피디아에서 검색해볼 것).

브뤼셀은 19개 구로 이루어져 있으며 각 구는 하나의 마을과 같은 특성을 갖고 있다. 개략적으로 설명하자면, 도시의 북쪽은 다소 궁핍하고 정체된 모습을 가진 반면, 남쪽은 부유하고 화려한 모습을 갖추고 있다. 도심은 양쪽이 혼합된 모습을 띠고 있는데, 70~80년대에 버려져 있던 지역이 90년대에 이르러 바와 레스토랑, 트렌디한 가게 등이 들어서면서 되살아나게 되었다. 운하와 항구 주변 역시 최근 재개발되어 흥미로운 숍과 문화공간이 생겨나고 있다. 익셀(Ixelles)에는 학생과 예술가 들이 모여들며, 생질(Saint-Gilles)과 마찬가지로 예술학교와 대학들이 자리잡고 있다.

나는 지난 15년 동안 브뤼셀에 살았다. 과거에 파비아(Pavia)나 볼로냐(Bologna) 같은 아름다운 이탈리아 도시에서 살았던 만큼 브뤼셀의 이런 북유럽과 라틴의 혼합 문화, 건축적 재앙, 조화롭지 못한 스카이라인과 사랑에 빠지리라고는 결코 상상도 하지 못했다. 하지만 이 모든 결함에도 불구하고 이 도시에는 내 마음을 끄는 매력이 있다. 브뤼셀은 도시로서는 완벽한 사이즈를 갖추고 있어 익명성이 보장될 정도로 크면서도 이따금씩 자전거를 타고 가다가 친구들과 마주칠 수 있을 정도로 아담하기도 하다. 주거, 산업, 녹지 공간이 잘 배치되어 있고 다문화적 환경은 많은 장점을 지니고 있다. 하지만 내가 손꼽는 가장 큰 매력은 이 도시가 나로 하여금 화내거나, 만족하거나, 반항해야 할 이유를 지속적으로 제공해 주고 있다는 점인데, 그 모든 것은 브뤼셀이 뚜렷한 정체성의 부재로 인해 스스로 끊임없이 변화하고 재창조해 나가고 있기 때문이다.

PLACES TO EAT

BIBLIOTHÈQUE ROYALE DE BELGIQUE
예술의 언덕(Monts des Arts)은 그래피티로 뒤덮인 낡은 건물로 가득한 버려진 땅의 한 가운데 위치한 문화공간 단지이다. 광장이나 정원은 완벽히 재건되었고, 도서관 건물은 미니 램프와 독특한 필립 스탁 의자가 놓인 벨기에적이면서도 국제적인 스타일로 말쑥하게 꾸며졌다. 카페는 5층에 있는데, 오렌지색 의자와 유리, 목재 가구 등 70년대식 인테리어를 유지하고 있다. 이곳에서는 혼란스러운 도심의 경치를 맘껏 감상할 수 있다. 주말에는 문을 닫는다. Boulevard de l'Empereur 4, 1000 Brussels, www.kbr.be

ENSAV LA CAMBRE CAFETERIA 주말에는 열지 않는 또다른 곳이다(불만에 찬 당신의 모습이 그려지지만, 진정한 도시의 모습은 주중에만 볼 수 있을 것이다!). 이곳은 익셀 구역의 아름다운 라 캉브르 수도원 내에 자리한 라 캉브르 국립시각예술학교의 구내식당 겸 바로, 가격은 저렴하다. 학생인 척하며 1층 프린팅 작업실이나 판화 작업실에 몰래 들어가 보거나, 2층에 있는 멋진 제본실에 슬쩍 가보는 건 어떨까. Abbaye de La Cambre 21, Brussels 1000, www.lacambre.be

PLACES TO STAY

BRUXELLES EUROPE À CIEL OUVERT
EU 구역 중심에 있는 초현실적인 캠핑지로, 극소수만이 알고 있는 곳이다. 7월 초부터 8월 말까지만 운영되며 오직 텐트만 반입 가능하다. 1박에 1인당 6유로로, 시내에서 가장 저렴한 숙박이 가능하다. Chaussée de Wavre 205, 1050 Brussels, www.cielouvertcamping.wordpress.com

HÔTEL METROPOLE 브뤼셀에 머물 계획이라면 단 하룻밤만이라도 근사하게 보내보자. 이곳은 도심에 자리한 격조 높은 호텔로, 전통 유럽식의 화려함이 뚝뚝 떨어지는 곳이다. 호텔 예약 전문 사이트를 통해 온라인 예약을 하면 반값 할인을 받을 수 있다. Place De Brouckèreplein 31, 1000 Brussels, www.metropolehotel.com

HÔTEL GALIA 매일 열리는 유명한 벼룩시장이 내려다 보이는 이 저렴한 호텔은 주중엔 가격이 더욱 싸다. 벨기에 만화가들이 그린 작품들로 장식되어 있고, 마롤(Marolles) 지역에 있다. 마롤은 가장 가난한 동네이지만 고가의 골동품 상점이나 허물어지고 있는 집들이 어우러져 흥미로운 부위기를 자아내고 있는 곳이다. Place du Jeu de Balle 15-16, 1000 Brussels

THE WHITE HOTEL 익셀(Ixelles)의 부자 동네인 루이즈 가(Quartier Louise)에 위치한 이 호텔은 최고급 디자인 가구로 꾸며진 고급 디자인 호텔이다. 정기적으로 젊은 디자이너나 예술가의 전시를 개최하고 있으며 이러한 행사는 종종 DJ 세션이나 파티로 이어진다. 주말에는 조금 할인이 되지만 그렇다 해도 그리 싸지는 않다. Avenue Louise 212, 1050 Brussels

HOTEL REMBRANDT 친절하고 아늑한 분위기의 구식 B&B. Rue de la Concorde 42, 1050 Brussels

LE FIN DU SIÈCLE 부르스(Bourse) 주식거래소 옆에 자리한 전통적인 레스토랑이다. 적당한 가격에 맛있는 음식을 맛볼 수 있는 이곳은 분위기 좋은 거리에 자리하고 있다. 같은 길가에는 작은 빈티지숍도 있고, 거대한 플라즈마 스크린의 등장에도 불구하고 여전히 브뤼셀의 모든 체스 애호가들이 몰려드는 Greenwich Bar가 있다. Kartuizerstraat 10, Rue des Chartreux, 1000 Brussels

LA CLEF D'OR 벼룩시장 근처에 가게 된다면, 조조(Jo Jo)라는 유쾌한 인물이 운영하는 분위기 있는 전통 브뤼셀 선술집에 들러보기를 권한다. 아주 저렴한 가격에 수프와 타르트를 맛볼 수 있다. 운이 좋다면 조조가 직접 아코디언 연주를 해줄 것이다. Place du Jeu de Balle 1, 1000 Brussels

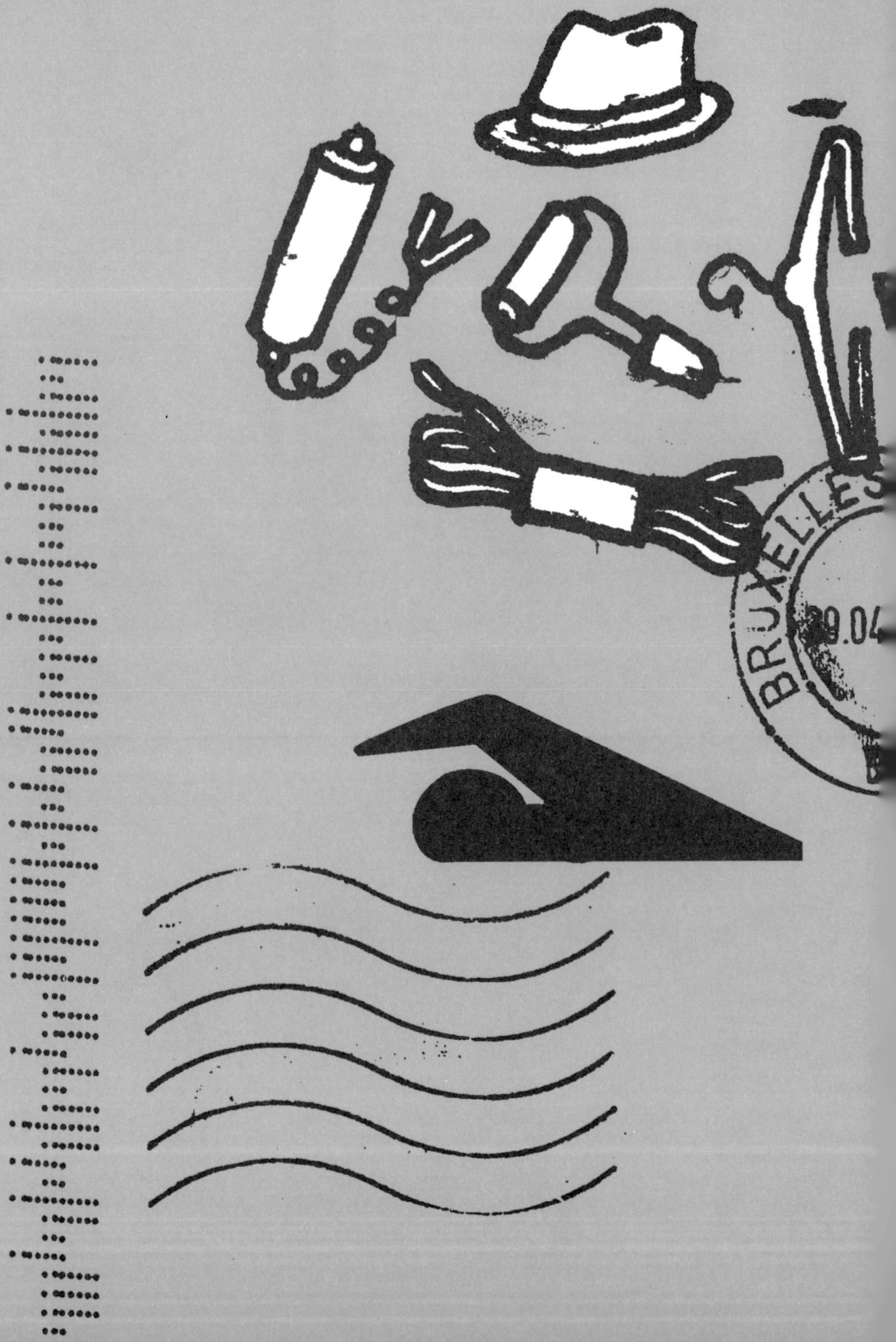
BRUXELLES
9.04

L'ARCHIDUC 이미 잘 알려진 곳이지만 완벽히 보존된 아르데코 디자인과 실내건축으로 인해 방문할 가치가 있는 재즈바다. 소파에 사용된 데페로 스타일의 원단과 독특한 네온사인을 눈여겨보자. 매주 토요일 오후 5시에는 무료 콘서트가 있다. Rue Dansaertstraat 6, 1000 Brussels, www.archiduc.net

BELGA 익셀 구의 새로 단장한 플라제 광장(Place Flagey)에 위치한, 꼭 한 번 가봐야 할 곳이다. 넓은 공간은 아주 세세한 부분까지 정성들여 꾸며져 있다(화장실 포함). 주문은 직접 바에서 하도록 하자. Place Eugène Flagey 18, 1050 Brussels

BARS

MONK BAR 나와 내 친구들이 일상적으로 즐겨찾는 곳으로, 전통 벨기에 아르누보 양식의 펍이다. 바닥에는 멋진 타일 장식이 깔려 있고, 40여 종의 맥주가 준비되어 있다. Rue St Catherine 42, 1000 Brussels

DE DARINGMAN 이 작은 선술집은 생카트린 광장(Place St Catherine)에서 가까운 거리에 있다. 마르틴이라는 남자가 주인인데, 슬프게도 더 이상 존재하지는 않지만 과거의 영광을 누렸던 축구팀인 RWDM Molenbeek의 팬이었다. 같은 길가에서 멋진 자전거 수리점과 오래된 영화관도 발견할 수 있을 것이다. Rue de Flandres 37, 1000 Brussels

WALVIS CAFE 내가 좋아하는 곳으로, 당사에르(Dansaert) 지역 운하 근처에 위치한 트렌디한 바이다. 아르데코 양식으로 꾸며져 있으며 정기적으로 라이브 공연이 펼쳐진다. Rue Antoine Dansaertstraat 209, 1000 Brussels

SHOPPING

LE TYPOGRAPHE 다양한 필기구, 종이, 공책과 타이포그래피 엽서를 갖춘 가게. 작은 인쇄소도 함께 운영하고 있어 주인이 직접 단색 하이델베르크 인쇄 기계와 금속 활자로 당신의 눈앞에서 인쇄를 해준다. 아마 컴퓨터 작업을 통한 인쇄보다 훨씬 흥미로울 것이다. 약간 외진 곳에 있지만 그래도 익셀 구역 안에 있다. Rue Franz Merjay 167, 1050 Brussels

MICROMARCHÉMIDI 이곳은 자연친화적이고 친환경 디자이너 제품을 취급하는 독립 상인들의 연합으로 운영된다. 주로 야외 시장의 형태로 열린다.

77 익셀 구역에 있는 상점으로 현지 디자이너들이 제작한 성인 및 아동 의류를 비싸지 않은 가격에 판매하고 있다. Rue du Page 77, 1050 Brussels

OXFAM VINTAGE AND SALVATION ARMY 브뤼셀에서는 중고 의류가 꽤 인기 있는 편이다. Oxfam Vintage는 신중하게 엄선한 재품을 구비하고 있으며, 길을 따라 조금 더 내려가면 커다란 구세군 창고가 있다. 운이 좋다면 당신이 찾던 바로 그 옷을 엄청나게 싼 가격에 살 수 있을 것이다. Rue de Flandre 104 and Boulevard d'Ypres 24 respectively, 1000 Brussels

PEINTURE FRAÎCHE 브뤼셀 최고의 예술 서점으로 편안한 분위기의 공간에 건축, 미술, 디자인 관련 출판물을 갖추고 있다. Rue du Tabellion 10, 1050 Brussels

PLAIZIER 'Plaizier'는 브뤼셀 속어로 '쾌락'을 의미하지만 여기서는 이 가게 주인의 성씨이다. 대광장(Grand Place) 바로 뒤쪽에 위치해 있으며, '명료한 선(ligne Claire)' 학파에 속하는 현지 작가들의 일러스트 작품을 담은 엽서와 사진을 전문으로 판매하고 있다. Rue des Eperonniers 50, 1000 Brussels

GALLERIES AND CULTURE

THE PLASTICARIUM 엄청난 수준의 개인 컬렉션으로 1960년에서 1973년 사이 그 시대 최고의 디자이너들이 만든 수천 개의 플라스틱 오브제를 소장하고 있다. 주인인 필립 드셀(Philippe Decelle)은 세계 각지의 유명 디자인 박물관에 이곳의 소장품을 대여해주곤 한다. 한 번에 10~20명의 관람객만 입장할 수 있으니 사전예약은 필수다. Rue Locquenghien 35, 1000 Brussels

ESPACE ARCHITECTURE LA CAMBRE 플라제 광장 내 문화센터 옆에 위치하여 건축, 디자인 및 유명한 문화 관련 기획전시를 여는 곳이다. 'Le petit Guggenheim(작은 구겐하임)'이라고 불리기도 하는데 흰색, 붉은색, 검정색으로 꾸며져 있고 빌딩을 따라 두 개의 경사로가 비대칭 구조로 뻗어 있어 일종의 현대식 주차장과 같은 인상을 준다. Place Eugène Flagey 19, 1050 Brussels

NOVA CINEMA 이 극장은 지하 깊은 곳에 있어 마치 벙커 안에 들어온 것처럼 느껴질 것이다. 낮에는 전시공간으로 운영되며 바에서 맥주도 한잔 곁들일 수 있다. 밤에는 괜찮은 예술영화를 상영하거나 특별한 행사를 진행하기도 한다. 다만 의자가 매우 불편하니 미리 염두에 두도록 하자. Rue d'Arenbergstraat 3, 1000 Brussels, www.nova-cinema.org

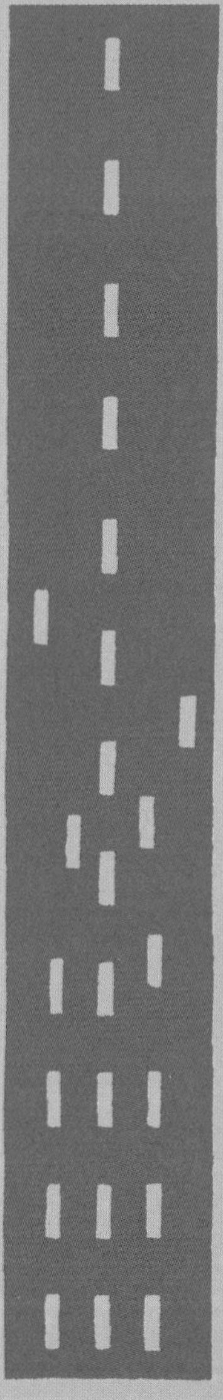

WALKS AND ARCHITECTURE

THE CANAL AND THE HARBOUR 걷거나 기차를 이용해 Yser/Ysere 지하철역으로 간 후, 놓쳐선 안 될 아름다운 시트로엥 창고의 흰 빛의 실루엣을 감상하기 위해 발걸음을 옮겨보자. 1930년대 양식의 다리에서 운하를 건넌 후 뒤돌아서서 최근 새단장한 브뤼셀 최고의 경관인 'Bassin Beco'의 모습도 지켜봐야 한다. 운이 좋다면 다리 밑으로 바지선이 지나갈 것이다. 매년 트럭 25만 대 분량의 산업 재료가 항만을 오간다. 운하를 따라 Tour et Taxis 방향으로 가보자. 이곳은 살짝 과도한 혁신을 추구한 해양산업 창고인데 현재 상점, 레스토랑, 사무공간 등으로 채워져 있다. 다시 한 번 운하를 건너면 녹슬어가는 자동차들이 산을 이루고 그 옆으로는 목재와 모래가 쌓여 있는 드넓은 부두 앞에 도착하게 될 것이다. 다리 바로 앞에서 멋진 1930년대 건물을 찾을 수 있을 것이다. Port de Bruxelles의 본부가 이 건물에 있다. 본부는 이곳에서 시작해 운하를 따라 몇 킬로미터나 뻗어 있다. 보트를 이용한 항구 투어는 여름철 매일 운영된다. www.brusselsbywater.be

THE SWIMMING POOL(UNGUIDED) TOUR 브뤼셀에는 시민을 위한 저렴한 수영 시설을 마련하기 위해 1940년대부터 지어진 수많은 아름다운 수영장이 있다. 이 수영장들은 모두 방문할 만한 가치가 있지만 내가 특히 좋아하는 곳은 Bains du Centre이다. 이용료는 2~3유로이다. **BAINS DU CENTRE** 벼룩시장 바로 옆에 있는 이곳은 1949년에 개장했다. 3층에 있는데, 건축물과 부대 시설이 훌륭하다. Rue du Chevreuil 28, 1000 Brussels **BASSIN DE NATATION** 생조스(St. Josse) 지역 식물원(Jardin Botanique) 근처에 있다. Rue St François 23-27, 1210 Brussels **PISCINE VICTOR BOIN** 생질(St Gilles)에 있는 옛날식 수영장 Rue de la Perche 38, 1060 Brussels

EVENTS

PLEINOPENAIR 8월 | 매년 여름이 되면 CINEMA NOVA에서 페스티벌을 개최한다. 브뤼셀 내 버려진 건물이나 기타 방치된 공간에서 개별 테마를 주제로 콘서트와 두 편의 영화를 상영한다. 무료 행사이며 맥주와 음식이 제공된다. www.nova-cinema.org

ANIMA FESTIVAL 2월 | 플라제에서 열리는 만화영화 페스티벌로 좋은 평가를 받고 있다. 국내외 작품을 상영한다. www.animatv.be

AGE D'OR/THE BRUSSELS FILM FESTIVAL 6월 | 유럽의 영화제 중 최고의 영화를 다루며 무료 콘서트와 야외 상영회를 진행한다. 대부분의 행사는 새로 수리된 영화 박물관과 시네마테크에서 열린다. www.cinematek.be

KUNSTENFESTIVALDESARTS 5월 | 이 네덜란드어와 프랑스어가 이상하게 조합된 이름의 페스티벌은 혁신적인 연극과 무용 공연을 선보인다. 이외에도 설치미술과 강연이 이루어진다. www.kunstenfestivaldesarts.be

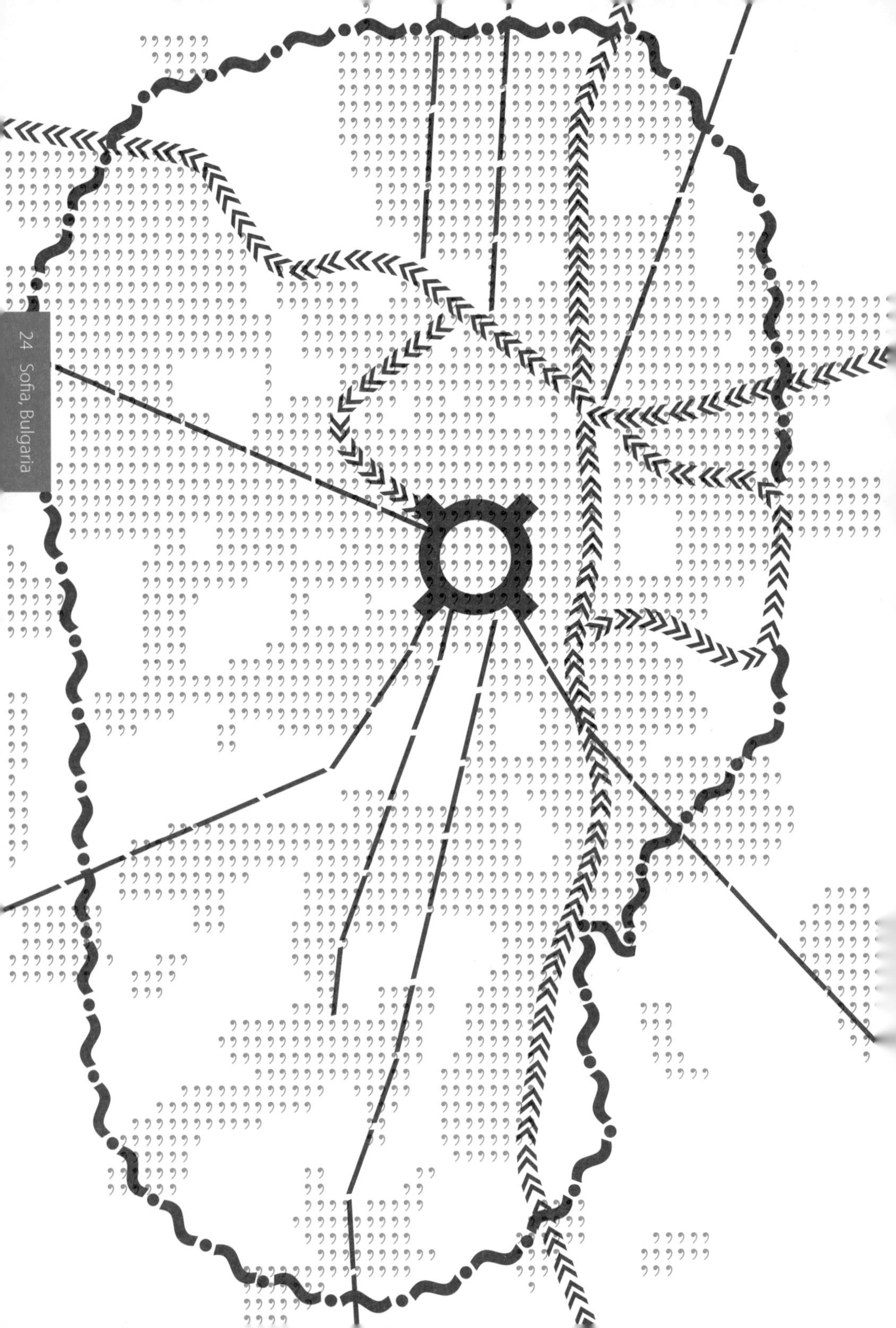

보리스 보네프의 소피아

BORIS BONEV'S SOFIA

소피아를 처음 방문하더라도 이곳에선 왠지 어릴 적 한 번 와본 것만 같은 익숙함을 느낄 수 있을 것이다. 이처럼 소피아는 친근한 도시로 사람들, 특히 젊은이들은 당신이 누구이며 어디에서 왔든 상관없이 모든 여행객들을 친절하고 따뜻하게 대해줄 것이다. 도시를 걷는 동안 깨닫게 될 가장 두드러진 시각적 특징으로는 옛 바로크 건축물과 공산주의 시대의 유물인 구성주의 건축의 대비를 들 수 있겠다. 많은 동유럽 도시들과 마찬가지로 특정 시대만의 개성을 찾을 수 없어 당혹스러울 수 있겠지만, 개인적으로는 도시의 역사를 한눈에 볼 수 있다는 점에서 매력을 느낀다. 또 이런 것들이 어떤 면에서는 이국적인 인상을 주기도 한다.

볼거리로 말하자면, 그야말로 무궁무진하다. 소피아(사실 불가리아 전체)가 유명 관광지는 아니지만 그렇게 되어야 마땅하다고 생각한다. 국립문화궁전(NDK)에서 관광을 시작해보아도 될 것이다. 이 흥미로운 건물은 지어진 지 30년 이상 되었지만 여전히 새로워 보인다. 건물 앞에는 탁 트인 공간이 있어 젊은이들이 스케이트보드를 타고 묘기를 부리는 등 친구들과 어울리는 모습을 볼 수 있다.

다른 곳으로는 내가 주로 시간을 보내는 구시가지를 추천한다. 이반바조프 국립극장(Ivan Vaznov National Theatre) 앞은 유명한 만남의 장소이자 소피아에서 가장 아름다운 바로크 건축물을 볼 수 있는 곳이기도 하다. 나는 분수 옆에서 친구들과 만나 술을 한잔 하거나 음악을 연주하기도 한다. 이 주변을 쭉 걸어보는 것도 좋다. 시내 대부분은 걸어서 다닐 수 있으며 트램이나 버스도 시설이 잘 갖추어진 편이다. 저녁에는 소피아의 시끌벅적한 나이트라이프를 즐겨보자. 마피아가 운영하는 클럽이나 유로트래시 디스코 음악 등은 피하고 싶더라도, 언더문화를 즐기며 생각이 맞는 유쾌한 아티스트나 지식인들과 조우할 수 있는 곳들은 충분히 많다.

소피아가 좋은 가장 큰 이유는 바로 가까운 곳에 위치한 비토샤(Vitosha) 산 덕분이다. 여름철에는 하이킹을 하며 아름다운 벽화가 남아 있는 보야나 교회(Boyanskata Tsarkva)를 방문해보자. 겨울에는 스키를 탈 수 있는데, 아침에 시장에서 저렴한 가격의 스키를 사서 그날 낮에는 그 스키를 신고 스키장을 누비며 즐길 수 있다. 도시를 벗어난 휴식이 필요할 때에는 산 곳곳에 있는 산장에 머물러 보는 것도 좋을 것이다.

ART HOSTEL 이곳은 문화적 허브이면서도 숙박이 가능한 곳이다. 아래층에는 아주 펑키한 분위기의 바와(술집/바 섹션을 볼 것), 아기자기한 정원이 있고 정기적으로 전시회도 열린다. 최저 가격에 렌트 가능한 콘도 시설도 갖추고 있다. 21A Angel Kanchev Street, www.art-hostel.com

RADISSON BLU GRAND HOTEL 5성급 비즈니스 호텔이다. 비즈니스 클래스 더블룸이나 주니어 스위트룸에서는 탁 트인 시내 전경을 볼 수 있다. 도심에 있어 위치 또한 편리하다. 4 Narodno Sabranie Square, www.radissonblu.com/hotel-sofia

CRYSTAL PALACE BOUTIQUE HOTEL 19세기 아파트 단지를 개조한 뒤 건물들 위를 거대한 유리와 강철 큐브로 연결한 구조로 이루어져 있다. 시내에서 가장 좋은 호텔 중 하나로, 펑키한 레트로 장식과 세련된 조명, 그리고 여유로운 분위기로 가득한 곳이다. 14 Shipka Street, www.crystalpalace-sofia.com

LES FLEURS 시내 중심가에 있는 또다른 부티크 호텔로, 친절한 직원과 안락한 객실, 그리고 세련된 디자인을 만날 수 있을 것이다(그들이 꽃 모티브에 약간 몰입했던 것 같기는 하다). 21 Vitosha Blvd, www.lesfleurs.com

CLOCK HOUSE 우아하면서도 친근한 느낌의 레스토랑으로 야외 공간이 특히 아름답다. 각국의 요리를 맛볼 수 있으며, 2개 층을 모두 사용하고 있어 여러 공간으로 나뉜다. 각각의 공간은 모두 근사하다. 15 Moskovska Street

MOTTO 느긋한 분위기의 라운지 스타일 레스토랑으로 현대적 디자인과 분위기 좋은 정원이 있는 곳이다. '모던 퀴진' 메뉴와 훌륭한 칵테일 리스트를 갖추고 있다. 18 Asakov, www.motto-bg.com

BRASSERIE 세련되고 시크한 레스토랑. 아시안 퓨전 요리를 전문으로 하며 바 공간과 정원 쪽의 테이블도 분위기가 좋다. 개인적으로는 점심을 먹으러 자주 들른다. 3 Rayko Daskalov Square

MANASTIRSKA MAGERNITSA 불가리아 요리를 맛볼 수 있는 곳이다. 19세기 양식의 주택을 개조한 곳으로 차양을 드리운 안뜰이 있다. 메뉴는 나라 도처에 있는 160곳 이상의 수도원의 전통 비법을 연구하여 개발했다고 한다. 67 Han Asparuh Street, www.magernitsa.com

BISTRO N8 친절한 레스토랑으로 2개 층으로 나뉘어 유러피언 메뉴를 제공하고 있다. 노출 벽돌과 현대식 가구 등의 인테리어가 돋보이며, 한쪽에는 괜찮은 바도 갖추고 있다. 8 Tzar Ivan Shishman Street

BILKOVA 소피아에서 가장 멋진 바로, 모두가 아는 곳이라 찾기도 쉽다. 고급스럽지는 않지만 도시적인 느낌의 그윽한 분위기가 예술가와 음악인을 비롯한 여러 흥미로운 사람들을 끌어들이고 있다. 나는 여름철에 사람들이 거리로 쏟아져 나올 때 이곳을 찾는 것을 특히 좋아한다. 22 Tzar Ivan Shishman Street

BLAZE Bilkova보다 조금 더 고급스럽지만 그리 비싸지는 않다. 언제나 좋은 하우스 음악이 흐르고 쿨한 손님들이 이곳을 채우고 있다. 인테리어도 디자인이 잘 되어 있고 딱히 추천하지는 않겠지만 야외 공간도 있다. 나는 좀 더 추운 계절에 이곳을 찾곤 한다. 금요일에는 손님들로 발디딜 틈이 없다.
36 Slavyanska Street

LODKI 소피아에서 가장 큰 공원인 보리소바 그라디나(Borisova Gradina) 안에 있는 아주 색다른 곳이다. 장난감 보트('lodki'는 원래 '보트'를 의미한다)를 띄우기 위해 만든 인공 운하를 따라 자리잡고 있다. 요즘에는 운하가 비어 앉을 수 있는 공간이 되었다. 여름에는 24시간 운영되며, 공원 한가운데 있어 소음으로 타인을 방해할 일도 없다. 음악은 주로 레게 쪽이다. 재미있는 곳! Borisova Gradina

BUTCHERS BAR 예술인들의 아지트로 분위기가 몹시 근사하다. 도시적인 미니멀리스트 디자인에 구성주의-사회주의 느낌이 아주 살짝 난다. 바로 옆에는 같은 주인이 운영하는 꽤 괜찮은 레스토랑도 있다. 안타깝게도 야외공간은 없다. 4A Sheinovo Street

TOBA&CO BAR 국립미술관 뒤쪽의 정원에 위치한 주철로 지은 파빌리온으로, 옛 파리 스타일의 바와 여러 야외 테이블을 갖추고 있다. 밤 10시 이후로는 DJ가 멋진 음악을 선사하여 분위기가 한층 더 무르익는다.
6A Moskovska Street

ART HOSTEL BAR 호스텔에서 묵는 것이 아니더라도, 이곳은 파티를 즐기기에도 충분히 재미있는 곳이다. 벽화가 그려진 벽과 펑키한 디자인의 공간에 수많은 외국인과 현지인들이 뒤섞여 어울리고 있다. 경험해볼 만한 가치가 충분히 있는 곳이다.
21A Angel Kanchev Street

PUNTO & KANELA 현지 디자이너가 제작한 트렌디한 울소재 의류와 잡화를 판매하고 있다. 52 Neofit Rilski Street

PLOSHTAD ALEKSANDAR NEVSKI 골동품 시장에서는 언제나 흥미로운 물건을 찾을 수 있다. 구소련 기념품, 악기, 구식 무기, 이외 엄청난 양의 싸구려 물건 등 모든 것이 이곳에 있다. 시장의 중심에 난 작은 옆길에서는 불가리아 예술가들이 자신의 작품을 판매하고 있다. 온갖 물건이 모여 있는, 구경거리가 풍부한 곳이다. Corner of Aleksandar Nevski Square and 11 August Street

SLAVEIKOV SQUARE 불가리아어를 읽을 수 없다면 이 북마켓이 더욱 재밌을 것이다. 매일 열리는 시장에서는 구식 미술 서적이나 디자인 서적 외에도 상상할 수 있는 모든 종류의 책을 판매한다. Ploshtad Slaveykov

CENTRAL SOFIA MARKET 소피아 시내 중심에 위치한 실내 시장으로, 가판대와 상점이 3개 층을 가득 메우고 있다. 식료품, 장신구, 의류와 패스트푸드 등을 팔고 있다. 41 Sitniakovo Blvd

VITOSHA BOULEVARD 소피아 시내 대부분의 고급 상점은 보행자 전용 도로인 비토샤 대로에 모여 있다. 당신의 욕망을 자극하는 D&G, Gucci, Lacoste 등의 브랜드 상점들이 오래된 건물들 사이사이로 자리잡고 있다. 이밖에 거의 모든 물건을 근처 쇼핑몰이나 시장에서 찾을 수 있을 것이다.

CITY CENTRE SOFIA 새로 오픈한 쇼핑몰로 레스토랑, 패션, 영화관, 은행 등 기대한 모든 시설을 갖추고 있다. 2 Arenalski Blvd, www.ccs-mall.com

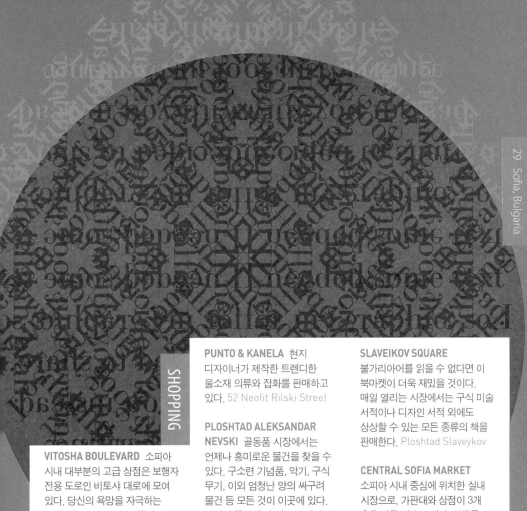

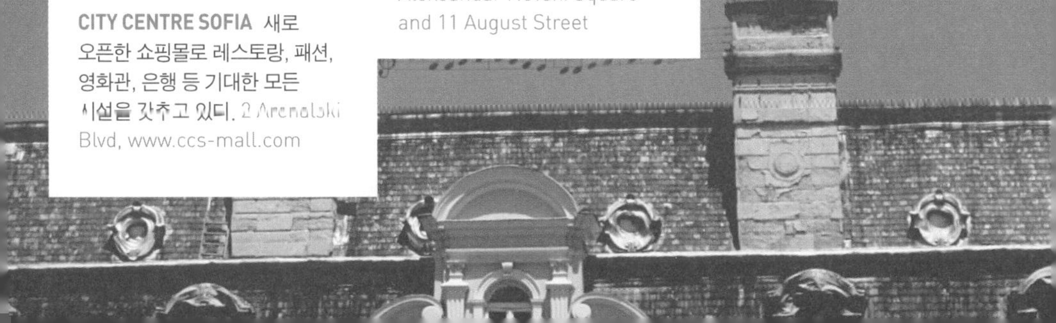

TESTA GALLERY 아주 흥미로운 전시공간으로 도예, 그래픽, 조각, 주얼리 등 다양한 분야의 새롭고 신선한 작품들을 만날 수 있다. 아늑하고 친숙한 공간이기도 하다. 강력추천한다. 8 Tsar Ivan Shishman Street

NATIONAL ART GALLERY 과거 불가리아 왕궁이었던 곳에 설립된 국립미술관은 19세기 양식의 넓은 공간에 막대한 양의 불가리아 미술품을 소장하고 있다. 특히 중세 컬렉션이 방대하다. 1 Knyaz Battenberg Square

SHIPKA 6 AND RAYKO ALEXIEV GALLERY 불가리아 예술인협회는 국내 예술인들의 이익을 보호하기 위해 설립된 비영리 단체이다. 이 단체에서 운영하는 두 곳의 전시공간인 Shipka 6와 Rayko Alexiev Gallery에서는 시각예술의 전 분야를 아울러 국내외 예술가들을 위해 한 달에 8건 정도의 전시를 개최하고 있다. Shipka 6, 2nd Floor and 125 Rakovski Street respectively, www.sbhart.com

FOREIGN ART GALLERY 전통, 현대, 고대 미술 컬렉션을 골고루 보유하고 있는 이 갤러리는 비엔나 출신 건축가 프레드리히 슈반베르크(Friedrich Schwanberg)가 설계한 State PrintingHouse 내에 위치하고 있다. 시대를 아우르는 그래픽 및 일러스트 작품의 컬렉션이 굉장하다. 1 Alexandar Nevski Square

1908 GALLERY 바이올리니스트, 지휘자, 발레 감독이 운영하는 이곳은 소피아에 생긴 지 얼마 안 된 갤러리로, 규모는 작지만 흥미로운 공간이다. 예술가들이라면 무료 전시가 가능하다. 1 Angel Kanchev Street

GALLERIES AND CULTURE

WALKS AND ACRHITECURE

IVAN VAZOV THEATRE AND SURROUNDS 국립 극장은 장식적인 신고전주의 양식의 건물에 자리잡고 있다. 괜찮은 공연들을 무대에 올리고 있는데, 티켓도 한 장에 5유로밖에 하지 않으니 대사를 알아듣지 못하더라도 가볼 만하다. 하지만 특히 이곳의 장점이라면 이 극장의 위치에 있다. 극장 앞에는 보행 지역과 분수와 동상이 있는 작은 공원이 있다. 도시에서의 작은 휴식을 선사해주는 공간으로 여름에는 야외 콘서트나 행사가 벌어지기도 한다. 낮에 방문하게 된다면 이 주변을 산책해보라. 길에는 노란 판석이 깔려 있는데, 구소련 시대에 러시아 정부로부터 선물받은 것이다. 밤에 오게 된다면 몇몇 카페와 야외 테이블에서 체스를 즐기는 사람들 등 흥겨운 분위기로 북적이는 모습을 발견하게 될 것이다. 5 Dyakon Ignatiy Street

SOFIA'S CHURCHES 시내를 걸어다니면서 교회 건물들을 놓칠 수는 없을 것이다. 이 교회들은 동방 정교회 양식으로 화려하다. '러시아 교회(St NikolayMirikliiski Church)'는 1923년에 지어졌는데 17세기 모스크바의 건축양식을 따라 금빛 돔과 작은 케이크 같은 장식으로 이루어져 있다. 내부에는 1940년대에 그려진 엄청난 벽화가 있다. 알렉산더 넵스키 성당(Aleksandar Nevski Cathedral)은 조금 더 아담하지만 매우 정교하다. 이 교회는 유럽 최대의 정교회 성상 컬렉션을 소장하고 있다. 또 거의 매일 교회 앞에서는 벼룩시장이 열린다.

NDK 이 인상 깊은 현대식 요새 건물은 이 지역 최대의 다기능 컨벤션 센터이다. 1981년 개관하여 11층 높이에 123,000m²의 면적을 이루고 있다. 에펠탑보다 더 많은 양의 강철이 사용되었다고 한다. 가끔 볼 만한 전시가 열리곤 한다. www.ndk.bg

VITOSHA MOUNTAIN 비토샤 산은 소피아 교외에 접해 있는데 250km²에 이르는 국립공원의 일부이다. 숲과 강, 온천과 스키장 등이 있으니 관광 안내소에서 지도를 한 장 얻어 하이킹에 나서보자. 보야나(Boyana) 폭포에서는 강물이 15m 아래 보얀스카(Boyanska) 강으로 떨어지는 장관을 감상할 수 있다. 아니면 크냐제노(Knyazheno), 론단치(Rondantsy), 보야나(Boyana), 시메오노보(Simeonovo) 등지에서 온천을 즐기는 것도 방법이다. 이곳의 온천은 치유의 효능이 있다고 알려져 있다. 스키를 타고 싶다면 알레코(Aleko) 스키 리조트가 아주 유명한데, 도심에서 겨우 22km 거리에 있다.

EVENTS

SOFIA DESIGN WEEK 6월
국제적인 디자이너들과 함께하는 워크숍, 전시, 강연이 이어진다.
sofiadesignweek.com

SOFIA FILMFEST 3월 | 재미있는 대규모 행사로 국립미술관에서 개최된다. www.cinema.bg

PARK LIVE MUSIC FESTIVAL
6월 | 사흘에 걸친 음악 축제로 자전거 공원에서 열린다. 국제적인 DJ들과 힙합, 팝, 그리고 일렉트로닉 음악을 즐길 수 있다.
www.parklivefest.com

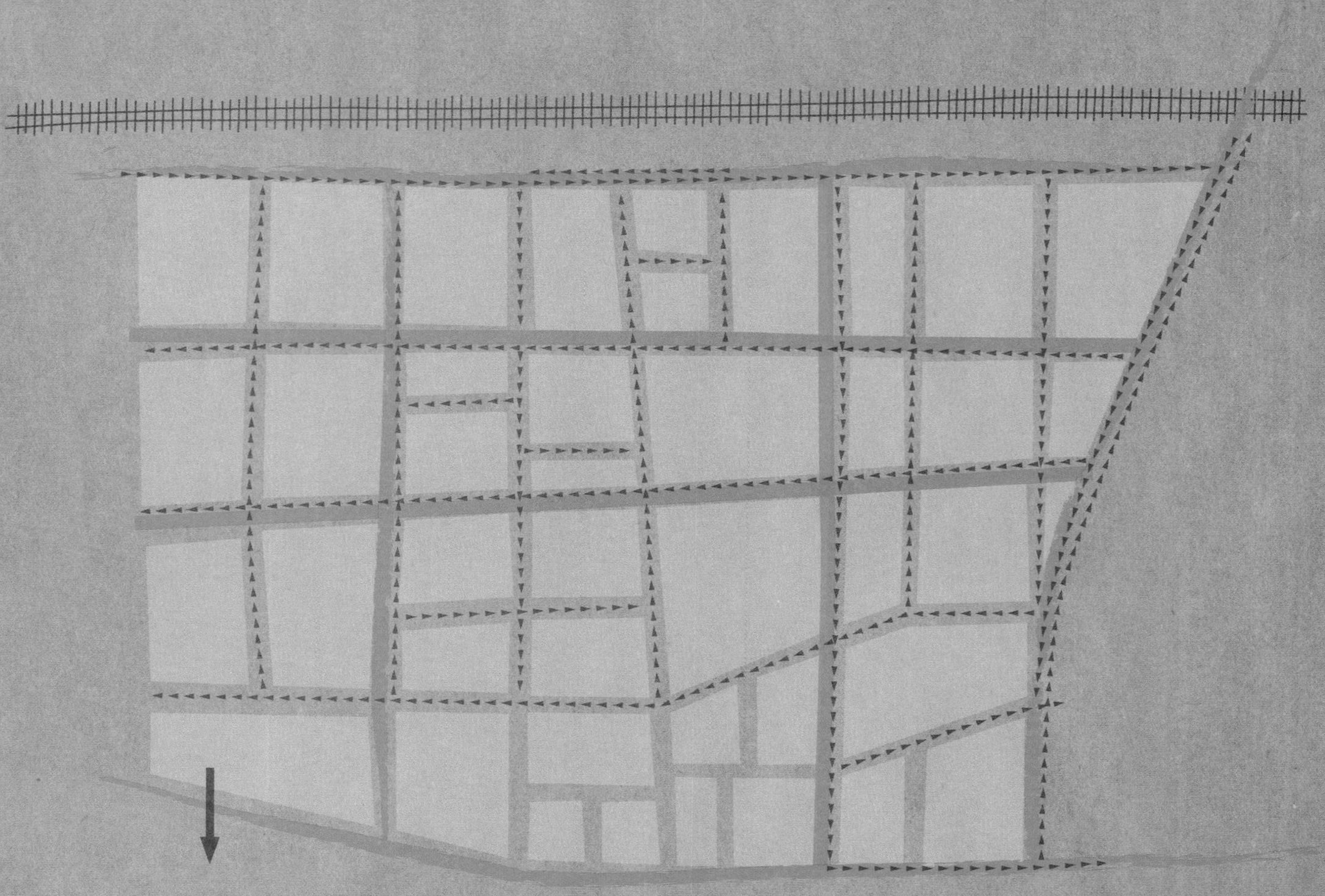

마르티나 스켄데르의 자그레브

martina skender's ZAGREB

자그레브는 여러 면에서 놀라운 도시다. 지리적으로는 메드베드니차(Medvednica) 산과 사바(Sava) 강 사이에 놓여 있다. 아드리아해를 통해 서유럽과 동유럽을 잇는 길목에 위치한 자그레브는 오랜 세월 전략적 요충지로서의 역할을 해왔다. 크로아티아 120만 인구의 1/4 이상이 살고 있지만 그다지 대도시라는 느낌은 들지 않는다. 고층 빌딩도 없거니와, 산과 강 사이에 낀 지리적 형상이 아늑함을 주기 때문이다. 길을 가다 아는 사람과 마주치는 일도 자주 생긴다. 도시에서 느끼기 힘든 정겨움이 남아 있기에 낯선 이들에게도 선뜻 길을 알려주거나, 조언을 해주거나, 심지어는 맥주 한잔을 하며 대화를 나눌 수도 있을 것이다. 오래지 않아 곧 이 도시의 모든 이가 아는 사람처럼 느껴질 것이다.

크로아티아는 과도한 중앙집중화로 비판받고 있는데 그 중심에 자그레브가 있다. 모든 문화, 예술, 스포츠 및 학술기관이 이곳에 집중되어 있다. 대학 시설이 시내 도처에 자리하고 있으며, 엄청난 학생 인구가 자그레브를 활기차고 젊게 유지시켜 주고 있다. 여기저기서 온통 콘서트와 공연, 축제 등의 포스터로 도배된 벽을 볼 수 있을 것이다. 그만큼 연중 내내 행사와 공연이 이어진다. 일단 거리로 나가보자. 이내 당신의 마음을 사로잡을 만한 무언가를 찾게 될 것이다. 길거리 예술은 언급할 필요도 없고, 가는 길목마다 발칸반도만의 유머와 센스가 가득한 사회적 메시지들이 당신의 눈과 귀를 간지럽혀 줄 것이다.

건축적으로 볼 때 자그레브는 비엔나, 부다페스트, 프라하를 연상시키고 약간 이태리적인 분위기도 엿보인다. 넓고 잘 정리된 대로, 작은 안뜰과 중세 구시가지의 구불구불한 골목들을 만나보자. 시내는 구시가지(Gornji Grad)와 신시가지(Donji Grad)로 나뉘어 있으며 양 구역은 푸니쿨라 선로로 이어져 있다. 사바강은 딱히 관광지는 아니지만, 도심지역을 그 현대화된 모습이 보기 흉한 노비 자그레브(Novi Zagreb)로부터 분리시켜주고 있다(자그레브 내 최근 개발된 지역들은 도시계획이 형편없는 편이다). 도심에서 멀어질수록 사회주의적 건축물을 통해 유고슬라비아와 발칸의 역사가 뚜렷이 드러나게 된다.

몇 가지 덧붙이자면, 자그레브는 꽤 안전한 도시이고 둘러보기도 쉬운 곳이다. 냉난방 시설을 갖춘 새 트램과 자전거 도로가 함께 조성되어 있으며, 도시 대부분의 관광지가 걸어서 다닐 만한 거리에 있다. 마음껏 즐겨보시라!

ARCOTEL ALLEGRA ZAGREB 자그레브 최초의 디자이너 호텔. 세련된 지중해식 스타일로 꾸며진 이 호텔은 한 건물을 멀티플렉스 영화관과 나누어 쓰고 있다. 가장 윗층에 있는 피트니스 센터에서는 수려한 경치를 볼 수 있다. Branimirova 29, www.arcotel.at

ASTORIA BEST WESTERN PREMIER HOTEL 1932년 개장한 호텔로, 최근 새롭게 단장했다. 친절하며 아침식사가 맛있는 곳. Petrinjska 71

HOBO BEAR HOSTEL 오래된 건물에 자리한 호스텔로, 모던하면서도 편안한 분위기를 갖추고 있다. 당신이 이 시대의 방랑객이든 알뜰 여행객이든 이곳에서라면 모두 환영받을 것이다. Andrije Medulićeva 4, www.hobobearhostel.com

PLACES TO EAT

PEKARNICA DINARA 자그레브의 분식은 예로부터 피타빵, 페이스트리, 그리고 부렉(치즈, 고기나 야채로 속을 채운 페이스트리) 등 제빵류가 주를 이룬다. 이곳은 베이커리 체인점으로, 가게 밖까지 길게 선 줄과 고소한 빵 냄새로 쉽게 알아볼 수 있을 것이다. 무려 150여 종의 빵을 팔고 있다! Multiple stores; Britanski trg, Gajeva ulica, Dolac Market

BOBAN 유명 축구선수가 소유한 이탈리안 레스토랑으로 지하 와인 창고 콘셉트의 인테리어로 꾸며져 있다. 편안하면서도 세련된 분위기로, 다양한 메뉴와 와인 리스트를 자랑한다. 위층에는 카페가 있어 부자와 미녀들의 데이트 장소로 사랑받고 있다. 점심식사를 하고 싶다면 반드시 미리 예약하기를 권한다. Gajeva 9, www.boban.hr

TRILOGIJA 구시가지 내에서 허기를 달래고자 한다면 이 작고 정겨운 공간이 정답이다. 흥미를 끄는 창의적인 메뉴는 그날그날 돌라츠 시장에서 공수한 신선한 재료에 따라 달라진다. 전세계의 와인을 아우르는 와인 리스트도 훌륭하다. Kamenita 5, www.trilogija.com

RESTORAN NOVA 자연식 원칙에 따른 채식주의 요리를 제공하는 곳이다. 환상적인 맛으로 현지인과 외국인 모두에게 인기가 있다. 차분한 분위기 또한 장점이다. 당신의 하루가 지치고 피곤했다면, 이곳에서 흐트러진 마음을 달래고 평온을 얻을 수 있을 것이다. Ilica 72/I

IVICA I MARICA 크로아티아어로 '헨젤과 그레텔'이라는 이름의 이 식당은 원래 통밀가루, 흑설탕, 유기농 재료를 사용하는 건강한 디저트 전문점으로 시작했다. 이후 동화적 테마와 함께 크로아티아 전통 음식을 파는 레스토랑이 더해졌다. 디저트 가게와 마찬가지로 레스토랑에서도 음식에 대한 유기농과 윤리적인 철학은 고수되고 있다. 건물이 과자의 집처럼 생겼으니 찾기도 쉬울 것이다. Tkalčićeva 70, www.ivicaimarica.com

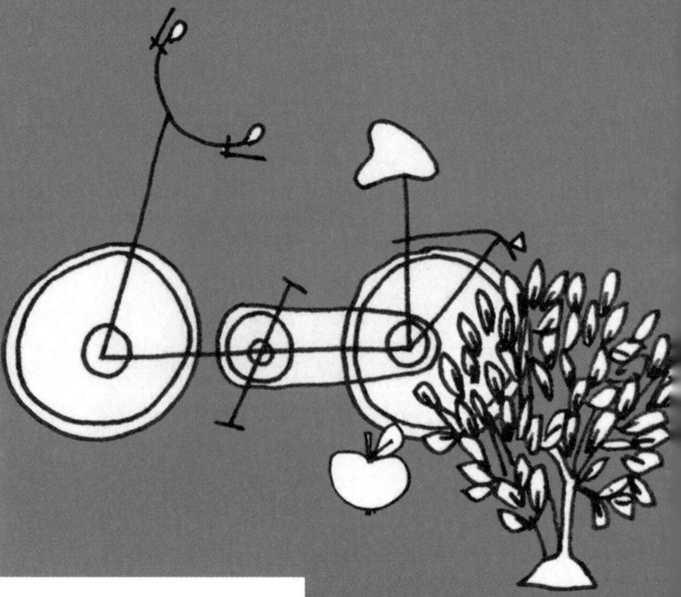

THE JAZZ CLUB ZAGREB 비교적 최근 오픈한 분위기 있는 지하 공간으로, 멋진 재즈 연주와 신인 아티스트를 만날 수 있는 곳이다. 이곳에서 젊은 연주자들은 공연을 펼치고, 영화인들은 영화 상영을 하며, 신진 화가들은 벽에 작품을 전시한다. Gundulićeva 11

SEDMICA 건축학교와 미술학교 사이에 위치한 여유롭고도 비밀스러운 카페 겸 바이다. 학생들과 전문 예술인들에게 인기있는 장소로, 최근 예술계 소식을 얻기에 좋은 곳이다. Kačićeva 7A

KIC KIC(문화정보센터) 내에는 갈 만한 곳이 많다. 1층에는 유명한 테라스 카페가 있다.
2층에는 인터넷 공간, 3층에는 안락한 소파를 갖춘 또 다른 카페와 상영관, 강당이 마련되어 있으니 어디로 갈지 고르기만 하면 된다. 또 건물 밖 코너를 돌면 자그레브에서 유명한 갤러리 중 하나인 Gallery Forum을 찾을 수 있을 것이다. Preradovićeva 5, www.kic.hr

CICA 칼리에바 거리(Tkalieva Street)에는 낮에는 카페였다가 밤이면 술집으로 바뀌는 곳들이 무수히 많다. CICA('가슴'을 의미)는 작고 디자인이 멋진 곳으로, 거리 초입에 있다. 다양한 라키자('rakija', 브랜디의 일종) 메뉴와 힙한 손님들로 잘 알려져 있다. 이따금씩 시 낭송회, 전시회 또는 상영회 등이 열리기도 한다. Tkalčićeva 18

KRIVI PUT '진입 금지'라는 뜻의 Krivi Put은 현지인들이 즐겨찾는 곳으로 새벽 2시까지 영업한다. 그래피티로 뒤덮인 작은 창고 건물은 갤러리, 소시지 분식집과 마당을 공유하고 있다. 가끔 콘서트를 개최하기도 하지만 보통 때는 그저 좋은 음악과 흥겨운 분위기, 그리고 저렴한 술을 즐길 수 있는 곳이다. Runjaninova 3

PROFIL MEGASTORE 자그레브의 도서 천국. 정말이다. 나는 적어도 일주일에 한 번씩 이곳에 들른다. 문학, 철학, 사회학 그리고 예술 디자인 분야 등의 다양한 책이 너무도 잘 갖추어져 있다. 겨울에 찾기 좋은 위층의 카페도 놓치지 말자. 지하에는 멀티미디어 상점도 있다. Bogovićeva 7

CROATA KRAVATA 크로아티아는 세상에서 가장 아름다운 넥타이를 생산한다. 그리고 그것들을 바로 여기에서 사면 된다. 품질 좋은 실크와 다양한 직조 기술을 이용해서 제작된 제품들은 그 섬세한 디테일과 패턴이 뛰어나다. Oktogon Passage near Ilica

NEBO Importanne Mall 내에 있는 이 멋진 가게는 디자이너 딘카 그루비쉬츠(Dinka Grubišic)의 미니멀한 스타일의 제품들로 가득하다. Radićeva 17

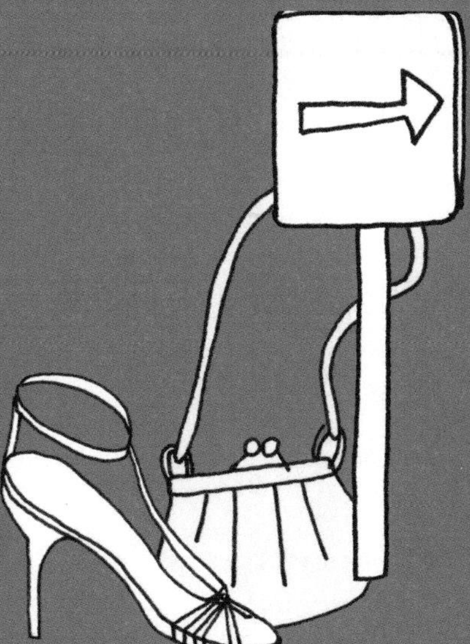

SHOPPING

DOLAC MARKET 돌라츠 시장은 자그레브의 중심이라 할 수 있다. 아직까지도 농부들이 농작물을 팔기 위해 먼 곳에서 여기까지 오곤 한다. 옐라치치(Jelacić) 광장 북쪽에 있는 계단을 올라가면 과일과 야채로 둘러싸인 야외 시장과 마주치게 될 것이다. 조금 더 가다보면 수공예 바구니, 직물 및 기타 크로아티아 특산품도 볼 수 있다. 다른 한쪽에서는 생선, 고기, 치즈와 파스타를 팔고 있다. 돌라츠 시장은 유럽 최고의 시장 가운데 하나이다. Tkalčićeva

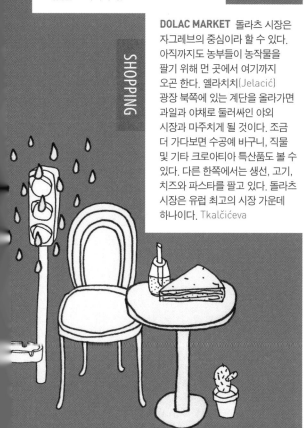

ANTIQUES MARKET BRITANAC 매일 열리는 브리타나츠 시장은 일요일이면 골동품 벼룩시장으로 변신한다. 자그레브의 옛 모습을 발견하기에 좋은 곳이다. 옛날 사진, 식기, 장신구와 가구 외에도 상인들의 '그 좋던 옛시절' 얘기가 함께 하는 곳이다. Britanski trg

I-GLE 크로아티아의 패션디자인은 돌파구를 찾기 위해 오랜 기간 노력해왔다. 이윽고 몇몇 디자이너가 영향력을 끼치기 시작했고, 심지어는 국제적으로도 알려지게 되었다. I-gle도 그중 하나다. 이들이 만들어내는 놀라울 정도로 드라마틱한 의상은 컬트적 지위를 얻기에까지 이르렀다. Dežmanov prolaz 4, www.i-gle.com

BOUDOIR 또 하나의 인상 깊은 패션 브랜드로, 여성스럽고 노스탤직하며 로맨틱한 의류를 판매하고 있다. Radićeva 25

PRODAVAONICA KARAS 자그레브에서 가장 오래된 미술용품점으로 다양한 재료를 판매하고 있다. 인접한 곳에 Galerija Likum이라는 갤러리도 운영하고 있다. Dežmanov prolaz 2

FILMSKI PROGRAMI 대안/예술/클래식/아마추어 영화를 다루는 프로그램으로 19세기에 개관한 Tuškanac Cinema에서 진행된다. 상영 외에도 워크숍, 감독과의 대화를 포함한 여러 이벤트가 준비되고 있으니 홈페이지를 확인해보자. Tuškanac 1, www.filmski-programi.hr

HDD GALERIJA 크로아티아디자인연합(HDD)은 자발적인 비영리 전문가 단체로 회원들의 업무환경을 개선하기 위해 조직되었다. 이곳에서 새로 오픈한 갤러리에서는 크로아티아의 디자인을 주제로 전시와 강연, 그리고 정보 공유가 이루어진다. Boškovićeva 18, www.hdd.hr

ULUPUH GALLERY 응용미술가협회에서 운영하는 갤러리로, 건축, 산업디자인, 사진, 도예, 직물디자인과 보석디자인 등 전 분야에 걸친 전시를 개최한다. Tkalčićeva 14

GALLERIES AND CULTURE

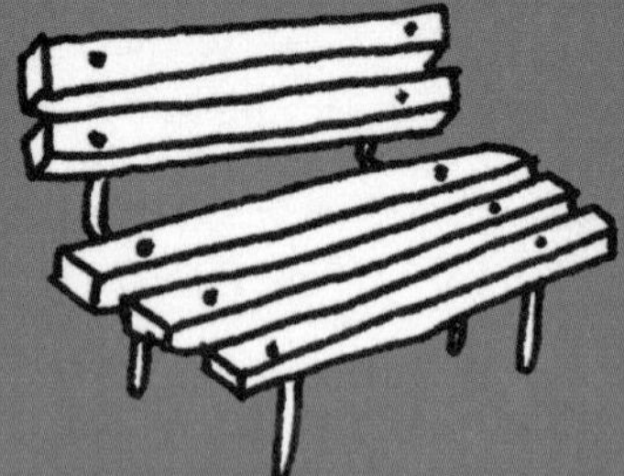

HDLU HDLU(크로아티아예술인협회)는 크로아티아 조각가 이반 메스트로비치(IvanMestrovic)가 1938년에 설계한 세계 최초의 원형 박물관 내에 자리잡고 있다. 역사의 흐름 속에서 회교사원, 파빌리온 등으로 사용되다가 현대에 이르러 지금의 갤러리 공간이자 복합 문화 센터로 재탄생되었다. 국제적 수준의 전시가 열리는 곳으로 가볼 만한 가치가 충분하다. Trg žrtava fašizma, www.hdlu.hr

STUDENTSKI CENTAR 전시관람을 위해서든, 연극이나 콘서트를 보기 위해서든, 자그레브 최대의 영화관에서 영화를 보기 위해서든, 아니면 밤에 술집이나 클럽을 가기 위해서든, 자그레브에 있다 보면 어떻게든 이곳(학생 센터)에 오게 될 수밖에 없을 것이다. 이곳은 자그레브 최초의 국제 박람회가 열렸던 건물에 자리하고 있다. 개보수를 거친 공간도 있고, 그렇지 않은 공간도 있다. 어떤 면에서는 크로아티아 대안 공간의 심장이라 할 수 있는 곳이다. Savska 5, www.sczg.hr

WALKS AND ARCHITECTURE

ZAGREB'S ARCHITECTURE 자그레브의 건축 산책은 업타운의 바로크 건축부터 시작할 수 있다. 그곳에서부터 시내로 내려오다 보면서 분리파 건물의 훌륭한 모델뿐 아니라 세기 전환기의 건축물을 볼 수 있다. 이후 부코바르스카(Vukovarska) 거리를 걸어내려 가면서 전성기의 사회주의 건축물을 감상하면 된다. 새로 지은 국립대학교 도서관(NSB)도 지나게 될 텐데, 이곳은 1995년에 지어진 현대 건축의 좋은 사례이다. 마지막으로는 자그레브에서 가장 최근에 지어진 건물인 현대미술관과 마주칠 것이다. 이후 조용한 휴식이 필요하다면 아름다운 미로고이(Mirogoj) 묘지로 가보자. 유럽 내에서도 빼어난 전망을 자랑하는 이곳은 미로고이스카(Mirogojska) 대로와 헤르만 볼레(Hermann Bolle) 거리가 만나는 곳에 있는데, 건축가 헤르만 볼레가 본당을 직접 설계했다.

GREEN ZAGREB 자그레브에는 자연 속에서 산책을 즐길 수 있는 아름다운 곳이 많다. 메드베드니차Medvjednica Mountain) 산 꼭대기에 있는 슬리에메(Sljeme)는 기차 한 번이면 닿을 수 있다. 또는 사바 강변을 따라 길게 뻗은 녹지를 따라 걸을 수도 있다. 나는 바람을 쐬러 자주(심지어는 비가 오는 날에도) 이곳에 들른다. 그 밖에도 시내 동쪽에 있는 막시미르(Maksimir) 공원을 가보는 것도 괜찮다. 공원 내에는 아늑한 풀밭과 동물원이 있다. 여름에 온다면 자그레브의 유명한 호수인 자룬(Jarun)에서 꼭 수영을 해보기 바란다.

EVENTS

9월부터 6월까지는 거의 매주 서로 다른 행사나 이벤트가 열린다. 이 가운데 내가 즐겨찾는 곳들을 추천한다.

ANIMAFEST 6월 | 유럽에서 두 번째로 오래된 애니메이션 페스티벌이다. 유명한 자그레브 애니메이션 학교의 전통을 기반으로 만들어진 축제. www.animafest.hr

MUSIC BIENNALE ZAGREB 5월 | 1961년부터 계속되어 온 국제 현대음악 페스티벌

ZAGREBDOX 2월~3월 | 이 지역 최대의 다큐멘터리 영화 페스티벌 www.zagrebdox.net

ZAGREB FILM FESTIVAL 10월 | 자그레브 버전의 베를린 또는 칸느 영화제는 해가 갈수록 발전해 나가고 있다. 이 영화제에서 열리는 멋진 파티들도 빼놓을 수 없다. www.zagrebfilmfestival.com

TJEDAN SUVREMENOG PLESA 5월~6월 | 일주일간 열리는 이 무용 축제는 현대무용과 신체극, 마임의 선두에 있는 공연들을 볼 수 있는 좋은 기회이다. www.danceweekfestival.com

에브리피데스 잔티데스의 레프코시아

evripides zantides's Lefkosia

니코시아, 또는 현지식 명칭으로 레프코시아는 유구한 역사를 자랑한다. 그 사실은 시내 어디에서든 분명하게 드러난다. 니코시아는 지리적으로 이상적인 위치에 놓인 만큼 오랜 세월에 걸쳐 수많은 나라의 침입을 받았다. 15세기에 베네치아 공화국이 쌓아 놓은 성벽이 현재 구시가지의 경계를 이루고 있으며, 16세기에 침략하여 3년간 지배했던 오토만 제국은 뚜렷한 문화적 흔적을 남겼다.

1960년 키프로스 독립 직전까지만 해도 니코시아는 그리스계와 터키계 사이의 갈등으로 인해 폭력사태가 이어지고 있었고, 이 갈등은 1974년의 그리스계 세력의 쿠데타와 터키군의 침공으로까지 이어졌다. 지난 35년간 니코시아의 북부는 소위 '그린라인(the Green Line)'에 의해 북쪽의 터키계 키프로스인 지역과 남쪽의 그리스계 키프로스인 지역으로 분리되어 있었다. 이 두 세력간의 화해를 위해 2008년에 이르러 번화가인 레드라(Ledra) 거리 쪽의 그린라인은 허물어졌다.

니코시아는 건축학적으로 보더라도 전쟁 이전의 구도시와 전후의 신도시로 나뉜다. 개인적으로는 구도시 쪽이 더 흥미롭다. 이곳은 바람부는 거리가 끝없이 이어지며 독특한 매력과 다양한 이벤트로 활기를 띤다. 구도시의 중심부에서는 주거용 건물을 찾아보기가 어렵다. 과거 주택이었던 곳들은 현재 목공예나 유리공예점 등 상업적인 용도로 이용되고 있다. 한편 이곳을 가까이 들여다 본다면 감추어진 구석구석에서 오랜 기간 그곳을 지켜온 노인들이나 지역 활성화를 위해 정부지원을 받아 이곳에 입주한 젊은이들을 만날 수 있을 것이다. 이외에 젊은 층이 운영하는 색다른 단체나 외국인이 운영하는 소규모 상점들도 눈에 띌 것이다.

나는 대학시절을 제외하고는 평생을 니코시아에서 살았다. 내가 이 도시에서 가장 좋아하는 것은 보름달이 뜬 여름밤에 야외 영화관을 찾는 일이다. 키프로스의 UN 가입 후 도시도 성장하여 현재 3백만 명이 넘는 인구가 니코시아에 살고 있다. 그럼에도 불구하고 친절하고 저렴한 택시와 편리한 버스 시스템 덕분에 시내 어느 곳이든 쉽게 오갈 수 있다. 따스하고 친숙한 분위기는 니코시아를 떠날 때마다 이곳을 그리워하게 한다. 친구들 집의 베란다와 넓은 정원은 손님들에게도 언제나 활짝 열려 있어 할루미 치즈와 수박을 먹으며 늦은 밤까지 이야기를 나눌 수 있다.

PLACES TO SATY

ALMOND HOTEL 비즈니스 호텔이지만 나는 이 호텔의 스타일을 정말 좋아한다. 아주 작고 편안하다. 도심에서 약간 벗어나 있지만 괜찮은 위치에 있고, 조용한 편이다. 25th March Street 11, Ayioi Omologites, www.almond-businesshotel.com

CROWN INN HOTEL 시내 바로 외곽의 아름다운 주택가인 아이오스 안드레아스(AyiosAndreas) 지역에 위치한 조용한 호텔이다. 리모델링한 지 그리 오래지 않은 테라 호텔을 한 바퀴 둘러보고 나면 이 도시가 과거의 유산을 어떻게 활용하고자 하는지 알 수 있을 것이다. 13 Philellinon Street, Ayios Andreas, www.crowninnhotel.com

HOTEL AVEROF 현지인이 주인인 도심부의 호텔로, 목재와 연철이 주를 이루는 인테리어와 현지 생산된 가구가 놓여 소박하게 꾸며져 있다. 19 Averof Street, Ayios Andreas, www.averof.com.cy

CLASSIC HOTEL 짧은 여정에 더할 나위 없이 좋은 호텔이며, 개인적으로도 몇몇 친구와 동료들에게 추천한 적이 있다. 미니멀한 인테리어지만 안락한 편이고 시내 중심의 좋은 위치에 있다. 94 Rigenis Street, www.classic.com.cy

PLACES TO EAT

ZANETTOS 내가 좋아하는 곳 중 하나이다. 가족이 운영하는 레스토랑으로, 저녁에만 영업을 하며 메쩨(mezze) 요리를 제공한다. 나는 이곳에 올 때마다 아주 편한 마음으로 탐식하곤 하는데, 그들이 만드는 요리가 무엇이든 결국엔 맛을 보게 된다. 생기 넘치는 분위기는 주말에 한층 더 즐거워진다. 65 Trikoupi Street, www.zanettos.com

IL FORNO 나는 업무상의 미팅이나 아이디어 회의를 종종 이곳에서 마무리하게 된다. 잘 알고 지내는 주인이 직접 요리한 파스타 위로 수많은 디자인 아이디어가 솟아오르곤 한다. 아주 작은 식당이지만 음식의 양은 많다. 가격 대비 훌륭한 곳! 216-218 Ledras Street

MAT-THAIOS 좁은 골목길에 놓여 현지 생활을 느낄 수 있는 식당이다. 정통 키프로스 요리를 하는 곳으로 언제나 신선하고 맛있다. 4 Platia 28 Oktovriou

AYIOS YIORGOS (ST. GEORGE) 오직 현지 음식만을 제공하는 키프로스 전통 식당이다. 식당이 시장 광장에 있어, 나는 장이 서는 날(수요일과 토요일) 이곳에 와서 노점상들과 나란히 앉아 음식을 먹곤 한다. 이따금씩 밤이면 단골 손님들의 즉흥적인 부주키 연주가 들려오기도 한다. 27 Platia Paliou Dimarchiou

KALA KATHOUMENA 절제된 스타일의 전통 커피숍으로, 구시가지에 있으며 늦은 시간까지 문을 연다. 오래된 독특한 형태의 건물에 자리잡고 있는데 나무와 각종 식물이 그늘을 드리우고 있다. 주인은 항상 친절하다. 음악가들이 특히 즐겨찾는 곳이다. 21 Nicocleous, Stoa Faneromenis

NEW DIVISION 레프코시아에서 내가 가장 좋아하는 곳으로, 친구들과 자주 찾는 편이다. 식민지 시대 스타일의 안뜰이 있는 주택을 개조한 공간에서는 언제나 수준 높은 얼터너티브 음악이 흐르고 있어 다양한 손님을 끌어당긴다. 2 V Frederikis Street

TRITOS 이곳은 이벤트가 있을때만 문을 여는 곳이다. 오래된 아파트 건물 3층의 한 공간을 창의적으로 변신시켜 지금의 바가 되었다. 주로 라이브 음악 행사를 개최하고 있으며 레프코시아 문화계에서 중요한 역할을 담당하고 있다. 40 Leoforos Evagorou, Pantheon Building, 3rd Floor, www.pantheongallery.org

BREW 레프코시아에서 가장 관광지화된 곳인 라이키 기토니아(LaikiGitonia)의 중심에 있음에도 불구하고, 이곳은 아직 가볼 만하다. 낮에는 차와 음식을 팔고 밤에는 젊은 예술가들과 학생 등 현지인들이 모여드는 술집이 되어 활기를 띤다. 30B Hippocratous

PLATOS 구시가지의 중앙에 있는 이곳은 옛날 옛적부터 죽 있어온 곳으로 진정한 키프로스식 주점이다. 여름에는 분위기 좋은 안뜰을 즐길 수 있고, 겨울에는 아늑한 난롯가가 좋다. 8-10 Platonos Street

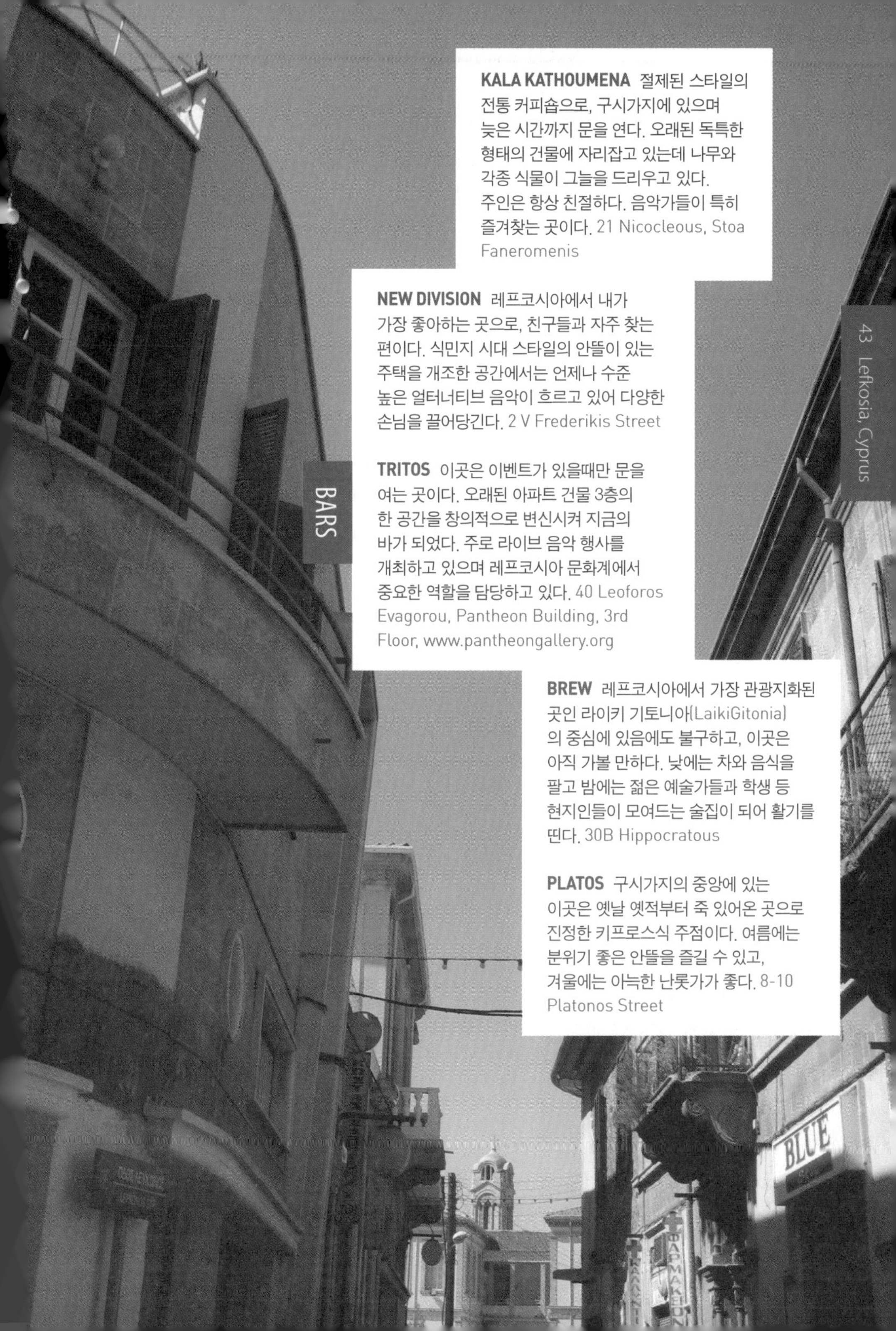

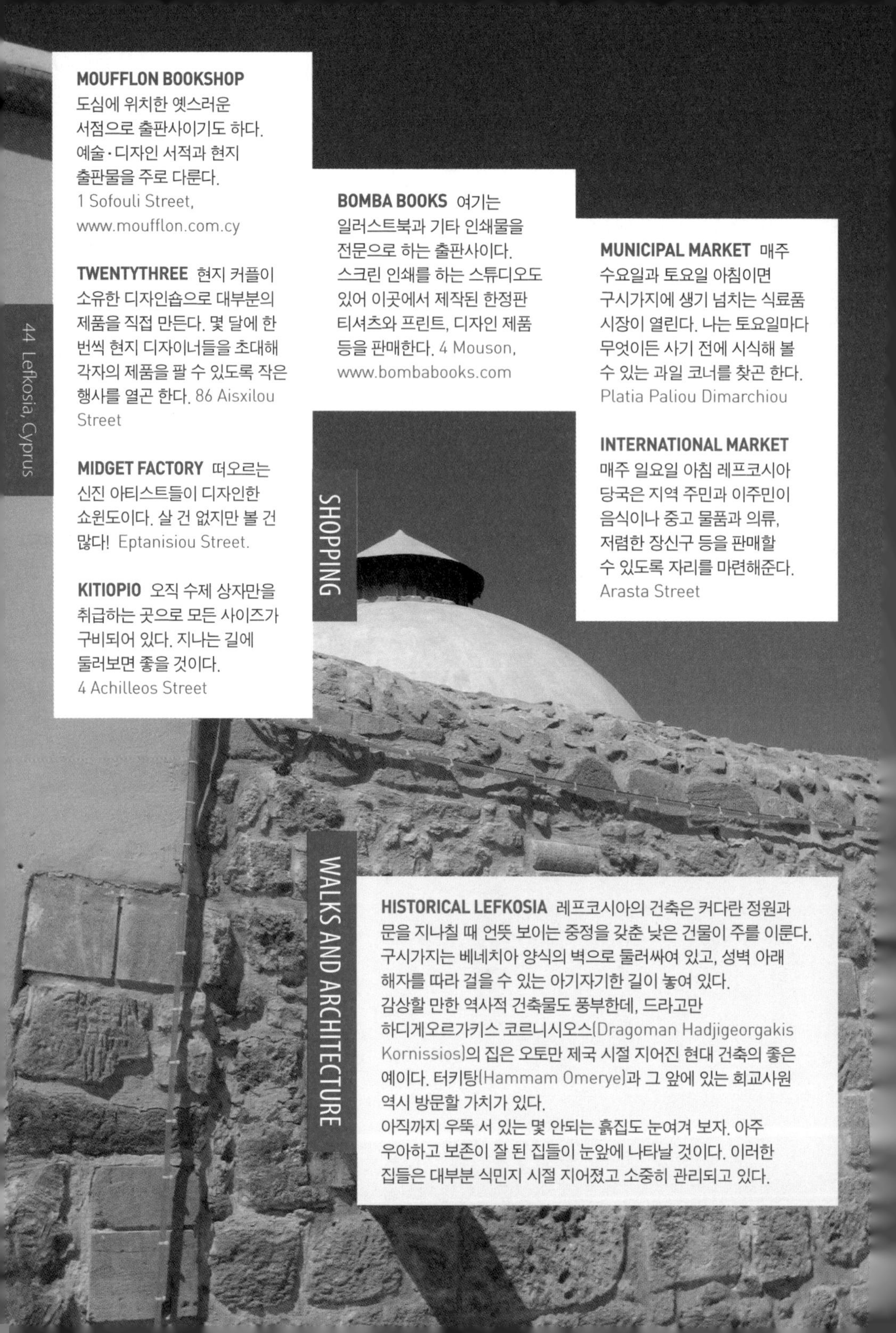

SHOPPING

MOUFFLON BOOKSHOP
도심에 위치한 옛스러운 서점으로 출판사이기도 하다. 예술·디자인 서적과 현지 출판물을 주로 다룬다.
1 Sofouli Street, www.moufflon.com.cy

TWENTYTHREE 현지 커플이 소유한 디자인숍으로 대부분의 제품을 직접 만든다. 몇 달에 한 번씩 현지 디자이너들을 초대해 각자의 제품을 팔 수 있도록 작은 행사를 열곤 한다. 86 Aisxilou Street

MIDGET FACTORY 떠오르는 신진 아티스트들이 디자인한 쇼윈도이다. 살 건 없지만 볼 건 많다! Eptanisiou Street.

KITIOPIO 오직 수제 상자만을 취급하는 곳으로 모든 사이즈가 구비되어 있다. 지나는 길에 둘러보면 좋을 것이다.
4 Achilleos Street

BOMBA BOOKS 여기는 일러스트북과 기타 인쇄물을 전문으로 하는 출판사이다. 스크린 인쇄를 하는 스튜디오도 있어 이곳에서 제작된 한정판 티셔츠와 프린트, 디자인 제품 등을 판매한다. 4 Mouson, www.bombabooks.com

MUNICIPAL MARKET 매주 수요일과 토요일 아침이면 구시가지에 생기 넘치는 식료품 시장이 열린다. 나는 토요일마다 무엇이든 사기 전에 시식해 볼 수 있는 과일 코너를 찾곤 한다.
Platia Paliou Dimarchiou

INTERNATIONAL MARKET
매주 일요일 아침 레프코시아 당국은 지역 주민과 이주민이 음식이나 중고 물품과 의류, 저렴한 장신구 등을 판매할 수 있도록 자리를 마련해준다.
Arasta Street

WALKS AND ARCHITECTURE

HISTORICAL LEFKOSIA 레프코시아의 건축은 커다란 정원과 문을 지나칠 때 언뜻 보이는 중정을 갖춘 낮은 건물이 주를 이룬다. 구시가지는 베네치아 양식의 벽으로 둘러싸여 있고, 성벽 아래 해자를 따라 걸을 수 있는 아기자기한 길이 놓여 있다.
감상할 만한 역사적 건축물도 풍부한데, 드라고만 하디게오르가키스 코르니시오스(Dragoman Hadjigeorgakis Kornissios)의 집은 오토만 제국 시절 지어진 현대 건축의 좋은 예이다. 터키탕(Hammam Omerye)과 그 앞에 있는 회교사원 역시 방문할 가치가 있다.
아직까지 우뚝 서 있는 몇 안되는 흙집도 눈여겨 보자. 아주 우아하고 보존이 잘 된 집들이 눈앞에 나타날 것이다. 이러한 집들은 대부분 식민지 시절 지어졌고 소중히 관리되고 있다.

GALLERIES AND CULTURE

PANTHEON CULTURAL ASSOCIATION
페스티벌, 워크숍, 음악회/공연 제작 등을 하는 비영리기관으로, 젊은 예술가들에게 좋은 기회를 제공하고 있다.
40 Leoforos Evagorou, 2nd Floor

STOA AESCHYLOU 실험 예술 프로젝트를 지원하는 흥미로운 곳. 5 Aisxilou Street, www.stoaaeschylou.blogspot.com

ARTOS CULTURAL AND RESEARCH FOUNDATION 현대 미술 및 과학 센터로 재미있는 행사를 열곤 한다.
64 Ayios Omoloyiton Avenue, www.artosfoundation.org

LEFKOSIA MUNICIPAL CENTRE OF THE ARTS (POWER HOUSE) 옛날 발전소를 바우하우스 양식으로 개조한 아주 특색 있는 공간이다. 20여 년 간 버려져 있던 이곳을 1994년 개조하여 주요 문화행사에 이용하고 있다. 19 Apostolou Varnava Street

IS NOT GALLERY 이 갤러리는 주로 사진 전시회를 개최한다. 구시가에 있으며 언더그라운드 예술을 지원한다.
11 Odysseos Street

DIATOPOS GALLERY 실험적인 공간으로 대안 예술 프로젝트와 비디오 설치 작품을 전시한다. 아주 다이나믹한 곳. 11 Kritis, www.diatopos.com

EVENTS

KYPRIA FESTIVAL 9월~10월 | 키프로스 전역에서 열리는 연례 예술 축제로 교육문화부에서 주관한다.

INTERNATIONAL DOCUMENTARY FILM FESTIVAL OF LEFKOSIA 7월~8월 | 1주일간 열리는 페스티벌로 각국의 빼어난 다큐멘터리 영화 작품을 볼 수 있다.

RAINBOW FESTIVAL 11월 | KISA(평등, 후원, 반인종차별 운동)는 매년 시내 중심에서 모든 국적의 사람들이 모여 전통 무용, 음악, 연극과 음식을 통해 자신의 문화를 자랑하는 축제를 개최한다. www.kisa.org.cy

프라하의 지도.
내가 도시 안에서
생활하는 다양한 지역을
구조적으로 표현하였다.

필립 블라첵의 프라하

Filip Blažek's PRAGUE

프라하는 그림 같은 도시이다. 세계 2차대전 당시 폭격을 대부분 피할 수 있었던 프라하에는 블타바(Vltava) 강을 따라 고딕 양식의 첨탑, 르네상스식 저택, 큐비즘 건축물과 아르데코 구역이 나란히 조화를 이루고 있다. 한 가지 아쉬운 점은 프라하가 유명 관광지가 되어버렸다는 사실이다. 유럽에서 여섯 번째로 관광객이 많은 도시로, 저렴한 맥주와 나이트클럽 때문에 인기 있는 주말 여행지가 되었다. 관광객에게 바가지를 씌우는 곳이나 지나치게 비싼 레스토랑들(체코어를 들을 수 없는 곳)을 피할 수만 있다면 분명 잊지 못할 여행이 될 것이다.

주요 방문지는 모두 도심 지역이라 걸어다닐 수 있다. 더 먼 곳을 가보고 싶다면 지하철, 트램, 버스 등의 편리한 대중교통과 페트린(Petrin) 언덕을 오르는 멋진 푸니쿨라를 이용해보기를 권한다. 블라타 강의 섬들을 이어주는 페리도 있다. 여기서 유의해야 할 점은 택시를 이용할 때 바텐더나 호텔 리셉션을 통해 예약하거나 검증된 택시 회사를 이용해야 한다는 것이다. 500미터를 이동하는 데 하루 전체 예산을 낭비하고 싶지 않다면 절대 바츨라프 광장(Wenceslas Square)이나 구시가의 광장에서는 택시를 잡지 않는 것이 좋다.

내가 살고 일하는 홀레쇼비체(Holešovice) 지역은 특히 추천하고 싶다. 교외 산업용지로 조성된 이곳은 십여 년 전부터 강의 부두를 중심으로 빠르게 성장하고 있다. 공장 부지였던 곳은 이제 예술기관이나 상업구역으로 변하고 있다. 국립미술관의 현대미술관은 웅장한 무역전시관(Veletržni Palace) 건물에 있고, 과거 야생보호구역이었던 스트로모프카(Stromovka)는 현재 거대한 공원으로 변모하여 박람회장, 강, 그리고 레트나(Letna) 언덕에 둘러싸여 있다. 휴식, 자전거, 산책, 조깅이나 소풍 등 그 무엇을 하기에도 그만인 곳이다. 홀레쇼비체는 타지역에 비해 관광지는 아니지만 멋진 풍경과 숨은 보석이 반짝이는 곳이라 특히 추천하고 싶다.

홀레쇼비체로의 초대를 프라하 중심을 제외한 나머지 모든 지역으로의 초대로 받아들여도 좋다. 관광화되지 않은 프라하의 교외에서 지쉬코프(Žižkov)의 전통 맥주집과 과거 산업지구였으나 지금은 장누벨의 현대 건축물이 자리잡고 있는 안델(Ande) 지역, 그리고 유명 건축가들이 지은 기능주의 양식의 저택들을 방문해 보기를 권한다.

차를 태워준다는 말에 속지 말자!
아래는 믿을 만한 몇 군데 택시
회사 정보이다.
AAA RADIOTAXI 전화: +420
222 333 222 온라인 예약: www.
radiotaxiaaa.cz
CITYTAXI 전화: +420 257 257
257 문자: +420 777 257 257,
온라인 예약: www.citytaxi.cz
MODRÝ ANDĚL +420 272
700 202, 온라인 예약: www.
modryandel.cz.

PLACES TO STAY

SIR TOBY'S 아마 프라하에서 가장
유명한 호스텔일 것이다. 홀레쇼비체에
위치해 있어 트램(밤새 운영한다)을
타면 시내까지 10분밖에 걸리지 않고
개인용 방도 많다. 지하에는 펍이
있어서 공연하거나 영화를 상영하고
가까운 곳에 괜찮은 클럽도 두어 군데
있다(Mecca와 Cross). 바로 옆집인
이탈리안 레스토랑 Lucky Luciano는
유명한 '마피아' 식당이다. Dělnická
24, Prague 7, www.sirtobys.com

HOTEL JOSEF 최근 디자인 호텔의
붐이 프라하에 일기 시작했다. 이곳이
처음에 생긴 곳 중 하나이다. 체코
출신의 유명 디자이너 에바 지리크나
(EvaJiricna)가 디자인했으며, 도심
지역에서도 중심지에 있고 구시가
광장에서 10분 거리이다. 호텔의
로고와 간판은 유명 디자인 스튜디오
Najbrt 소속의 주자나 레드니카
(Zuzana Lednicka)가 디자인했다.
Rybná 20, Prague 1, www.
hoteljosef.com

PLACES TO EAT

U HOUBAŘE 프라하 시내의 전통 맥주집은 지난
20년 간 거의 사라져 식당이나 바, 펍 등으로
바뀌었다. 홀레쇼비체의 무역전시관(Veletržnipalace)
반대 편에 있는 이곳은 아직 남아 있는 몇 안 되는
맥주집 중 하나이다. 관광객이 전혀 없는 이곳만의
분위기 속에서 저렴한 가격의 굴라쉬, 구운 안주
요리와 함께 끝내주는 필스너 우르켈을 마실 수 있다.
Dukelských hrdinů 30, Prague 7

ESSE 홀레쇼비체 식당가에 최근 등장한 곳이다. 바,
레스토랑, 클럽이 함께 있는 곳으로 비흡연자를 위한
넓은 공간(프라하에서는 매우 드물다)이 마련되어
있다. 음식은 섬세하고 서비스는 완벽하다. 다른 말로
하자면 많은 이들이 찾는 곳이니 반드시 예약을 해야
한다는 뜻. 나는 가장 중요한 고객들을 이곳에서
대접했는데, 매우 성공적이었다. Dukelských
hrdinů 696/43, Prague 7, www.esse.cz

PRVNÍ HOLEŠOVICKÁ KAVÁRNA 1990년대 초반에
문을 연 이 카페는 내가 홀레쇼비체를 드나들기
시작한 이유 중 하나였다. 친숙한 분위기와 맛있는
음식, 싼 가격의 맥주가 있고 저녁에는 현지인들,
예술가와 작가들로 붐빈다. 젊은 예술가들의 작품이
판매되는 전시도 주기적으로 열린다. 만약 담배
연기가 거슬린다면 바로 옆 가게인 La Fabrika의
'야외 공간'으로 가보도록 하자. Komunardů 30,
Prague 7

HOTEL YASMIN 디자인 스튜디오 Najbrt은 이 호텔의
디자인에도 참여했는데, 건축 스튜디오인 Mimolimit과의
콜라보레이션으로 이루어졌다. 위치가 좋고 멋스러운
인테리어와 음식으로 온라인 상에서 좋은 평가를 받고
있다. Politických vězňů 913/12, Prague 1,
www.hotel-yasmin.cz

DŮM U VELKÉ BOTY 내 친구들이 운영하는 작은
가족 호텔로 말라 스트라나(Mala Strana)의 오래된
르네상스식 주택 건물을 사용하고 있다. 프라하성에서 10
분 거리에 있고, 로브코비츠(Lobkowitz) 궁 바로 맞은
편의 작은 광장에 있다. 이 호텔에 묵은 적이 있는 내
모든 지인들은 서비스의 품질과 가족적인 분위기에 매우
만족했다. 아닌게 아니라 이곳은 각종 여행 사이트에서
프라하 최고의 B&B 중 하나로 꼽히고 있다! Vlašská
30/333, Prague 1, www.dumuvelkeboty.cz

대중교통 시스템: 세 개의 지하철 노선이 있다. 트램 노선(핑크색으로 표시)은 지나가는 거리마다 상권을 부흥시킨다. 트램이 지나는 대부분의 지역에는 상점들이 줄지어 서 있다. 기차(검정색)는 도심에서는 그다지 이용되지 않고 있다.

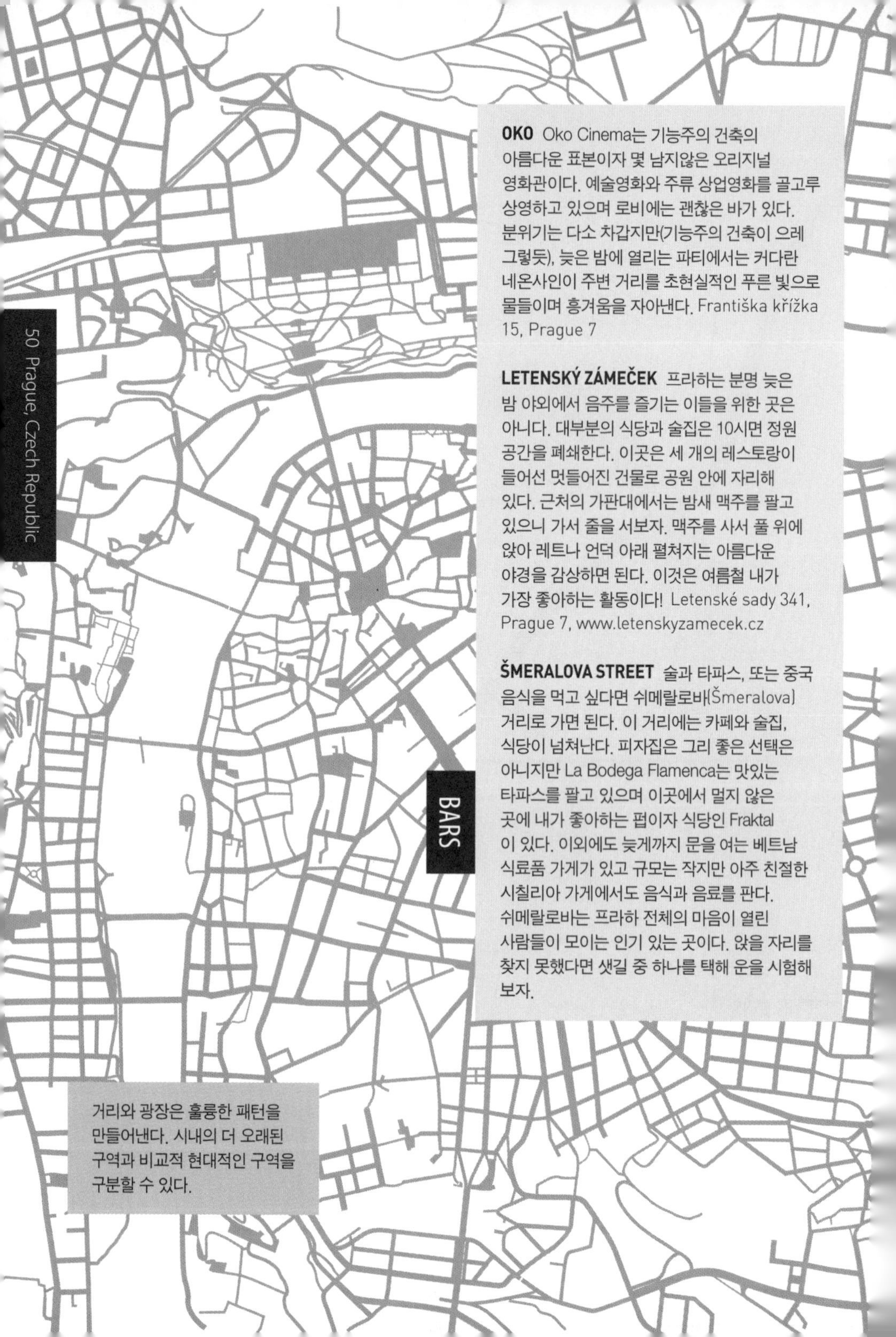

OKO Oko Cinema는 기능주의 건축의 아름다운 표본이자 몇 남지않은 오리지널 영화관이다. 예술영화와 주류 상업영화를 골고루 상영하고 있으며 로비에는 괜찮은 바가 있다. 분위기는 다소 차갑지만(기능주의 건축이 으레 그렇듯), 늦은 밤에 열리는 파티에서는 커다란 네온사인이 주변 거리를 초현실적인 푸른 빛으로 물들이며 흥겨움을 자아낸다. Františka křížka 15, Prague 7

LETENSKÝ ZÁMEČEK 프라하는 분명 늦은 밤 야외에서 음주를 즐기는 이들을 위한 곳은 아니다. 대부분의 식당과 술집은 10시면 정원 공간을 폐쇄한다. 이곳은 세 개의 레스토랑이 들어선 멋들어진 건물로 공원 안에 자리해 있다. 근처의 가판대에서는 밤새 맥주를 팔고 있으니 가서 줄을 서보자. 맥주를 사서 풀 위에 앉아 레트나 언덕 아래 펼쳐지는 아름다운 야경을 감상하면 된다. 이것은 여름철 내가 가장 좋아하는 활동이다! Letenské sady 341, Prague 7, www.letenskyzamecek.cz

ŠMERALOVA STREET 술과 타파스, 또는 중국 음식을 먹고 싶다면 쉬메랄로바(Šmeralova) 거리로 가면 된다. 이 거리에는 카페와 술집, 식당이 넘쳐난다. 피자집은 그리 좋은 선택은 아니지만 La Bodega Flamenca는 맛있는 타파스를 팔고 있으며 이곳에서 멀지 않은 곳에 내가 좋아하는 펍이자 식당인 Fraktal이 있다. 이외에도 늦게까지 문을 여는 베트남 식료품 가게가 있고 규모는 작지만 아주 친절한 시칠리아 가게에서도 음식과 음료를 판다. 쉬메랄로바는 프라하 전체의 마음이 열린 사람들이 모이는 인기 있는 곳이다. 앉을 자리를 찾지 못했다면 샛길 중 하나를 택해 운을 시험해 보자.

BARS

거리와 광장은 훌륭한 패턴을 만들어낸다. 시내의 더 오래된 구역과 비교적 현대적인 구역을 구분할 수 있다.

SHOPPING

최근까지만 해도 프라하에는 디자인숍이 없다시피 했다. 상황이 서서히 나아지고는 있지만 아직도 전문적인 서점이나 예술 용품점이 없어서 나 같은 사람들은 런던이나 베를린까지 가야만 한다. 다행인 것은 젊은 체코 디자이너들이 디자인한 제품들을 파는 작은 가게들이 생겨나고 있다는 것이다. 그래서 몰스킨(Moleskine)이나 잭(Zack)의 인기 상품을 뒤로하고 현지에서만 볼 수 있는 보물들을 만나게 되었다.

FUTURISTA 2007년에 오픈한 이 작은 가게는 이미 유명하거나 떠오르는 예술가들의 제품을 판매하고 있다. 판매되는 제품의 99%가 체코에서 만들어진 것이라고 한다. 이밖에도 빈티지 의자나 램프 등도 판매한다.
Soukenická 8, Prague 1, www.futurista.cz

KUBISTA 큐비즘 건축은 프라하에서만 일어난 현상으로, 건축가들이 큐비즘 미술의 개념을 건축 환경에 적용시키고자 한 운동이다. 여기는 큐비즘 마니아를 위한 가게이다. 책과 엽서 외에도 섬세하게 제작된 가구 복제품이나 재떨이, 촛대와 장신구 등을 판매한다.
Ovocný trh 19, Prague 1, www.kubista.cz

MODERNISTA 구시가 중심에 위치한 350㎡ 규모의 공간으로, 전통 및 현대 체코 디자인과 장식 예술품을 판매하고 있다. 도자기, 조명, 보석, 현대식 유리제품, 장난감, 현대 가구 등 다양한 상품이 진열되어 있다.
Celetná 12, Prague 1, www.modernista.cz

HARD-DE-CORE 공방에 딸려 있는 가게로 젊은 체코 디자이너들이 제작한 장난감, 티셔츠, 식기, 보석 등의 디자인 제품을 판매하고 있다. 상품 외에도 다양한 공예 강좌가 마련되어 있다.
Senovážné náměstí 10, Prague 1, www.harddecore.cz

LEEDA 국립극장 근처에 있는 독특한 체코 패션 부티크이다. 두 명의 패션 디자이너가 여러 아티스트 및 사진작가와 협력하여 개성 있는 컬렉션을 선보이고 있다. 건축가 얀 카플리키(Jan Kaplicky)와도 작업한 바 있다. Bartolomějská 1, Prague 1

이 지도는 도시환경 내에서 이루어지는 내 행동의 패턴을 반영한 것이다. 나는 주로 보라색 구역에서 휴식을 취하고 핑크색 구역에서 쇼핑을 하며 오렌지색 구역에서 문화적인 자극을 얻곤 한다.

도시의 초록색 구역과 관련한
나의 행동 패턴이다.

DOX 홀레쇼비체의 오래된 공장 건물을 개조한 갤러리다. 이 지역을 예술의 요충지로 발전시켜 나가는 데 중요한 역할을 했으며, 전시, 강연과 이벤트를 통해 체코 현대미술에 활기를 불어넣고 있다. 갤러리의 로고는 체코의 유명한 디자이너인 알레쉬 나이브르트(Aleš Najbrt)가 디자인했다. 갤러리 내에는 테라스가 딸린 괜찮은 카페와 디자인숍도 있다. Osadní 34, Prague 7, www.doxprague.org

VELETRŽNÍ PALACE 1925년부터 1928년 사이 지어진 기능주의 양식의 건물로 1950년대까지 무역 박람회를 개최했고 한때 세계에서 가장 큰 건물이었다. 오늘날 이곳은 국립미술관의 대규모 현대미술 컬렉션을 전시하고 있다. 체코를 대표하는 예술가를 비롯해 모든 유명한 화가들의 작품을 이곳에서 만날 수 있다. 웹사이트의 버추얼 투어를 통해 흰색 인테리어의 환상적인 형태와 선을 먼저 감상할 수 있으니 시도해보자. Dukelských hrdinů 47, Prague 7, www.ngprague.cz

LA FABRIKA 최근 개조된 공장건물로, 주변 건물들 사이로 우뚝 솟은 벽돌 굴뚝을 통해 쉽게 찾을 수 있다. 스마트하게 설계된 다기능적 공간은 클럽, 영화관, 갤러리, 극장으로 사용되고 있다. Komunardů 30, Prague 7, www.lafabrika.cz

UMĚLECKOPRŮMYSLOVÉ MUSEUM V PRAZE
장식 미술박물관은 2층 높이의 네오르네상스 양식의 건물에 자리잡고 있으며 과거로부터 현대에 이르는 공예와 응용미술품을 전시하고 있다. 인쇄 및 이미지관에 가면 1850년부터 1938년 사이에 제작된 뛰어난 체코 포스터를 비롯하여 유럽과 보헤미아 지역의 타이포그래피 작품들을 대규모로 감상할 수 있다. 박물관 맞은 편에는 웅장한 루돌피니움(Rudolphinium) 건물이 있다. 루돌피니움 내에는 음악당과 프라하 최고의 현대미술 갤러리가 있다. 이 건물에서 코너를 돌면 VŠUP(미술건축디자인 아카데미)가 있는데 매 학기말에 오픈하우스를 개최하며 타 전시회도 종종 열린다. 17 Listopadu 2, Prague 1, www.upm.cz

DESIGNBLOK 10월 | 매년 일주일간 열리는 행사로 시내 도처에 위치한 100여 곳 이상의 갤러리, 부티크 등이 참여하여 디자인계의 신상품을 전시한다. 이중 가장 주목할 만한 곳은 DESIGNBLOK 'SUPERSTUDIOS'로 매년 장소가 바뀐다. 프로그램을 한 권 사서 올해는 무엇이 있는지 살펴보자. www.designblok.cz

DESIGN SUPERMARKET 12월 | 크리스마스 선물을 사기에 더할나위 없이 좋은 곳이다. 30여 명의 디자이너들이(대부분 체코 출신) 직접 만든 장신구나 유리제품, 의류 등 다양한 상품을 판매한다. 즐거운 분위기가 이어지는 행사이다. www.designsupermarket.cz

EVENTS

JEDEN SVĚT/ONE WORLD 3월 | ONE WORLD는 유럽 최대 규모의 인권 영화 페스티벌이다. 참가하려면 사전에 신청을 해야 한다. www.oneworld.cz

FEBIOFEST 3월~4월 | 큰 규모의 국제영화제로 안델에 위치한 VILLAGE CINEMAS MULTIPLEX에서 개최된다. 나는 이 행사를 너무도 좋아하는데 분위기도 최고이다. 영화제가 시작되면 외진 곳에 있던 영화관이 순식간에 영화에 대한 이야기를 나누는 사람들과 할인 이벤트를 벌이는 레스토랑들, 그리고 영화 티켓을 구하지 못한 이들을 위한 공연 등으로 꽉 찬다. 이때 지하 주차장은 클럽으로 변신한다. www.febiofest.cz

ARCHITECTURE WEEK 9월 | 건축과 인테리어를 주제로 한 연례 페스티벌로 토론, 상영, 강연, 발표회와 전시가 시내 곳곳에서 열린다. www.architectureweek.cz

UNITED ISLANDS OF PRAGUE 6월 | 여름에 열리는 뮤직 페스티벌로 프라하의 섬들 위에서 펼쳐진다. 체코와 전 세계의 대중음악을 들을 수 있다. 어린이를 위한 특별 프로그램도 마련되어 있다. www.unitedislands.cz

STROMOVKA 프라하에서 내가 가장 좋아하는 산책로 중 하나이다. 교통 체증과 군중에서 벗어나 휴식을 취하고 싶다면 트램을 타고 비스타비쉬테(Vystaviště) 역으로 가서 스트로모브파 공원으로 걸어가자. 트램 철로를 따라 걸을 수 있는데, 트램이 아름드리 나무 사이를 달리는 광경은 마치 마법과도 같다. 특히 밤이면 더욱 아름답다. 표지판을 따라 동물원으로 가보자. 천문관을 지나 블타바 강 위로 놓인 보행자 전용 다리를 건너면 바로크 공원의 벽과 트로야(Troja) 궁전이 보일 것이다. 트로야 궁전은 17세기에 지어진 웅장한 여름 궁전으로 강가에 자리하고 있으며, 프라하시에서 개최하는 미술 전시회가 열리는 곳이다. 트로야 궁전 뒤로 가면 드디어 동물원이 나온다. 이 동물원은 아주 잘 만든 곳이라 나는 매년 여러 번 이곳을 찾는다. 그곳에 도착했다면 스트로모브카와 트로야 궁, 동물원의 저지대를 완전히 뒤덮었던 2002년 홍수에 대한 전시도 둘러보도록 하자. 그 당시 물이 정상 수위보다 6미터나 높아져서 동물원의 많은 동물이 목숨을 잃었다. 돌아올 때는 112번 버스를 타고 가까운 지하철역으로 가면 된다.
www.planetarium.cz, www.ghmp.cz, www.zoopraha.cz

CUBIST ARCHITECTURE 큐비즘 건축은 비교적 짧은 기간 동안 일어난 실험적 운동으로 새로운 형태의 파사드를 철근 콘크리트 구조물에 적용시키고자 했다. 큐비즘 건축의 가장 뛰어난 사례는 비셰흐라트(Vyšehrad) 언덕 아래에서 볼 수 있다. 트램을 타고 비톤(Vyton) 역에서 내려 강가에 드리워진 선로를 따라 걷다 보면 트램과 차량용 터널이 있는 거대한 바위산이 나온다. 그 왼쪽으로 여러 채의 큐비즘 양식의 빌라가 보일 것이다. 창살, 문고리 등 디테일에 주의를 기울여 관찰해 보자. 다시 철도교로 돌아와 철로 직전에서 오른쪽으로 돌면 네클라노바(Neklanova) 거리의 끝에 도달하게 될 것이다. 이곳에는 1913년에 디자인된 멋진 아파트 건물들이 있다. 이들 또한 프라하 큐비즘 건축의 가장 흥미로운 예라 할 수 있다. 이곳에서 트램을 타고 도심으로 돌아와 라자르스카(Lazarska) 역에서 내리면 바로크 양식의 동상 뒤로 큐비즘 양식의 벽감이 있는 아름다운 큐비즘 주택을 볼 수 있다. 그다음 벤츨라프(Wenceslas) 광장 아래쪽에 있는 바타(Bata) 신발가게를 찾아가 보자. 가게 뒤로는 큐비즘 양식이 도입된 가로등이 교회 옆 작은 뜰에 숨어 있다.

OLD PRAGUE 프라하 구시가의 좁고 구불구불한 골목길을 경험하고 싶다면 노비 스벳(Novy Svet)에서 그 여정을 시작하면 된다. 프라하성과 프라하 로레토(Prague Loreto) 성당 근처에 위치하여 중세 주택과 아름다운 골목길이 미로를 이루는 곳이다. 그다음 로레토 광장으로 언덕을 올라가자. 관광객 무리에 파묻혀도 상관이 없다면 르네상스 양식의 산타 카사를 둘러보는 것도 좋다. 그다음 포호르젤레츠(Pohořelec) 광장으로 걸어가 보자. 8번 집에 숨어 있는 계단을 올라가면 스트라호프(Strahov) 수도원의 정원에 도달하게 될 것이다. 이 수도원에는 보존이 아주 잘 된 바로크 양식의 도서관이 있다. 여기에서 언덕을 내려가 말라스트라나 지구(Mala Strana)로 이동하거나 페트린 언덕의 푸른 녹지 공간으로 향할 수도 있다. 후자를 택한다면 체코 문학박물관 앞에서 시작하는 오솔길을 따라 Petrinske Terasy라는 술집이 나올 때까지 걸어가면 된다(이 술집의 음식은 그다지 추천하고 싶지는 않지만 전망만은 환상적이다). 피곤하여 맥주 한 잔과 함께 쉬어가고자 한다면 과거 유명한 록 클럽이었던 Ujezd로 가면 된다(Ujezd18). 현재 이곳은 보기 드문 3층짜리 카페로 바뀌어 있다. 페트린 언덕은 그 자체로도 볼 것이 많은 곳이다. 여러 개의 동굴과 지하 통로, 분수, 장미 정원과 천문대 등 많은 것들이 숨어있다.
www.loreta.cz, www.strahovskyklaster.cz, www.petrinska-rozhledna.cz, www.klubujezd.cz

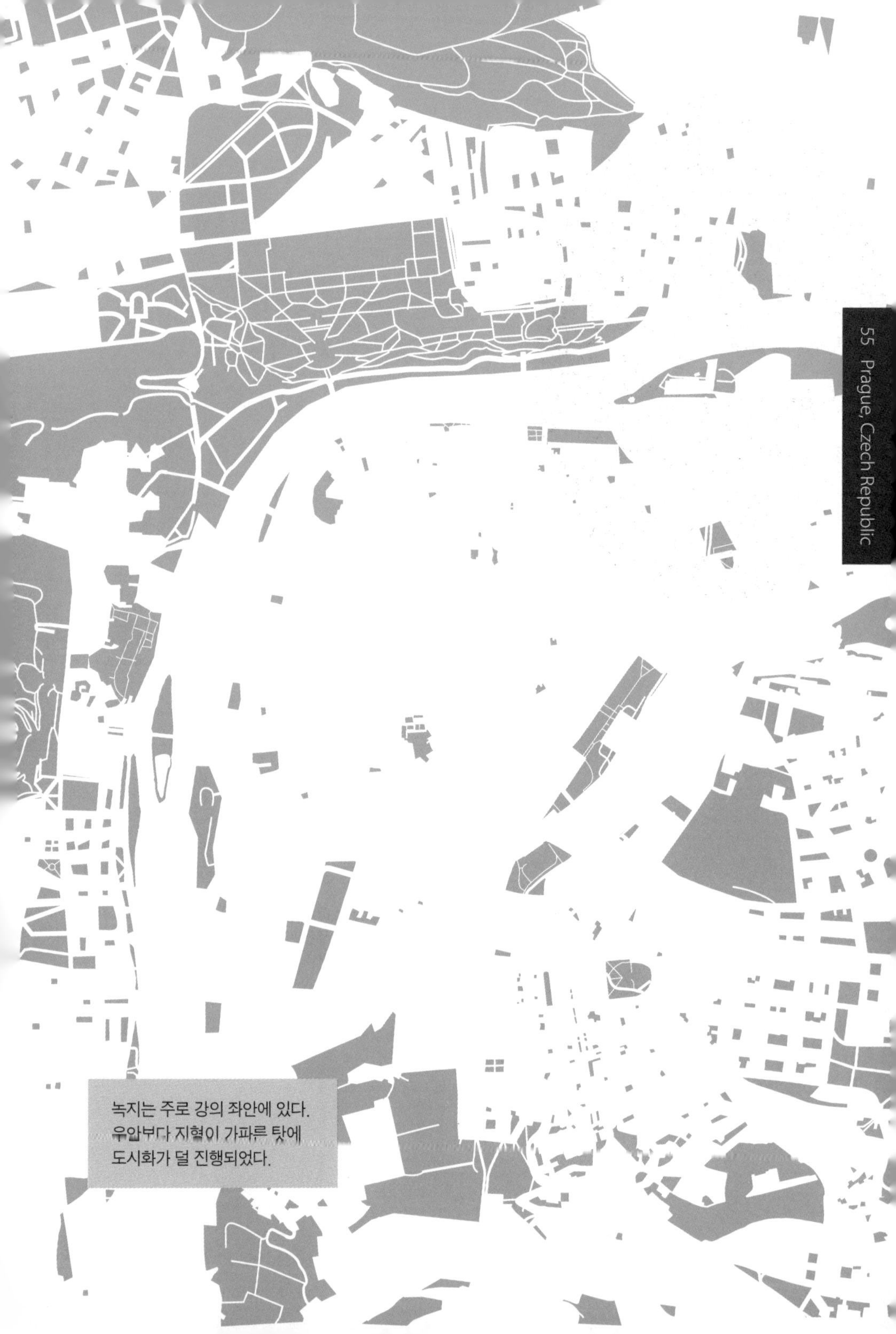

녹지는 주로 강의 좌안에 있다.
우안보다 지형이 가파른 탓에
도시화가 덜 진행되었다.

COPENHAGEN

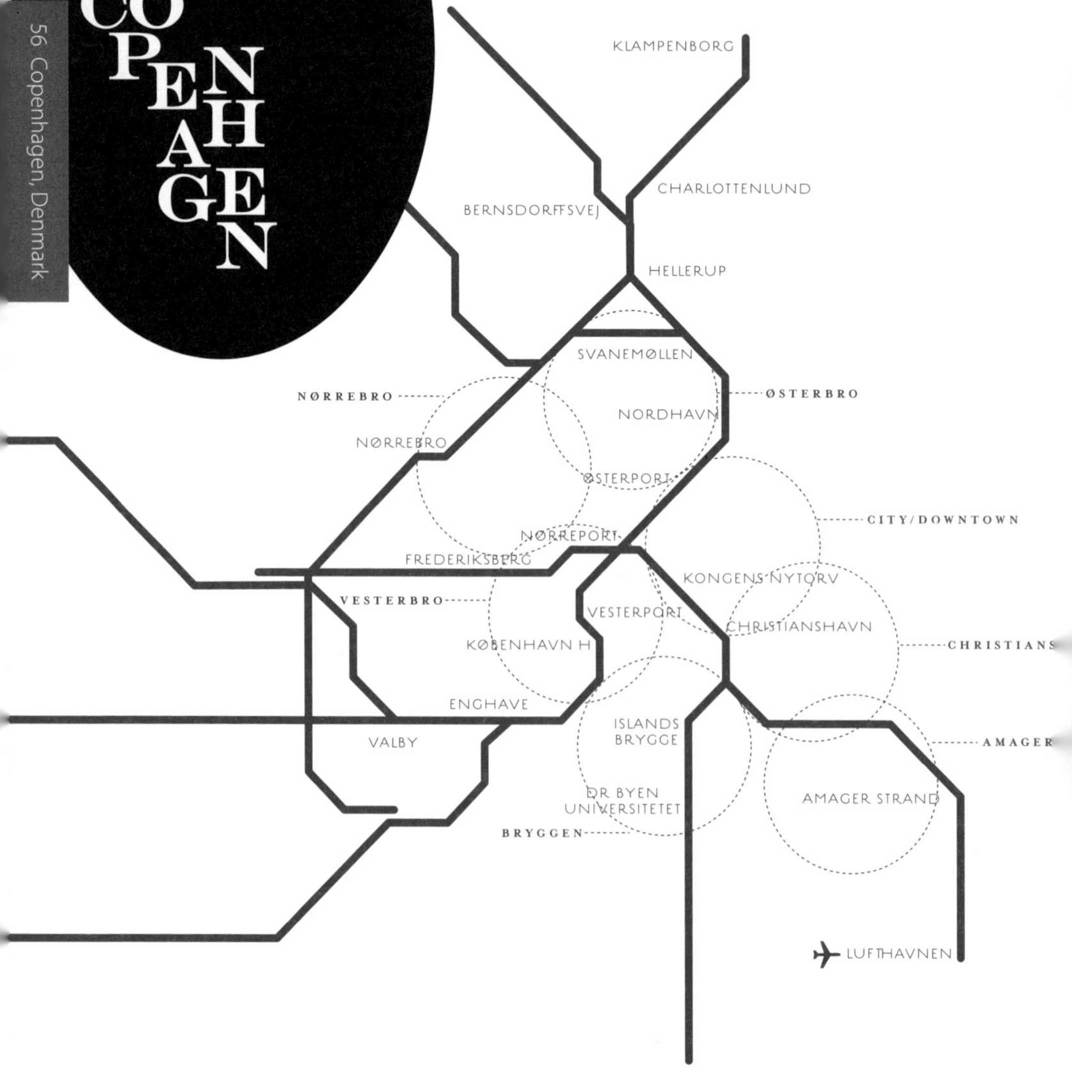
KLAMPENBORG
CHARLOTTENLUND
BERNSDORFFSVEJ
HELLERUP
SVANEMØLLEN
NØRREBRO
ØSTERBRO
NORDHAVN
NØRREBRO
ØSTERPORT
CITY/DOWNTOWN
NØRREPORT
FREDERIKSBERG
KONGENS NYTORV
VESTERBRO
VESTERPORT
CHRISTIANSHAVN
KØBENHAVN H
CHRISTIANS
ENGHAVE
ISLANDS BRYGGE
VALBY
AMAGER
DR BYEN UNIVERSITETET
AMAGER STRAND
BRYGGEN
LUFTHAVNEN

리젯 욀센과 안네 스트란펠트의 코펜하겐

LIZET HEE OLESEN & Anne Strandfelt's COPENHAGEN

코펜하겐을 여행하기 전 세 가지 조언 :

1. 여름에 올 것 – 코펜하겐 사람들은 내성적으로 보일 수 있지만(한 해의 대부분을 어둠 속에서 생활하기 때문) 여름에는 한껏 즐기며 몹시 행복해한다!
2. 돈을 많이 가져올 것 – 코펜하겐은 세계에서 물가가 너무 비싼 도시 중 하나이다.
3. 코펜하겐은 여러 멋진 요소들이 겉으로는 잘 드러나지 않는다는 점에서 베를린과 비슷하다. 이 가이드를 참고하고 또 현지인들에게서 조언을 구하도록 하자.

코펜하겐은 걷기에도, 또 도처에 있는 무료 자전거를 이용해서 둘러보기에도 손쉬운 곳이다. 주요 구역은 아래와 같다:

외스테르브뢰(OSTERBRO) – 점잖고 고급스러운 지역으로 젊은 가족층이 많이 살고 있다. 상점들이 문을 닫고 아이들이 귀가한 후에는 별로 볼 것이 없는 지역이다.

뇌레브뢰(NORREBRO)- 뇌레브롱스(Norrebronx)라고도 불리는 이곳은 과거엔 노동자 계급의 주거지였으나 지금은 수많은 이민자와 학생들로 인해 멜팅포트가 되어 있다. 수많은 극장, 바, 식당과 차량 총격 등을 목격할 수 있다. 라운스보르 거리(Ravnsborggade)는 유명한 골동품 거리이다.

베스테르브뢰(VESTERBRO)- 노동계급 주거지이자 홍등가. 몹시 다채로운 특성을 가진 곳이다. 지저분한 바와 호텔, 포르노숍, 식당, 행복해 보이는 가족, 마약중독자와 시인을 모두 만날 수 있다. '미트패킹 디스트릭트'의 상업지구에서는 최고의 클럽과 바를 찾을 수 있다.

도심지역/수변지구- 도심부에는 쇼핑 상가가 몰려 있다. 주 쇼핑가는 스트뢰게트(Stroget) 거리이지만 흥미로운 숍들은 크뤼스탈 거리(Krystalgade)나 필레스트레데(Pilestrade), 그뢴네 거리(Gronnegade) 주변에 많다. 수변지구에는 새로 개관한 국립극장과 국립미술관 등 많은 문화기관들이 있다.

크리스티안하운(CHRISTIANSHAVN)/아마게르(AMAGER)- 작은 섬 아마게르는 몇몇 흥미로운 볼거리로 이루어져 있다. 크리스티안하운은 아름다운 지역으로, 운하를 따라 주거용 보트가 늘어서고 자갈길을 따라 작은 카페들이 줄지어 서 있다. 이곳에 있는 크리스티아니아(Christiania)는 대안공동체로 1971년 독립을 선언한 뒤 아직까지도 생존권을 주장하며 우파 정부를 상대로 투쟁을 계속하고 있다. 세 개의 노란 원이 그려진 붉은색 크리스티아니아 깃발을 포스터, 티셔츠, 그래피티 등 도처에서 발견할 수 있을 것이다. 코펜하겐 시민들에게 크리스티아니아는 정부 개입 없이 자유롭게 살 권리를 상징한다.

PLACES TO STAY

HOTEL FOX 2005년 폭스바겐 'Fox'의 신차 발표회 시 야심찬 홍보 전략의 일환으로 문을 열게 된 곳이다. 객실 20여 개를 전 세계의 예술가, 일러스트 작가 및 그래픽 디자이너가 각각 디자인했다. 그 결과, 지금은 다소 빛이 바랬지만 환상적일 만큼 자유분방하고 컬러풀한 이미지로 가득한 공간이다. 이곳은 최적의 위치와 저렴한 가격까지 갖춘 라이프스타일 호텔이라 할 수 있다.
Jarmers Plads 3, Copenhagen V

HOTEL GULDSMEDEN 친절한 에코 호텔로, 트렌디한 베스테르브로 지역에 세 군데 지점이 있다. 호텔 내 모든 화장품과 음식은 유기농이며, 이 호텔만을 위해 단독 제작되고 있다.
Helgolandsgade 11, Vesterbrogade 107, Vesterbrogade 66, Copenhagen V, www.hotelguldsmeden.dk

DANHOSTEL Danhostel의 코펜하겐 지점은 유럽 최대의 디자이너 호스텔이다. 객실과 공용 구역은 덴마크 디자인 브랜드 구비(Gubi, 뉴욕 MOMA에도 이들의 가구가 전시된 바 있다)의 가구들로 꾸며져 있다. 중앙역과 시청광장(Radhuspladsen) 바로 뒤에 있어서 접근성도 좋으며, 15층 높이의 건물에서는 오페라 하우스와 도시의 전경을 마음껏 감상할 수 있다. H.C. Andersens Blvd 50, Copenhagen V, www.danhostel.dk

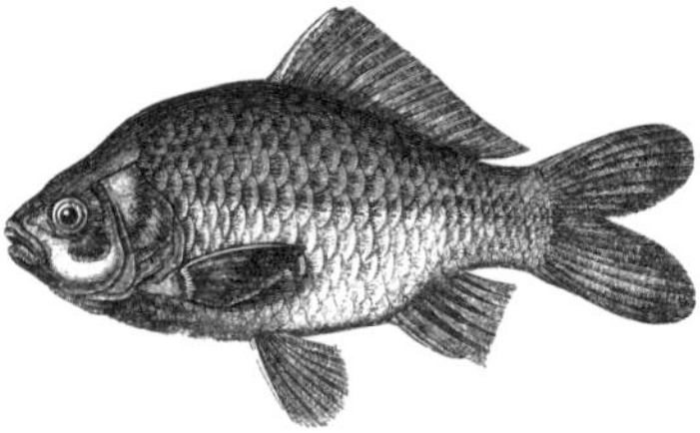

FISHY

WITH WATER ALL AROUND US WE HAVE NO EXCUSE NOT TO

EAT IT.

A NEW FUNKY FISHBAR, WITH REASONABLE PRICES,
WILL OPEN IN THE SUMMER OF 2009 IN THE MEATPACKING DISTRICT.
BEHIND IT IS A BUNCH OF WELL-KNOWN DANISH GOURMET PERSONALITIES,
WHO ARE TIRED OF THE FORMAL SETTINGS YOU ARE NORMALLY
FORCED TO DINE IN WHEN OPTING FOR FRESH FISH IN CPH.
HOME-GROWN WHITE WINE FROM COLD-CLIMATE GRAPES,
CULTIVATED ON A SMALL SOUTHERN ISLAND OF DENMARK WILL ALSO BE SERVED.

YUMMY!

THE SETTING WILL BE LIVELY, UNPRETENTIOUS AND BAR-LIKE.

FLÆSKETORVET 100, KØDBYEN, COPENHAGEN V

NOMA 미식가라면 반드시 가봐야 할 곳이다. 미슐랭 가이드 별 두 개를 받았으며 세계에서 세 번째로 맛있는 식당에 오른 바 있다. 북유럽 전통 요리를 전문으로 하며 꼭 한번 가볼 만한 곳이다. Strandgade 93, Copenhagen K, www.noma.dk

TOLDBOD BODEGA 유서 깊은 레스토랑으로, 코펜하겐 최고의 요리사들조차 화요일이면 특선 메뉴인 Stegt flask medpersillesovs(감자와 파슬리 소스를 곁들인 전통 돼지갈비 튀김요리)를 먹기 위해 이곳을 찾아온다. 종종 코펜하겐 최고의 호스트인 이바르(Ivar) 씨가 직접 손님을 맞기도 한다. 그는 요리가 나올 때마다 슈냅스를 따라주며 즐거운 이야기 보따리를 풀어줄 것이다. Esplanaden 4, Copenhagen K, www.toldbod-bodega.dk

ROYAL CAFE 꽃으로 장식된 자그마한 소녀풍의 안식처로, Royal Porcelain Shop 내에 있다. 점심식사를 하기에 완벽한 장소이자, 덴마크식 오픈 샌드위치의 '스시' 버전인 '스무쉬(smooshies)'를 맛볼 수 있는 유일한 곳이다. Amagertorv 6, Copenhagen K

PASTIS 뉴욕의 파스티스와는 다르지만 한 번은 방문할 가치가 있는 곳이다. 아마 코펜하겐 최고의 뵈프 베어네이즈(Beouf Bearnaise)(베어네이즈 소스를 곁들인 소고기) 요리를 하는 곳이며, 아주 친절하다. 친구들과 저녁 시간을 보낼 수 있는 아늑한 곳이다. 주중에조차 사람들로 붐비는데, 이는 코펜하겐에서는 아주 드문 일이다. Gothersgade 52, Copenhagen K, www.bistro-pastis.dk

Icecream
tastes like
liquorice

PLACES TO EAT

BREAD

A TRADITIONAL DANISH BREAKFAST IS A 'RUNDSTYKKE' FROM YOUR LOCAL BAKERY. EAT IT CUT IN HALVES WITH SALTED BUTTER.

FOR A MORE ADVANCED CARBOHYDRATE EXPERIENCE, GO TO MICHELIN CHEF BO BECH'S BREAD-SHOP ON STORE KONGENSGADE 46 (CITY). HIS AMBITION WAS TO CREATE THE PERFECT BREAD. HERE YOU HAVE ONE TABLE IN THE MIDDLE OF THE OTHERWISE EMPTY SHOP, WITH A HUGE PILE OF BREAD. ONLY ONE PERFECT KIND. FRESHLY BAKED EVERY MORING FROM HIS OWN RECIPE IN A SPECIALLY IMPORTED ITALIAN OVEN. THEY ONLY ACCEPT CASH AND A LOAF IS 30 KRONER. SIMPLE!

KUNG FU IZIKAYA BAR 베스테르브뢰의 한적한 골목 내에 위치한 수수한 느낌의 작은 바 겸 레스토랑. 연기로 가득한 오픈식 주방에서는 연신 스시와 꼬치구이를 만들어낸다. 가격은 저렴하며 칵테일 메뉴도 다양하다(진저 모히토가 특히 맛있다). 한 달에 한 번, 금요일에 DJ가 참여하는 클럽 나이트 행사를 벌인다. 행사 정보는 웹사이트를 통해 확인해보자. Sundevedsgade 5, Copenhagen V, www.kungfubar.dk

VERDENS MINDSTE KAFFEBAR 이곳의 이름을 해석하자면 '세상에서 가장 작은 커피숍'이라는 뜻이 된다. 커피와 그윽한 분위기를 즐긴 후 같은 길에 위치한 재미있는 서점인 Thiemers(쇼핑 섹션 참고)에 들러보자. Tullinsgade 1, Copenhagen V, www.myspace.com/vmbar

NIMB BAR 이곳은 Nimb House내 의 Tivoli Gardens 안에 있다. Nimb House는 새롭게 단장한 빌딩으로 내부에 부티크 호텔, 고급 레스토랑, 콘셉트 핫도그 가게, 엄청나게 고급스러운 슈퍼마켓과 유제품 가게 등이 입점해 있다. Nimb Bar는 아늑하면서도 동시에 매우 고급스럽다. 마치 무도회장 같은 실내에 자리해 있으며 내벽은 덴마크 미술가인 카트린 라벤 다비드센(Cathrine Raben Davidsen)이 장식했다. 가격은 꽤 비싼 편으로 애프터눈티가 50유로가량이며 반드시 사전예약을 해야 한다. 예약시 벽난로 앞자리를 부탁해보자. Bernsdorffsgade 5, Copenhagen V, www.nimb.dk

KARRIERE 레스토랑 겸 바인 이곳은 정육업체들이 몰린 지역 내 시내 최대 정육업체를 마주보고 서 있다. 예술가인 예페 하인(Jeppe Hein)과 그의 누이 라르케(Larke)가 운영하는 곳으로, 공간 전체가 하나의 거대한 설치예술이라 할 수 있다. 테이블은 미술가인 포스(Fos)가, 램프는 올라퍼 엘리아슨(Olafur Eliasson)이 디자인했다. 바는 알아차리기 힘들지만 쉬지 않고 움직인다. 화장실도 흥미로운데 특히 당신이 화장실이 급한 경우라면 더욱 재밌어진다. 미로와 같은 문들이 연달아 있는데 대부분은 열어도 원하는 곳이 나오지 않을 것이다. Flæsketorvet 57-67, Copenhagen V, www.karrierebar.com

DYREHAVEN Dyrehaven을 말 그대로 해석하면 '동물들의 정원'이며, 코펜하겐 북쪽에 있는 매우 유명한 사슴 공원의 이름이기도 하다. 이름이 말해주듯, 이곳의 벽은 사슴 뿔로 장식이 되어있는데, 아마 예전에 이곳에서 전통 주점을 하던 주인이 남기고 간 물건일 것이다. 새 주인들은 과거의 콘셉트를 그대로 유지하면서도 편안하고 즐거운 분위기의 장소로 이곳을 탈바꿈시켰다. 아침식사와 간단한 저녁식사가 가능하며, 늦은 시간까지 칵테일을 즐길 수 있다. 베를린에 있는 장소들과 비슷한 분위기로, 젊은이들부터 가난한 음악가, 명성을 얻은 예술가 및 기타 자유로운 영혼들이 모두 모이는 곳이다. Sønder Blvd 72, Copenhagen V

JOLENE Karriere 바로 옆에 있는 술집으로 아이슬란드에서 온 도라와 도라가 차린 곳이다. 이 두 쾌활한 자매와 Karriere의 지성미 넘치는 오빠까지 합세하여 최고의 주가를 올리는 곳이다. 손님은 대부분 클러버, 디자이너, 예술가와 현지인들로 구성된다. Trentemoller에서 Djuna Barnes까지 언더그라운드 최고의 DJ가 음악을 선사하며 이따금씩은 최근 주목받는 록/일렉트로 밴드의 공연이 벌어지기도 한다. Flæsketorvet 81-85, Copenhagen V, www.myspace.com/jolenebar

BOBI BAR 너무도 사랑스럽고 아늑한 곳으로 작은 공간이지만 1900년대풍의 인테리어로 꾸며져 있다. Gyldendals Forlag(덴마크에서 가장 크고 오래된 출판사 중 하나)에서 길 건너편에 자리하고 있다. 이곳에서 유명 작가나 다른 Bobi Bar의 전설적인 단골 손님들과 마주칠 수도 있을 것이다. Klareboderne 14, Copenhagen K

BYENS KRO Bobi Bar에서 몇 걸음 더 옮기면 Byens Kro가 나올 것이다. 이곳은 왕립예술학교 학생들이 즐겨찾는 바이다. Møntergade 8, Copenhagen K

ANDY'S 이곳은 다른 바들이 모두 문을 닫은 후에야 문을 여는 곳으로 귀가 또는 필름이 끊기기 전 마지막으로 머물게 되는 곳이다. 이곳을 찾는 손님들은 종잡을 수 없이 다양해서, 루이비통 직원인 이십 대 중반의 말렌과 크레인 운전사였던 육십 대 초반의 핀이 같은 곳에서 즐거운 시간을 보낸다. Gothersgade 33B, Copenhagen K

PARIS TEXAS PT는 코펜하겐에서 가장 아방가르드한 패션숍으로 값비싼 남녀 의류와 장신구를 판매한다. Givenchy, Preen, Martin Margiela, Alexander Wang, Helmut Lang, Charles Anastase 등의 디자이너 브랜드를 취급한다. Pilestraede 35, Copenhagen K

HENRIK VIBSKOV 덴마크 디자인계의 신동인 헨릭 빕스코브(Henrik Vibskov)는 센트럴 세인트 마틴에서 학업을 마친 뒤 2006년 자신만의 숍을 열었다. 자신의 브랜드 외에도 Wackerhaus, Stine Goya, Cosmic Wonder, Opening Ceremony 등의 타 브랜드 의류도 폭넓게 취급하고 있다. Krystalgade 6, Copenhagen K, www.henrikvibskov.com

TIME'S UP VINTAGE 이곳은 샤넬, 디올, 지방시, 피에르가르뎅 등 엄선된 빈티지 디자이너 쿠튀르 의상을 다루는 곳이다. 또한 코펜하겐 최대의 빈티지 구두 컬렉션을 보유하고 있다. 200여 켤레의 구두와 부츠를 갖추고 있으며 이외에도 각종 수집품과 주얼리를 만나볼 수 있다. Krystalgade 4, Copenhagen K, and Blaagårdsgade 2A, Copenhagen N

NORSE PROJECTS 스케이트보드 선수인 안톤과 V1 Gallery의 미켈이 운영하는 Norse Projects는 코펜하겐 내 최고의 운동화 매장으로 인정받고 있다. Alife, Stussy, Levi's Neighbourhood 등 유명 스트리트웨어 브랜드를 모두 갖추고 있다. 이밖에도 언더그라운드 사진작가나 거리예술가들의 전시를 열곤 한다. Pilestræde 41, Copenhagen K, www.norsestore.com

LOT#29 금세공사인 린 할베르그(Line Hallberg)와 조 리스한센(Jo Riis-Hansen)이 제작한 세상에서 가장 아름답고 우아한 주얼리 제품을 판매한다. 이 두 보석 세공사는 언제나 한발 앞서 있으며 그들의 독보적인 스타일은 하나하나가 예술품과 같다. 그밖에도 Lot#29는 Wunderkind, Etro, Missoni, Nina Ricci 등의 색다른 제품들도 갖추고 있다. Gothersgade 29, Copenhagen K, www.lot29.dk

CRÈME DE LA CRÈME A LA EDGAR 어린이 용품점으로, 70년대의 노스탤지어가 느껴지는 개성 있는 인테리어의 상점이다. Sonia Rykiel, Marimekko, Ivana Helsinki 외 최근 주목받는 덴마크 브랜드인 Soft Gallery의 패치워크 쿠션, 니트 인형과 의류 등을 판매하고 있다. 어른을 위한 엄선된 제품도 함께 판매되고 있다. Kompagnistræde 8, Copenhagen K, www.cremedelacremealaedgar.dk

THIEMERS MAGASIN 오래된 1960년대 타일 가게 내에 있는 아주 특별한 서점이다. 앉아서 신선한 커피를 마시며 다양한 신상 및 중고 책을 펼쳐볼 수 있다. 마치 내 집처럼 편안한 곳이다. 한 달에 한 번 낭독회나 강연, 콘서트 등이 열린다.
Tullinsgade 24, Copenhagen V

MINI PHRASE BOOK

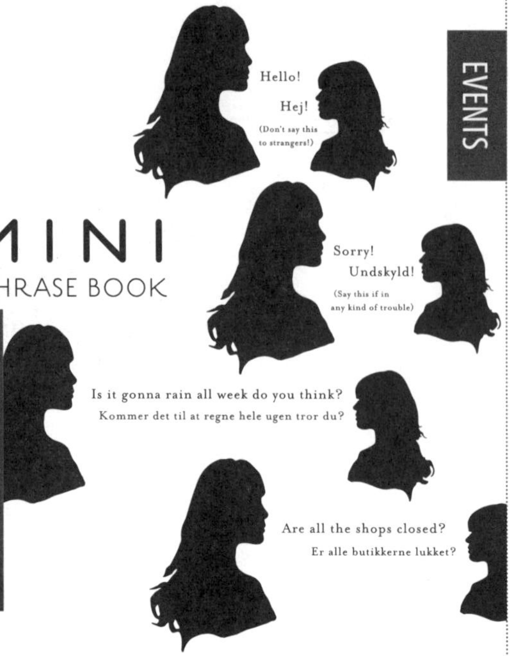
Hello!
Hej!
(Don't say this to strangers!)
Sorry!
Undskyld!
(Say this if in any kind of trouble)
Is it gonna rain all week do you think?
Kommer det til at regne hele ugen tror du?
Are all the shops closed?
Er alle butikkerne lukket?

EVENTS

VESTERBRO FESTIVAL 6월 | 베스테르브뢰의 Den BruneKodby에서 개최되는 음악, 파티 및 기타 행사

DISTORTION 6월 | 여러 지역의 장소에서 5일간 60개 이상의 파티가 열린다. 세 번의 대규모 길거리 파티가 열리며 음악계의 많은 신인에게 기회가 되는 행사
www.cphdistortion.dk

CPH:DOX 11월 | 다큐멘터리 영화제
www.cphdox.dk

STELLA POLARIS 8월 | 편한 분위기의 야외 콘서트로 다수의 DJ가 참여한다.
www.stella-polaris.dk

VEGA 5월 | 팝, 인디, 록, 일렉트로의 최강자들이 모이는 뮤직페스티벌 www.vega.dk

ROSKILDE FESTIVAL 7월 | 북유럽 최대의 음악 및 문화 페스티벌 www.roskilde-festival.dk

GALLERIES AND CULTURE

V1 V1은 코펜하겐 갤러리계에서 악동과 같은 존재이다. 덴마크 내외의 떠오르는 샛별에 주목하고 있으며, Dearraindrop, Futura2000, Kasper Sonne, Peter Funch와 코펜하겐의 인기 거리예술가인 HuskMitNavn('내이름을기억해'란 뜻) 등의 예술가를 지원하고 있다. 이곳에서 개최되는 기획전시에는 힙한 패션계 및 거리예술 관계자들이 모여들며 대부분 바로 옆집인 Jolene에서의 애프터파티로 마무리된다. Flæsketorvet 69-71, Copenhagen V, www.v1gallery.com

GALLERY NICOLAI WALLNER 니콜라이 월너(Nicolai Wallner)는 전통적인 갤러리 지역인 브레드가데(Bredgade)에 자신만의 갤러리를 오픈하면서 덴마크 예술계에 새로운 활력을 불어넣었다. 다른 모두가 모더니즘에 빠져있을 때 그는 폴 맥카시(PaulMcCarthy), 데이비드 쉬링글리(David Shrigley), 올라퍼 엘리아슨(Olafur Eliasson), 더글라스 고든(Douglas Gordon), 잉가 드라그셋(Ingar Dragset) 과 같은 작가들을 소개하며 충성도 높은 지지층을 형성했다. 이후 그는 이슬란드 브뤼헤(Islands Brygge)로 갤러리를 옮겼으며, 이후 그를 따라 수많은 갤러리들이 그곳으로 옮기게 되었다. 현재 그는 또다른 이사 계획을 세우고 있다. 옛 칼스버그 맥주 부지였던 발뷔(Valby)로 옮길 계획이다. 칼스버그는 시설을 시골로 옮겼고 원래 있던 자리는 흔치 않는 재개발의 기회를 얻게 되었다. 이 지역의 재개발 계획으로 고려되는 제안 중 하나는 이 공간을 '우리 마을'이라는 창조의 허브로 변화시키는 내용을 담고 있다. 좋은 결과가 있기를 바란다! Njalsgade 21 , Building 15, Copenhagen S, www.nicolaiwallner.com

CHRISTIANIA AND ITS ARCHITECTURE

크리스티아니아 지역을 거닐며 집시촌의 놀랍고도 창의적인 건축물을 감상해보자. 모두 손으로 직접 지은 곳들이다. 많은 집이 유명한 'Navere'(Scandinavere의 준말)에 의해 지어졌다. 'Navere'는 19세기의 전통적인 유랑 노동자/목수들이다.

FINN JUHL'S HUS AND ORDRUPGAARD

핀율은 덴마크 모더니즘 가구의 선구자 중 한사람이었다. 그의 디자인은 더욱 잘 알려진 디자이너인 아르네 야콥센(Arne Jacobsen)보다 더 유기적이고 부드러운 것이 특징이다. 핀율의 집은 도심에서 8km 떨어진 겐토프테(Gentofte)에 있는데, 최근 집주인에게서 구매해 오드럽가드(Ordrupgaard, 프랑스 인상주의 미술품을 대규모로 소장한 국립박물관)와 협력해 미술관으로 재탄생했다. 지금은 원래의 모습을 복원하여 대중에게 개방했다. 오드럽가드 미술관 역시 방문할 만한 가치가 있는 곳이다. 새로 지은 별관은 자하 하디드가 설계했다. 겐토프테에 머무는 동안 거리 표지판을 눈여겨보자. 이들은 전설적인 산업디자이너인 엥겔하르트가 디자인한 표지판들이다. 알파벳 'i' 마다 위에 작은 하트가 달려 있다. Ordrupgaard, Vilvordevej 110, 2920 Charlottenlund, www. ordrupgaard.dk

COPENHAGEN WAS IN 2009 HONOURED

"BEST CITY TO BE A CYCLIST IN"

BY TREEHUGGER.COM

FOR BEAUTIFULLY HANDBUILT DANISH BICYCLES, VISIT:

RECYKEL.DK, TULLINSGADE 10, COPENHAGEN V

5A 5A는 버스 노선이다. 뇌레브뢰 역(차량 총격이 벌어지는 그곳)에서 버스를 타고 아마게르까지 가는 동안 시내의 경치를 즐기도록 하자. 아마게르브로가데(Amagerbrogade)에 도착하면 머리 위에 걸린 상점의 간판들을 구경하자. '클수록 아름답다', '많을수록 즐거워진다' 등이 이곳을 대표하는 슬로건이 될 것이다. 이곳에는 고풍스러운 옛 정육점의 간판과, 이민자들이 운영하는 사탕 할인점, 완벽한 상태로 유지되어 온 1970년대 세탁소와 무대 분장이나 크리스탈 잔 등을 취급하는 전문 상점 등이 있다. 매일매일이 발견의 연속인 곳이다.

COPENHAGEN HARBOUR

코펜하겐에는 커다란 항구가 있고, 항구에서 볼 만한 곳의 대부분은 아름다운 크니펠스다리(Knippelsbro) 근처에 모여 있다. 다리는 이너시티와 크리스티안하운, 아마게르 두 개의 섬을 이어주고 있다. 이쪽에 둘러볼 만한 건축물이 몇 군데 있는데 우선 덴마크 왕립도서관의 일부가 잘 알려진 'Black Diamond' 건물에 자리하고 있다. 길을 따라 내려가면 덴마크 국립은행이 있는데 아르네 야콥슨이 디자인한 곳이다. 정문의 장식과 주문제작된 청동 표시판을 눈여겨보자.

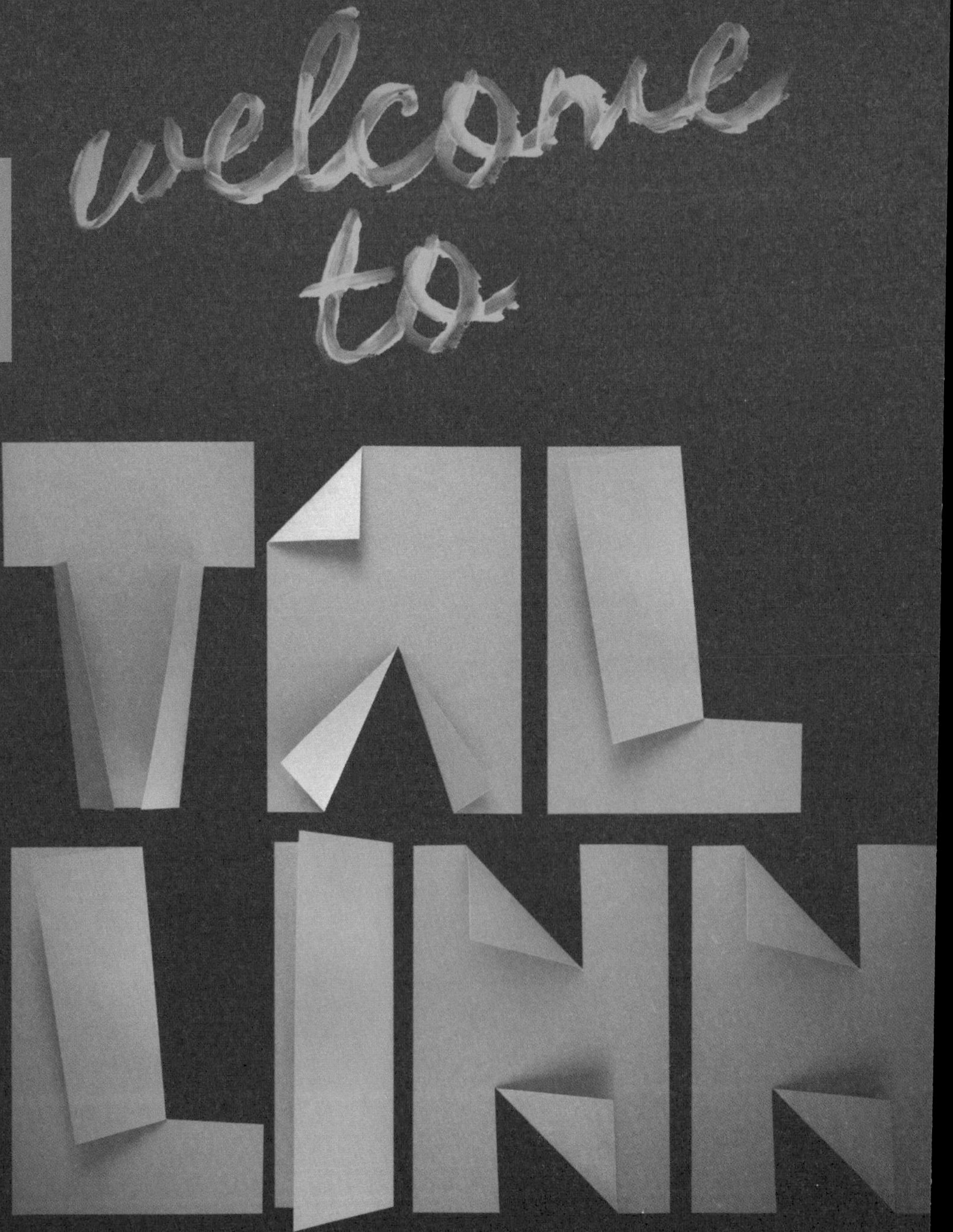
welcome
to
TALLINN

블라디미르, 막심 로기노프의 탈린

VLADIMIR & MAXIM LOGINOV'S TALLINN

'탈린'의 어원은 '덴마크 마을'이다. 역사의 흐름 속에 많은 유럽 강국이 그래왔듯 과거 언젠가 덴마크인들이 에스토니아를 정복했었다는 사실을 제외하고는 딱히 덴마크적인 요소가 없기에 더욱 어색한 이름이기도 하다. 탈린은 유럽에서 가장 규모가 작은 수도이며(5천만 미만의 인구), 헬싱키에서 70km 떨어진 핀란드만의 남쪽 해안에 있다. 바다는 도로와 건물들만큼이나 도시의 일부로 자리잡고 있어 보이지 않는 곳에서도 항상 바다를 느낄 수 있다. 이곳에 사는 우리는 바다가 없는 도시에서는 사람이 어떻게 살 수 있는지 상상조차 할 수 없다.

관광적 측면에서 봤을 때 바다는 명소가 되기엔 너무 춥기만 하다. 탈린에서 가장 유명한 것은 구시가지와 아름다운 금발 여인들이다(핀란드인이 아닐 경우에 한해. 핀란드인에게 탈린은 저렴한 물가로 알려져 있다). 구시가지에는 미술관, 상점, 식당 등 볼거리가 가득하다. 툼페아(Toompea) 언덕에 자리한 구시가에는 오랜 건물과 구불거리는 골목이 오밀조밀하게 들어서 있다. 언덕을 둘러 서 있는 중세 탑들은 군데군데 무너진 성벽으로 이어져 있다. 구시가지는 특히 크리스마스 시즌이 되면 동화책 삽화와 같은 모습으로 더욱 아기자기해진다. 이곳에는 소수의 부유층이 살고 있다. 대부분 사람에게는 너무 비싼 지역이므로 나머지 사람들은 다소 단조로운, 구소련 양식을 띤 성 외곽 지역에 살고 있다. 이 작고 조용한 도시는 시내 중심에서 가장 먼 곳까지라도 걸어서 20분밖에 걸리지 않는다. 이곳에 살게 된다면 길을 걸을 때마다 누군가 아는 사람과 마주치게 될 것이다. 인사를 건네고 싶다면 그저 '테레(tere)!'라고 말하면 된다. 사람들은 당신이 상냥한 여행객이라고 생각할 것이다.

탈린에서 가장 좋아하는 곳을 딱 집어 말하기는 어렵다. 나는 그저 당신이 이곳에 와서 비루 게이트(Viru Gate)를 지나 구시가지가 당신을 안내하도록 맡겨주길 바란다. 행여나 구시가지가 지루해진다면 비르기타(Birgitta) 수도원으로 향하면 된다. 바닷가에 자리잡은 이곳은 특히 밤에 더 아름답다. 야간 입장은 원칙적으로 불가능하지만 반드시 규칙을 따를 필요는 없다. 울타리를 돌아가면 몰래 들어갈 수 있는 적절한 틈을 발견할 수 있을 것이다. 앞서 언급한 금발 미녀와 함께라면 더욱 이상적일 것이다!

JAH
means
yes

head
isu
MEANS
BON
APPÉTIT

PLACES TO STAY

KOLM ÕDE(THE THREE SISTERS) 세 채의 중세 상인의 주택에 자리한 럭셔리 부티크 호텔이다. 여러 상을 받은 곳이기도 하다. 심지어는 영국 여왕도 탈린을 방문했을 때 이곳에서 묵은 바 있다. 아마 여왕의 마음에 들었을 것이다.
Pikk 71 / Tolli 2, www.threesistershotel.com

HOTEL G9 저예산 여행자들을 위한 저렴한 숙소이다. 이 자그마한 호텔은 도심에서 도보로 10분 거리에 있는 한 대학생 기숙사 빌딩의 3층에 있다. Gonsiori 9, www.hotelg9.ee

RADISSON BLU HOTEL TALLINN 탈린의 초고층 빌딩 중 하나. 꼭대기 층에는 야외 테라스가 딸린 카페가 있어 커피를 마시며 신선한 공기 그리고 도시 전경을 파노라마로 즐길 수 있다. 국제적 수준의 고급 호텔로, 탈린을 방문하는 기업 회장, 운동 선수와 팝스타의 대부분이 이 호텔에 묵는다(영국 여왕은 그러지 않았지만). Rävala pst 3, www.tallinn.radissonsas.com

PLACES TO EAT

VÕITLEV SÕNA 구소련 시대에 이곳은 유명한 서점이었다. 오늘날 이곳은 카페 겸 나이트클럽으로 바뀌어 유럽 및 인도 요리를 제공한다. 스타일리시한 인테리어에 좋은 음악이 흐르는 곳. Parnu mnt 2

OLDE HANSA 중세 상인이 살던 집을 개조한 레스토랑으로 에스토니아 전통요리를 선보인다. 가격대가 높은 편이지만 곰이나 사슴 고기를 맛볼 수 있는 좋은 기회가 될 것이다.
Vana-Turg 1, www.oldehansa.com

C'EST LA VIE 1930년대 방식으로 꾸며진 프렌치 스타일 카페 겸 레스토랑이다. 음식도 나쁘지 않다. 커피 한잔 마시며 지나가는 사람들을 구경하기 좋은 곳이다.
Suur-Karja 5, www.cestlavie.ee

KLOOSTRI AIT 중세 곡물창고였던 공간을 활용한 넓은 레스토랑이다. 음식은 훌륭하고 가격은 저렴하다. 실내에는 커다란 벽난로가 있고 주말에는 라이브 공연이 펼쳐진다. Vene 14

NOKU 탈린에서 가장 편안하면서도 힙한 곳으로 적당한 가격에 맛있는 식사를 할 수 있다. 시내의 온갖 창의적이고 예술적인 사람들이 즐겨찾는 곳이다. 입구에 아무 표시도 되어 있지 않아 헷갈릴 수 있다. Pikk 5

TROIKA 2층 구조의 러시아식 술집 겸 레스토랑이다. 정기적으로 라이브 공연이 열리고 지하 레스토랑 공간에서는 보드카, 캐비어와 수프를 곁들인 샌드위치 등을 팔고 있어 배가 고픈 상태로 떠나는 것이 불가능한 곳이다. 그들이 보드카를 따르는 특이한 방식을 눈여겨 보자. Raekojaplats 15, www.troika.ee

HELL HUNT 탈린에서 가장 오래된 펍이다. 술집의 이름이 폭주족들의 술집을 연상시키지만 사실 해석하면 '순한 늑대'가 된다. 괜찮은 음식과 기분 좋은 서비스가 있는 곳이다. 항상 사람들로 붐비지만 웬만하면 빈 자리 하나쯤은 찾을 수 있을 것이다. 여름에는 야외 테라스에서 맥주를 즐길 수 있다. Pikk 39, www.hellhunt.ee

NIMETA BAAR 고향 친구들과 어울리고 싶다면 '이름 없는 바'가 정답이다. 탈린의 대부분 외국인이 값싼 맥주와 축구 중계를 즐기는 곳이다. Suur-Karja 4, www.nimetabaar.ee

REVAL CAFE 카페라기보다는 레스토랑에 가까운 곳으로 촛불 조명이 따스하고 로맨틱한 분위기를 연출한다. 친구들과 함께 와인잔을 기울이며 밤새 깊은 대화를 나눌 수 있는 곳이다. Müürivahe 14, www.revalcafe.ee

MATILDA CAFE 툼페아 언덕에서 내려오는 길에 '짧은다리길(Luhike jalg)'에 위치한 이 카페에 들러보자. 비엔나 양식의 인테리어와 친절한 서비스가 그야말로 어린시절 가곤 했던 진짜 사탕가게이다. 파블로바 타르트(pavlova tart)는 반드시 먹어볼 것. Lühike jalg 4

MAIASMOKK CAFE 1864년 개업 이래 여전히 운영되고 있는 카페. 전쟁 전의 근사한 실내장식과 수많은 거울로 이 지역의 랜드마크가 된 곳이다. 이곳의 마지판(marzipan)은 특히 유명하니 꼭 먹어보자. Pikk 16

NU NORDIK 현지 디자이너의 참신하고 모던한 제품을 찾고 있다면 이 작은 가게로 향하자. 의류에서부터 탁상 조명까지 모든 것을 갖추고 있다. Vabaduse väljak 8, www.nunordik.ee

RAAMATUKOI 빈티지 서적과 엽서를 파는 가게이다. 이것저것 뒤적거리며 구경하기 좋은 곳이다. 우리는 이곳에 올 때면 언제나 어린 시절의 기억을 되살려주는 무언가를 찾아내곤 한다. Voorimehe 9, www.raamatukoi.ee

VIRU GATE MARKET 비루 게이트 쪽의 구시가 성벽을 따라 장이 선다. 키 작은 할머니들이 옛 방식으로 뜬 재미난 패턴의 니트 재킷이나 울 양말과 모자 등을 팔고 있다. 적어도 겨울을 따뜻하게 날 수 있는 물건들이다. Mütivahe 17

HOOCHI MAMA 옷과 액세서리를 파는 패션 부티크로, 이곳의 상품 대부분이 독점 판매이거나 한정판이다. Vana-Posti 2

BALTI JAAM 기차역 뒤로는 탈린에서 가장 큰 시장이 있다. 아주 특별한 곳이다. 값싼 의류, 식품, 카펫, 책 등 상상 가능한 모든 것을 파는 진열대가 펼쳐져 있다. 주변에는 비싸지 않은 골동품을 파는 가게도 많다. 마치 15년쯤 전으로 돌아간 듯한 느낌을 주는 곳이다. Kopli 1

CENTRAL MARKET 탈린을 대표하는 식료품 시장이며 신선한 고기, 과인과 야채를 살 수 있는 곳이다. 2번 트램을 타고 케스크투르그(Keskturg) 역에서 내리면 된다. Keldrimae 9

CHRISTMAS MARKET 매년 12월이 되면 구시가지 광장에 크리스마스 시장이 열린다. 크리스마스 트리 아래서 멀드 와인을 마시며 어디선가 흘러나오는 음악을 듣고, 사용하지도 않을 잡동사니를 사기도 하며 즐거운 시간을 보낼 수 있을 것이다. Raekojaplats

KUMU 에스토니아 미술관은 아름다운 카드리오르그 (Kadriorg)공원 내 18세기 궁전에 자리하고 있다. 중세 유럽 및 러시아 미술품을 소장하고 있으며 에스토니아 현대미술품도 볼 수 있다. 하지만 전시보다는 건축물 자체가 더 볼거리가 많다. Weizenbergi 34, www.ekm.ee

SOO-SOO 갤러리 겸 상점으로 디자이너 가구와 장신구를 팔고 있으며 사진, 그래픽 디자인, 미술 관련 전시회도 개최한다. Soo 4

DRAAKONI GALERII 에스토니아를 대표하는 현대미술 작가의 작품을 전시하는 갤러리이다. 도심에 위치한 아름다운 옛 건물에 있으며 갤러리숍에서는 작품이나 관련 상품을 직접 구매할 수 있다. Pikk 18, www.eaa.ee/draakon

SÕPRUS 1950년대에 지어진 구소련 양식의 영화관이다. 거대한 기둥들이 입구를 지키고 있다. 원래 두 개의 상영관이 있었으나 현재는 하나만 남아 주로 예술영화를 상영한다. Vana-Posti 8

KINOMAJA 진정한 영화 팬을 위한 작고 아늑한 영화관으로 에스토니아 영화인협회에서 운영한다. 예술영화, 다큐멘터리 및 현지 제작된 영화를 상영한다. 저녁과 주중에 열리는 이벤트에서는 특정 국가나 지역을 주제로 한 영화들을 상영하며 로비에서는 전시회가 열리기도 한다. Uus 3, www.kinomaja.ee

GALLERIES AND CULTURE

MINE METSA MEANS BUGGER OFF

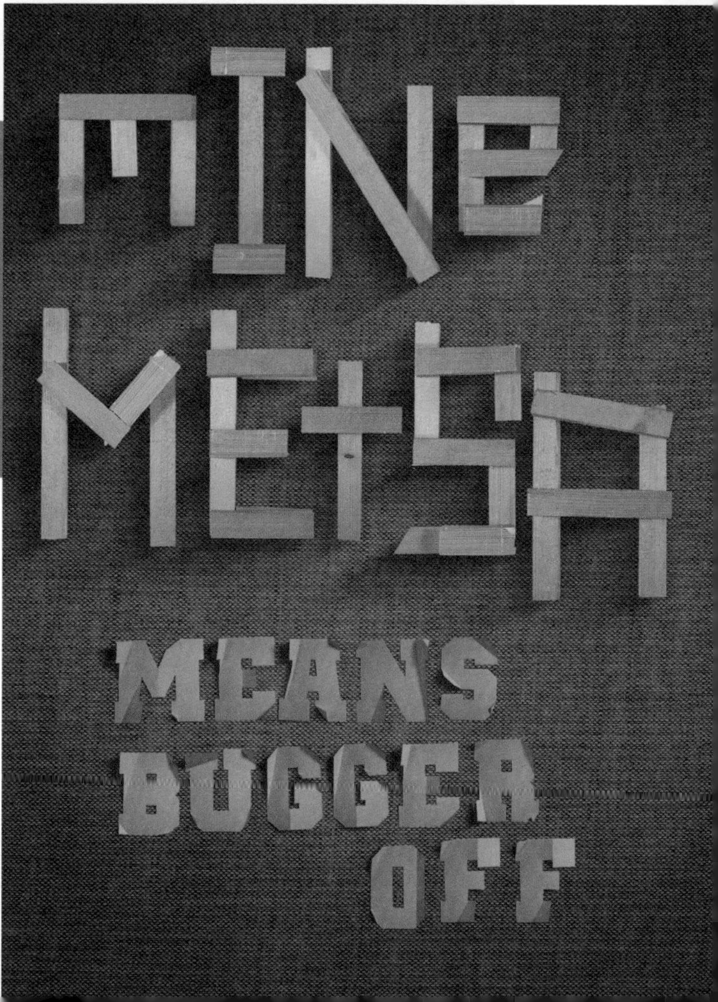

TOOMPEA (UPPER TOWN) 툼페아 언덕은 탈린의 나머지 지역보다 30m 정도 높은 언덕에 있어 모든 방문객이 가봐야 할 곳이다. 픽 얄그(Pikk Jalg) 길을 올라가면 성 광장(Lossi Plats)에 도착하게 될 것이다. 광장 한 쪽에는 현재 에스토니아 국회의사당으로 쓰이는 툼페아 성이 있고, 다른 한 쪽에는 러시아 정교회 알렉산드르 네프스키 성당(Alexander Nevsky Cathedral)이 있다. 구불거리는 골목길과 카페들이 광장을 에워싸고 있어 구시가의 전망대에서는 멋진 경치를 감상할 수 있다. 밤이 되면 이곳은 마법에 휩싸인 듯 근사해진다.

MAARJAMÄE WAR MEMORIAL 1991년 독립 이후 에스토니아인들이 가장 먼저 한 일은 구소련 지배의 흔적을 모두 제거하는 것이었다. 이곳은 몇 남지 않은 구소련의 유물 가운데 하나이다. 전쟁에서 죽은 러시아인들을 기리기 위해 1960년에 지은, 이제는 반쯤 버려진 콘크리트 구조물이다(사실 이러한 비슷한 기념비가 모든 구소련 도시에 있다). 네 면으로 이루어진 나선 형태로, 콘크리트와 쇠로 만든 형상물에 둘러싸여 있으며 주변 거리는 풀로 뒤덮인 언덕을 가로지른다. 피리타(Pirita) 해변으로 가는 고속도로 바로 옆에 있어 신비스러운 느낌도 준다. 잠시 멈추어 홀로 바다와 마주할 시간을 갖기에 이상적인 장소.

ROTERMANNI QUARTER 로테르마니 지구는 탈린 제2의 구시가라고도 불리는 곳이다. 19세기와 20세기 초 건축물들이 있는 산업지역으로 구시가인 비루(Viru)와 항구 사이에 있다. 오랫동안 버려졌던 곳이지만 현재 에스토니아 최고의 건축가들이 참여하여 활발하게 재개발을 하고 있다. 새로 지어지는 건물들 하나하나가 개성이 넘친다. 이 주변은 보행가로 바뀌었고 시내에서 유명한 상점들이 들어서 있다. 아직은 재건축이 진행되는 중이라 공사장도 많다. 에스토니아 건축 박물관에서는 걸어서 5분 거리이다. www.rotermannikvartal.ee

LASNAMÄE 탈린 전체 인구의 1/4이 살고 있는 탈린 근교에는 무언가 형언할 수 없는 매력이 있다. 끝없이 복제되어 서 있는 구소련 시대의 콘크리트 빌딩들은 원래 시내의 공장과 산업단지에서 일하던 러시아 노동자들의 주거지로 지어졌다. 여전히 많은 러시아인이 이곳에 살고 있지만 저렴한 주거지역인 관계로 다양한 사람들이 모여든다. 이곳에는 녹지가 없고 모노톤의 콘크리트만이 펼쳐져 있다. 마약 관련 범죄가 발생하는 곳도 있다.

EVENTS

SONG AND DANCE CELEBRATION 7월 | 4년에 한 번씩 에스토니아 전국에서 약 십만 명의 사람들이 이 축제를 위해 축제 공연장(LAULUVALJAK)에 모인다. 전통의상을 입은 엄청난 군중이 세계 최대 합창단을 이루며 진정한 국가적 단합을 상징한다.

ÕLLESUMMER 7월 | 맥주 축제로 매년 7월 초에 열린다. 모든 맥주 축제가 그렇듯 이것도 타 축제 못지않게 재밌다. 엄청난 양의 맥주, 양배추를 곁들인 소시지, 그리고 휘청거리는 수많은 사람이 있는 행사. www.ollesummer.ee

PÖFF TALLINN BLACK NIGHTS FILM FESTIVAL 11월 | 매년 겨울 탈린에서는 영화 잔치가 벌어진다. 발틱 연안에서 가장 큰 영화제로 현대 영화의 최고 작품들을 다룬다. www.poff.ee

pidu
means
party

Helsinki
Helsingfors

힐리파 히크라스의 헬싱키

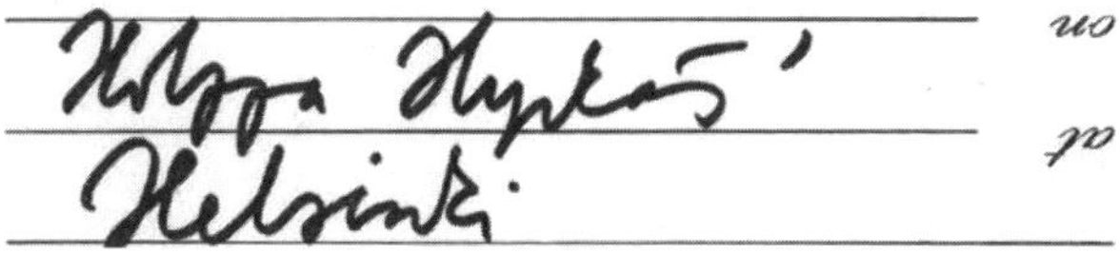

1809년까지 스웨덴과 핀란드는 하나의 국가였다. 핀란드 전쟁에서 러시아가 스웨덴을 물리치자 핀란드는 자치권을 얻게 되었고, 수도를 스웨덴에 인접했던 투르쿠에서 헬싱키로 옮기게 되었다. 새로이 수도가 된 헬싱키는 상트페테르부르크를 연상시키는 신고전주의 양식으로 도심부를 재건했다. 이때 축조된 많은 건물이 여전히 남아 있으며, 나머지 건물들은 다소 뒤섞인 양식을 보여준다. 제2차 세계대전 때 심한 폭격을 당했던 헬싱키는 1970년대에 이르러 급속하게 확장했다. 이때 비교적 현대적이고 기능적인 건축물들이 들어서게 되었다. 하지만 그 사이사이에도 꽤 오래된 건물들이 함께 남아 있어 엘리엘 사리넨(Eliel Saarinen)이 디자인한 기차역과 같은 수려한 아르누보식 건물이나 정성스럽게 보존된 목조 주택, 그리고 알바 알토(Alvar Aalto)가 디자인한 매우 빼어난 건축물들을 찾아볼 수 있다.

헬싱키는 국제적 도시와 소도시의 분위기를 모두 갖고 있다. 도시는 핀란드 남쪽 핀란드만과 주변의 작은 섬들로 이루어져 있다. 반도 남쪽의 육지 쪽에는 상트페테르부르크를 닮은 원로원광장(Senaatintotri)이 도시의 전통적인 중심부를 이루고 있다. 이 광장에는 쇼핑가인 알렉산트린카투(Aleksanterinkatu, 줄여서 '알레스키aleski')와 에스플라나디(Esplanadi, 줄여서 '에스파espa')가 연결되어 있다. 언덕을 조금만 내려가면 물가를 따라 마켓 광장(Kauppatori)이 펼쳐진다. 실타사렌살미(Siltasaarensalmi) 해협을 건너면 시내 중심에서 1km 떨어진 곳에 칼리오(Kallio) 지역이 있다. 과거에 이곳은 노동자 계급의 주거지였다. 지금은 노동자, 학생, 이민자와 젊은 전문직 종사자들이 사는 활력 넘치는 곳이다. 현재 헬싱키에서 가장 인구밀도가 높은 곳이며, 그만큼 멋진 바와 식당들이 모여 있기도 하다(추천 목록에서 눈치챌 수 있을 것이다).

헬싱키의 날씨는 이 정도 위도에서 예상하는 것보다는 훨씬 따뜻하다(겨울 -5°C, 여름 20°C). 그렇다 하더라도 겨울에는 낮 시간이 짧기 때문에 야외 카페와 술집이 도시의 활기를 더해주는 여름철 방문을 추천한다. 한편 겨울에는 도심에서 교외의 숲까지 크로스 컨트리 스키를 즐기거나 호수에서 스케이트를 탈 수도 있다. 따뜻한 음료를 마시고 싶어질까 봐 걱정할 필요는 없다. 핀란드인들은 세계에서 가장 심각한 카페인 중독에 빠진 민족인 만큼(하루 평균 아홉 잔의 커피를 마신다) 커피숍은 여기저기에 널려 있다!

HOSTEL EROTTAJANPUISTO 깔끔하고 편안하며 위치도 좋은 호텔이다. 시내 중심인 우덴만카투(Uudenmaankatu)에 자리하고 있다. 쾌적하고 저렴한 곳. Uudenmaankatu 9, 00120 Helsinki, www.erottajanpuisto.com

HOTELLI TORNI '타워 호텔'이라는 뜻의 이 호텔은 핀란드 최대의 체인인 Sokos 소유이다. 시내 중심에 위치한 14층짜리 빌딩으로 찾기도 쉽다. 빌딩은 아르데코, 아르누보, 기능주의의 세 양식으로 꾸며져 있다. 호텔에 얽힌 역사도 재미있는데, 두 번의 세계대전 당시 스파이들이 숨었던 곳이라고 한다. 이후 핀란드의 모스크바 평화 조약 준수를 위한 연합국위원회의 기지로 쓰였다. 다른 부분이 마음에 들지 않더라도 14층의 바 때문에 묵을 만한 가치가 있는 곳이다(술집/바 섹션 참조). Yrjönkatu 26, 00100 Helsinki, www.sokoshotels.fi

KLAUS KURKI HOTEL 객실의 등급이 'Passion'(스탠더드룸)에서부터 'Envy'(럭셔리)까지로 구분된 이곳은 특이한 콘셉트 호텔이라 할 수 있다. 하지만 보기보다 가격은 비싸지 않은 편이다. 분위기가 경쾌하고 위치도 좋으며 아침식사는 특히 맛있다. Bulevardi 2, 00120 Helsinki, www.klauskhotel.com

HOTEL KAMP 금전적 여유가 있는 당신을 위한 럭셔리한 옵션. 19세기 건물은 복제된 전통 휘장과 샹들리에 등을 통해 옛 모습이 완벽하게 구현되어 있다. 따뜻하게 데워지는 카우치 소파와 같은 21세기식 특전도 누려보자. Pohjoisesplanadi 29, 00100 Helsinki, www.hotelkamp.com

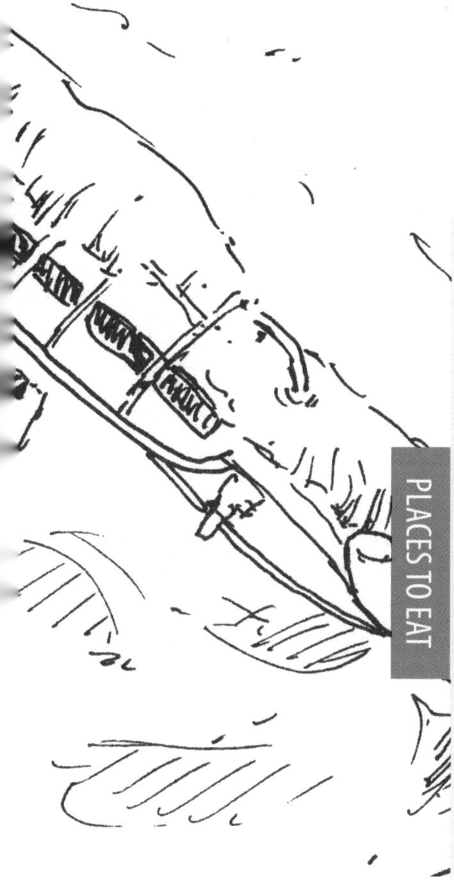

PLACES TO EAT

KOSMOS 이곳은 1924년 문을 연 이래 지금까지 한 가족에 의해 운영되고 있다. 오늘날에도 예전의 매력을 대부분 유지하고 있지만 여기에 현대적인 우아함이 가미되었다. 역사를 통해 핀란드의 문화적·정치적 엘리트들이 모두 거쳐간 곳이다. 요리는 모던 핀란드 퀴진이 주를 이루고 러시아, 스웨덴, 프랑스 조리법의 영향을 조금 받았다. 재료는 현지에서 공수된다. Kalevankatu 3, 00100 Helsinki, www.ravintolakosmos.fi

SOUL KITCHEN 식당 이름에서 이미 눈치챘겠지만 미국 남부식 요리를 하는 곳이다. 메뉴의 대부분은 강한 향신료와 풍미(검보 등)의 튀기거나 바비큐한 요리이다. 음악은 그윽하고 부드러우며 서비스는 재빠르고 정답다. 가격도 비싸지 않은 편이다. 채식주의자를 위한 메뉴도 충분히 있어 나 같은 사람에게는 특히 안성맞춤이다.
Fleminginkatu 26, 00510 Helsinki, www.soulkitchen.fi

SEA HORSE 이 레스토랑은 'Sikala'라는 이름으로도 알려져 있는데, 해석하자면 '돼지우리'라는 뜻이다. 조금 이상한 별명이지만 알고보면 딱 그런 장소이다! 오래된 유스호스텔안에 있으며 메뉴는 특히 점심이 아주 저렴하다(점심식사는 13유로를 넘지 않을 것이다). 나는 이곳을 특히 좋아하는데, 고급식당은 아니지만 유명한 예술가나 예술 관계사들이 많이 찾아오는데, 모두가 똑같이 따뜻하고 부담없는 대접을 받을 수 있기 때문이다. 도심에서 살짝 벗어난 곳이지만 트램을 타고 갈 수 있다.
Kapteeninkatu 11, 00140 Helsinki,
www.seahorse.fi

MY CUP OF T

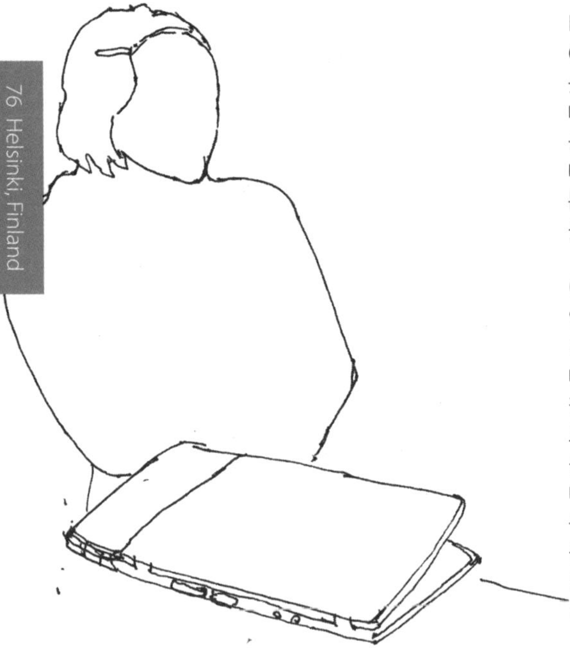

BARS

LUFT Soul Kitchen(식당 섹션 참조) 바로 옆에 있는 이곳은 칼리오 지역의 학생과 예술가 들이 즐겨찾는 곳이다. 도심 쪽의 술집들보다 가격도 저렴한 편. 대부분의 저녁시간에는 DJ가 있다. 카페는 갤러리 공간으로도 사용되고, 손님들이 볼 수 있도록 다양한 잡지도 구비되어 있다. 나는 이곳의 여유로운 분위기를 좋아한다. 편한 마음으로 들를 수 있는 곳이다. Aleksis Kiven Katu 30, 00510 Helsinki

CORONA BAR AND CAFE MOSCOW 별난 영화감독들인 아키&미카 카우리스마키(Aki&Mika Kaurismaki)가 옛 영화관을 개조해 만든 두 곳의 바이다. Corona Bar에는 당구대가 아홉 개나 있어 젊은 예술가들과 당구 마니아들이 즐겨찾는데, 거친 도시적인 분위기를 갖고 있어 호불호가 갈릴 수 있는 곳이다. Café Moscow는 묵직한 커튼과 낡은 가구를 배치하여 전형적인 동유럽 술집과 같은 분위기로 꾸며져 있다. 카페 직원들조차 동유럽스럽게 통명하다. 같은 빌딩에는 다른 바들과 작은 영화관이 있다. Eerikinkatu 11, 00100 Helsinki, www.andorra.fi

HIUTALEBAARI 두 개의 지점이 있는 바. 두 곳 모두 커다란 창문과 좋은 음악이 있는 즐겁고 아늑한 분위기이다. 매일 밤 핀란드내 유명 DJ 들이 음악을 연주하여 트렌디한 젊은(35세 이하) 손님들이 몰려든다. 아주 붐비는 곳이다. Annankatu 4, 00120 Helsinki, Porthaninkatu 9, 00530 Helsinki

CAFE TIN TIN TANGO 툴루(Toolo) 시장 옆에 있는 이곳은 단순한 카페/바라고 부를 수 없는 곳. 사우나이자 세탁소이기도 하다. 만화 캐릭터에서 이름을 따왔다. 에디트 피아프의 곡이 흐르는 가운데 속 채운 바게트와 샐러드를 제공하는, 아주 프랑스적인 분위기를 풍기는 곳이다. 흡연자를 위한 유리로 된 공간도 있는데, 이곳에서는 시장의 풍경을 볼 수 있다. 사우나 시설은 시간 단위로 이용할 수 있는데, 적어도 하루 전에 예약해야 한다. Töölöntorinkatu 7, 00260 Helsinki

ATELJEE BAR Torni Hotel 14층에 있는 작은 바로, 훌륭한 칵테일 리스트와 환상적인 도시 전경을 만날 수 있는 곳이다. 최고의 전망은 여자 화장실에서 볼 수 있다. 도시 전체가 당신의 발 아래 놓일 것이다. Yrjönkatu 26, 00100 Helsinki, www.ateljeebar.fi

MARIMEKKO 이곳은 아르미 라티아(Armi Ratia)와 그녀의 남편 빌리오(Viljo)가 1950년대 세운 핀란드 기업이다. 처음에는 그래픽 디자이너들에게 그들의 재능을 직물에 응용해달라고 부탁하면서 시작했다. 이후 심플한 드레스를 제작하면서 눈에 띄는 결과를 얻게 되었다. 1960년대에 재키 오나시스에 의해 유명해진 마리메코는 70년대 후반 ~80년대 초반에 투박한 꽃무늬의 유니코(Unikko) 디자인으로 인해 다시 유행하게 되었다. 마리메코는 내 어린 시절 큰 영향을 준 브랜드인데, 네 남매가 70년대 내내 마리메코의 줄무늬 유니섹스 티셔츠를 입고 지냈다. "비싸지만 품질이 좋아"라고 하시던 어머니의 목소리가 아직도 생생하다. 어머니의 말이 맞았다. 수없이 빨래를 해도 밝은 색상은 그대로 유지되었다. 우리 집에는 마리메코 파자마, 커튼, 식탁보, 침대 시트, 가방, 자켓과 모자가 있었다. 지난 여름에는 여름 별장의 다락에서 흑백 컬러의 원피스를 발견했다. 내 몸에 딱 맞았다. 수많은 사람이 어디서 산 옷이냐고 물어왔는데 진실은 35년 된 빈티지 마리메코였다! 마리메코 숍은 헬싱키에서 꼭 가봐야 한다. Pohjoisesplanadi 2 and 31, 00100 Helsinki, www.marimekko.com

LUX 핀란드 디자이너(해외에서도 알려진)의 의류와 액세서리를 파는 작은 가게이다. 브랜드 아이덴티티의 거칠고 손맛나는 타이포그래피가 멋있다. 지난 번 방문했을 때 나는 핀란드 디자이너 폴라 얌(Polla Jam)이 제작한 근사한 겨울 코트를 발견했다. 'Laulopuu(노래하는 나무)'라는 명칭의 그 코트는 아기자기한 여름 느낌의 프린트가 있는 원단을 사용한 것이었다. 코트가 너무 마음에 든 나머지 나는 그것을 그림으로 그리기까지 했다. Uudenmaankatu 26 00120, Helsinki

HELSINKI 10 의류, 서적, 미술품과 레코드를 파는 아주 멋진 가게이다. 독립적이고 로큰롤적인 스트리트 분위기가 물씬 풍긴다. 빈티지 의류도 취급하는데 가게 안에 바도 갖추고 있다. 가격대는 상품에 따라 천차만별이지만 젊은 멋쟁이들 사이에서 사랑받고 있는 곳이다 Eerikinkatu 3, 00100 Helsinki, www.helsinki10.fi

PENNY LANE BOUTIQUE 호기심을 자극하는 빈티지숍. 작은 공간이지만 두 개 층으로 나뉘어져 1층에서는 신발, 액세서리와 캐주얼 의류를, 위층에서는 매우 여성스러운 30, 40, 50년대 드레스를 판매하고 있다. 스타일이 뚜렷한 숍이다. Runeberginkatu 37, 00100 Helsinki

TOMORROW'S ANTIQUE 가정용품 가게로 앤티크와 현대 디자이너의 가구, 조명과 유리제품을 취급한다. 핀란드와 스칸디나비아풍의 50~60년대 제품도 꽤 있는데 알바 알토나 일마리 타피오바라(Ilmari Tapiovaara)의 디자인도 눈에 띈다. 북유럽 디자인 박물관 같은 곳이니 무언가 사지 않더라도 구경할 만한 가치는 충분한 곳이다. Runeberginkatu 35, 00100 Helsinki

LEVYKAUPPA ÄX (RECORD SHOP ÄX) 국내외 언더그라운드 음악을 아우르는 대규모 레코드숍이다. 특히 헤비록 부분에서 방대한 셀렉션을 갖추고 있다. 온라인 매장도 운영된다. Arkadiankatu 14, 00100 Helsinki, www.levykauppax.fi

MUSEUM OF CONTEMPORARY ART KIASMA 이 건물은 미국 건축가인 스티븐 홀(Steven Holl)에 의해 설계되었다. 건물의 디자인에 대해서는 여러 논란이 있는데, 너무 크다, 너무 별나다, 너무 흉하다 등의 내용과 핀란드의 전쟁 영웅인 마네르하임(C G Mannerheim)의 동상을 가린다는 내용들이다. 어찌되었든 나는 이 박물관을 무척 좋아한다. 인상 깊던 전시도 많았는데, 미국 미술비평가인 킴 레빈이 참여했던 전시나 딸들과 함께 구경한 ARS 2006 등이 있다. 마네르하임이 살아 있었다면 그도 이 박물관과 박물관내 카페와 뮤지엄숍을 마음에 들어했을 것이라 믿는다. 나름 볼거리가 많은 곳이다. Mannerheiminaukio 2, 00100 Helsinki, www.kiasma.fi

ALKOVI 이 갤러리는 칼리오의 분주한 거리에 있다. 18m 길이의 창문을 통해 작품이 하루 24 시간 전시된다. 우연히 놀라운 작품과 마주치게 되는 일종의 도시 예술 실험실이라 할 수 있다. Helsinginkatu 19, 00510 Helsinki

HUUTO 실험예술, 공연, 크로스오버 프로젝트 등을 볼 수 있는 곳으로 두 곳의 갤러리를 운영하고 있다. 한 무리의 독립예술가들이 설립한 이곳은 예술인 단체들의 자원봉사로 운영되고 있다. Laivurinkati 43, 00150 Helsinki, and Uudenmaankatu 35, 00120 Helsinki, www.galleriahuuto.net

NAPA 나파 출판사의 갤러리로, 그래픽노블을 전문적으로 다루고 있다. 두 명의 만화가인 예니 로페(Jenni Rope)와 유씨 카리알라이넨 주니어(Jussi Karjalainen Jr)가 설립했으며 재능 있는 젊은 핀란드 일러스트 작가들이 소속되어 있다. 한쪽 벽에는 다양한 기획전시가 열리고 다른 쪽에는 출판사에서 나오는 책들이 진열되어 있다. 소속 작가들의 포트폴리오를 훑어볼 수도 있다. Eerikinkatu 18, 00100 Helsinki, www.napabooks.com

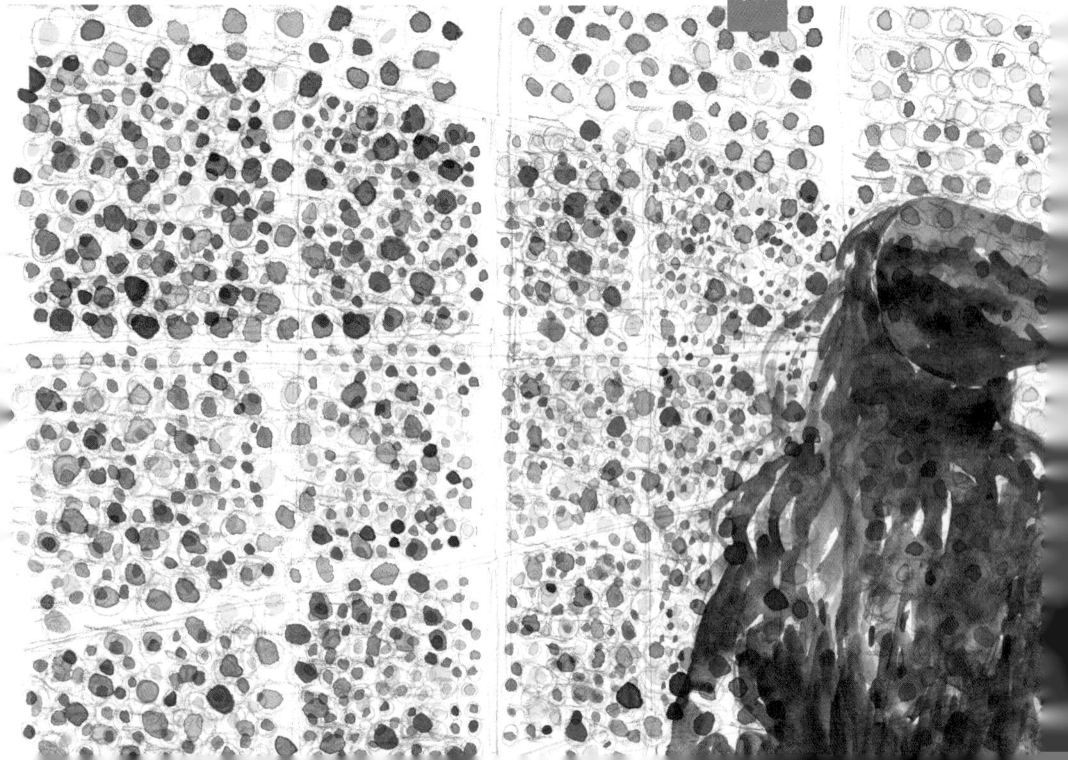

WALKS AND ARCHITECTURE

YRJÖNKADUN UIMAHALLI 수영장 하나와 사우나 둘, 그리고 카페가 있는 수영장이다. 남자와 여자의 이용 시간이 나뉘어 있는데, 이것은 많은 사람이 누드로 수영하기를 좋아하기 때문이다(원한다면 수영복을 입어도 되긴 한다). 시내 한복판의 아름다운 1920년대식 건물에 있다. 과거의 모습을 잘 간직한 차분하고 평화로운 분위기의 공간이다. Yrjönkatu 21, 00100 Helsinki

TORKKELIMÄKI 이 지역은 칼리오 지역의 일부이다. 1926년부터 1928년 사이에 고전적인 양식으로 지어졌으며 작은 정원들이 빌딩 사이사이에 놓여 마치 공원 도시와도 같다. 길이 좁고 미로처럼 얽혀 있어 건물과 그 주변을 여러 각도에서 바라볼 수 있다. 도심에서 걸어갈 만한 거리에 있으며 트램이나 지하철을 이용해도 된다.

EVENTS

THE NIGHT OF THE ARTS, HELSINKI FESTIVAL 8월 | 모든 형태의 예술을 위한 다양한 프로그램이 진행되는 연례 예술 축제이다. 페스티벌 기간 중 하룻밤 동안 시내 도처의 서점, 갤러리, 도서관 등의 장소에서 예술 관련 행사가 벌어진다. 꼭두새벽까지 이어지는 이 행사는 무료 입장인 곳도 있고 유료 입장인 곳도 있다. 분위기는 짜릿하다. 기분 좋은 여름밤, 수많은 사람이 도시에 스며드는 예술을 즐기는 모습이 강렬하게 와닿는다. www.helsinginjuhlaviikot.fi

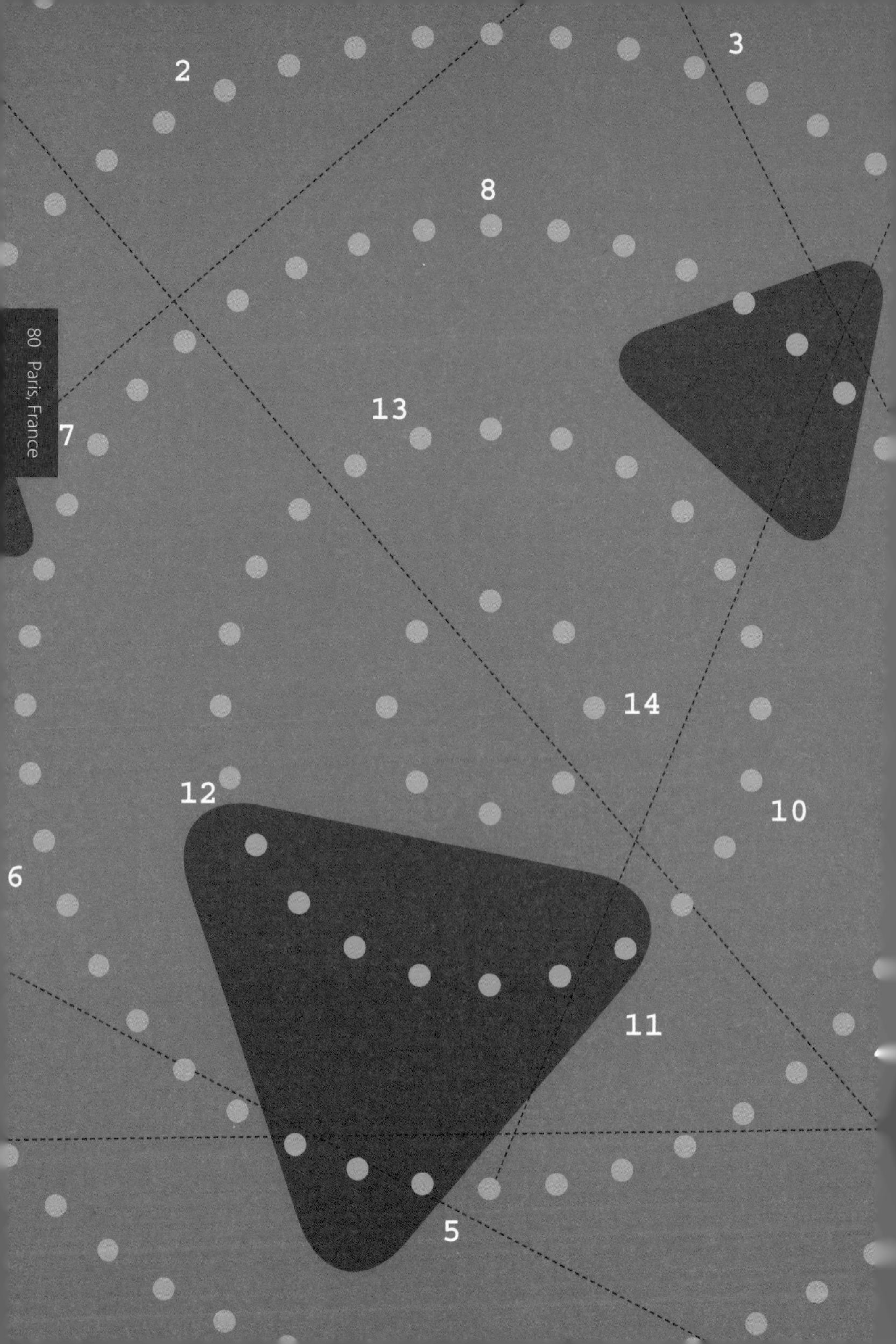
2
3
8
13
7
14
12
10
6
11
5

엘라민 메샤의 파리

ELAMINE MAECHA'S PARIS

사람들이 파리를 생각할 때 흔히 떠올리는 몇 가지 편견이 있다. 로맨틱하고, 시크하고, 거만하고, 불친절하고, 아름답고…. 여기에는 몇 가지 진실과 오해가 섞여 있으니 사실적인 정보에서부터 출발해보자. 파리는 인구 2백만 이상의 거대 도시로 세계에서 가장 많은 관광객이 몰려들고 있으며, 센 강으로 인해 두 지역으로 나뉘어 있다. 도시의 중심은 강의 우안에 자리해 있고 18세기에 지어진 우아한 건물들로 이루어져 있다. 좌안은 중세의 골목길과 19세기의 대로가 뒤엉킨 모습을 보여준다.

파리는 20개 구로 나뉘어 있는데 이들은 '에스카르고(escargot)'라 불리며 달팽이 형태로 배열되어 있다. 내가 마침내 이 비유를 이해하고 구역들이 나선 형태로 뻗어 있다는 사실을 깨닫는 데에는 3년이나 걸렸다. 방문객에게 있어 파리의 전통적인 '중심'은 오래된 지역인 1, 2, 3구일 것이다. 잘 알려진 기념물과 대형 미술관들이 이곳에 있다. 내가 가장 좋아하는 곳 중 하나인 마레지구(Le Marais)는 3, 4구에 있다. 나는 이곳의 상점들을 구경하고, 수많은 멋진 카페나 바 가운데 한 곳에 들러 커피도 한잔 즐기다 퐁피두 센터(Centre Pompidou)의 최근 전시까지 관람하는 등 몇 시간이고 즐거운 시간을 보낼 수 있다. 하지만 이 지역을 벗어나 조금 멀리 위치한, 비교적 덜 알려진 곳들도 둘러보기를 권한다. 이 지역들은 현재 예술적인 주민들과 펑키한 분위기 속에서 도심부의 강력한 라이벌로 급부상하고 있다. 18, 19, 20구는 이민자들과 소위 '보보스(bobos, bourgeois bohème)'로 알려진 집단이 모여 사는 곳이다. 보보스는 건축가, 변호사, 디자이너와 예술가 등을 지칭하는 말로, 오데옹(Odeon)과 생 제르맹 데 프레(Saint-Germain-des-Prés) 등 소위 '엘리트 거주지'로 알려진 구역의 치솟는 집값으로 인해 이곳으로 이사를 왔다. 나는 18구에 살고 있는데, 단지 저렴한 집값 때문이라기보다는 이곳의 다양한 인구 구성이 창의성의 밑거름이 되어주기 때문이다. 실제로 내가 파리를 좋아하는 가장 큰 이유는 이 안에서 만나는 서로 다른 얼굴과 인종 때문이다. 아프리카, 베트남과 라틴아메리카에서 온 사람들이 파리를 새롭고, 에너지 넘치고, 변화를 피하지 않는 곳으로 만들어 나가고 있다.

파리를 둘러보기에는 택시보다 지하철이 편리하다. 이외에도 파리 시장은 오염을 줄이고 건축물은 보호하기 위해 성공적인 공영 자전거 시스템을 도입하여, 시내 도처에서 자전거를 빌릴 수 있다. 파리에서 차를 몰고 다니기로 결정했다면 특히 방학 기간에는 더욱 끔찍해지는 도로 정체를 유의하기 바란다.

PLACES TO STAY

HOTEL DU PETIT MOULIN 내가 파리에서 가장 좋아하는 호텔이다 (직접 숙박을 한 적은 없다. 내가 파리에 산다는 이유 외에도, 내 주머니 사정과는 맞지 않는 곳이다!) 17세기 빵집이었던 곳을 개조해 만든 별 네 개짜리 호텔로, 크리스티앙 라크루아가 인테리어 디자인을 담당했다. 위치도 완벽하여 마레 지구의 한가운데에 자리해 있다. 29/31 Rue du Poitou, 75003 Paris, www.hotelpetitmoulinparis.com

HOTEL SEZZ 센 강변에 위치한 이 근사한 부티크 호텔은 에펠탑에서도 멀지 않은 곳에 있다. 건물의 파사드는 완전히 고전적인 양식을 보여주지만, 내부는 우아한 현대식 그리고 전통적 디자인이 혼합되어 있다. 나는 가끔 이곳에 와서 실내장식의 재료와 색상을 감상하며 한잔 하곤 한다. 6 Avenue Fremiet, 75016 Paris, www.hotelsezz.com

HOTEL OPERA LAFAYETTE 이 호텔의 디자인이나 건축에 대해서는 특별히 언급할 내용이 없지만, 그랑오페라(Grand Opera)와 사크레 쾨르(Sacré Coeur), 그리고 주요 쇼핑가가 인접한 시내 한복판의 완벽한 위치를 자랑한다. 직원들은 몹시 친절하며 당신이 머무는 동안 집처럼 편안하게 느낄 수 있도록 최선을 다할 것이다. 80 Rue Lafayette, 75009 Paris, www.paris-hotel-operalafayette.com

HOTEL DES GRANDS HOMMES 분주한 무프타르 거리(Rue Mouffetard)에서 코너를 돌면 판테옹(Pantheon) 바로 옆에 있는 작고 멋진 호텔이다. 객실이 넓지는 않지만 강렬한 벽지와 클래식한 인테리어로 꾸며져 있다. 17 Place du Pantheon, 75005 Paris, www.hoteldesgrandshommes.com

LES GALOPINS 내 두 번째 집이라 할 수 있는 곳으로, 일주일에 두 번씩 찾는다. 11구의 바스티유(Bastille) 근처에 있다. 레트로 콘셉트의 인테리어를 갖추고 있으며, 저렴한 가격에 맛있는 현지 요리를 맛볼 수 있는 곳이다.
11 Rue des Taillandiers, 75011 Paris

LE GEORGES / AU CENTRE G. POMPIDOU 퐁피두 센터 꼭대기층에 위치한 식당으로, 건물 자체와 경치 때문에 추천하고 싶다. 요리는 파리 최고까지는 아니더라도 괜찮은 편이다. 전시 관람 이후에 오면 너무도 행복해진다. 내가 사랑하는 곳. 19 Rue Beaubourg, 75004 Paris

APOLLO 놀랍도록 로맨틱하고 작은 공간으로 RER 기차역인 당페르 로슈로(Denfert Rochereau)역 구내에 있다. 입구는 바깥 좌측에 있다. 인테리어도 잘 되어 있고 모던한 메뉴와 재미있는 손님들이 있는 곳이다. 나는 친구와 함께 편안한 분위기에서 특별한 식사를 하고 싶을 때 이곳에 온다. 3 Place Denfert Rochereau, 75014 Paris

LA MAISON BLANCHE 아르데코 양식의 샹제리제 극장 7층에 위치한 레스토랑으로 풍미 가득한 남부 프랑스식 요리를 선보이는 곳이다. 과거 필립 스탁(Philippe Starck) 스튜디오의 일원이었던 디자이너가 인테리어를 담당했으며, 센 강변 위로 노을을 볼 수 있는 최적의 장소 중 하나이다. 15 Avenue Montaigne, 75008 Paris, www.maison-blanche.fr

LE WINCH 몽마르트르(Montmartre) 언덕 바로 근처에 있는 해산물 레스토랑이다. 전망도 좋고 분위기도 아늑하다. 프랑스 북서부 브르타뉴(Bretagne) 지방의 요리를 제공하는데 맛은 있지만 허리 사이즈에는 도움이 안 된다. 버터를 좋아하는 사람에게 추천한다!
44 Rue Damrémont, 75018 Paris

L'AFFRIANDE 바티뇰(Batignolles) 지역에 있고 우리 집에서도 가깝다. 친절하고 비싸지 않은, 매일 갈 수 있는 그런 식당이다. 만약 이곳이 마음에 들지 않더라도, 이 동네에는 아기자기한 레스토랑이 여럿 있으니 걱정하지 말자. 39 Rue Truffaut, 75017 Paris

FONTAINE FIACRE 인테리어 때문에 좋아하는 곳이다. 인더스트리얼 스타일이지만 동시에 따스한 분위기가 난다. 음식은 전통요리로, 적당한 가격에 맛볼 수 있다. 런치 세트메뉴가 15유로 정도이다. 행사 등을 위해 식당 전체를 빌릴 수도 있다. 8 Rue Hippolyte Lebas, 75009 Paris

GAYA RIVE GAUCHE 해산물 레스토랑으로, 파리 시내에서 가장 시크한 동네인 생 제르맹 데 프레(St-Germain-des-Pres)에 있다. 톱셰프 피에르 가르니에(Pierre Gagnaire)가 운영하는 곳으로 실내는 아름답게 디자인되어 있으며 와인 리스트가 훌륭하다. 가격대는 높지만 돈을 아껴야 하는 이들을 위해 비교적 저렴한 메뉴도 마련되어 있다. 식전주를 한잔하고 나면 이곳에서 쓰는 단 1원도 아깝지 않다고 느껴질 것이다! 44 Rue du Bac, 75007 Paris

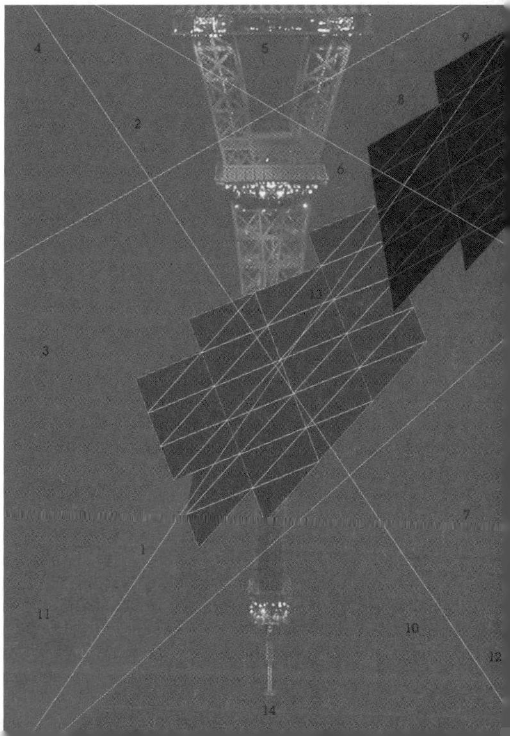

CAFE DE L'INDUSTRIE 친구들과의 유흥을 즐기기 전 한잔 하기 좋은, 가장 쿨한 바 중 하나이다. 분위기가 아주 특별한데, 과거 인더스트리얼 스타일의 공간에 빈티지 포스터와 아프리카 가면들로 장식되어 있다. 또한 제대로된 비스트로 요리도 맛볼 수 있는 곳이다. 17 Rue Saint-Sabin, 75011 Paris

CLUB LE DJOON 지난 몇 년간 프랑수아 미테랑 도서관(Grande Bibliotheque François Mittérand) 주변은 강 위의 바와 클럽, 식당들로 넘쳐나기 시작했다. 이곳은 낮과 저녁 시간에는 식당이었다가, 밤에는 바/라운지/클럽이 된다. 2층으로 나뉜 넓은 공간을 사용하며, 뉴욕의 클럽들을 연상시킨다. 22 Blvd Vincent Auriol, 75013 Paris, www.djoon.fr

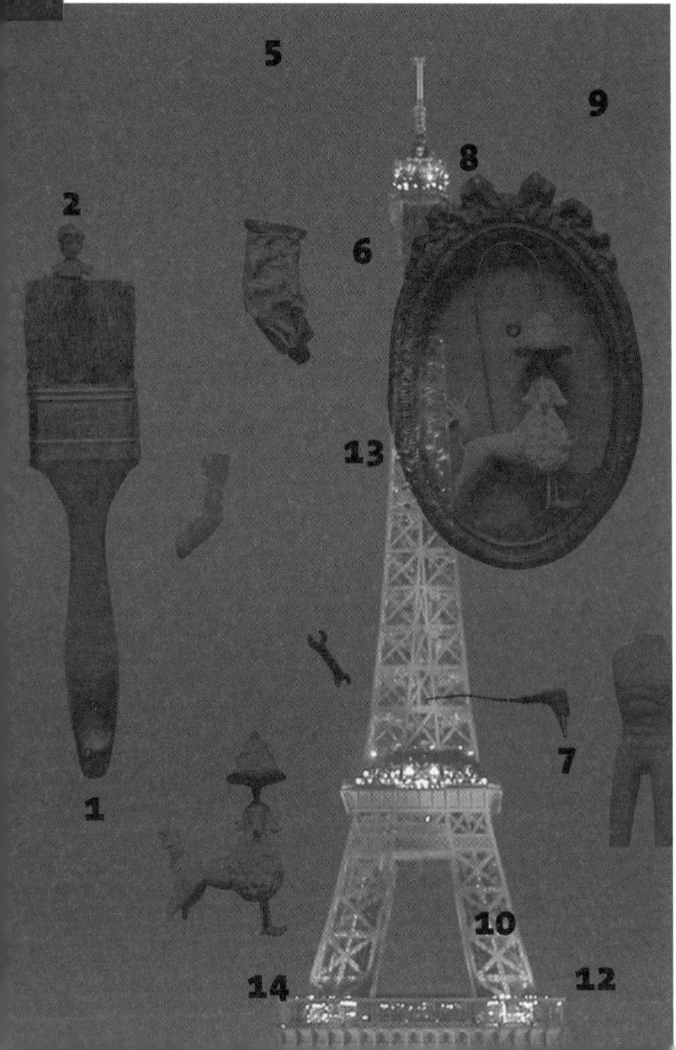

MOOD 영화 '화양연화'는 이 트렌디한 곳에서 영감을 받아 만들어졌다고 한다. 샹젤리제 거리에 있는 눈에 띄는 장소이다. 디디에 고메즈(DidierGomez)가 동양적으로 디자인했으며, 3개 층에 바, 라운지와 레스토랑이 각각 자리하고 있다. 음식은 훌륭하지만 가격은 비싼 편이다. 조명은 시간대에 따라 달라진다. 개인적으로 이곳의 젠 분위기를 좋아한다. 114 Avenue des Champs Elysées, 75008 Paris

CAFE BACI 자주 가는 곳은 아니지만 괜찮은 이탈리안 식당. 인테리어도 가죽 스툴과 바로크 샹들리에 등 디자인이 꽤 잘 되어 있어 친숙하고 즐거운 분위기를 자아낸다. 36 Rue de Turenne, 75003 Paris

L'HÔTEL KUBE 전체가 얼음으로 만들어져 있어 파리지엥들 사이에서 큰 인기를 누린 곳이다. 보드카와 칵테일을 제공하며 한쪽에선 DJ가 일렉트로니카 음악을 선사한다. 사전 예약은 필수이며 단 15분간만 머물 수 있다(하지만 15분이면 아주 충분하다). Passage Ruelle, 75018 Paris

AU GÉNÉRAL LAFAYETTE 전형적인 프렌치 브라스리 겸 바인 이곳은 9구에 있다. 손님들이 시끌벅적할 때도 있지만 대부분의 경우 참을 만한 정도이다. 나는 손님들이나 동업자들과 이곳에 들르곤 한다. 52 Rue La Fayette, 75009 Paris

GÉRARD DURAND 나처럼 양말 같은 것에 집착하는 당신이라면 이곳에서 욕심을 부려봐도 좋을 것이다. 7구에 위치한 옛 파리식 상점으로, 화려한 파리지엥을 위한 각종 양말, 스타킹, 장갑 외에도 우아한 액세서리를 판매하고 있다. 75 Rue du Bac, 75007 Paris, www.accessoires-mode.com

LAVINIA 1구에 위치한 와인숍으로, 미식가라면 반드시 들러야 할 곳이다. 직원들은 아주 친절하고 방대한 지식을 갖추고 있다. 3 Blvd de la Madeleine, 75001 Paris

GRIBOUILLAGES 당신의 자녀를 스타일리시한 파리지엥처럼 꾸며주고 싶다면 세브르(Sevres) 한복판에 있는 이 상점을 추천한다. 고급 의류와 디자이너/장인 제작 완구를 팔고 있고 오후에는 공예 워크숍도 운영한다. 85 Rue Mademoiselle, 75015 Paris, www.gribouillages.typepad.fr

CITADIUM 너무도 쿨한 어반/스트리트 웨어 상점으로 운동경기장처럼 드넓은 공간에 펼쳐져 있다. 다른 곳에서 찾기 힘든 청바지 브랜드와 신발을 팔고 내부에 카페도 있다. 토요일 오후에는 DJ가 직접 음악을 틀어주어 쇼핑을 즐겁게 해준다. 50-56 Rue Caumartin, 75009 Paris, www.citadium.fr

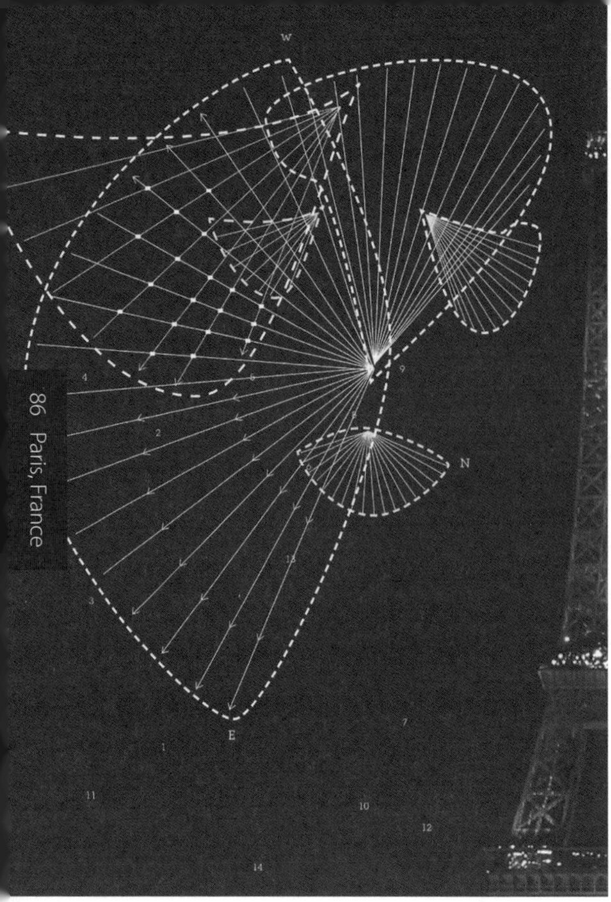

GALERIE DANSK 빈티지 가구점으로 20세기 중반 덴마크 디자인을 전문으로 한다. 인테리어는 아주 깔끔한 편. 한 바퀴 둘러보며 구경만 하기에도 좋은 곳이다. 31 Rue Charlot, 75003 Paris, www.galeriedansk.com

LIBRAIRIE LA HUNE 생 제르맹 데 프레의 한복판에 위치한 서점이다. 건물의 5층에 있다. 풍부한 역사를 자랑하는 이곳은 1949년 문을 연 이래 막스 에른스트(MaxErnst), 앙리 미쇼(Henri Michaux), 앙드레 브르통(André Breton)과 같은 명사들이 단골로 드나들던 곳이다. 170 Blvd St-Germain, 75006 Paris

ARTAZART 그래픽 디자인 관련 서적을 다양하게 갖춘 서점 겸 디자인숍이다. 선물을 구입하기에도 알맞은 곳. 83 Quai de Valmy, 75010 Paris, www.artazart.com

PUCES PORTE DE VANVES FLEA MARKET 14구에 위치한 중고품 매매 시장이다. 클리냥쿠르(Porte de Clignancourt) 역에 있는 유명한 골동품 시장보다는 규모가 훨씬 작지만, 300여 명의 상인들이 옛 린넨 제품, 에르메스 스카프, 완구, 아르데코 주얼리, 향수병 등을 팔고 있다. 골동품 딜러들이 많이 찾는 곳이니 일찍 가야 좋은 물건을 구할 수 있을 것이다. 흥정을 해야 하니 마음의 준비를 하고 가자. 그렇지 않으면 눈 뜨고 코 베일 수도 있다. Avenue Georges-Lafenestre, 75014 Paris

MARCHÉ BOURSE 야외 농산물 직거래 시장으로 2구에 있다. 품질 좋은 신선한 식재료를 판매하는, 생기 있고 트렌디한 분위기를 지닌 곳이다. 화요일와 금요일에 열린다. Place de La Bourse, 75002 Paris

PALAIS DE TOKYO 현대미술관 바로 옆에 있는이곳은 기존과는 다른 실험적인 미술관으로 상설 전시 없이 기획 전시만을 운영한다. 미술관이 들어선 공간은 원래 버려져 있던 아르데코 건물이었는데, 건축가인 안 라카통(Anne Lacaton)과 장 필립 바살(Jean-Philippe Vassal)에 의해 개조되었다. 이들은 마치 공사장처럼 건물의 장식을 벗겨내고 콘크리트와 배관 시설을 남겼다. 미술관 내에는 괜찮은 숍과 카페도 있다. 매월 첫 번째 목요일에 열리는 전시 프리뷰를 놓치지 말자. 밤 12시까지 오픈한다. 13 Avenue du Président-Wilson, 75016 Paris, www.palaisdetokyo.com

FONDATION CARTIER 카르티에 재단의 건축은 그 콘텐츠와 맞물려 퐁피두 센터와 비슷한 모습을 띠고 있다. 장 누벨이 설계한 이곳은, 뤽상부르(Luxembourg) 정원에서 멀지 않은 주변 환경과 조화를 이루고 있다. 현대미술을 지원하고 있으며 꽤 괜찮은 전시가 열린다.
261 Blvd Raspail, 75014 Paris,
www.fondation.cartier.com

GALERIE MICHEL REIN 떠오르는 신예 작가들과 거물급 예술인들이 한 공간에 자리한 모습을 볼 수 있는 아주 드문 곳 중 하나. 42 Rue de Turenne, 75003 Paris, www.michelrein.com

GALERIE MAGDA DANYSZ 시각적으로 극도로 흥미로운 곳이다. 방문객은 젊고 트렌디한 '보보족'들이다. 개인적으로 아주 좋아하는 곳.
78 Rue Amelot, 75011 Paris,
www.magda-gallery.com

ESPACE TOPOGRAPHIE DE L'ART 마레 구역에 위치한 독특하고도 아름다운 갤러리로, 피카소 박물관 바로 옆에 있다. 현대화를 전혀 거치지 않은 오래된 창고 공간에 들어서 있는데, 꽤 볼 만한 전시를 열곤 한다. 그중 2008년 마리아-카르멘 페를링게이로(Maria-Carmen Perlingeiro)의 전시가 기억에 남는다.
15 Rue de Thorignhy, 75003 Paris,
www.topographiedelart.com

GALERIE ANATOME 개인적으로 파리 시내에서 그래픽 디자인 전시를 보기에 최고의 장소라고 생각한다. 빔 크라우벨(Wim Crouwel)에서 피터 크납(Peter Knapp)에 이르기까지, 수많은 위대한 디자이너들이 이곳에서 전시를 열었다. 아트디렉터인 마리-안느(Marie-Anne)는 파리에서 가장 상냥한 주최자이다. 38 Rue Sedaine, 75011 Paris

LE LABORATOIRE 루브르 박물관에서 2~3분 거리에 있는 흥미롭고도 놀라운 갤러리이다. 이곳의 콘셉트는 예술과 과학의 접점에 놓여 있다. 우리 스튜디오가 작업을 따내진 못했지만, 새로 제작된 이곳의 로고가 참 마음에 든다. 4 Rue du Bouloi, 75001 Paris, www.lelaboratoire.org

패션디자이너, 예술가, 젊은 전문직 종사자 등 다방면에 걸친 이들을 끌어모았다. 이후 이곳은 게이 집단의 요충지가 되었다. 예전에 비해 다소 덜하지만 여전히 재미있고 볼거리도 많은 곳이다.

CANAL SAINT-MARTIN 생마르탱 운하는 4.5km에 이르는 긴 운하로 파리 북동쪽을 가로지르며 센 강과 우르크 운하(Canal de l'Ourcq)를 잇는 역할을 한다. 과거 나폴레옹 집권 시 시내로 물품을 운반하기 위해 지어졌고, 현재는 운하를 따라 늘어선 공원과 식당, 바들로 인해 산책하기 좋은 곳으로 사랑받고 있다. 운하의 일부는 지하로 잠겨 있지만 여전히 잠깐의 휴식을 위해 찾기 좋은 곳이다(파리에는 녹지가 많지 않다). 특히 자전거를 타기에 좋은 곳이다. 레퓌블리크 광장(Placede la Republique)에서 동쪽으로 몇 블록 떨어진 지점에서 자전거를 빌려 북쪽으로 운하를 따라 달려보자.

BERCY VILLAGE 두어 시간 정도 보내기 좋은 곳이다. 지금은 멋진 카페와 상점으로 변신한 작은 와인 창고들이 모여 있는 보행 지역으로, 12구에 있다. 베르시 공원(Parc de Bercy)과 센 강이 가깝다. 도시의 번잡함에서 잠시 피해 있기 좋고 종종 야외 공연 등의 행사가 벌어지기도 한다. Rue François Truffaut, 75012 Paris, www.bercyvillage.com

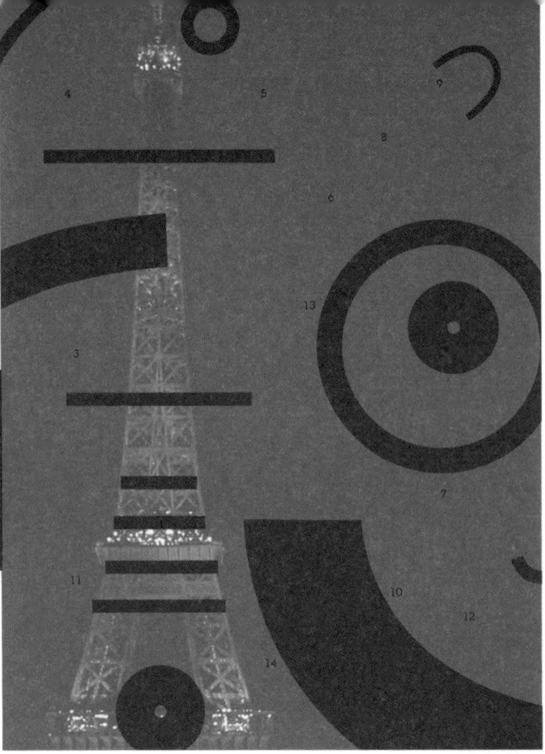

HAUSSMANN ARCHITECTURE 오늘날 우리가 아는 파리의 대부분은 19세기에 나폴레옹의 전폭적인 지원을 받아 바론 하우스만(Baron von Haussmann)이 설계한 것이다. 직선 대로와 크고 동일한 형태의 빌딩들은 하우스만 양식(Haussmann Style)의 특징이다. 오페라 지역이 그 좋은 예인데, 대로 양쪽에 카페, 테라스와 상점들이 늘어서 있다. 하우스만 대로 또한 그렇다. 8구와 9구를 가로지르는 넓은 대로를 따라 가로수가 줄지어 서 있다. 길을 따라 걷다 보면 과거 프랑스 제2제정 시기에 유럽식 화려함의 정점에 올라 있던 파리의 위엄을 느낄 수 있을 것이다.

LE MARAIS Le Marais('습지'라는 뜻)는 센 강 우안의 3~4 구에 걸쳐 있는 지역이다. 낮이든 밤이든 그 어느 때라도 걷기 좋은 곳이다. 풍부한 문화적, 예술적 유산과 멋진 상점, 카페, 바들이 밀집해 있다. 파리의 다른 구역들과는 달리 좁고 구불구불한 골목들이 얽혀 있는데, 건물들은 시내 그 어느 곳보다도 오래되었다. 목재 골조의 일부 건물은 그 역사가 14세기까지 거슬러 올라간다. 제2차 세계대전 직전까지 이곳은 유대인 거주지역으로 부흥했다가 전쟁이 끝난 뒤 모두 떠나 황폐화되었다. 1980년대에 이르러 대규모 개조 프로젝트로 이 지역에 새로운 활력을 불어넣었으며, 상점과 갤러리, 레스토랑들은

LE CORBUSIER'S PARIS 파리에는 모더니즘 건축의 거장 르 코르뷔지에(Le Corbusier)가 지은 유명한 빌딩이 여러 채 있다. 모두가 대중에 개방되진 않았지만 외부에서만 감상해도 경이를 자아내기에 충분하다.
VILLA LA ROCHE 8-10, Square du Docteur Blanche, 75016 Paris
PAVILLION SUISSE 7 Blvd Jourdan, 75014 Paris
VILLA SAVOYE 82 Rue de Villiers, 78300 Poissy (just outside Paris - easily reachable by RER)
IMMEUBLE MOLITOR 24 Rue Nungesser et Coli, 75016 Paris

GRAPHISME EN REVUE 격월로 진행되는 행사로, 그래픽 디자인 분야의 세부적인 주제를 바탕으로 토론과 논쟁이 벌어진다(물론 불어로 진행된다). Pompidou Centre, Place George Pompidou, 75004 Paris, www.centrepompidou.fr

FÊTE DE LA MUSIQUE 6월 | 매년 6월 21이면 아마추어 및 전문 음악인들이 거리로 나와 재즈에서 힙합을 거쳐 일렉트로닉까지 그 모든 음악을 연주한다. 시내 도처에서 벌어지며 모두 무료로 감상할 수 있다.

LES PLUS BEAUX LIVRES FRANÇAIS Galerie Anatome(갤러리 섹션 참조)에서 열리는 연례 북디자인 공모전으로, 프랑스 최고의 디자이너들이 서로의 실력을 겨룬다. 38 Rue Sedaine, 75011 Paris

PALAIS DE TOKYO CONFERENCES 그래픽디자인협회에서 진행하는 일련의 회의. 북디자인을 주제로 하며 Palais de Tokyo에서 개최된다. 13 Avenue du Président-Wilson, 75016 Paris, www.palaisdetokyo.com

INTERNATIONAL POSTER COMPETITION 지난 16년간 La Galeru(파리 근교인 퐁트네 수 부아 Fontenay-sous-Bois에 위치한 구두 수선집에 있는 갤러리)가 개최해 온 '길 위의 그래픽'이라는 공모전이다. 그래픽 미술가들이 참여하여 '도시'를 주제로 큰 스케일의 포스터 작업을 선보이는데, 이들 작품은 시내 도처의 게시판에 전시된다. 20 Rue Dalayrac, 94120 Fontenay-sous-Bois, www.lagaleru.org

크리스티아네 바이스뮐러의 베를린

CHRISTIANE WEISMÜLLER'S BERLIN

베를린은 지리적으로 정의하기 어려운 도시다. 제2차 세계대전 후 연합국은 베를린을 네 구역으로 갈라놓았다. 이후로도 정치적 견해 차이를 좁히지 못한 결과, 1961년 공산당인 동유럽 정부가 베를린 장벽을 세웠고, 이 벽 때문에 베를린은 28년간 분단 도시로 남게 되었다. 1989년 이 장벽이 무너지자 양 진영의 건축학적 유산이 뚜렷한 대조를 이루었다. 동베를린의 중심가인 칼 막스알레(Karl-Marx-Allee)는 거대한 공산주의 건축물들로 메워져 있었고, 주택지는 플라텐바우(Plattenbau) 건물로 천편일률적인 모습을 띠고 있었다. 한편 서쪽은 그로피우스(Gropius), 르코르뷔지에(Le Corbusier), 니마이어(Niemeyer), 알토(Aalto) 등 모더니스트 건축가들의 영향을 보여주고 있었다. 전체적으로 보면 건축 양식은 다양한 편이라 할 수 있다. 베를린 도심에는 중세부터 여러 역사적 시기에 지어진 건물들이 있다. 대체로 20세기 전환기에 지어진 4, 5층짜리 장식적인 건축물들이 대로를 따라 늘어서 있다.

베를린은 독일의 수도이자 최대 도시로 350만 명의 인구가 살고 있다. 훌륭한 대중교통 시스템 덕분에 시내 이동은 매우 편리하다. 국철인 에스반(S-Bahn)과 지하철, 트램과 버스가 있다. 개인적으로는 자전거를 선호하는데, 자전거 길이 잘 정비되어 있을 뿐만 아니라 손쉬운 이동 수단이기도 하다.

베를린에는 대표 중심지라 할 수 있는 곳이 따로 없다. 샤를로텐부르크(Charlottenburg) 구역의 쿠담(Ku'damm)지역은 서베를린의 중심지였고, 미테(Mitte) 구역의 알렉산데르플라츠(Alexanderplatz)는 동베를린의 핵심이었다. 이외에도 베를린에는 12개의 구역이 있고 각 구역은 하나 이상의 키츠(Kiez)로 이루어져있다. 각 키츠에는 저마다 번화가가 있어 카페, 식당, 바, 공원, 시장이나 사람들이 모이는 기타 점포들이 밀집해 있다. 그렇기 때문에 베를린를 설명하는 단 하나의 특징을 딱 집어내기란 어렵다. 하지만 각 지역마다 흘러넘치는 각양각색의 분위기만은 쉽게 느낄 수 있을 것이다.

PLACES TO STAY

YES-RESIDENZ 캠핑을 하고 싶지만 캠핑할 때 따라오는 불편(발 시려움, 모기)이 싫을 때면, 나는 친구 세 명과 함께 이곳에 예약을 한다. 침실 한가운데 텐트가 놓여 있고 그 안에는 제대로 된 침대가 있으며 벽에는 숲의 모습을 담은 사진이 벽지로 둘러 있다. 위치는 시내 중심에 있는데, 가격도 비싸지 않은 데다 객실만큼이나 매력적인 바에서는 웰컴 드링크도 제공해준다(술집/바 섹션 참조). Fehrbellinerstraße 83, 10119 Berlin, www.yes-berlin.de

PENSION LIEBLING 보다 소박한 대안이 될 공간인 프렌츨라우어 베르크(Prenzlauer Berg)의 헬름홀츠플라츠(Helmholtzplatz)에 있다. 서로 다른 규모의 아파트 세 채가 저렴한 가격에 준비되어 있다. 인테리어도 멋지다. 이곳 역시 주인이 같은 이름의 바를 운영하고 있다. 나는 헬름홀츠플라츠에 살고 있어 이곳의 카페를 즐겨 찾는다(술집/바 섹션 참조). Various addresses

MINILOFT 100년된 빌딩으로, 최근 빌트인 아파트로 개조되었다. 디자인 상을 받기도 했다. 가격대는 하룻밤에 85~130유로이며 중앙역에서 아주 아깝다. Hessische Straße 5, 10115 Berlin, www.miniloft.com

Q! HOTEL 브래드 피트가 좋아하는 건축가로 알려진 Graft가 디자인한 곳으로, 수상 경력이 있는 럭셔리 호텔이다. 어두운 색 목재와 따뜻한 레드 톤의 흔치 않은 디자인 팔레트가 사용되었으며 둥근 형태는 우아한 동시에 최첨단적인 룩을 만들어내고 있다. 아주 디테일한 부분까지 신경 썼음을 알 수 있는데, 몇몇 객실에 있는 침대와 욕조는 한 통의 원목으로 제작되었으며, 사우나에는 진짜 모래가 깔려 있다. 쿠담의 고급 패션 상점에서 살짝 비켜 샤를로텐부르크에 있다. Knesebeckstraße 67, 10623 Berlin, www.loock-hotels.com

PLACES TO EAT

CHEZ GINO 몇 년 전 우연히 알게 된 식당인데 곧 나의 단골집이 되었다. 실내는 러스틱한 가구와 세련된 디테일이 멋지게 조합되어 있다. 숲의 모습을 담은 사진 벽지와 흰색 테이블보, 구식 조명이 안락하면서도 트렌디한 느낌을 갖게 한다. 독일식 요리와 아시아 스타일의 피자를 주로 하며, 예약은 필수이다. 식당 주인은 식당에서 코너를 돌면 있는 바도 함께 운영하고 있는데 식사 후 들러 보면 좋을 것이다. Sorauer Straße 31, 10997 Berlin

SOLAR 여행자에게는 완벽한 장소이다. 1970년대 스타일 벽돌로 지어진 건물의 17층에 있는데 멋진 도시 전망이 가능하다. 레스토랑과 바 모두 훌륭하다. 하루 해가 기울 무렵 방문한다면 멋진 석양과 막 켜지기 시작하는 도시의 불빛을 감상하는 재미가 쏠쏠할 것이다. Stresemannstraße 76, 10963 Berlin, www.solarberlin.com

NOLA'S AM WEINBERG 미테(Mitte)의 Weinbergspark 꼭대기에 위치한 레스토랑으로, 끝내주는 스위스 요리를 맛볼 수 있다. 널직한 테라스도 좋지만, 사슴 뿔과 멋진 조명으로 장식된 스위스 분위기를 물씬 풍기는 실내 인테리어도 놓치지 말자. Veteranenstraße 9, 10119 Berlin, www.nola.de

CAFE AM NEUEN SEE 티어가르텐(Tiergarten) 공원 안에 있는 카페로, 화창한 날 야외에 앉아 맥주를 곁들이며 호수에서 노를 젓는 커플들을 바라볼 수 있다. 정말 로맨틱하다! Lichtensteinallee 2, 10787 Berlin

THE GORGONZOLA CLUB 몹시 매력 있는 이탈리아 레스토랑으로, 코트부서 토어(Kottbusser Tor) 지역에 있다. 목재로 장식된 인테리어가 돋보이며 맛깔난 피자와 파스타를 제공한다. 작은 골목길에 숨어 있는데, 같은 거리에서 괜찮은 예술영화관도 찾을 수 있다. 옆집인 Wurgeengel bar에서는 진토닉이 괜찮다. 길 끝에는 Mobel Olfe bar가 있는데 목요일마다 게이 파티가 열리는 쿨한 곳이다. Dresdener Straße 121, 10999 Berlin, www.gorgonzolaclub.de

MONARCH 코트부서 토어는 내가 개인적으로 즐겨찾는 지역이다. 이곳은 슈퍼마켓 위층에 위치한 독특한 분위기의 바이다. 평범한 유리문을 열면 낡은 계단으로 이어지는 입구는 눈에 잘 띄지 않는다. 하지만 일단 바 안으로 들어가면 거대한 창을 통해 크로이츠베르크(Kreuzberg)를 지상으로 통과하는 U1 지하철의 모습을 한눈에 볼 수 있다. 나는 창가에 앉아 다양한 사람들로 가득찬 지하철이 지나가는 모습을 지켜보곤 한다. 수요일에는 유명한 DJ들이 초청된다. Skalitzerstraße 134, 10999 Berlin

ICK KOOF MIR DAVE LOMBARDO WENN ICK REICH BIN 최고의 이름을 가진 바. 해석하자면 "내가 부자가 되는 그날, 데이브 롬바르도(Dave Lombardo)를 돈 주고 사겠다" 쯤이 되겠다. 바 자체도 나쁘지 않다. 미테와 프렌츨라우어 베르크의 힙한 젊은이들이 아침에는 식사를, 저녁에는 술과 프랑스식 안주를 먹기 위해 이곳을 찾는다. 이외에도 근처에 괜찮은 바들이 많다.
Zionskirchstraße 34, 10119 Berlin

CAFE LIEBLING 카페 겸 바. 나는 커피와 케이크 또는 와인을 한잔 하기 위해 이곳을 찾는다. 흰색이 주를 이루는 공간을 채우는 손님의 대부분은 아마도 디자이너들일 것이다. Raumerstraße 36A, 10435 Berlin, www.cafe-liebling.de

HEINZ MINKI 슐레시슈스토어(SchlesischesTor) 역에서 내려 슐레시슈스 스트라세(Schlesische Strase)를 따라 내려가면 이 그림 같은 벽돌 건물이 나타날 것이다. 여름이면 꼭 비어가든에 앉기를 권유한다. 색색의 꼬마 전구와 아기자기한 의자, 그리고 촛불이 완벽하게 로맨틱한 공간을 만들어낼 것이다. 내가 정말 좋아하는 곳이다.
Vor dem Schlesischen Tor 3, 10997 Berlin

FREISCHWIMMER Heinz Minki에서 몇 미터 떨어져 있는 이곳은 운하 옆에 천막을 드리운 바이다. Vor dem Schlesischen Tor 2, 10997 Berlin

YES 작고 매력 있는 이 바는 프렌츨라우어 베르크의 급수탑 맞은편에 있다. 상냥한 주인 줄리안은 Yes-Residenz(숙소 섹션 참조)도 함께 운영하고 있는데, 언제나 최고의 서비스를 위해 노력하고 있다. 이곳에서는 흡연이 가능하다. Knaackstraße 14, 10405 Berlin, www.yesberlin.de

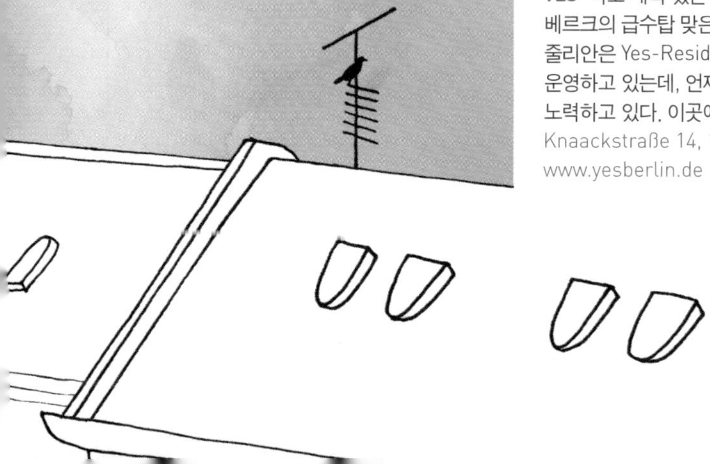

DO YOU READ ME?! 전 세계의 잡지를 다루고 있는 서점이다. 갤러리가 밀집해 있는 베를린-미테(Berlin-Mitte)에 위치하고 있는데, 내가 좋아하는 카페 중 하나인 Strandbad Mitte에서 단 몇 걸음 떨어져 있다(카페는 화창한 주말, 아침식사를 하기에 더할나위 없이 좋은 곳이다). Auguststraße 28, 10117 Berlin, www.doyoureadme.de

PRO QM 디자인 서적을 찾기 위해 주로 찾는 곳으로, 역시 베를린-미테에 있다. 예술, 건축, 디자인 분야의 다양한 도서를 갖추고 있으며 직원들은 언제나 적극적인 자세로 도움을 준다. Almstadtstraße 48-50, 10119 Berlin, www.pro-qm.de

SUPALIFE KIOSK 최근 헬름홀츠플라츠 쪽을 걷다가 알게 된 곳이다. 수준 높은 디자인 서적과 잡지 셀렉션을 갖추고 있고 스크린 인쇄 유일본이나 수공예 인형, 공책 등도 판매하고 있다. Raumerstraße 40, 10437 Berlin, www.supalife.de

MIKRO 그저 소장용으로 예쁜 문구류를 사모으는 나 같은 사람들에겐 너무도 위험한 곳. 아담한 가게지만 그레이보드 편지지와 50년대 포장지, 일본에서 온 물고기 모양의 종이 모형 등 세계 각지에서 온 종이류를 팔고 있다. 상냥하고 침착한 가게 주인인 디자이너이기도 한 리사(Lisa Kaechele)는 언제나 가게에 상주하며 손님들을 맞고 있다. Lychener Straße 51, 10437 Berlin, www.mikro-berlin.de

BERLINOMAT 프리드리히스하인(Friedrichshain)의 프랑크푸르터 알레(Frankfurter Allee)에 위치한 넓은 상점이다. 오로지 베를린 디자이너가 만든 제품과 의류를 판매하고 있다. Frankfurter Allee 89, 10247 Berlin

MAMSELL 정말 맛있는 초콜릿이 필요하다면 이곳으로 가자. 초콜릿도 다양하게 준비되어 있을 뿐만 아니라 상점 뒤편에서는 스크린 인쇄된 키친타월, 작은 타이포그래피가 새겨진 꽃병, 요정 모양의 촛대 등 온갖 작고 특별한 물건들을 팔고 있다. Goltzstraße 48, 10781 Berlin, www.mamsellberlin.de

MODULOR 내가 즐겨찾는 미술용품점이다. 특수한 종이류, 보드, 목재 외에도 모델 제작에 필요한 모든 재료와 물감, 스케치북 등 온갖 종류의 미술재료를 구할 수 있다. Gneisenaustraße 43-45, 10961 Berlin, www.modulor.de

TÜRKENMARKT AM MAYBACHUFER 매주 화요일과 금요일에 열리는 터키 시장이다. 크로이츠베르크와노이쾰른(Neukolln) 구역의 경계에 놓인 운하 옆에 있다. 나는 색색의 좌판을 구경하기 위해서 이곳을 찾곤 하는데, 이 밖에도 터키 야채, 제빵류와 직물을 사기에도 좋다. 주변 지역은 몹시 트렌디해서 수많은 카페와 소규모 상점들이 있다. Kottbusser Brücke/Maybachufer, 12047 Berlin, www.tuerkenmarkt.de

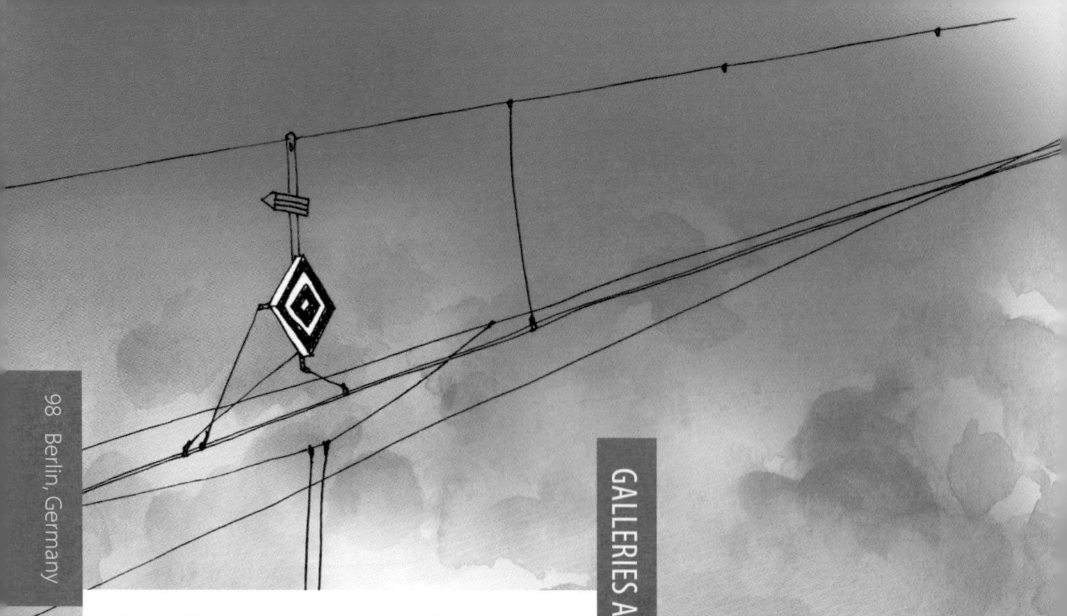

GALLERIES AND CULTURE

SAMMLUNG BOROS 직접 가보지는 못했지만 아주 괜찮다는 얘기를 여러 번 들었다. 크리스티안 보로스(ChristianBoros)는 1990년 자신의 디자인 회사를 설립하고 이후로 지속적으로 미술품을 수집해왔다. 최근 그는 독일극장(Deutsches Theater) 근처의 오래된 벙커를 개조하여 위층에는 모던한 주거공간을, 아래층에는 갤러리 공간을 만들었다. 가이드 투어를 위해서는 미리 예약을 해야 한다. Reinhardtstraße 20, 10117 Berlin, www.sammlung-boros.de

KINO INTERNATIONAL GDR(독일민주공화국) 시절의 모습을 그대로 유지해온 영화관으로 넓고 위엄 있는 실내공간은 목판으로 장식된 로비, 그시대의 전형적인 가구와 근사한 샹들리에 등으로 장식되어 있다. Rankestraße 31, 10789 Berlin, www.yorck.de

C/O BERLIN 과거 왕립우체국(Postfuhramt)이었던 GDR 시대 건물을 2000년에 이르러 갤러리 공간으로 개조했다. 여전히 옛스러운 모습과 함께 살짝 음울한 분위기를 풍기고 있지만 정기적으로 열리는 사진전을 감상하기에는 완벽한 곳이다. Oranierburger Straße/ Tucholskystraße, 10117 Berlin, www.co-berlin.com

CONTEMPORARY FINE ARTS GALLERY 또 다른 쿨한 예술공간으로 과거 전시된 작가들에 다니엘 리처(Daniel Richter), 조다단 메세(Jonathan Meese), 게오르그 바젤리츠(Georg Baselitz), 유르겐 텔러(Juergen Teller) 등이 있다. Am Kupfergraben 10, 10117 Berlin, www.cfa-berlin.com

MÄRCHENHÜTTE 겨울에만 운영되는 곳으로, 꼭 소개하고 싶었던 곳이다. 폴란드 어딘가의 숲에 거의 해체되어 있던 낡은 헛간을 베를린으로 옮겨와 극장으로 재건한 건물이다. 인테리어는 삐걱거리는 나무 벤치와 벽난로, 단순한 무대 등 몹시 러스틱한 분위기이다. 케이크를 곁들여 멀드와인을 음미하며 동화 공연을 관람하자. 크리스마스 시즌에 딱 맞는 곳이 아닐까 싶다. www.maerchenhuette.de

RADIALSYSTEM V 프리드리히스하인, 미테와 크로이츠베르크 사이 어딘가 슈프레(Spree) 강둑에 놓여 있던 펌프장을 베를린의 예술공간으로 새로이 탈바꿈시켰다. 건물이 축조된 방식이 신구의 요소를 조화시킨 것과 마찬가지로, 이곳의 프로그램 역시 전통과 현대의 개념을 결합하였다. 여름에 가게 된다면 물가 테라스에 앉아 음료를 마시면서 오리들도 구경하는 등 한가로이 쉴 수 있다. Holzmarktstraße 33, 10243 Berlin, www.radialsystem.de

HANSAVIERTEL Hansaviertel는 티어가르텐 공원 끝 쪽에 자리해 있다. 이 지역은 전쟁 당시 심한 폭격을 받았던 곳으로, 1957년 인터바우(Interbau) 국제 건축전을 위한 적절한 부지가 되었다. 알바 알토(Alvar Aalto), 에곤 아이어만(Egon Eiermann), 발터 그로피우스(Walter Gropius)와 오스카 니마이어어(Oscar Niemeyer) 같은 건축가들이 이 전시에 참여했다. 오늘날 그 흔적은 역사적 기념물로 보존되고 있다. Gerhild Komander를 비롯한 다양한 투어 프로그램이 있다. www.gerhildkomander.de

THE SPREEWEG WALK 슈프레 강을 따라 걷다 보면 여러 명소를 지나게 될 것이다. 독일 대통령저인 벨뷔궁(Bellevue Palace), 총리공관(Bundeskanzleramt), 인터바우를 위해 미국에서 제공한 60년대 건물인 세계문화관, 새로 지은 중앙역과 조금 떨어져 있는 박물관 섬 등이 있다. 한자비에르텔(Hansaviertel) 쪽의 한자플라츠(Hansaplatz)가 이 여정의 적절한 출발점이 될 것이다.

BERLIN WALL CIRCUIT 서베를린을 모두 아우르던 베를린 장벽 둘레를 걷거나 자전거로 돌아볼 수 있다. 전체를 둘러보면 160km 정도가 될 것이다. 그러니 자전거를 한 대 빌리는 것을 추천한다.

BERLIN UNDERWORLD 베를리너 운터벨텐(Berliner Unterwelten) 협회는 평소 공개되어 있지 않은 지하 시설의 가이드 투어 프로그램을 운영한다. 투어의 대부분은 제2차 세계대전이나 냉전시대에 만들어진 방공호 단지나 민간인 피난시설 등으로 이루어져 있다. www.berliner-unterwelten.de

LANDWEHR CANAL 란트베어 운하를 따라 조성된 아름다운 산책로이다. 이 가운데 내가 가장 좋아하는 지점은 크로이츠베르크의 프린첸스트라세(Prinzenstrase) 역이다. 오솔길은 여름이면 사람들이 모여 선탠과 피크닉을 즐기는 강변으로까지 이어져 있다. 병원(Urban Hospital)을 지나면 오른쪽으로 그레페키에츠(Graefekiez)가 나타날 것이다. 사랑스러운 카페와 작은 가게들이 곳곳에 숨어 있다. Reederei Riedel을 이용해 운하와 슈프레 강에서 보트투어를 즐길 수 있다. www.reederei-riedel.de

SWIMMING BATHS AND SAUNAS 수영을 잘 하는 것은 아니지만 내가 정말 좋아하는 수영장이 두 곳 있다. 첫 번째는 바데쉬프(Badeschiff)라는 곳으로, 슈프레 강에 정박된 보트 위의 야외풀장이다. 겨울이면 수영을 할 수 있는 사우나장으로 변신한다. 노이쾰른 시립수영장(Stadtbad Neukolln)은 한층 더 멋진 곳인데 1914년에 오픈한 신고전주의 양식의 건물에 있다. 실내는 화려한 모자이크 장식과 기둥들로 고대 그리스의 온천 목욕탕을 연상시킨다. 두 개의 풀장과 훌륭한 사우나 시설을 갖추었다.

Hilton
charnes
Musée
Byzantin
Kiphi
Amarou
Stavr
Liopes
Hymette
ATHÈNES
Koro
Parc
Pangrati
nikon
PLASTIRA
Voula
Hymettos
AISAR
PANGRATI

디미트리스 카라이스코스의 아테네

Dimitris Karaiskos' Athens

'아테네 대모험(Athenian Adventure)'은 도시였던 곳이 작은 시골마을이 되었다가 다시 도시로 거듭나는 스토리이다. 풍요로운 고대문명의 중심지로 시작된 아테네는 침략과 약탈의 역사가 반복되다가 인구 만 명의 마을로 20세기를 맞았다. 제2차 세계대전 이후 인구가 폭증하면서 발생한 주택 수요는 별다른 계획이나 규제 없이 지어진 끝없는 아파트 단지를 낳았다. 1970년대 중반의 아테네는 이미 현재의 작은 괴물 같은 모습을 띠고 있었다. 콘크리트의 바다는 도심에서 교외로까지 뻗어 있고 사백만 명의 거주지가 되었다. 공원은 적고 도시의 대부분은 볼품없이 삭막하여 개선된 도시계획이 필요한 상태이다. 그럼에도 불구하고 아테네에는 작은 비밀의 공간이 숨어 있다. 작은 골목길, 옥상의 타베르나(Taverna, 작은 음식점), 리카베투스(Lycabettus) 언덕에서의 경치와 시내에서 차로 30분이면 닿을 수 있는 인적 드문 해변 등은 모두 아테네의 숨은 매력을 보여주고 있다.

관광객이라면 이러한 매력적인 곳들을 어디서 찾아야 할지 알고 있어야 한다. 아테네는 수많은 구역으로 나뉘었고 각 구역마다 고유한 특징이 있다. 화려한 콜로나키(Kolonaki) 지역은 디자이너 부티크와 카푸치노를 마시는 트렌디한 사람들로 종일 북적인다. 엑사르히아(Exarhia)는 학생과 지성인, 그리고 혼돈의 지역으로 종종 시위자와 경찰 간의 충돌이 발생한다. 플라카(Plaka)는 아크로폴리스의 북쪽 기슭에 자리한 고대로부터 이어져 온 지역이다. 비잔틴 양식의 교회와 로맨틱한 산책로, 그리고 싸구려 관광상품점들이 촘촘히 들어서 있다. 가지(Gazi)와 케라메이코스(Kerameikos)는 과거에는 버려진 곳이었으나 최근 개통한 지하철역과 함께 새로운 식당과 바, 전시공간 등이 들어서며 주목받기 시작했다. 반면에 프시리(Psyrri)는 한때 아테네의 유흥지로 알려졌으나 현재는 점차 퇴보하고 있다.

종합적으로 보면 아테네는 특이한 도시이다. 서로 다른 건축 양식과 문화가 혼합되어 있다. 추운 겨울과 타버릴 듯 뜨거운 여름, 공해와 화창한 푸른 하늘, 교통체증에 갇힌 낮 시간과 길고 여유로운 여름 밤 야외에서 즐기는 한 잔, 이 모두가 혼재하며 혼돈이 질서와 만나고 동양이 서양과 만나는 곳이다. 디자인적 측면에서 보면 아테네는 오랫동안 암흑시대에 머물러 있었다. 간혹 떠오르는 스타 디자이너(Vakirtzis, K&K, Dimitris Arvanitis 등을 검색해볼 것)를 제외하고는 대체적으로 암울한 상황이었지만 최근 몇 년 간 런던에서 공부한 신예 디자이너들이 새로운 활력을 불어넣기 시작하여 아테네에는 갤러리, 서점 그리고 빛나는 미래가 순식간에 떠오르게 되었다.

PLACES TO STAY

PERISCOPE HOTEL 콜로나키 지역에 있는 뛰어난 디자인의 부티크 호텔이다. 재미있는 타이포그래피, 절충적 디자인의 가구, 시내 전망의 자쿠지가 딸린 환상적인 미니 스위트룸이 있다. 카메라가 달린 잠망경을 통해서는 도시 풍경을 몰래 들여다 볼 수 있으며 동시에 로비에서 일어나는 일을 실시간으로 지켜볼 수 있다. 22 Charitos Street, 10675 Athens, www.periscope.athenshotels.it

FRESH HOTEL 예전엔 인기가 많았지만 지금은 다소 정체된 프시리(Psyrri) 지역에 있는 작은 보석 같은 디자인 호텔이다. 낡은 건물들 사이에서 단연 눈에 띄는 이 컬러풀한 호텔에는 세심하게 배치된 타이포그래피와 재미있고 미니멀한 건축, 수영장이 있는 옥상 바, 맛있는 칵테일, 그리고 아크로폴리스와 콘크리트의 바다가 내려다보이는 탁 트인 전망이 있다. 26 Sofokleous Street, 10552 Athens, www.freshhotel.gr

HOTEL CECIL 모나스티라키(Monastiraki) 지역에 위치한 가격 대비 훌륭한 호텔. 플라카와 아크로폴리스에서 매우 가깝다. 리노베이션이 잘 된 신고전주의 빌딩에 있다. 39 Athinas Street, 10554 Athens, www.cecil.gr

PLACES TO EAT

IL POSTINO 작지만 훌륭한 이탈리아 트라토리아로 친절한 직원들과 따뜻한 분위기가 있는 곳이다. 콜로나키와 엑자르히아에 맞닿은 활기 넘치는 지역에 있다. 각양각색의 이탈리아 수집품이 전시된 실내에서 맛있는 파스타를 맛볼 수 있다. Griveon 3, 10680 Athens

CHEZ LUCIEN 프랑스인 뤼시앙(Lucien)이 요리한 맛좋은 스테이크를 즐길 수 있는 곳. 스페인식 술집을 연상시키는 작고 독특한 공간으로 의자와 테이블이 천장에 거꾸로 매달려 있다. 32 Troon, 11851 Athens

KOUTOUKI 전혀 디자인이 되어 있지 않다는 이유로 이 목록에 올라온 곳이다. 절대 스타일리시하지 않은 옛날 그리스식 주점으로 페트랄로나(Petralona) 지구 필리파포(Philipappou) 언덕 아래의 한 다리 밑에 붙어 있다. 매우 맛있는 홈메이드 음식은 가격까지 저렴한 편. 이곳의 편안한 분위기는 트렌디한 사람들이 모인 곳과는 차별화된다. 옥상에는 임의로 만든 테라스가 있는데 여름 밤이면 나무 위로 아크로폴리스가 반짝이는 모습을 보며 황홀한 시간을 보낼 수 있다. 9 Lakiou Street, 11851 Athens

103 Athens, Greece

BARS

TIKI BAR 마크리기아니(Makrygianni) 지구 내 새로 개관한 아크로폴리스 박물관 옆에 있는 이곳은 폴리네시아와 관련된 모든 것을 기리는 곳이다. 벽을 장식한 키치스러운 레트로 해변 그림과 티키(tiki) 조각품, 어두운 조명과 이국적인 칵테일이 한층 분위기를 더해준다. 이곳을 운영하는 사람들은 1960년대 라운지 음악을 좋아하지만 가끔씩은 모드/스카 파티를 열고 DJ와 공연자들을 초청하기도 한다.
15 Falirou Street, 11742 Athens, www.tikiathens.com

NIXON 큰 바 또는 가죽 소파에 기대어 맥주 한잔하기 좋은 멋들어진 곳. 60년대 샹들리에가 공간을 압도하고 있으며, 닉슨 대통령 관련 물품이 벽을 뒤덮고 있다. 풀사이즈의 개인 영화관도 있다.
61B Agisilaou Street, 10435 Athens, www.nixon.gr

K44 가지 지구에 있는 2층짜리 콘크리트 창고 건물로 빈티지 가구가 가득하고 개들이 어슬렁거리는 곳이다. 바, 스튜디오 겸 전시공간인 이곳은 예술적이고 유머러스한 보헤미안들의 아지트이다.
44 Kostantinoupoleous Street, 10676 Athens, www.k44.gr

ANTHROPOS 좁고 어둡고 으스스하지만 재미있는 곳. 손님들 사이 어딘가에 오래된 피아노, 목마 인형, 검은색 조명, 랩탑 컴퓨터로 흘러나오는 DJ 믹싱 음악 등이 섞여 있다. 무언가 독특한 멋이 있는 곳으로, 바닥에 무릎을 꿇고서 닭 흉내를 내고 있어도 아무도 관심을 갖지 않을 그런 곳이다. 건물 자체도 그다지 눈에 띄지 않는다. 별다른 간판이나 표식이 없는 작은 가게일 뿐이다. 창문 안으로 자세히 들여다봐야 바의 모습을 어렴풋이 볼 수 있을 정도이다. 이곳의 정확한 주소를 알아내려고 노력했지만 그 어디에서도 찾을 수 없었다! Corner of Megalou Alexandrou and Giatrakou Street(보행자 전용길)

SHOPPING

PIRAEUS FLEA MARKET 모나스티라키 벼룩시장이 거대하고 관광지화된 느낌이라면, 피라에우스(Piraeus)는 더 흥미롭다(조금 더 지저분하긴 하다). 지하철역 바로 옆에 위치하여 철길과 나란히 선 거리에서는 가판대와 작은 상점들로 뒤덮여 골동품과 보석 잡화 등 여러 물건을 팔고 있다. 피라에우스의 시스토우(Schistou) 가에는 새로운 시장이 생겨나기도 했다. 특이하게도 산업 불모지와 공동묘지 사이에 끼어 있는 거리로, 이곳 시장에서는 이국적인 분위기를 느낄 수 있다. 중고 제품에서부터 가축, 자전거, 심지어는 자동차도 살 수 있다. 두 시장 모두 일요일에만 열린다.
Plateia Ippodamias and Schistou Avenue

KOAN 작지만 다양한 서적을 갖춘 예술서점으로 콜로나키 지구에 있다. 아테네의 타셴(Taschen) 부티크이기도 하다. 디자인, 건축과 예술 분야의 책들을 골고루 만날 수 있으며 보헤미안적인 분위기가 흐른다.
64 Skoufa, 10680 Athens

MYRAN 마르틴 올로프손(Martin Olofsson)이라는 스웨덴 남자가 운영하는 근사한 갤러리 겸 숍이다. 스칸디나비아 디자인의 최고 작품을 전시하기도 하고 동시에 판매하고 있다. 그리스에 이런 곳은 여기뿐이다. 8 Fokilidou Street, 10673 Athens, www.myran.gr

OASIS 독특한 1950년대 가구를 파는 곳으로 콜로나키적인 시크한 벼룩시장 분위기가 물씬 풍긴다. 구매욕을 자극하는 램프류를 발견할 수 있을 것이다. Dimokritou Street corner of Anagnostopoulou Street, 10673 Athens

LYSSIPOS 작은 지하 쇼룸 겸 스튜디오. 주인은 에피루스(Epirus) 지방 출신의 나이 지긋한 조각가 크리스토우(Crhistou) 씨로, 독학으로 조각을 배웠다고 한다. 즉석에서 제작되는 그의 작품들에서는 민속적인 천진함과 아름다움이 동시에 느껴진다. 6 Veikou Street, 11742 Athens

ELINA LEMPESI 개성 강한 패션 디자이너에 의해 제작된 한정판 드레스를 만나볼 수 있다. 콜로나키에 작은 매장이 있다. 13 Iraklitou, 11528 Athens

KORRES 천연 원료를 사용하는 고급 화장품 브랜드이다. 그래픽 디자이너이자 패키지 디자인도 훌륭하다. 전 세계에서 판매되는 브랜드이지만 아테네가 본거지이다. 8 Ivikou, 11635 Athens, www.korres.com

Q-BOX 아담한 공간으로 기존의 상업적인 갤러리 공간과는 산뜻한 차별화를 이룬 곳이다. 주로 신진 예술가들이 주축이 되어 탄탄한 리서치가 뒷받침된 국제적인 프로젝트를 진행하고 있다. 이외에도 케아(Kea) 섬에 있는 미술관 소유의 부지에서 아티스트와 큐레이터를 대상으로 한 레지던스를 운영하고 있다. 갤러리는 중앙시장에 위치해 있다. 10 Armodiou, 1st Floor, Varvakios Agora, 10552 Athens, www.qbox.gr

AMP 소위 '화이트 큐브(white cube)'의 경계에 도전하는 새로운 갤러리 공간이다. 주로 뉴욕 출신의 아티스트를 지원하고 있으며(다른 지역 출신의 아티스트가 없기 때문이기도 하다), 실제로 미국적인 요소를 아테네 예술계에 도입하고 있기도 하다. 도심부의 옛 신고전주의 양식 건물을 개조하여 사용하고 있다. 26 Epikourou and 4 Korinis, 10553 Athens, www.a-m-p.gr

THE NEW BENAKI MUSUEM 콜로나키에 위치한 전통적인 베나키 박물관의 신관이다. 본관과는 다른 분위기로, 넓고 현대적인 공간에 흥미롭고 뚜렷한 주제의 기획전시를 운영하고 있다. 130 Pireos Street, 10552 Athens, www.benaki.gr

THE EPIGRAPHICAL MUSEUM 가까이 있는 국립고고학박물관의 그늘에 가려 있지만, 고대부터 후기 로마제국을 아우르는 13,000여 점의 비석을 소장하고 있는 작은 박물관이다. 특히 타이포그래피적인 면에서 더욱 흥미로운 곳이다. 1 Tositsa Street, 10682 Athens

THE BREEDER 이곳은 주목해야 할 현대미술 공간이다. 유명 건축가 잠비코스(Zambicos)에 의해 설계된 공간의 건축적인 아름다움 자체도 한몫 하지만, 전시기획을 담당하는 듀오의 참신한 큐레이션도 큰 역할을 하고 있다. 45 Iasonos Street, 10436 Athens, www.thebreedersystem.com

WALKS AND ARCHITECTURE

THE BLUE BUILDING 두 번의 세계대전 사이에 지어진 이 건물은 아테네 최초의 아파트 빌딩이었다. 건축계의 선지자였던 쿨리스 파나기오타코스(Koulis Panagiotakos)에 의한 모더니스트 대작이라 할 수 있다. 로비, 문, 그리고 층계에도 눈길이 가지만 옥상에는 시내 전경을 감상할 수 있는 레크레이션 및 파티 공간이 있다. 이곳을 방문한 르코르뷔지에는 입구에 이런 글을 남겼다. 'C'est très beau(몹시 아름답군요).' 61 Arachovis Street, 10681 Athens

LYCABETTUS AND THE FIX 1950년대 모더니즘을 보여주는 두 작품으로, 재능에 비해 부각되지 못한 건축가 타키스 제네토스(Takis Zenetos)에 의해 설계되었다. Lycabettus는 여전히 야외 극장으로 이용되고 있으며, 건축적 역작이라 할 수 있는 Fix는 한때 양조장이었다가 현대미술관으로 개조되었다. Lycabettus Hill and Syngrou Avenue corner Frantsi Street, 11745 Athens, respectively

ELECTRIC COMPANY SUBSTATIONS 옛 전기회사의 발전소들이 시내 여기저기 흩어져 있다. 이들은 산업시설의 매력을 간직한 채 버려진 건축적 명작이다. 대부분은 고대 신전을 현대적으로 재해석한 테마를 갖고 있으며, 몇몇은 진정한 산업 시설물의 역사를 보여준다. 시내를 걸어다니면서 이들을 눈여겨 보자.

THE GERMAN CEMETERY 시 외곽의 디오니소스(Dionysos) 산에 위치한 독일 공동묘지는 일정이 여유로운 이들에게 추천하고 싶다. 산자락에 위치하여 숲으로 둘러싸여 있는 고요한 공간이지만, 빼어난 현대적 감각으로 설계되어 있다.

ST NICHOLAS AT VOULIAGMENI BAY(성 니콜라스 예배당) 바위 절벽 위에 지어진 독특한 예배당이다. 여러 재료가 뒤섞인 이 특별한 건축적 괴물은 마치 즉흥적으로 지은 가우디 건물과 같은 인상을 준다. 파도 사이에 불가사의하게 서 있는 모습은 신기하고도 로맨틱한 느낌마저 든다.

FALIRO 최근 활기를 되찾은 해변 산책로를 따라 걸어보자. 아테네 도심에서 15분 거리면 도달할 수 있다. 운전을 하거나 신타크마(Sytagma) 광장에서 트램을 타면 된다. 토요일 오후를 보내기 좋은 곳으로, 바다에서 수영을 하거나(물은 깨끗한 편이다) 아이스크림을 먹어도 되고, 현지인들과 함께 거대한 야외 체스판에서 경기에 도전해보는 것도 재미있는 경험이 될 것이다.

EVENTS

ATHENS FESTIVAL JUNE-AUGUST
6-8월 | 여름 내내 진행되며 국제적인 수준의 라인업을 자랑한다. 세계 각지에서 모인 음악, 무용과 연극 분야의 공연자들이 시내 명소에서 무대를 펼친다. 고대 로마시대의 야외극장인 헤로두스 아티쿠스(Herodus Atticus)와 같은 장소를 구경하기에도 좋은 기회이다. www.greekfestival.gr

FÊTE DE LA MUSIQUE 18-21 JUNE
6월 18-21일 | 프랑스에서 시작된 음악 축제의 아테네 버전으로, 아마추어 및 프로 뮤지션들이 시내 도처에서 무료 공연을 펼친다. 전 세계의 음악인들이 모여 볼거리가 풍부한 행사이다.

DESIGN WALK FEBRUARY 2월 | 겨울철 3일 간 진행되는 행사로, 프시리(Psyrri) 지역의 디자인 회사들이 오픈 스튜디오를 진행한다. 디자인을 주제로 토론의 장을 형성하는 행사로 다양한 이벤트와 토론회 등이 개최된다. www.designwalk.gr

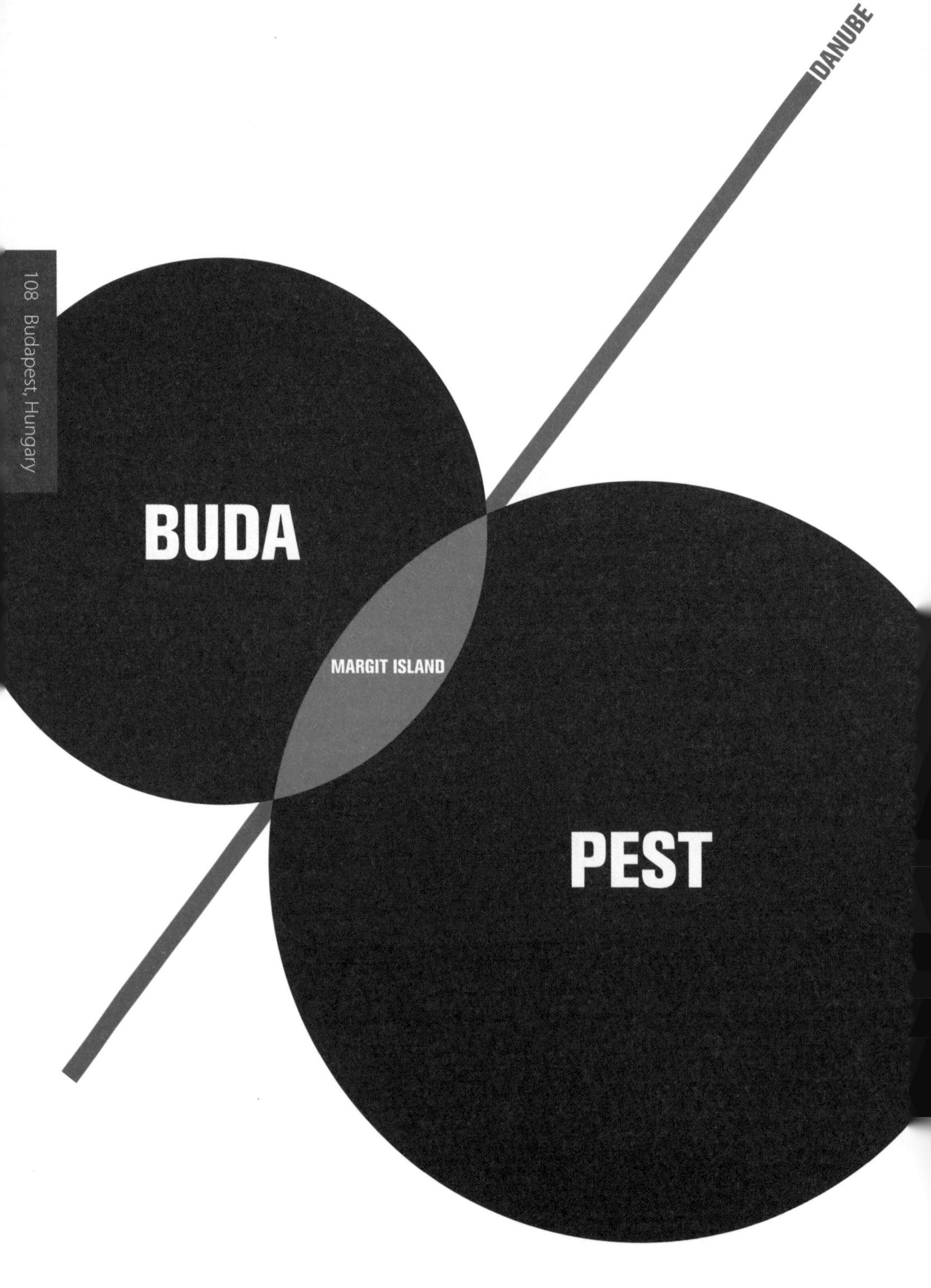
DANUBE
BUDA
MARGIT ISLAND
PEST

다비드 바라스의 부다페스트

DAVID BARATH'S BUDAPEST

내가 부다페스트를 특히 좋아하는 이유는 그 다양성에 있다. 이곳에는 패셔너블한 디자인 레스토랑에서부터 탁한 공기의 허름한 선술집까지 모든 것이 공존한다. 베를린의 예술성과 파리의 우아함을 조금씩 닮아 있는 부다페스트의 다양함을 나는 사랑한다.

부다페스트는 다뉴브 강 양쪽에 자리잡고 있다. '부다(Buda)'는 언덕에 있고 '페스트(Pest)'는 평지에 있다. 과거 부다에는 왕과 왕비가 살았고 페스트에서는 그들의 하인들이 생활을 꾸렸다. 시대가 지나면서 페스트에는 평평한 지형, 철로와 근접한 위치, 쉬운 강으로의 운송 등의 이점으로 인해 공장이 들어서게 되었다. 오늘날의 부다는 페스트에 비해 훨씬 부유하고 우아하며 오만하기도 하다. 하지만 페스트야말로 대부분의 클럽과 레스토랑, 상점과 갤러리 등 정말 중요한 시설이 모여 있는 곳이다. 나 역시 이곳에서 살며 일하기 때문에 주관적으로 접근하고 있을지도 모르겠지만 시내 진입을 위해 꽉 막힌 도로에 갇힌 채 30분씩 허비할 필요가 없다는 점만으로도 너무 좋은 곳이다!

부다페스트를 방문하는 이들은 이곳의 다양한 건축양식에 종종 놀라기도 한다. 현대, 신고전, 아르누보와 세계대전 사이의 건축물들이 나란히 어깨를 맞대고 있다. 그중 극소수의 건물만이 재건축되어 도시의 낡은 듯하면서도 로맨틱한 매력을 유지해주고 있다. 둘러볼 만한 지역으로는 오랜 유대인 구역인 코진치(Kazinczy Utca, 7구)와 훌륭한 바우하우스 건축물을 볼 수 있는 나프라포르고(Napraforgo utca, 2구), 아름다운 고저택들이 있는 안드라시(Andrassi utca, 6구) 등이다. 나지메죄(Nagymező utca)와 키라리(Kiraly utca)에서는 Kumplung, Szimpla Kert, Mumus, Csendes 등 불법 점거지마냥 반쯤 버려진 듯한 바에서 흥겨운 밤문화를 즐길 수 있다. 이런 바는 건물이 재건축을 시작하면 문을 닫지만, 어느 순간 다른 곳에서 다른 모습으로 또 생겨난다.

부다페스트에 머무는 동안 꼭 해봐야 할 것이 있다면 바로 터키탕이다. 시내에도 다수의 온천이 있고 오토만 시대에 지어진 많은 목욕탕이 아직도 남겨져 있다. 터키탕은 연중 운영되지만 특히 겨울에 추천한다. 따끈한 물에 몸을 담근 채 증기에 휩싸여 찬 공기를 쭉 들이마시면 그것은 결코 잊지 못할 경험이 될 것이다.

마지막으로 현지인들에 대해서 조언을 하고 싶다. 첫눈에는 부정적이고 비관적으로 보일 수 있지만 우니춤(Unicum)이나 팔링카(Palinka) 한 잔을 사이에 두고 마주한다면 그들은 이내 마음을 열 것이다. 헝가리어 몇 마디: '에게쉐게드레(egeszsegedre)'는 '건배'라는 뜻이며 '쾨쇠뇜(koszonom)'은 '감사합니다'라는 뜻이다. 대화 중간중간에 끼워 넣으면 그들은 이내 미소로 화답할 것이다.

PLACES TO STAY

GRESHAM '우와!'하며 감탄하고 싶은 당신에게는 Four Seasons Hotel Gresham Palace를 추천하고 싶다. 아름답게 개조된 아르누보 빌딩에 자리한 호텔의 객실은 세체니(Szecheny) 다리와 왕궁을 바라보고 있다. 숨막히는 전망이 될 것이다(가격 역시 그렇다). Roosevelt tér 5-6, 1051 Budapest, www.fourseasons.com/budapest

LÁNCHÍD 19 세체니 다리 반대편에 위치한 부다페스트 최초의 디자인 호텔이다. 침대에 누운 채로 페스트 쪽의 경치를 감상할 수 있다. 내부는 온통 디자인 가구로 정식되어 있지만 이 호텔을 특별하게 해주는 요소는 바로 건물의 파사드이다. 현지 아티스트 그룹인 Szovetseg 39에 의해 제작된 장식 유리 패널은 날씨에 따라 움직이면서 다뉴브 강의 생태계를 나타낸다. 그 자체로도 예술작품이다. Lanchid 19-21, 1013 Budapest, www.lanchid19hotel.hu

ATRIUM 상쾌하고 컬러풀하면서도 편안한 디자인으로 이루어진 저렴하고 시크한 호텔. 도심에서 숙박시설을 찾는다면 이곳을 추천한다. 하지만 밤시간에는 주변을 걸어다닐 때 조심하도록 하자. Csokonai 14, 1081 Budapest, www.atriumhotelbudapest.com

ZICHY 새로 생긴 호텔로, 과거 유명한 귀족인 난도르 지키 백작(Count Nandor Zichy)의 저택이었던 곳에 자리하고 있다. 훌륭한 리노베이션을 거친 신고전주의 인테리어로 건축적인 면에서 가장 수준 높은 호텔 중 하나이다. Lőrinc pap tér 2, 1088 Budapest, www.hotel-palazzo-zichy.hu

GERLÓCZY 작은 호텔로 1층에는 근사한 레스토랑이 있다. 주인인 타마스 T. 나기(Tamas T Nagy)는 치즈 가게와 정육점도 운영하고 있다. 호텔은 프렌치 스타일로 우아하고 세련되게 꾸며져 있다. V. Gerlóczy utca 1, 1052 Budapest, www.gerloczy.hu

PRINCESS APARTMENT 저렴한 숙소를 찾고 있다면 이곳이 최고다. 바질리카(Bazilika) 옆으로 난 거리의 아기자기한 정원에 있으며, 단 열 명을 위한 공간이 마련되어 있다. Hercegprimas utca 2, 1051 Budapest

PLACES TO EAT

KLASSZ '멋지다'라는 의미의 이름을 가진 곳으로 정말 멋진 곳이다. 화려한 안드라시 거리에 있지만 허세를 부린 곳은 아니다. 예쁜 벽지와 안락한 의자, 노출 파이프와 아주 심플하면서도 맛있는 음식으로 이루어진 곳이다. 예약을 할 수는 없지만 바에서 한잔하며 대기시간을 즐겁게 보낼 수 있을 것이다.
Andrassy utca 41, 1061 Budapest

GERLÓCZY 프랑스 식의 우아함과 정통 요리(많은 양의 기름, 양파와 파프리카)가 함께하는 곳이다. 라이브 음악이 곁들여지는 저녁이면 분위기는 한층 더 좋아진다. 하지만 개인적으로는 아침식사 장소로 추천하고 싶다. V. Gerlóczy utca 1, 1052 Budapest, www.gerloczy.hu

CAFE KÖR 정통 헝가리 요리를 국제적 스타일로 즐기고 싶다면 이곳을 추천한다. 장소 자체는 별 특징 없이 여러 개의 의자로 채워진 공간일 뿐이지만 음식만은 특별하다. 신기하게도 모든 외국인의 사랑을 듬뿍 받는 곳이다. Sas utca 17, 1051 Budapest

DONATELLA'S KITCHEN 미슐랭 별을 받은 셰프의 주재 하에 멋진 디자인과 정통 이탈리아 요리가 함께하는 식당이다. 부와 명성을 가진 이들이 즐겨 찾는 곳으로 사전 예약을 해야 한다. Kiraly utca 30-32, 1061 Budapest

MENZA 이곳은 7년 연속 시내에서 가장 패셔너블한 레스토랑의 자리를 유지해왔다. 붐비는 리스트 페렌츠 광장(Liszt Ferenc Square)에 있으며, 넓은 공간에도 불구하고 예약조차 불가능한 일이 종종 발생한다. 음식이 맛있고 양이 많으며, 직원이 친절하고, 합리적 가격인 데다 실내장식이 멋있기 때문이다. 소고기 수프가 맛있는데, 특히 숙취로 고생하고 있을 때 적극 추천한다.
Liszt Ferenc ter 2, 1061 Budapest, www.menza.co.hu

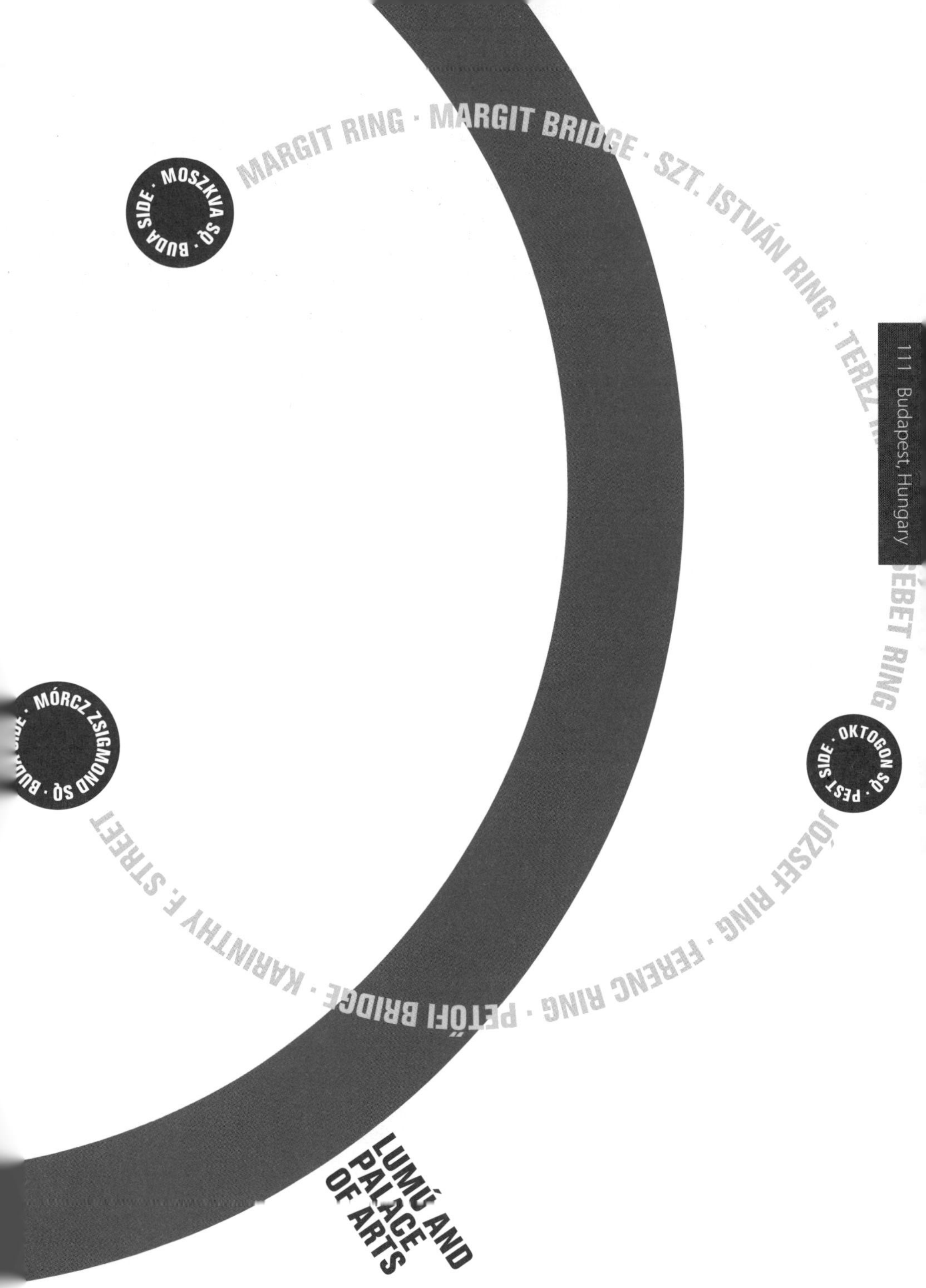

MARGIT RING · MARGIT BRIDGE · SZT. ISTVÁN RING · TERÉZ RING · ERZSÉBET RING · OKTOGON SQ. · JÓZSEF RING · FERENC RING · PETŐFI BRIDGE · KARINTHY F. STREET · MÓRCZ ZSIGMOND SQ. · BUDA SIDE · PEST SIDE

BUDA SIDE · MOSZKVA SQ.

PEST SIDE · OKTOGON SQ.

BUDA SIDE · MÓRCZ ZSIGMOND SQ.

LUMÚ AND
PALACE
OF ARTS

PES SIDE IS FLAT, IT IS VERY DENSE AS A CITY, WITH A LOT OF TRAFFIC AND

나는 화려한 클럽은 좋아하지 않는다. 대신 좋은 음악과 친절한 직원들이 있는 작고 심플한 바를 선호한다. 만약 당신이 고급 클럽을 좋아한다면 Negro나 BOB(둘 다 5구역의 바질리카에 있다)를 추천한다. 또는 온라인에서 Creol, Ceryne, Mini, Kyoto 등을 검색해보기를 권한다.

SANDOKAN LISBOA 오페라 극장 뒤쪽에 위치한 작고 아늑한 펍. 테라스가 딸려 있다. Hajós utca 23, 1065 Budapest

MŰVÉSZ '예술가'라는 뜻의 이름을 지닌 19세기 양식의 카페다. 맞은편에 있는 오페라 극장에서 공연을 보기 전후로 들러 라테를 한잔하기에 완벽한 장소이다.
Andrassy utca 29, 1062 Budapest

SZIMPLA KERT 당신은 아마도 부다페스트의 '폐허 주점(ruin bar)'에 대해 들어본 적이 있을 것이다. 폐허 주점이란 무단 점거지 같은 모습의 허름한 주점이다. Szimpla Kert는 이들 중 가장 먼저 생겨나 여전히 가장 큰 인기를 누리고 있는 곳이다. 유대인 지역의 건물 한 채를 모두 차지하고 있으며 학생, 예술가, 테이블 축구대와 싼 술로 가득차 있다. 여름이면 야외 영화관도 설치한다. Kazinczy utca 14, 1075 Budapest, www.szimpla.hu

GÖDÖR KLUB 편한 분위기에서 여러 사람과 대화 나누기를 좋아하는 당신이라면 이곳에 오는 것이 좋겠다. 시내 한복판에 있으며 넓은 테라스를 갖추고 있어 여름에 특히 좋다.
Erzsébet tér, 1051 Budapest,
www.godorklub.hu

JELEN BISZTRO AND CORVINTETO 이곳은 재즈 애호가를 위한 곳이다. 소박하고 낡은 곳으로, 벼룩시장에서 구한 가구와 재즈 포스터, 그리고 자욱한 연기가 공간을 채우고 있다. 옛 창고 건물의 1층에 자리해 있으며 건물 우측에 입구가 있다. 같은 건물 윗층으로 가는 입구는 왼쪽에 있고 이곳을 올라가면 Corvinteto라는 댄스클럽이 나타나는데, 라이브 공연이 펼쳐지곤 한다. 옥상에는 분위기 좋은 바가 있다(그리고 맑은 공기도 있다!) Blaha Lujza tér 1-2, 1085 Budapest, www.jelenbisztro.blogspot.com www.corvinteto.hu

DOMBY BAR 술과 음료만을 파는 곳이다. 종류도 다양하다. 특별히 작고, 특별히 우아하며, 특별히 전문적이고, 특별히 세련된 곳. Anker koz 3, 1061 Budapest

SUBVIBE 나는 스트리트 패션과 함께 자전거, 스케이트보드, 거리 예술을 둘러싼 모든 하위문화를 사랑한다. 이러한 맥락에서 이곳은 내가 몹시 좋아하는 가게이다. 유명한 바치(Vaci) 거리에 있는 이곳에서는 고전적인 브랜드인 폴프랭크와 아디다스 등을 판매하고 있다. 두 블록 거리에 위치한 아웃렛에서는 온갖 종류의 신발과 스트리트 웨어를 구할 수 있다. Váci utca 40, 1056 Budapest, www.myspace.com/subvibe

FORMA 가족의 생일이 돌아올 때마다 나는 이곳에서 선물을 산다. 작은 가게이지만 재밌거나 아름다운 디자인 오브제를 너무도 다양하게 갖추고 있다. 이 가운데 다수는 헝가리 디자이너가 만든 것이다. Ferenciek tere 4 (in the arcade), 1053 Budapest, www.forma.co.hu

RETROCK AND RETROCK DELUXE
Retrock은 구제 상품과 핸드메이드 아이템을 파는 안티-패션 상점이다. 학생들이 디자인한 티셔츠, LP판 모양의 귀걸이 등을 팔고 있으며 돈이 많지 않은 학생들에게 인기가 있다. Retrock Deluxe는 보다 고급화된 버전으로, 한층 세련된 디자이너 제품을 판매하며 젊은 예술 관련 전문가들에게 어필하고 있다.
Henszlmann Imre utca 1, 1053 Budapest, www.retrock.com

SUGAR! 옛날 옛적 제빵사 왕국에 한 소녀가 있었다. 이 소녀는 자신만의 제과점을 여는 것이 꿈이었다. 어른이 되자 그 꿈을 실현시켜 알록달록한 카르텔(Kartell) 램프와 롤리팝 모양의 의자, 그리고 동화 같은 모양의 케이크가 있는 이 작은 가게를 열게 되었다. 도심에서는 조금 떨어져 있지만 지하철 3호선을 타면 쉽게 찾아갈 수 있다. 작은 소녀는 현재 시내 중심에 있는 2호점에서 열심히 일하고 있다…
Petofi utca 35, 1042 Budapest, www.sugarshop.hu

SIDE IS ON THE HILLS, IT HAS A LOT OF TREES

G13 ART GALLERY 내가 아이덴티티를 디자인했던 갤러리이다. 브라사이(Brassai)부터 바자렐리(Vasarely)에 이르는 근대미술을 다루며, 이외에도 현대 헝가리 출신 사진가와 화가를 지원하고 있다. 훌륭한 위치를 자랑하며, 여러 중정이 아름다워 더욱 방문할 만한 가치가 있는곳이다. Király utca 13, 1075 Budapest, www.g13.hu

LUDWIG MÚZEUM 현대미술관으로 부다 왕궁의 두 개 층에 자리해 있다. 앤디 워홀(Andy Warhol), 재스퍼 존스(JasperJohns)와 클레스 올덴버그(Claes Oldenberg)와 같은 작가 외에도 헝가리 출신 미술가들의 작품이 전시되어 있다. 건물 자체도 꽤 볼 만하다. Komor Marcell utca 1, 1095 Budapest, www.lumu.hu

TRAFÓ 현대 예술을 위한 곳으로 현대극과 무용 공연 프로그램이 잘 구성되어 있다. 지하에는 라이브 공연이 펼쳐지는 클럽이 있다. 웹사이트에서 프로그램을 먼저 확인하자. Lillom utca 41, 1094 Budapest, www.trafo.hu

MŰCSARNOK 현대미술관으로 영웅광장(Hosok Ter)에 위치해 미술사 박물관과 마주 보고 있다. 평상시에는 큰 규모의 투어 전시를 유치하며, 내부에는 아주 괜찮은 서점도 있다. Hosok ter, 1238 Budapest, www.mucsarnok.hu

KARTON GALÉRIA 개인 소유의 갤러리로, 주로 헝가리 캐리커처와 만화 작품을 전시한다. 볼 만한 책과 포스터도 제작해서 판매하고 있다. Alkotmány utca 18, 1054 Budapest, www.karton.hu

BOULEVARD ÉS BREZSNYEV 떠오르는 신예 아티스트의 작품을 선보이는 작은 갤러리. 거의 매주 프리뷰 행사나 파티, 핑퐁 대회 등이 열려 수백 명이 몰린다. 전시되는 작품들은 참신하고 종종 도발적이기까지 하다. 39 and 46 Király utca, 1074 Budapest, www.bbgaleria.creo.hu

HŐSÖK TERE · HEROES SQUARE

SZÉP-MŰVÉSZETI MUSEUM OF FINE ARTS

MŰCSARNOK MUSEUM OF CONTEMPORARY

THE STATUE OF LIBERTY ON THE GELLÉRT HILL/BUDA SIDE

WALKS AND ARCHITECTURE

MUSEUM OF APPLIED ARTS
이곳의 전시는 다소 구식이고 직원들도 심술궂지만(헝가리스러운 방식으로) 이곳의 건물만은 숨막힐 듯 아름답다. 헝가리 건축가 외된 레히네르(OdonLechner)의 트레이드마크인 아르누보 양식과 오리엔탈적 요소와 조화가 돋보인다.
Üllői utca 33-37, 1450 Budapest, www.imm.hu

WALK THROUGH DISTRICT 6
안드라시 거리를 따라 영웅광장으로 걸어가자. 현대미술관과 미술사 박물관이 서로 마주보고 있을 것이다. 이후 오른쪽으로 돌아 시민공원 길(VarosligetFasor)을 따라 시내로 가자. 부다페스트에서 가장 아름다운 곳으로, 다양한 건축양식을 발견할 수 있다. 60번지인 테러하우스(TerrorHaza)를 둘러보자.
이곳은 상상력을 동원해 공산주의 정치경찰의 본부를 재현해 놓았다. 도자 죄르지 가(Dozsa Gyorgy ut)로 가면 두 채의 현대 건축물이 보일 것이다. 84번지는 사회주의 리얼리즘 건축의 훌륭한 예이며, 사회주의 시대의 전형적인 빌딩이었다. 그 이웃에는 ING 은행 본부가 있다.
이 하이퍼모던한 유리 구조물은 네덜란드 건축가인 에릭 반 에거라트(Erick van Egeraat)가 설계했다.

EVENTS

SZIGET FESTIVAL 8월 | 일주일 간 열리는 유럽 최대의 음악 및 문화행사 중 하나로, 국제적인 라인업을 자랑한다. www.sziget.hu

WAMP Wamp가 열리는 주말에 부다페스트를 방문하면 좋을 것이다. Wamp는 디자인 마켓으로 재미난 신발, 가방, 스카프, 주얼리와 완구 등을 팔고 있는데 대부분 그 어디서도 볼 수 없는 유일무이한 제품으로 서로 다른 디자이너가 제작한 것이다.
Gödör Klub, Erzsébet ter, 1051 Budapest, www.wamp.hu

URBAN MAY FESTIVAL 5월-6월 | 다뉴브 강변을 따라 열리는 도시 문화 행사 www.urbitalis.hu

NORTH

SOUTH

NOTE. *Railways constructed under Tramways*)
& Light Railways (Ireland) Act 30 5 6 *shown thus*
Railways under construction
Coach Routes
Joint Lines

Scale Ten Statute Miles to One Inch
10   20   30   40   50

Keep to Left
Gernapway

A Dundalk, Newry & Greenore.
B Cork & Muskerry.
C Cork, Blackrock & Passage.
D Giant's Causeway & Portrush.
   (Electric)
E Dublin & Lucan Tramway.

노엘 쿠퍼의 더블린

Noelle Cooper's Dublin

내가 어릴 때 자라난 곳은 아일랜드의 경마 수도인 킬데어(Kildare)이지만 성인이 된 후로는 쭉 더블린에서 공부하고 일하며 살아왔다.

아일랜드는 자칭 '성인과 학자의 나라'로, 우리의 문학적 명성으로 인해 시각 및 디자인 전통은 비교적 많이 발전하지 못한 것 같다. 건축적 유산은 대부분 가까운 이웃 나라에서 빌려온 것들이며 디자인에 대한 이해는 역사적으로도 매우 미약한 수준에 머물러왔다. 하지만 최근 들어 많은 소규모 단체의 노력을 통해 아일랜드의 디자인은 더블린을 중심으로 자리를 잡아가기 시작했다. 더블린에는 현재 시각 커뮤니케이션 학위를 수여하는 대학이 세 군데 있으며, 스윗토크(SweeTalk)나 크리에이티브아일랜드(CreativeIreland)와 같은 행사는 고루하고 배타적인 상업기관으로부터 그 중심을 옮겨왔다. 이러한 변화는 작은 규모의 창의적인 스튜디오를 추구하는 추세로 반영되었다.

50만 명가량이 살아가는 더블린은 당신을 분주하게 만들 수 있을 정도로 크면서도 공동체적 분위기를 유지하기에 충분할 만큼 작기도 하다. 걸어서 30분 내로 시내 어디든 닿을 수 있기 때문에 통합적인 대중교통 시스템이 없어도 크게 불편하지는 않다. 버스는 저렴한 이동수단이기는 하지만 이용이 어렵고 운영도 일정하지 않다. Image Now라는 디자인 컨설팅사가 더블린의 버스 표지판과 운영시간표를 개선하는 작업을 잘 해나가고 있기는 하다. 그리고는 DART라는 제한적인 철도 서비스가 있는데 북쪽의 말라하이드(Malahide) 해변이나 남쪽의 브레이(Bray, 브레이는 대부분이 해안을 끼고 있어 추천여행지이다)로 가고자 한다면 이용할 만하다. 루아스라이트 철도서비스(Luas Light Rail Service)는 시내 이동의 또 다른 방법이지만 아직 모든 노선들이 제대로 연결되지 못한 상황이다.

더블린은 리피(Liffey) 강으로 인해 반으로 나뉘어 있다. 강의 북쪽은 우아한 남쪽에 비해 다채롭다. 대부분의 재미는 도심 지역에 집중되어 있지만 며칠 여유있게 머물 계획이라면 캠던가(Camden Street)나 스토니바터(Stoneybatter), 래스민스(Rathmines)와 같이 조금 떨어진 곳들도 가볼 만하다. 도시 생활이 대개 그렇듯 더블린의 일상은 대부분 펍을 둘러싸고 일어난다. 하지만 이외에도 할 거리, 볼거리는 무수히 많다.

AVALON HOUSE HOSTEL 더블린에서 유일하게 환경 친화적이면서도 저렴한 호스텔로 도심에 있다. 건물 자체도 '우수한 건축적 가치'를 지닌 빌딩으로 등재되어 있으며 꽤 예술적인 철학을 갖고 있다. 종종 투숙객을 위해 사진 공모전을 열기도 한다. 55 Aungier St, Dublin 2, www.avalon-house.ie

THE MORRISON 아마도 더블린에서 가장 트렌디한 부티크 호텔일 것이다. 도심 한복판에 있으며 Temple Bar의 강 건너편에 있다. 이 주변은 만취한 손님과 여성 전용 파티로도 유명하지만 실은 꽤 괜찮은 갤러리도 몇 군데 있다. 인테리어는 존 로샤(John Rocha)가 디자인했는데 극도로 쿨하면서도 아늑한 분위기를 지녔다. Ormond Quay, Dublin 1, www.morrisonhotel.ie

THE CLARENCE 1992년 보노 (Bono)에 의해 매입되어 복원 과정을 거친 호텔로 현재 더블린에서 가장 럭셔리한 호텔이 되었다. 이곳의 Octagon Bar는 칵테일을 잘 만드는데, 지하에는 한때 잘 나가던 클럽이 있었으나 지금은 문을 닫았다. 소문에 의하면 클럽이 다시 오픈할 수도 있다고 한다. 6-8 Wellington Quay, Dublin 2, www.theclarence.ie

STAY DUBLIN 도심 지역에 합리적인 가격의 고품질 아파트 시설을 제공하는 회사이다. 개인적으로 이 시설을 이용해본 적은 없지만 같은 회사를 이용해 암스테르담에서 숙소를 구한 적이 있는데, 꽤 넓고 만족스러웠다. Various addresses, www.staydublin.com

2

– *Long Island 12.00*
Gin, Rum, Triple Sec, Vodka, Tequila,
Sweet & Sour, Topped with Pepsie

HOTEL

BUILDING OF NOTE

Simple but elegant, timeless but yet of its time,
contemporary but embodies the best of Irish hospitality.
A personal vision of the hotel's owners, representing a
place that they would choose to stay in when visiting Dublin.
— **We look forward to seeing you here very soon.**

	E2
	E2
0	E1
8	E2
48	F2
48	E3
48	F4
38	D1
25	A3
3	B2
38	E1
39	A3

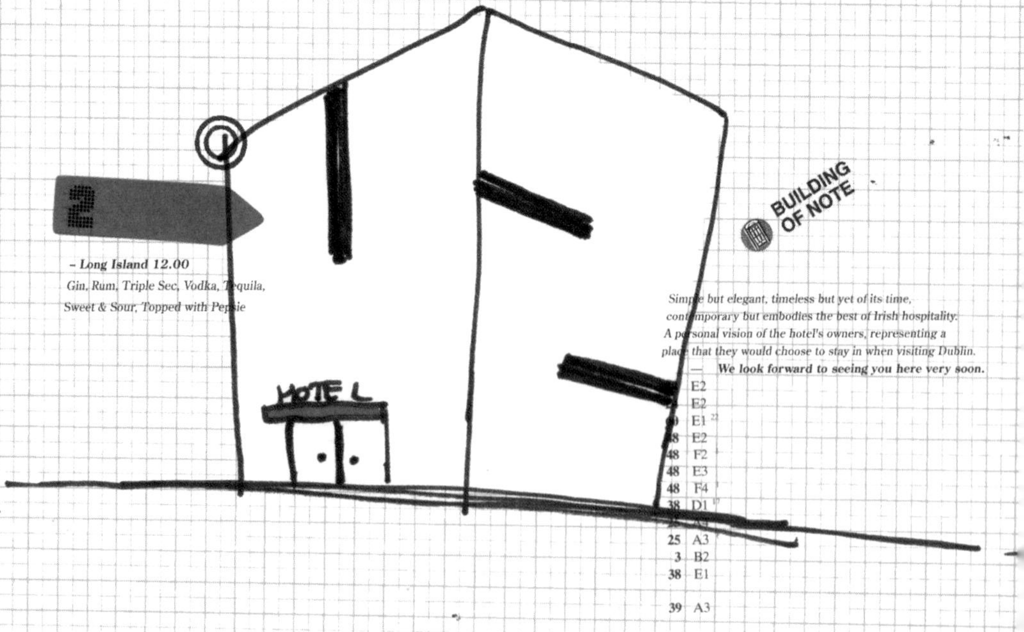

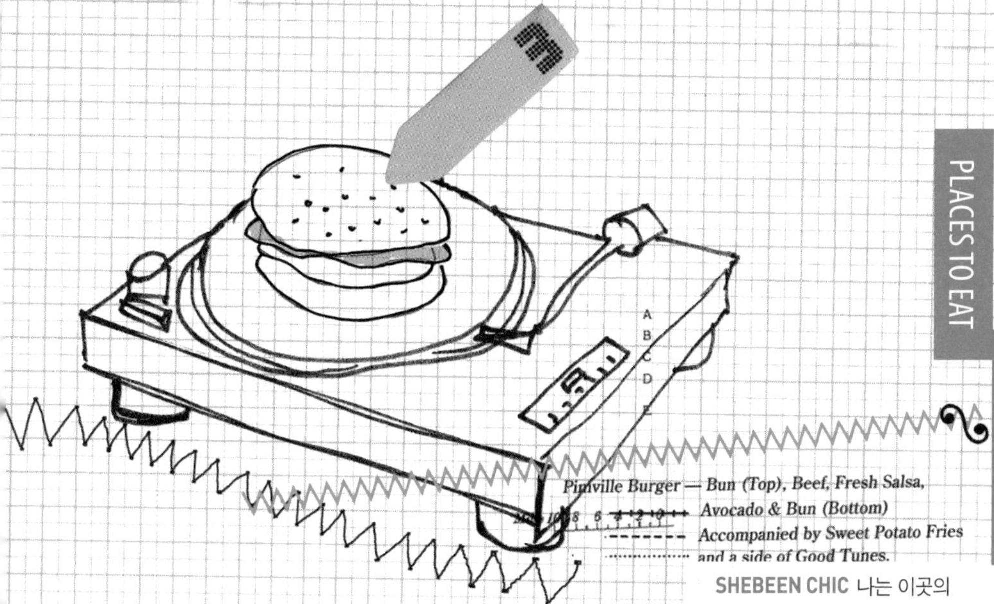
Pimville Burger — Bun (Top), Beef, Fresh Salsa,
Avocado & Bun (Bottom)
Accompanied by Sweet Potato Fries
and a side of Good Tunes.

SIMON'S PLACE 당신의 리스트에 첫 번째로 올라가야 할 카페. 모두가 일하고 있을 오전 10시쯤, 차와 토스트를 들기에 딱 좋은 곳이다. 벽에 붙어 있는 여러 포스터와 팸플릿을 보며 그날 하루의 여행계획을 세워보자. 시내 이벤트 안내소와 같다고 생각해보면 어떨까! 22 South Great Georges Street, Dublin 2

JO'BURGER 이 보석 같은 햄버거집을 경험하기 위해서는 버스나 택시를 타야 한다. 하지만 그만큼의 가치가 있는 수고임을 미리 말해두고 싶다. 내가 경험해본 곳 중 가장 맛있는 오가닉 버거를 만드는 곳이다. 장소는 좁고 시끌벅적하지만 캐주얼하고 하우스 파티 같은 것을 하기에 적당한 분위기로 벽은 그래피티와 스트리트 아트로 꾸며져 있다. 밤에는 DJ가 나타나 다양한 음악을 들려준다. 137 Rathmines Road, Dublin 6, www.joburger.ie

ODESSA 처음에는 부담스러울 정도로 쿨한 곳처럼 보일 수 있겠지만 일단 입구를 통과하고 나면 스타일리시하면서도 편안한 곳임을 깨달을 수 있을 것이다. 음식도 비싸지 않아 주말 브런치를 하기에도 좋다. 저녁 시간에는 'fivers' 메뉴를 시도해보자. 함께 식사하는 손님들에게 좋은 인상을 남기게 되면 위층의 멤버스 클럽으로 초대를 받을 수도 있을 것이다. 멤버스 클럽은 3개 층으로 나뉘어 있으며 옥상 테라스와 흡연실이 딸려 있다. 14 Dame Court, Dublin 2, www.odessa.ie

THE WINDING STAIR 이 와글거리는 작은 레스토랑은 노스사이드(Northside)의 하페니 다리(Ha'Penny Bridge)가 내려다 보이는 곳에 있다. 아래층에는 같은 이름의 독특한 서점이 있다(쇼핑 섹션 참조). 작가, 음악가, 아티스트들이 1970년대부터 즐겨찾던 곳이다. 40 Ormond Quay, Dublin 1, www.winding-stair.com

SHEBEEN CHIC 나는 이곳의 소박하고 느긋한 분위기를 좋아한다. 이곳의 모든 가구는 재활용되어 의자가 저마다 다르게 생겼고 램프는 휘어 있는가 하면 테이블은 흠이 나 있다. 샹들리에는 금이 가 있기도 하고 시시한 그림이 삐뚤거나 거꾸로 걸려 있기도 하다. 분위기는 젊고 펑키한 편. 음식도 나쁘지 않다! 4 Georges Street, Dublin 2

THE CAKE CAFE 달콤한 케이크처럼 사랑스러운 카페로 Daintree라는 종이 가게 뒷편에 둥지를 틀고 있다. 건물 자체가 환경 친화적이로, 카페에서는 재활용 냅킨과 짝이 맞지 않는 오래된 식기를 사용하고 있다. 작은 카페여서 자리가 금방 차곤 하지만 천막을 드리운 테라스 공간도 있고 쌀쌀해지면 따뜻한 물도 제공된다. 혹 자리가 없다면 앙증맞은 박스에 자그마한 컵케이크를 포장해서 갈 수 있으니 걱정할 필요는 없다 62 Pleasants Place, Dublin 8, www.thecakecafe.ie

Herbert Hamak
James Hayes
Stella Rice
Ein
Eel
Sice
I-Li
Ce
Tim
Maurizio Cattelan
Jake & Dinos Chapman
David Ellis
Rachel Whiteread
Barbara Kruger
Gavin Turk
Tom Friedman
Paul McCarthy
Matthew Ronay
Tunga
Yayoi Kusama
The Hilton Brothers
Peggy Stephaich Guinness
DEAF
Kenny Scharf
Mike Bouchet
Helen Chadwick
John Kenny

DICE BAR 금요일 밤이면 찾게 되는 곳이다. 뉴욕 거리의 흥겨운 모습을 닮았고 신나는 분위기가 온 거리를 뒤덮는다. 라이브 DJ가 조니 캐시(Johnny Cash)부터 프로디지(Prodigy)의 초기 음악에 이르는 다양한 음악을 들려주어, 자정이 되면 테이블 위에서 춤을 추고 싶어질 것이다. 디자이너들, 배달부 등 다양한 사람이 모여들어 몹시 붐빈다. 그렇게 되면(예를 들어 가게 밖에 자전거가 3층 높이로 쌓이면) 밖으로 나와 코너를 돌면 있는 Jack Ryan's에서 보다 여유로운 맥주 한잔을 즐겨도 된다. 79 Queen Street, Dublin 7

THE BERNARD SHAW 뮤직바이지만 종종 신진 디자이너나 아티스트의 전시가 열리기도 한다. 운하 근처의 그래피티로 뒤덮인 울타리 사이에 끼어 있어 찾기도 쉽다. 이곳의 주인은 노스사이드 쪽에 Twisted Pepper라는 클럽도 운영하고 있어 괜찮은 DJ나 밴드를 데려오곤 한다. 자세한 정보는 웹사이트를 통해 알아보자. 11–12 South Richmond Street, Dublin 2, www.bodytonicmusic.com

THE SECRET BAR 프렌치 레스토랑인 l'Gueuleton의 위층에 숨어 있어 현관문엔 상호도 적혀 있지 않아 제대로 찾아왔는지 알기가 힘들다. 안으로 들어가면 의외로 넓은 공간과 라이트박스 아트, 바와 벽을 따라 줄지어선 높은 스툴과 보다 프라이빗한 휴식을 위한 룸 등이 환영해 줄 것이다. 뒤로 나가면 널직한 비어가든이 있다. 분주한 도시에서의 휴식을 맞은 듯한 느낌을 갖게 될 것이다.
1 Fade Street, Dublin 2

MULLIGANS 개인적으로 기네스의 팬은 아니지만 당신이 그렇다면 이곳을 추천한다. 담배에 찌든 천장과 끝내주는 기네스 한 잔(듣자하니 그러하단다), 친숙하고 사교적인 분위기가 맞물려 전통 아이리시 펍의 모습을 제대로 갖추고 있다. 금요일 퇴근시간 후 특히 붐빈다.
8 Poolbeg Street, Dublin 2

SOUTH WILLIAM '어반 라운지'라 할 수 있는 이곳은 작고 살짝 가식적인 맛이 난다. 하지만 펑키한 음악과 시내 최고의 모히토, 그리고 맛있는 파이를 즐길 수 있는 곳이다(특히 베이컨과 양배추가 들어간 파이는 최고다!). 내부는 좁고 길다란 형태지만 넓은 크기의 댄스플로어가 있어 기분 내키면 뛰어나가 최신 댄스를 자랑해도 된다. 52 South William Street, Dublin 2, www.southwilliam.ie

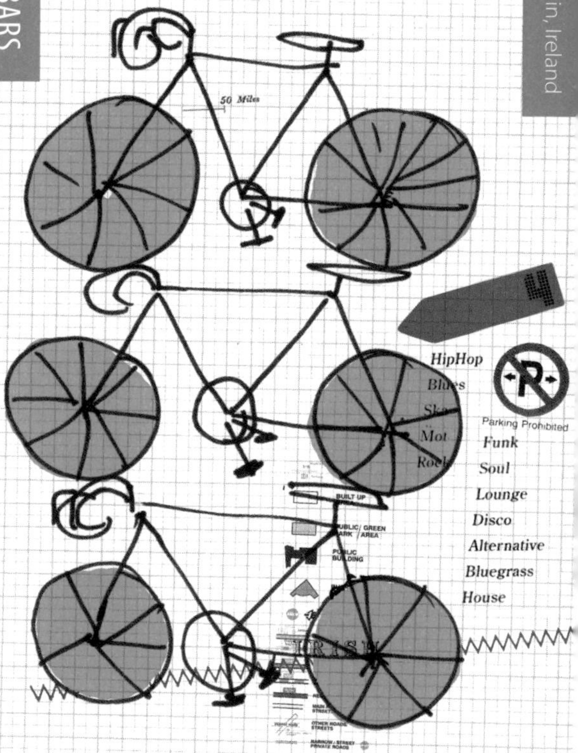

THE WINDING STAIR 분주한 부둣가에 내려서면 마치 시간을 되돌아온 것처럼 느껴진다. 이 작은 가게는 더블린 최고의 서점으로 판타지 소설에서부터 디자인과 건축 서적까지 다양하게 갖추고 있다. 실내에는 푹신한 가죽의자가 있어 앉아서 서적을 훑어볼 수도 있으며, 가끔씩은 주인이 구석에 있는 낡은 턴테이블로 음악을 틀어주기도 한다. 이 밖에도 이곳에서는 전시, 요리 강좌, 극본 낭독회 및 기타 흥미를 자아내는 행사들이 열리곤 한다. 40 Ormond Quay, Dublin 1, www.winding-stair.com

THE LOFT MARKET 사우스 윌리엄 스트릿(South William Street)의 Powerscourt Center 꼭대기 층으로 올라가면 스타일리시하고 크래프트적인 주말 시장이 열린다. 밝고 탁 트인 뉴욕의 로프트 같은 공간에 아일랜드의 패션 및 주얼리 디자이너, 사진가, 일러스트 작가 등이 좌판을 펼친다. 시장 말고도 전시나 워크숍이 열릴 때도 있다. 59 South William Street, Dublin 2

CIRCUS Powerscourt Center에 자리한 또 다른 가게로 낮에는 고급 패션숍, 밤에는 창의적인 전시공간이 된다. 구식 옷걸이에 걸린 옷은 브랜드를 알아보기가 힘들지만, 결국엔 욕심나게 될 것이다. 이밖에도 더블린에서 Monoculture Magazine을 파는 유일한 상점이다. 신용카드를 가져오도록 하자. 59 South William Street, Dublin 2

G1 SKATE 스케이트 애호가가 운영하는 가게로, 스케이트를 즐기는 사람이 아니면 잘 알지 못하는 곳이다. 입구의 좁은 층계는 접근하기 힘들지만 일단 들어가면 벽을 메운 스케이트 보드의 다채로운 컬러와 종류, 일러스트에 사로잡히게 될 것이다. 직원들은 아주 친절하여 세심한 도움을 주며, 모두들 스케이트 보드에 대한 열정으로 가득차 있다. 아래층 입구에 있는 종이인형 안토(Anto)와 인사하는 것도 잊지 말자. 안토는 매장 지도와 함께 여러 정보를 알려줄 것이다. 55 O'Connell Street Lower, Dublin 1

THE BERNARD SHAW CAR BOOT SALE 지금까지 경험해본 곳 중 가장 멋진 중고 시장이다. 잘 알려져 있지는 않지만 꼭 가볼 만한 곳이다. 규모는 작지만 익살스럽고 재밌는 물건들로 가득하다. 거기에 컵케이크, 홈메이드 레모네이드와 팔라펠 등도 있으니 배고플 일도 없다. 12 South Richmond Street, Dublin 2

BEWLEYS CAFE & THEATRE
Bewleys Café 위층에 있는 작고 특별한 극장 공간이다. 아담한 방은 깜빡이는 양초로 예쁘게 밝혀 있고 50명 정도가 들어갈 수 있다. 그러니 일찍 가지 않으면 못 들어갈 수도 있다. 너무도 작고 친밀한 공간이라 마치 공연의 일부가 된 느낌을 받게 될 것이다. 식사를 하지 못했어도 걱정할 필요가 없다. 레스토랑에서 조리된 맛난 음식이 앉은 자리로 서빙될 것이다.
78 Grafton Street, Dublin 2, www.bewleyscafetheatre.com

MONSTER TRUCK 그다지 아름답지 못한 프란시스 스트리트(Francis Street)의 끝에 위치한 작고 독특한 모습의 예술공간이다. 사람들이 자신의 작품을 실험하고 보여줄 수 있는 창의적인 협동조합이다. 런칭 파티가 자주 열리는 곳으로 이런 날이면 프란시스 스트리트가 따뜻한 와인과 창조적인 에너지로 흘러넘친다. 달리는 버스는 조심하자! 73 Francis Street, Dublin 8, www.monstertruck.ie

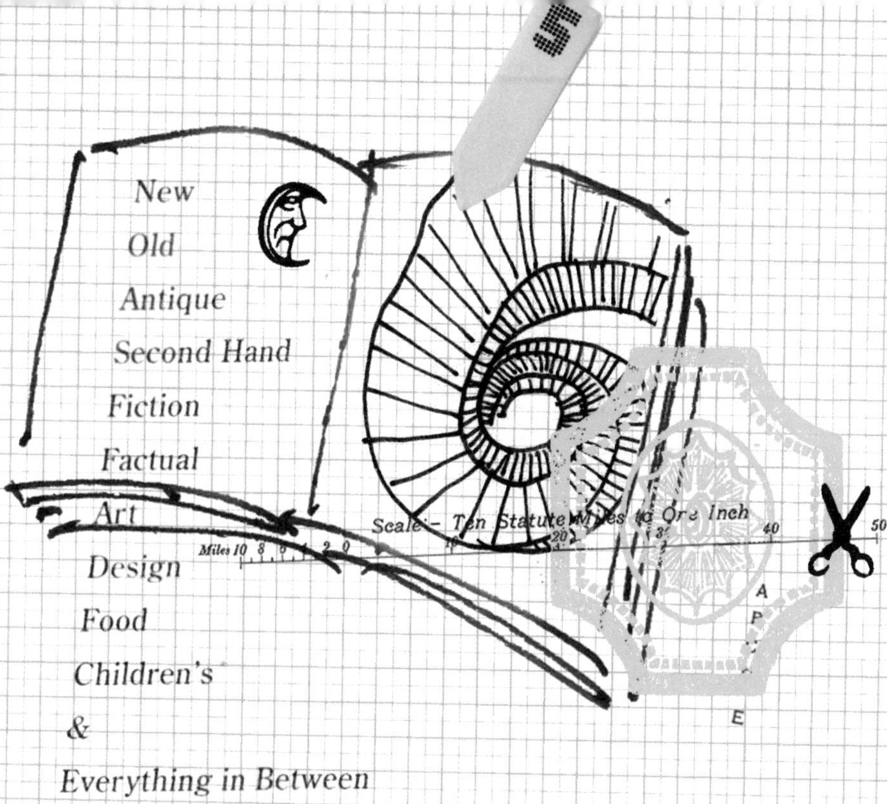

SEBASTIAN GUINNESS GALLERY (SGG) 세바스찬 기네스(그렇다. 바로 '그' 기네스 일가의 한 명이다) 소유의 비교적 갤러리이다. 다미안 허스트(Damien Hirst)나 앤디 워홀 같은 국제적으로 명성 있는 작가들의 전시와 최근 떠오르는 신진 작가의 작품을 모두 볼 수 있다. 작품을 직접 구매하지는 못하더라도 방문할 만한 가치는 있는 곳이다. 18 Eustace Street, Dublin 2

THE FACTORY SPACE 더블린의 유명 디자인 에이전시인 Design Factory에서 자신들의 스튜디오 내에 마련한 갤러리 공간이다. 그래픽 아트의 우수한 작품들을 선보이고 있으며, 운이 좋다면 디자인 스튜디오 자체도 슬쩍 구경할 수 있을 것이다. 100 Capel Street, Dublin 1

THE NATIONAL PRINT MUSEUM 도심에서 살짝 벗어나 있는데 도보로 20분 정도 걸린다. 베가스 부시 바락스(bebegga Bush Barracks)의 개리슨 예배당(Garisson Chapel) 안에 있다. 아일랜드 인쇄산업의 유물들이 방대한 컬렉션을 이루고 있다. 다양한 워크숍도 운영되는데, 개인적으로는 활판인쇄 수업에 참여한 적이 있다. 한 수업에 단 세 명이 참여하여 작업실 안에 각자의 공간을 마련할 수 있었고, 아주 열정적인 강사와 함께 수많은 구식 활자를 직접 다룰 수 있는 벗신 경험이었다. Beggars Bush Barracks, Haddington Road, Dublin 4, www.nationalprintmuseum.ie

NCAD GALLERY 국립 미술디자인대학(NCAD) 내에 위치한 새로 생긴 갤러리이다. 아직 가본 적은 없지만 이 학교의 졸업전시가 언제나 볼 만한 만큼 갤러리 또한 못지않게 괜찮을 것이라 믿는다. 100 Thomas Street, Dublin 8, www.ncad.ie

LIGHTHOUSE CINEMA 네 개의 상영관이 있는 영화관으로 스미스필드(Smithfield)에있다. 독립, 외국어, 예술 및 고전 영화들을 상영한다. 이곳이 좋은 이유는 딱히 줄을 서거나 거대한 팝곤과 3디디짜리 클리를 실 필요가 없다는 데 있다. Market Square, Dublin 7, www.lighthousecinema.ie

Miles 10 8 6 4 2 0
PUBLIC PARK
GREEN AREA
Head south onto Westmoreland St
Continue south around College Green
Cross onto Grafton Street
Continue along the west side of St Stephen's Green
Cross onto Harcourt St
Turn left at Clonmel St
Enjoy the Peace & Quiet
GARDEN

EVENTS

DARKLIGHT FILM FESTIVAL
10월 | 주말에 열리는 영화 및 애니메이션 페스티벌로 예술, 영화 및 테크놀로지를 고루 다루고 있다. www.darklight.ie

SYNTH EASTWOOD 5월 | Synth Eastwood는 더블린 출신의 음악, 예술, 테크놀로지 그룹이다. 공연을 하는 듯한 분위기 속에서 전 세계의 예술작품을 선보인다. www.syntheastwood.com

VISIT 4월 | 더블린 시내에 있는 아티스트 스튜디오들을 대중에 공개하는 연례행사이다. 판화, 회화, 드로잉, 유리공예, 도예, 비디오 및 사진 분야에서 이루어지는 현대 작품의 다양성에 눈뜨게 되는 좋은 기회이다.

OPEN HOUSE 10월 | 과거부터 현재까지 시내의 건축을 조명하는 행사이다. 주말에는 건축적 가치를 지닌 건물, 공간과 주택이 대중에 공개된다. www.architecturefoundation.ie

Wim Crouwel
Michael C. Place
Adrian Shaughnessy
Richard Gilligan
Stefan Sagmeister
Ben Drury
Hort
Airside
Jon Burgerman
SEA
Timothy Saccenti
Mark Blamire
Michael Gillette
Glen E. Friedman
Playbeast
Swifty
Pete Fowler
Designers Republic
Trevor Jackson

WALKS AND ARCHITECTURE

THE IVEAGH GARDENS '더블린 비밀의 정원'이라 불리는 곳으로, 일단 들어서면 그 이유를 알게 될 것이다. 시내 한복판에 있으면서도 그 번잡함과 소란에서 떨어진 듯한 느낌을 받는 곳이다. 이 안에는 미로와 장미화원, 그리고 분수가 있다. 너무도 고요하고 평온하여 자신만의 세계에 빠져버릴 수도 있겠다. 여름이면 SpiegelTend라는 소규모 음악 페스티벌이 열린다. Clonmel Street, Dublin 2

GEORGE'S STREET ARCADE 빅토리아 시대에 지어진 아름다운 시장으로 여전히 사우스사이드(Southside) 쇼핑의 중심지 역할을 하고 있다. 주문 제작 주얼리에서부터 점술인, 음악 및 예술서적, 고급 와인과 커피 등 다양한 것들이 모여 있다. 아케이드 내의 트렌디한 숍들 중에는 Simon's Café(음식 섹션 참조)도 있다. Georges Street, Dublin 2, www.georgesstreetarcade.ie

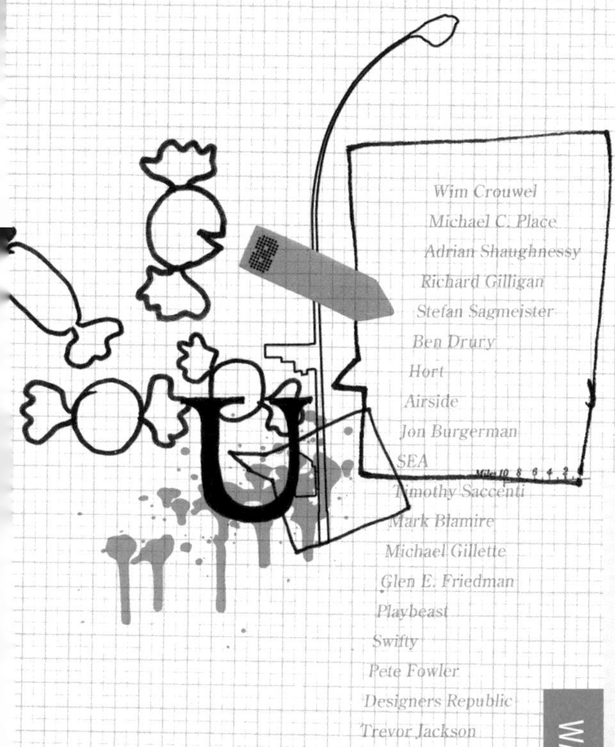

MOVIES ON THE SQUARE 6월 | 여름 시즌의 하이라이트는 국내 유일의 영화 전용 야외 상영관에서 영화를 보는 것이다. 여름 밤 친구들과 어울리는 가장 완벽한 방법이 될 것이다. Meeting House Square, Dublin 2

DEAF (DUBLIN ELECTRONIC ARTS FESTIVAL) 10월 | 시내 여러 장소에서 열리는 음악 및 미술 축제로 국내외 아티스트들이 참여하는 일렉트로닉 음악 워크숍과 공연이 열린다. www.deafireland.com

SWEETTALK 영화관 등의 장소에서 매달 열리는 멋진 행사로, 국내외 유명 디자이너 및 창조적 작업을 하는 전문가들이 모여 자신들의 작품을 전시하고 작품에 대한 내화를 나눈다. 많은 영감을 받을 수 있어서 많은 젊은 디자이너에게 큰 영향을 끼치고 있다.

PIAZZA DUCA DEGLIABRUZZI
CORSO CAVOUR
VIA ROSSINI
VIA BELLINI
CANAL GRANDE
PIAZZA DEL PONTE ROSSO
VIA GENOVA
VIA MAZZINI
VIA SAN NICOLO
CORSO ITALIA
VIA SAN SPIRIDIONE
VIA PONCHIELLI
3 NOVEMBRE
PIAZZA TOMMASEO
PIAZZA DELLA BORSA
VIA ARSENALE
VIA EINAUDI
GALLERIA TERGESTEO
VIA SAN CARLO
VIA TEATRO
VIA BECCHERIE
GALLERIA PROTTI
VIA TOR BANDENA
VIA DEL TEATRO ROMANO
VIA DONOTA
PIAZZA DONOTA
VIA ROSARIO
VIA MALCANTON
VIA SEBASTIANO
PIAZZA PICCOLA
VIA DEL COLLEGIO
ANDRONA S.S.
VIA DELLE M
RIVA 3 NOVEMBRE
RIVA DEL MANDRACCHIO
VIA MERCATO VECCHIO
VIA PESCHERIA
PIAZZA SQUERO
VIA TORRETTA
VIA CAVAZZENI
VIA DEI CAPITELLI
VIA DELLE MURA
ANDRONA DEGLI OR
VIA SAN MIC
VIA COLOMBI
VIA SAN CIPRIANO
VIA PIRANELLA
VIA CATT
VIA DEL SALE
VIA DEL PESCE
VIA BOCCARDI
VIA FORTINO
VIA DI CAVANA
ARMANDO DIAZ
SAN GIORGIO
SAN GIUSTO
MARE
LOAUDACE
BACKIN
IN MY LIFE

루치아 파스칼린의 트리에스테

LUCIA PASQUALIN'S TRIESTE

자동차, 비행기, 기차 등 그 어떤 수단으로 이곳에 당도하든, 트리에스테는 당신의 숨을 멎게 할 것이다. 가장 먼저 수평선까지 뻗은 바다가 눈에 들어올 것이다. 두 번째로 눈에 띄는 것은 그 지형이다. 트리에스테는 북쪽의 트리에스테 만(Bay of Trieste)과 남쪽의 무기아 만(Bay of Muggia) 두 개의 만을 끼고 있다. 이곳에서 나는 내 인생 최고의 노을을 볼 수 있었다.

대부분의 시설은 시내인 항구 쪽에 집중되어 있다. 꽤 가파른 곳이기에 노인들은(트리에스테에는 노인이 많다) 버스를 애용한다. 비탈진 언덕을 오르기엔 다소 힘에 부칠 수도 있겠지만 걷거나 아니면 자전거를 타도 좋다. 겨울에 방문한다면 시속 150km에 이르는 찬바람인 '보라(Bora)'를 경험할 수도 있다. 바람을 등질 수만 있다면 시내 도보 관광을 시도해보자. 아주 멋진 경험이 될 것이다. 단, 바람에 날아가지 않도록 주의해야 한다!

트리에스테는 슬로베니아 국경에 위치해 있으며, 오스트리아-헝가리 제국에서 가장 번영한 항구도시 중 하나였다. 트리에스테를 걷다 보면 비엔나 합스부르크 시대로 돌아간 듯한 느낌을 받을 수 있을 것이다. 커피숍과 술집 등은 그 당시의 모습을 그대로 유지하고 있다. 나는 우니타 광장(Piazza Unita) 뒤에 자리한 구시가(Citta Vecchia)를 특히 좋아한다. 낮 시간에는 멋진 쇼핑 지역이지만 밤이 되면 마법이 시작된다. 거리를 채운 색채와 내음이 전혀 다른 도시처럼 느껴지게 만든다. 산구스토(San Gusto) 성당을 지나면 전혀 다른 각도에서 시내를 내려다볼 수 있는 지점이 나온다. 이곳에서 내려다보는 시내 경치는 마치 모형이나 게임처럼 손목을 까닥하면 건물을 옮길 수 있을 것처럼 느껴진다.

PLACES TO STAY

URBAN HOTEL DESIGN 가장 저렴한 숙소는 아니지만 클래식한 디자인을 추구하는 이들에게는 만족할 만한 선택이 될 것이다. Androna Chiusa 4, www.urbanhotel.it

L'ALBERO NASCOSTO 역사가 오래된 건물에 자리한 호텔. 스튜디오 형식의 아파트와 몇몇 아주 근사한 객실을 갖추고 있다. 따뜻하고 안락한 분위기가 가득하다. Via Felice Venezian 18, www.alberonascosto.it

B&B AL PONTEROSSO AND B&B I MORETTI 검소한 이들을 위한 베이직하지만 꽤 괜찮은 B&B 두 곳 Piazza Ponterosso 3, www.alponterosso.it, and Piazza Venezia 1, respectively

PLACES TO EAT

L'ISTRIANO 트리에스테 최고의 해산물 레스토랑이다. 금방 만석이 되기 때문에 미리 전화로 예약하는 것이 좋다. Riva Grumula 6

OSTERIA DA MARINO 나는 이곳이 정말 좋다. 방문객이 오면 첫 번째로 데려가는 곳이다. 좋은 와인과 훌륭한 서비스, 맛있는 음식, 합리적인 가격. 여기에 무엇을 더 바랄 수 있을까? 5 Via Del Ponte, www.osteriadamarino.com

BUFFET SIORA ROSA 정통 뷔페로 저렴한 가격에 1970년대 인테리어로 장식되어 있다. 이 지역 음식을 맛보기에 가장 좋은 식당이다. 저녁 9시에 문을 닫으니 일찍 가야 한다. Piazza Hortis 3

PEPI SCIAVO 트리에스테 전통 요리를 맛볼 수 있는 전통 뷔페 식당 Via Cassa di Risparmio 3

PIZZERIA NAPA 피자를 좋아한다면 이곳에 가야 한다. 이곳이야 말로 진정 최고다. 독특한 1970년대 가구가 음식 맛을 한껏 더 높여준다. Via Caccia 3

BARS

OSMIZZA 완전히 불량스러운 느낌의 주점. 하지만 이곳 손님들의 모습에 겁먹을 필요는 없다. 오히려 당신에게 자신들이 바다에서 겪은 모험담을 들려줄 것이다. 이들은 그저 이 시대의 술취한 해적들일 뿐. Via Torretta 1

CAFFÈ SAN MARCO 신문이나 책 한 권을 들고 가자. 딱히 그것들을 읽을 필요는 없다. 커피를 한 잔 주문하고 편히 쉬면서 몇 세기 동안 바뀌지 않은 그곳만의 공기를 마셔보자. Via Cesare Battisti 18

LA BOMBONIERA 나는 매일 아침 이곳에 와서 맛있는 브리오슈를 먹는다. 시내의 마지막 남은 리버티 제과점인데, 1850년 이래로 바뀌지 않은 채 오스트리아-헝가리 시대의 케이크를 팔고 있다. Via XXX Ottobre 3

NAIMA 차 한잔 마시며 두어 시간 여유 부리기 좋은 곳이다. 같은 공간에서 펼쳐지고 있는 사진 전시회와 재즈 음악을 즐겨보자. 이따금씩은 밤에 현지 DJ가 나타나 음악을 틀어주기도 한다. Via Rossetti 6

TETRIS 새로운 밴드의 음악을 듣기 위해 즐겨찾는 곳이다. 즉흥 콘서트가 벌어지는 흥겨운 공간으로, 저렴한 바는 보너스. Via Della Rotonda 3, www.myspace.com/gruppotetris

ETNOBLOG 이곳은 대안문화의 허브라 할 수 있다. 발칸 지방의 음악 공연을 주로 하고 있지만 이외에도 재미있는 이벤트가 계속 이어진다. Via Madonna del Mare 3

KNULP 전시공간, 인터넷 사용공간, 서점, 그리고 바. 이곳에 오면 얼마든지 몇 시간을 지루하지 않게 보낼 수 있다. 이곳에서 파는 맛있는 다민족 음식도 먹어보자. Via Madonna del Mare 7

SERA LA PORTA-!
CLOSE THE DOOR!

SE STA DE DIO
FEELS LIKE GOD

CHE CIAVADA!
THAT'S SWINDLE!

SO'NDA FORA DEI
I'VE LEAVED

GO LE BALE PIENE
I'M TIRED

GRAZIE SMONTO QUI
THANKS, I STOP HERE

UN CALIGHETO DE BIANCO
A GLASS OF WHITE WINE

CTE NO VE CHE TE ME CONTI
DO YOU HAVE ANY GOSSIP?

No SE VEDI UN TUBO
I CAN'T SEE

A CHI GHE TOCA?
WHO'S THE NEXT?

UN NERO E UN
CAPO PER
FAVORE!
ONE BLACK
COFFEE AND
ONE CAPPUCCINO
LITTLE
IN
A GLASS

COSA POSSO FAR
PER LEI?
GOOD MORNING,
MAY I HELP
YOU?

SO SFONDA' DE PIVA!
I'M VERY RICH!

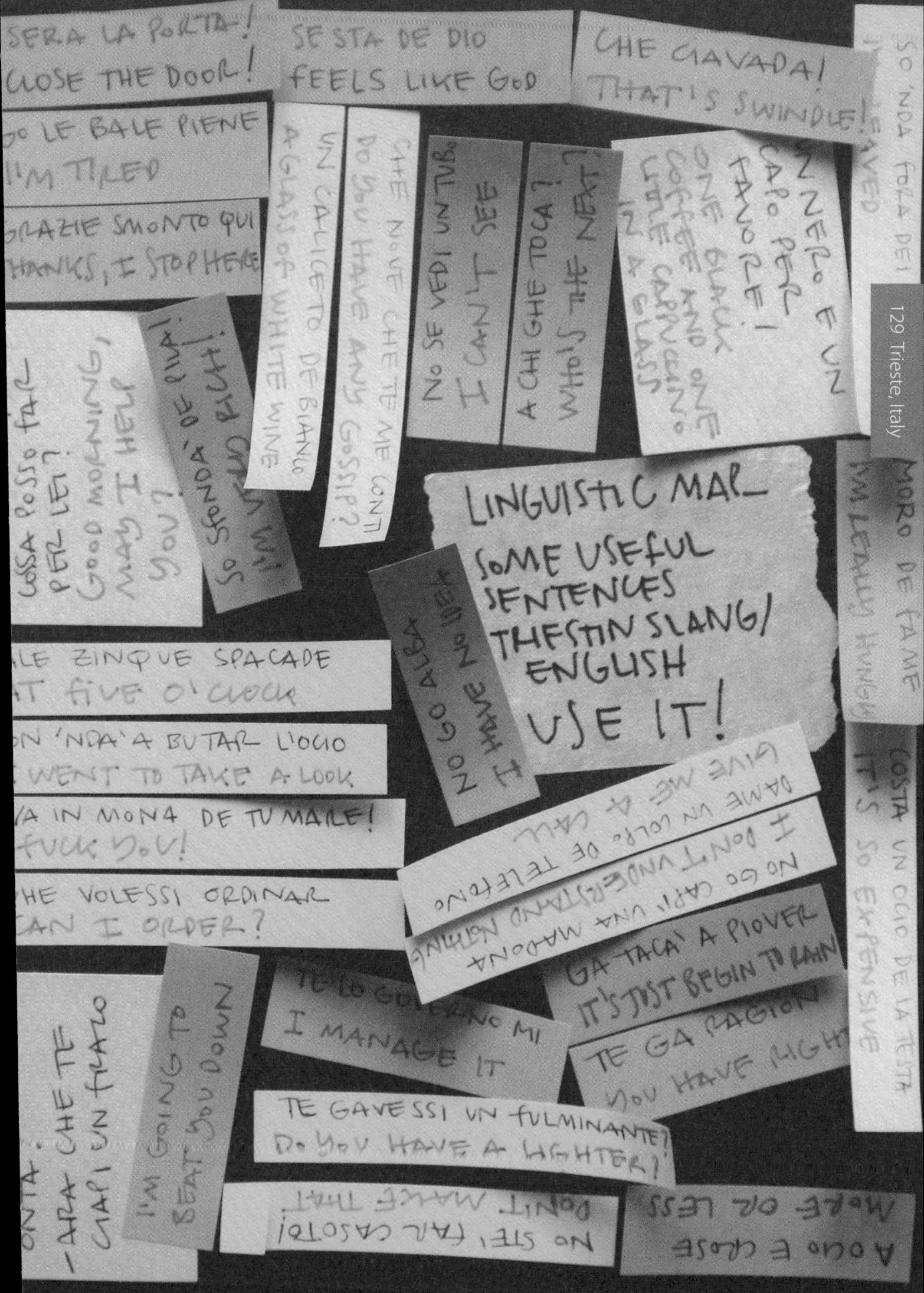

LINGUISTIC MAP
SOME USEFUL
SENTENCES
TRIESTIN SLANG/
ENGLISH
USE IT!

NO GO ALBA NO USE
I HAVE NO USE

MORO DE FAME
I'M LETHALLY HUNGRY

COSTA UN OCIO DE LA TESTA
IT'S SO EXPENSIVE

ALE ZINQUE SPACADE
AT FIVE O'CLOCK

SON 'NDA' A BUTAR L'OCIO
I WENT TO TAKE A LOOK

VA IN MONA DE TU MARE!
FUCK YOU!

CHE VOLESSI ORDINAR
CAN I ORDER?

GIVE ME A CALL
DAME UN COLPO DE TELEFONO

I DON'T UNDERSTAND NOTHING
NO GO CAPI UNA MADONA

GA TACA' A PIOVER
IT'S JUST BEGIN TO RAIN

TE GA RAGION
YOU HAVE RIGHT

TE LO GOVERNO MI
I MANAGE IT

ONTA:
-ARA CHE TE
CIAPI UN FRACO
I'M GOING TO
BEAT YOU DOWN

TE GAVESSI UN FULMINANTE?
DO YOU HAVE A LIGHTER?

No STE' FAR CASOTO!
DON'T MAKE THAT

A OCIO E CROSE
MORE OR LESS

SHOPPING

LA BOTTEGA DEL NONNO 시간을 잊고 몰입할 수 있는 오래된 서점으로, 귀한 고서나 이탈리아 서적 초판 등을 팔고 있다. 엄청난 양의 먼지 또한 함께하고 있으니 미리 티슈를 준비해 가자. Via Felice Veneziano 20

RIGATTERIA 옛 유대인 주거지역에 있는 골동품 상점이다. 이 주변에는 온통 중고서점과 가구점들이 가득 들어서 있다. Via Malcanton 12

STILE MISTO 멋진 디자인 숍으로 특히 도서 셀렉션이 흥미롭다. Via San Michele 9

AMSTICI SHOWROOM 알레산드라와 툴리아라는 이름의 두 아가씨가 운영하는 창의적인 실험실이다. 이 둘은 버려진 가구, 의류 등 잊힌 다양한 오브제를 가져와 땜질을 하고 변형시켜 새롭고 유니크한 디자인 제품으로 재탄생시킨다. Via Della Cereria 5, www.amstici-showroom.it

NO SOLO LIBRI 너무나 괜찮은 만화서점. Piazza Barbacan 1A

SPAZIO 11B 트리에스테에서 가장 좋은 의류 상점이다. 뛰어난 디자인의 드레스를 팔고 있다. Via Santa Caterina 11B

PODRECCA 빈티지에 관심이 많다면 이 생활 용품점을 방문해 보자. 또 하나의 전형적인 트리에스테 식 가게로 몇 세기 동안이나 변하지 않은 모습을 유지하고 있다. Via Mazzini 42A

ANTIQUES MARKET 매월 셋째 일요일이면 우니타 광장(Piazza Unita) 뒤편 유대인 구역에 벼룩시장이 열린다. 시장이 서지 않는 날에도 대부분의 골동품 가게가 문을 연다.

GALLERIES AND CULTURE

GALLERIA TORBANDENA 현대미술 갤러리로 국내외 작가의 작품을 선보이고 있다. 멋진 장소에 위치해 있고 프리뷰 행사도 아주 재밌게 진행된다. Via di Torbandena 1B, www.torbandena.com

TEATRO MIELA 극장 겸 전시 공간으로, 유명한 트리에스테 출신 아티스트인 미엘라 레이나(Miela Reina)를 추모하기 위해 지어진 공간이다. 다양한 문화 행사를 개최하며 종종 괜찮은 콘서트도 열린다. Piazza Duca Degli Abruzzi 3, www.miela.it

STAZIONE ROGERS 정말 정말 좋아하는 곳이다. 과거 주유소였던 곳을 건축가 리차드 로저스(Richard Rogers)가 개조했다. 미술, 건축, 음악, 비디오 및 디자인 행사가 벌어지니 둘러볼 만한 가치는 충분하다. Riva Grumula 12, www.stazionerogers.eu

EVENTS

ELECTROBLOG 9월 | 일렉트로닉 뮤직 및 디지털 아트 페스티벌로 Etnoblog (술집/바 섹션 참조)에서 운영한다. 대부분의 프로그램은 무료 입장이다.

TRIESTE FILM FESTIVAL 1월 | 중유럽 및 동유럽 지역의 영화를 주로 다루는 작은 영화제 www.triestefilmfestival.it

BARCOLANA REGATTA 10월 | 트리에스테만에서 열리는 연례 세일링 경주대회 www.barcolana.it

SCIENCE+FICTION 11월 | 판타지, 호러, SF를 주제로 벌어지는 멀티미디어 이벤트 www.scienceplusfiction.org

COMPLETE YOUR OWN MAP TOUR

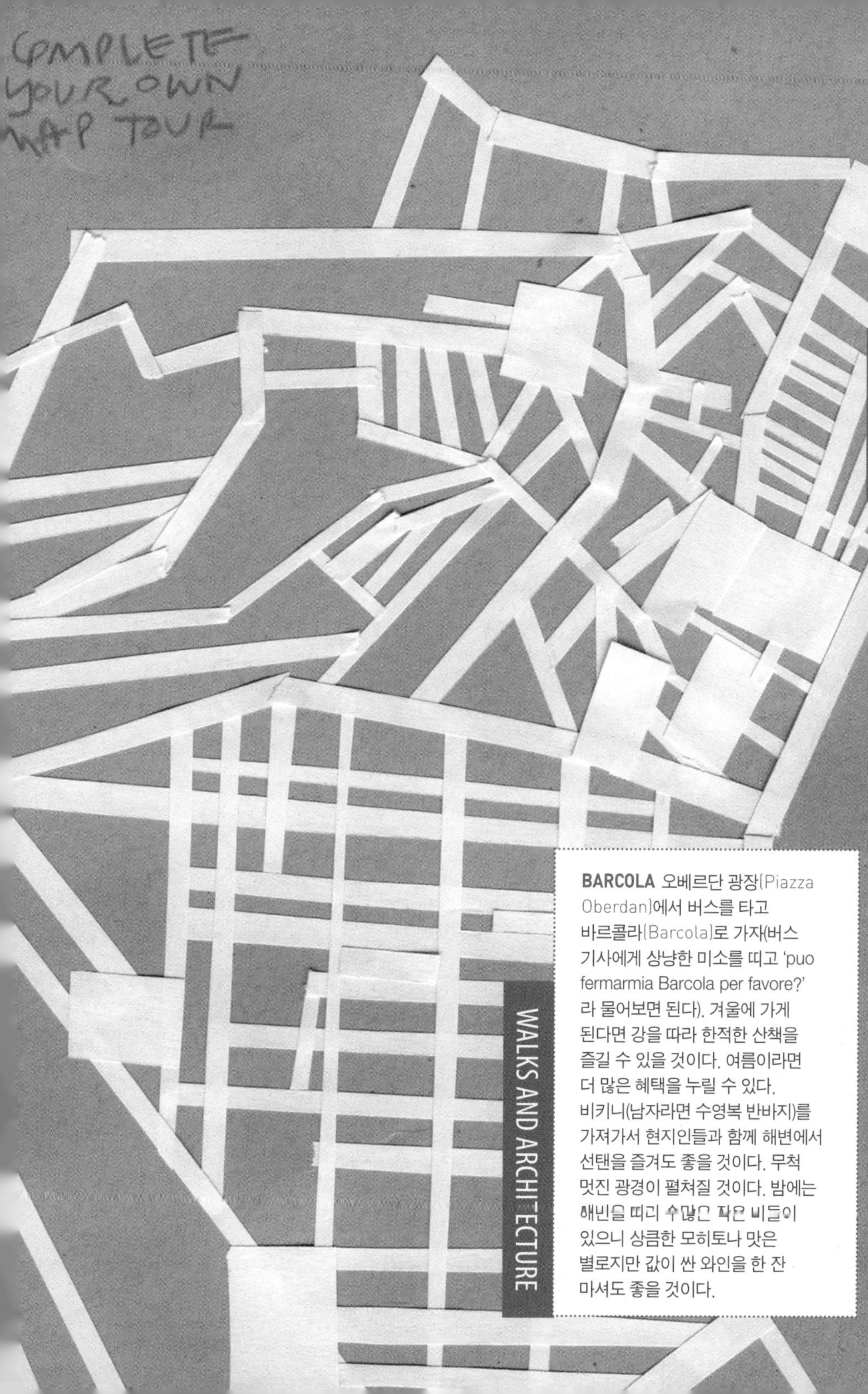

WALKS AND ARCHITECTURE

BARCOLA 오베르단 광장(Piazza Oberdan)에서 버스를 타고 바르콜라(Barcola)로 가자(버스 기사에게 상냥한 미소를 띠고 'puo fermarmia Barcola per favore?' 라 물어보면 된다). 겨울에 가게 된다면 강을 따라 한적한 산책을 즐길 수 있을 것이다. 여름이라면 더 많은 혜택을 누릴 수 있다. 비키니(남자라면 수영복 반바지)를 가져가서 현지인들과 함께 해변에서 선탠을 즐겨도 좋을 것이다. 무척 멋진 광경이 펼쳐질 것이다. 밤에는 해변을 띠리 수많은 작은 비들이 있으니 상큼한 모히토나 맛은 별로지만 값이 싼 와인을 한 잔 마셔도 좋을 것이다.

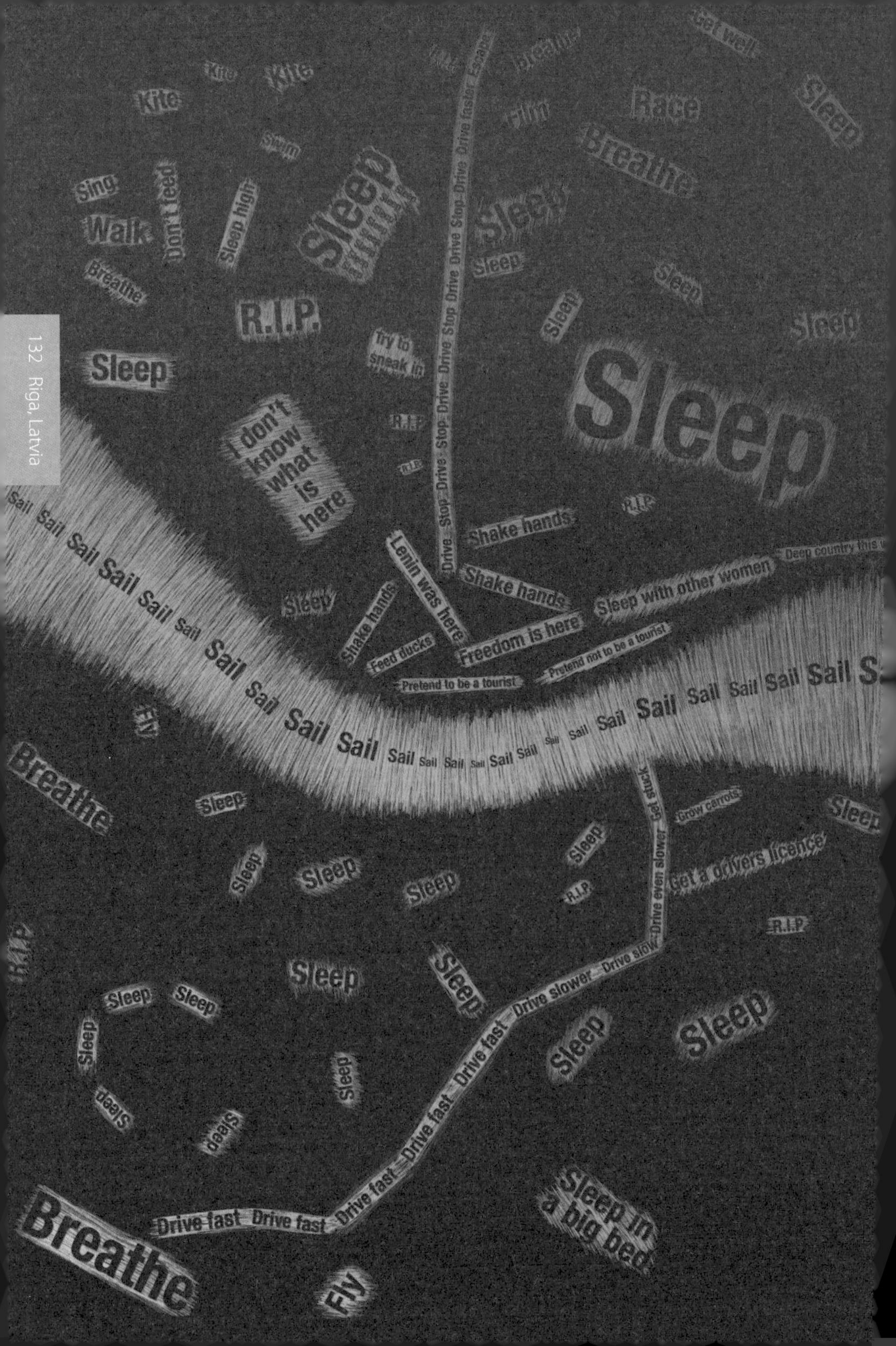

Kite Kite

Kite

Sing Walk Don't feed Sleep night

Swim

Sleep

Get well

Film Race

Breathe

Breathe breathe Escape

Sleep

Sleep Sleep Sleep

Breathe

R.I.P.

Try to sneak in

Sleep

I don't know what is here

Drive - Stop - Drive - Drive Stop Drive Drive faster Escape

R.I.P.

R.I.P.

Sleep

R.I.P.

Shake hands

Sleep

Sail Sail Sail Sail Sail Sail Sail Sail Sail Sail

Lenin was here

Shake hands

Shake hands

Freedom is here

Feed ducks

Sleep with other women

Deep country this

Pretend not to be a tourist

Pretend to be a tourist

Fly

Sail Sail Sail Sail Sail Sail Sail Sail Sail Sail Sail Sail Sail Sail Sail Sail Sail Sail Sail Sail S.

Breathe

Sleep

Sleep

Sleep Sleep

Sleep

Grow carrots

Sleep

Sleep

Get stuck

R.I.P.

Drive even slower

Get a drivers licence

R.I.P.

R.I.P.

Sleep Sleep

Sleep Sleep

Sleep Sleep

Sleep

Sleep

Sleep

Sleep

Drive slow

Drive slower

Drive fast

Sleep

Sleep

Breathe

Drive fast Drive fast Drive fast Drive fast

Sleep in a big bed

Fly

아르비츠 바라노프스의 리가

Arvids Baranovs' RIGA

리가는 발트 해 국가 중에서 가장 큰 도시이다. 발트 해 연안에 자리한 리가는 다우가바(Daugava) 강으로 인해 둘로 나뉘어 있다. 근교까지 포함하면 인구는 72만 명에 이르는데, 이는 라트비아 전체 인구의 절반이다. 리가 인구의 단 40%만이 라트비아 원주민이다. 나머지는 러시아인과 몇몇 국가에서 유입된 민족들로 구성된다. 시내는 여섯 개의 행정구역으로 나뉘어 있지만, 시민들은 강의 좌안과 우안으로 나누기를 선호한다. 각 구역은 그 안에서 더 세부적으로 나뉘게 된다. 녹지가 많은 좌안은 파르다우가바(Pardaugava)라고 불리우는데 '다우가바 강 건너'라는 뜻이다. 내가 십대를 보낸 곳이 바로 이곳의 아겐칼른스(Agenskalns)라 불리는 동네이다. 구불구불한 골목과 오래된 집들이 가득 들어선 동네로, 구시가지까지는 걸어서 금방 닿을 수 있는 거리에 있고 전원 지역도 멀지 않다. 이곳은 내가 리가에서 가장 좋아하는 지역이다.

도심부는 강 우안에 있다. 그 중심에 구시가지가 운하를 두른 채 자리해 있다. 남쪽으로는 중앙시장이 있는데, 어마어마한 규모의 항공기 격납고가 보이는 곳이다. 시장 옆으로 늘어선 낡은 창고들은 현재 문화예술 공간으로 거듭나고 있다. 또 바로 뒤쪽으로는 '모스크바 교외(Moscow Suburb)'라 불리는 곳이 나오는데, 제2차 세계대전 당시 유대인 거주지였던 이곳에는 아직도 전쟁 전의 아우라가 남아 있다. 시내 북쪽으로 가면 리가를 대표하는 아르누보 건축물을 다수 발견할 수 있는데, '리가 항구도시'를 이루는 안드레이살라(Andrejsala)와 엑스푸오르토스타(Eksportosta)도 방문해 보길 바란다. 이곳은 현재 부둣가를 중심으로 또 다른 상업과 문화의 중심지로 부상하고 있는 곳이다.

리가는 그 어떤 관점에서 보아도 딱히 디자이너들의 메카라고는 할 수 없지만 많은 영감을 주는 곳이다. 전쟁 전의 고상한 분위기와 구소련의 망령, 젊음이 넘치는 모더니즘이 함께 어우러져 있으며 살짝 거친 듯한 느낌이 저만의 방식으로 시각적인 재미를 더해준다. 나는 종종 카메라를 들고 자전거를 타고 다니며 구소련 동네의 콘크리트와 녹지, 퇴락한 지역과 개발지 사이의 리듬을 촬영하곤 한다. 그다지 아름답지는 않은 이런 요소들이 오히려 나에게는 흥미를 불러일으킨다. 주요 관광 코스를 벗어나 트램이나 트롤리, 버스 등을 타고 이면의 더 넓은 지역을 둘러보자.

BUFETE (CANTEEN) 바지선 지하에 있는 구소련식 노동자 식당으로, 이후 개조되어 사무공간과 이벤트 공간으로 바뀌었다. 배는 모두 개조되어 꾸며져 있지만, 항해사들의 식당만은 원래의 모습을 유지하고 있어 화창한 날이면 갑판에 앉아 다우가바 강의 경치를 감상하기 좋다. Peldošā Darbnīca 659, 1045 Riga, www.peldosadarbnica.lv

ĶIPLOKU KROGS (GARLIC PUB) 라트비아인은 향이 강하고 맵지만, 건강을 유지해주는 마늘을 많이 먹는다. 안락하고 분위기 있는 이 식당의 모든 메뉴에는 마늘이 들어간다. 심지어 디저트에도 들어간다. Jekaba Street 3/5, 1050 Riga, www.kiplokukrogs.lv

VINCENTS 라트비아의 유명 요리사인 마르틴스 리틴스(Martins Ritins)가 있는 고급 레스토랑으로 여러 유명 인사들이 맛좋은 '슬로우 쿡' 요리를 먹기 위해 이곳을 찾는다. Elizabetes Street 19, 1010 Riga, www.restorans.lv

RĀMA 내가 좋아하는 식당이다. 채식주의자 식당으로 HareKrishna Centre의 내부에 있다. 맛있다. Barona Street 56, 1011 Riga, www.krishna.lv

HOSPITĀLIS 의학사박물관과 리가 내 많은 병원의 도움으로 지어진 독특한 디자인의 레스토랑이다. 이곳은 살균한 듯 깨끗하고 정갈하며, 현대적인 화이트톤의 인테리어로 되어 있다. 벽에는 구소련 의료기구들이 줄지어 걸려 있고, 스크린에서는 영화에서 편집해낸 의료 관련 장면들을 보여주고 있다. 완벽한 체험을 하고 싶다면 당신이 '환자'가 되어 수술실에서 수술 도구를 이용해 식사를 즐길 수도 있다. Stabu Street 14, 1011 Riga

HOTEL BERGS 도심의 화려한 보행지역에 있는 리가 최고의 부티크 호텔이다. 아르누보 양식의 빌딩에 자리하며 개별 디자인된 38개의 객실에는 아프리카 분위기도 느껴진다. Elizabetes Street 83/85, 1050 Riga, www.hotelbergs.lv

EUROPA CITY HOTEL 1960년대 스타일의 별 세 개짜리 호텔. 도심에서 살짝 벗어나 있지만, 옥상의 야외테라스에서는 목·금·토요일마다 라이브 재즈 공연이 펼쳐진다. Brivibas Street 199C, 1039 Riga, www.groupeuropa.com

VILMĀJA 기본적이지만 괜찮은 별 세 개짜리 호텔로, 조용한 파르다우가바에 있다. 근처에는 루차우살라(Lucavsala)와 자추살라(Zakusala), 두 개의 섬이 있는데 루차우살라에는 사람들에게 인기가 많은 미니 정원들이 있다. 이 정원의 주인들은 '수면 구역'으로 알려진 구소련 주거단지에 사는 이들이다. 자추살라에는 로켓처럼 생긴 TV 타워가 있다. 둘 다 가볼 만한 곳이다. Ilmājas Street 12, 1004 Riga, www.vilmaja.lv

RIGA OLD TOWN HOSTEL 편안하게 잘 수 있는 저렴한 숙박시설이다. 도보여행하기에 좋은 출발지점이 될 것이다. 괜찮은 펍도 딸려 있다. Vaļņu Street 43, Riga 1050, www.rigaoldtownhostel.lv

135 Riga, Latvia

BARS

GOIJA TEA ROOM 내가 즐겨 찾는 곳 중 하나. 나는 이곳에서 정성 들여 준비한 허브차를 마시고 차분한 음악을 들으며 보드게임을 하기도 하고, 다양한 색깔의 쿠션 곁이나 겨울 정원에서 휴식을 취하기도 한다. Strelnieku Street 1A, 1010 Riga

LENINGRAD 구시가에 있는 특이한 카페로 미대 학생들이나 교수들, 음악가와 배우들이 술과 라이브 음악을 즐기는 곳이다. Kalēju 54, 1050 Riga, www.leningrad.lv

GAUJA 전형적인 1970년대 구소련식 거실 공간에 마련된 작은 바이다. 모조품 하나 없이 오리지널 가구, 레코드와 잡지 등이 놓인 진짜배기 공간. Terbatas Street 56, 1001 Riga

META-KAFE 과거 테니스 클럽하우스였던 곳으로 지금은 근처의 광고회사 사람들이 점심을 먹으러 오는 미니멀한 카페이다. 저녁이 되면 그루비한 바로 바뀌어 펑크, 소울, 하우스, 힙합 음악을 틀어댄다. 나는 친구들을 만나거나 동료 디자이너인 주인과 이야기를 나누기 위해 이곳을 자주 찾는다. Kronvalda Bulvāris 2B, 1010 Riga, www.metakafe.lv

ANDALŪZIJAS SUNS Berga Bazars(쇼핑 섹션 참조) 안에 있는 펍으로 국내외 활동 중인 그래픽 디자이너와 아티스트가 작업한 포스터들이 계속해서 전시되고 있다. Elizabetes Street 83/85, 1050 Riga, www.andaluzijassuns.lv

SHOPPING

ZNAK WALLPAPERS 라트비아 최고의 기발하고 젊은 아티스트들이 디자인한 고급 벽지를 파는 가게. Kalnciema Street 33, 1046 Riga, www.znak-life.com

CENTRAL MARKET 슈퍼마켓에서는 찾을 수 없는 라트비아의 전통 음식, 향신료, 재료의 맛과 향을 경험해보자. 생선 코너는 가장 마지막에 들르자. 이곳에서는 소매치기를 조심할 것. Nēģu Street 7, 1050 Riga, www.centraltirgus.lv

MARKET LATGALĪTE 그다지 전통적인 벼룩시장은 아니지만, 온갖 구소련의 기념물을 찾을 수 있다. 특정한 물건을 찾고 있다면 아무나 붙잡고 물어보면 된다. 아마 직접 구해다 줄 것이다. Corner of Gogola and Dzirnavu Streets, 1050 Riga

BERGS BAZAAR 19세기 보행단지로 고급 상점과 레스토랑이 밀집해 있다. 공예품 및 농산품 시장이 매월 둘째·넷째 토요일에 열리며, 라트비아 최고의 주방장들이 솜씨를 발휘하는 곳이다. Bergs Bazaar, 1050 Riga, www.bergabazars.lv

UPE 음반 제작 및 소매를 하는 곳으로 라트비아 전통 음악과 월드뮤직을 주로 다룬다. 이외에도 전통 악기와 선물, 완구 등을 판매하고 있다. Vaļņu 26, 1050 Riga, www.upe.lv

LERELINI 마지막 남은 오리지널 린넨 공장으로 이곳의 린넨 제품은 평생 유지되는 품질과 합리적인 가격으로 잘 알려졌다. Brivibas Street 196, 1012 Riga, www.larelini.lv

Riga, Latvia

GALLERIES AND CULTURE

ISTABA 트렌디한 갤러리로, 매주 소유주가 예술가들을 불러 특정 테마를 주제로 작품을 제작하게 한다. 이곳의 샵에서는 주얼리, 디자인 제품, 서적 등을 살 수 있으며, 1층에 있는 카페의 주방장은 손님이 지불하고 싶어 하는 돈과 먹고 싶은 음식의 종류에 맞게 음식을 조리해준다. Barona Street 31A, 1011 Riga

ARSENĀLS 19세기 초반 세관 창고였던 곳을 이용한 전시공간으로, 라트비아 현대 작가들의 작품을 전시하고 있다. 매년 라트비아 예술아카데미의 졸업생들이 주제별 워크숍을 진행하고 전시를 연다. K Valdemara Street 10A, 1010 Riga

MUSEUM OF DECORATIVE ARTS AND DESIGN 이곳은 19세기 후반부터의 라트비아의 장식 및 응용미술을 다루는 박물관이다. 특히 라트비아 출신 디자이너들이 작업한 인더스트리얼 디자인 컬렉션을 눈여겨볼 만하다. Skārņu Street 10/20, 1050 Riga

RIGA ART SPACE 현대 미술 공간으로 주기적으로 기획전시가 열린다. Kungu Street 3 (below Town Hall Square), 1050 Riga

RIXC 미디어와 예술의 콜라보레이션을 독려하는 뉴미디어 센터. 이곳의 행사일정은 항상 꽉 차 있으며 미디어랩에서는 아티스트와 디자이너들이 서로의 아이디어를 공유한다. 11 Novembra Krastmala 35-201, 1050 Riga, www.rixc.lv

NOASS 구시가지에서 강 건너편에 있는 바지선에 세워진 전시공간 겸 문화센터이다. 특히 비디오 및 공연 아티스트들에게 집중하고 있다. AB Dambis 2, 1048 Riga, www.noass.lv

WALKS AND ARCHITECTURE

MOSCOW SUBURBS 과거 유대인 주거지가 있었던 곳으로 시내에서도 남다른 분위기가 느껴지는 지역이다. 무너진 목조주택과 구불구불한 골목길, 버려진 여러 공원과 공동묘지 꼭대기의 정원이 은근히 으스스한 분위기를 자아내기도 한다. 관광객이 드문 곳이라 다소 위험할 수도 있다. www.maskfor.lv

COMMUNITIES 리가 내에는 '수면 구역'이라 불리는 몇 곳이 있다. 이곳은 구소련식 아파트 단지로 특정한 방식으로 줄지어 서 있어 핵폭탄에 의한 피해를 줄일 수 있게 설계된 지역이다. 그 신기한 구조 내에서 길을 찾기란 어려울 수 있다. 버스를 타고 가면 도심에서 이 근교까지 얼마나 멀리 떨어졌는지 알 수 있을 것이다.

ART NOUVEAU DISTRICT 리가 시내는 아르누보 건축물로 잘 알려졌으며 관광지화되어 있다. 아직 복원과정을 거치지 않은 건물들을 찾아보면서 아름다운 장식을 감상해보자. www.artnouveau.lv

RIGA'S BREAKWATERS 리가 만과 다우가바 강이 만나는 리가 항구에는 두 개의 기다란 방파제가 있다. 왼쪽에는 만갈살라 방파제(Mangalsala Mols), 오른쪽에는 부올데라야스 방파제(Bolderajas Mols)가 있다(버스를 타면 가기 쉬울 것이다). 어느 쪽으로 가든 흰 모래사장 위를 걸을 수 있다. 해 질 녘 이곳을 찾아 지나가는 배를 바라보자. 흔치 않은 도시 체험이 될 것이다.

E.A.T. RIGA 도보나 자전거를 이용해 관광객에게 시내의 숨은 보석으로 안내하는 대안 투어 가이드. 위에 언급된 모든 장소를 포함, 너무 관광지화된 곳은 피하면서도 다양한 곳들로 안내해줄 것이다. 많은 정보도 얻을 수 있을 뿐 아니라, 무엇보다 재미있어 추천하고 싶다. www.eatriga.lv

UŽUPIS
OLD TOWN HEART ♡
SEREIKIŠKIŲ PARK
GEDIMINO AV.

엘레나 드보레츠카야의 빌니우스

내 고향 빌니우스를 떠올릴 때면 붉은색 지붕, 좁은 자갈길, 흑빵, 노래, 그리고 무엇보다도 포근하고 아늑한 분위기가 마음속을 가득 채운다. 유럽의 한 작은 수도인 빌니우스에 대해 알아가고 그 일부가 되는 데는 오랜 시간이 걸리지 않는다.

철의 늑대(iron wolf) 예언이나, 왜 이 도시가 두 개의 강을 끼고 건설되었는가와 같은 고리타분한 이야기를 늘어놓고 싶지는 않다. 그냥 아주 오래된, 다소 토속 신앙적인 분위기가 흐르는, 꽤 아름다운 곳이라 묘사하고 싶다. 빌니우스의 중심으로는 네리스(Neris) 강이 흐르고 있다. 강 한쪽 편에는 예스러운 바로크풍의 구시가지가 자리하고 있고, 여기저기서 파는 건물 모형의 기념품들은 비교적 오래되지 않은 과거인 구소련 시대의 모습을 보여준다. 강의 반대편에는 새로 들어선 상업지구가 거대한 유로파 타워(Europa Tower)와 번쩍이는 현대식 고층건물로 메워져 있다. 구시가지의 동쪽에는 조금 더 작은 빌넬레(Vilnele) 강이 흐르는데, 보헤미안 거주지인 우주피스(Uzupis) 공화국도 그곳에 있다. 우주피스 공화국은 1998년 리투아니아로부터 독립을 선언해, 지금은 그들만의 대통령과 평화주의적인 헌법을 갖고 있다. 그 헌법에는 모든 동물과 새, 인간이 평등하다고 명시되어 있으며 '인간은 나태할 권리가 있다.' 등의 내용도 포함되어 있다. 이곳은 시간이 느리게 흐르는 느긋한 곳이다. 동네 카페에서 맥주라도 한잔 즐기며 지역 주민인 예술가들도 만나보기 바란다.

빌니우스에는 녹지가 많다(도시 구역의 거의 70% 정도). 몇몇 공원은 아직도 구소련식 롤러코스터를 운영하고 있으며 네리스 강에 놓인 초록색 교각 양쪽 끝에는 구소련 혁명가들의 조각상이 우뚝 서 있다. 시내 곳곳에 놓인 다른 특이한 조각상 중에는 어린이들의 의사인 샤바드(Schabad)의 조각상과 프랑크 자파(Frank Zappa)의 흉상 등이 있다.

적절한 방문 시기로는 여름을 추천한다. 이곳 날씨가 더 온화했다면 좋았겠지만, 겨울에는 영하 5도에서 영상 8도 사이로 몹시 추운 편이다. 반면 여름에는 20도 중반 정도를 유지한다. 여름의 빌니우스는 야외 레스토랑과 행사, 왁자지껄한 나이트라이프 등으로 다채롭고 활기찬 모습을 띤다. 교통수단으로는 만약 도심 쪽에 숙소가 있다면 걷는 것이 가장 좋지만 트롤리, 버스와 같은 대중교통도 있고 택시도 매우 저렴한 편이다. 대여섯 시 이후로는 끔찍한 교통체증이 시작되기 때문에 자동차를 렌트한다면 이 시간대에 시내 운전은 삼가는 것이 좋다. 자전거도 빌릴 수 있지만, 자전거 전용도로가 없다시피 한 빌니우스는 자전거를 타기에 적합한 도시는 아니다.

PLACES TO EAT

BLUSYNE 아담한 식당 겸 와인바로 BLUSYNE 이라는 이름은 주인이 키우는 개의 이름인 Bluse ('벼룩'이라는 뜻)를 따서 지어졌다. 이곳에 가면 이 개가 식당 내를 자유롭게 돌아다니는 모습을 볼 수 있을 것이다. 향긋한 와인과 신선하고 독특한 요리를 아늑한 분위기에서 즐길 수 있는 곳. Savičiaus Street 5, www.blusyne.lt

ZOE'S BAR AND GRILL 현지인들에게 인기있는 스테이크 하우스. 식욕을 자극하는 그릴류와 스칸디나비아 스타일의 인테리어, 미소 가득한 직원들이 있는 곳이다. Odminių 3, www.zoesbargrill.com

SKONIS IR KVAPAS 이곳의 이름을 해석하면 '맛과 향'이다. 향 좋은 차와 커피, 가벼운 음식을 팔고 있다. 로맨틱하고 편안한 공간으로, 종종 손님들로 가득 차는 것을 볼 수 있다. 내부는 라틴 식민지 양식으로 꾸며져 있고, 살사 음악이 흐르는 날도 있다. 데이트하거나 여자친구들끼리 모임을 하기에도 좋은 곳. Traku Street 8

NERINGA 구소련 시대부터 예술가와 지식인들이 즐겨 찾던 전설적인 레스토랑이다. 라이브 피아노 연주가 곁들여진 클래식한 분위기에서는 1970~80년대 빌니우스의 고풍스러운 우아함이 느껴진다. 이곳에 가게 된다면 키에브 커틀렛을 먹어보기를 추천한다. 꾸준히 인기 있는 메뉴이다. Gedimino Avenue 23, www.restoranasneringa.lt

ITALISKA KEPYKLELE 갓 구운 페이스트리와 맛있는 빵을 파는 진짜 이탈리아식 베이커리. Domininkonu 16

PLACES TO STAY

OLD MARKET 최우선으로 추천하고 싶은 곳. 친절한 중간급의 B&B로, 여섯 개의 객실은 시장을 테마로(꽃, 생선, 가축, 초콜렛, 벼룩시장 등) 스타일리시하게 꾸며져 있다. 구시가지에 있는 'Early 20th Century' 빌딩에 있으며, 아침 식사는 전 메뉴가 유기농으로 현지 시장에서 구한 재료들로 만들어진다. Pylimo Street 57, www.oldmarket.lt

LITINTERP GUESTHOUSE VILNIUS 이곳도 괜찮은 숙소이다. 개성은 덜하지만 저렴한 가격과 안락함으로 만족스럽다. 아침 식사도 맛있다. 직원들도 친절한 편. 시내 중심에 있다. Bernardinų Street 7-2, www.litinterp.com

HOTEL TILTO 당신의 지갑 사정이 여유롭다면, 더 수준 높은 휴식을 위해 이 호텔을 이용해보자. 대표적인 쇼핑가인 게디미노 (Gedimino)와 성당 근처지만, 조용하고 평화로운 동네에 있다. 객실 디자인도 훌륭한데, 밝고 깔끔한 노출 벽돌 인테리어에, 자쿠지와 사우나 시설도 있다. Tilto Street 8, www.hoteltilto.com

WOO 카페이자 바 겸 클럽인 가게 중 최고인 곳이다. 낮에는 맛 좋은 오리엔탈 요리를 제공하고, 밤에는 펑키한 바가 되어 술을 마시며 수다를 떨고 춤을 추거나 DJ들이 펼치는 저마다의 음악 세계를 감상할 수도 있다. 전시회도 자주 열린다. Vilniaus Street 22, www.woo.lt

IN VINO 와인을 좋아하는 당신에게 추천한다. (다른 와인바들과는 달리) 친절한 사람들이 있는 소탈한 공간이다. 여름이면 안뜰에서 라이브 음악 공연이 펼쳐지며 라운지 스타일의 공간으로 변신한다. 늘 사람들로 북적이는 곳이다. Ausros Vartu 7, www.invino.lt

HAVANA SOCIAL CLUB 수많은 라이브 공연과 DJ들이 있는 레스토랑 겸 클럽이다. 이곳에는 괜찮은 라운지와 테라스도 있다. 1940년대 하바나 스타일로 꾸며져 있는데 너무 저속하거나 억지스럽지 않아 좋다. Šermukšniu Street 4A, www.havanasocialclub.lt

GRAVITY 신나게 즐기고 싶은 당신에게 추천하는 시내 최고의 댄스 클럽이다. 펑키한 조명과 가죽으로 꾸며진 세련된 인테리어로 현지 최고의 DJ 라인업을 갖추고 있어 젊고 트렌디한 사람들이 몰린다. 다른 곳보다 조금 비싼 편이기는 하다. Jasinskio Street 16

ALUMNATO ALUMNATO는 1579년 설립된 빌니우스 대학 일부로, 그 자체가 건축적인 호기심을 자아낸다. 여름이면 이곳의 이탈리아식 카페는 야외 DJ 공연을 선보이며 몹시 흥겨운 분위기를 연출한다. Alumnato Courtyard

CAFE DE PARIS 프랑스 문화원 근처의 작은 바. 거의 매일 DJ가 음악을 틀어주고, 토요일 저녁에는 라이브 공연이 벌어진다. 재미있는 인테리어와 느긋한 분위기의 공간으로 특이하게도 여름철 일요일에는 아침마다 작은 식료품 시장이 열려 유기농 치즈와 채소를 파는 모습을 볼 수 있다. Didžioji 1, www.cafedeparis.lt

CAC KAVINE CAC(현대미술센터) 내에 있는 카페로 예술 관계자들이 커피나 맥주를 마시기 위해 찾는 곳이다. 가끔 DJ들이 공연하기도 하며 여름에는 멋진 중정이 개방된다. Vokieciu 2, www.cac.lt

SHOPPING

HUMANITAS 미술·디자인·사진 서적을 전문으로 하는 서점이다. 빌니우스에 장기간 머물 계획이라면 꼭 한 번 들러 보자. 당신이 필요로 하는 그 어떤 책이라도 이곳에서 구할 수 있을 것이다. Dominikonų 5, www.humanitas.lt

AUKSO AVIS 리투아니아는 직물 생산과 디자인에 있어 긴 역사를 자랑하고 있는데, 이 가게는 이러한 전통공예를 전문으로 하는 곳 중 하나이다. 리투아니아 직물 디자이너들이 제작한 보석과 액세서리를 판매하고 있고, 아래층에는 갤러리 공간도 있다. Savičiaus 10

GEDMINO 9 당신이 패셔니스타라면 GEDMINO 9 쇼핑 센터의 꼭대기 층을 꼭 가보아야 할 것이다. 국립 패션디자인갤러리에서 주최하는 리투아니아 톱디자이너들의 작품이 전시되어 있다. Gedmino Street 9

AKADEMIJOS GALERIJA 국립 예술아카데미 학생들의 회화, 그래픽, 도자기, 보석 장신구 등 작품을 감상하고 구매할 수 있는 곳이다. Pilies 44/2

DAIKTU VIESBUTIS (CAC SHOP)
꼭 가봐야 할 곳. 현대미술센터(CAC) 매장인 이곳은 온갖 디자인 제품과 함께 리투아니아 디자이너들의 한정판 제품을 판매하고 있다. Ševčenkos Street 16A

VELTINIO NAMAI 이 가게에서는 전통 수공예품이 구매욕을 자극하는 현대적인 상품으로 진화하는 것을 볼 수 있다. 울과 펠트 소재를 전문으로 하며 재료와 공예품을 함께 팔고 있다. 교육과정과 워크숍도 운영하고 있으며, 이곳의 직원들은 당신이 궁금해하는 펠트 테크닉에 대한 친절한 조언을 아끼지 않을 것이다. Žemaitijos Street 11

FLEA MARKET 매주 토요일 이른 아침부터 정오까지 열리는 벼룩시장으로 중고 가구, 옛 소련시대의 물건들, 책, 동전, 도자기, 배지 등 많은 것들을 팔고 있다. Tauras Hill

TYMO MARKET 맛 좋은 현지 유기농 음식재료를 찾고 있다면 매주 목요일 Uzupis에서 열리는 이 시장을 찾아가 보자. Uzupio

CAC 현대미술센터는 가장 먼저 찾아가야 할 곳이다. 2,400m²에 이르는 드넓은 공간은 발틱 연안 최대 규모를 자랑하며, 빌니우스에서도 가장 중요한 장소이다. 플럭서스, 개념미술, 설치미술 등 다양한 현대미술을 다루며 수준 높은 전시를 개최한다. 방문객이 이용할 수 있는 아카이브 시설도 잘 갖추고 있고, 강연 프로그램이나 캐주얼한 형식으로 진행되는 아티스트와의 대화도 열린다. 물론 이전에 언급했던 카페와 숍도 잊지 말자.
Vokieciu 2, www.cac.lt

TULIPS&ROSES 해외 예술가들이 전시하기 좋은 공간이다. 갤러리 관계자들은 전시기획에 있어 개념적인 접근을 도입하고 있다. 이곳에서 열리는 전시는 독특하고 신선한 경향을 띤다.
Gaono 10, www.tulipsandroses.lt

UZUPIO GALERA 현지에서는 UMI라고 알려진 독특한 곳으로, 빌넬레 강변에 있다. 재미있는 역사와 따뜻한 분위기를 느낄 수 있는 장소다. 우주피스의 예술가들이 주로 전시를 하는 곳으로 여름에는 야외공간에서도 전시가 이루어진다.
Uzupio 2, www.umi.lt

VARTAI GALLERY 1991년 오픈한 갤러리로, 리투아니아 국내외 현대미술을 다룬다. 모던 클래식과 뉴 믹스트미디어 작품들 사이에서 균형을 맞추며 네오로맨티시즘과 초현실주의, 나이브아트에 중점을 두고 있다.
Vilniaus 39, www.galerijavartai.lt

KAIREDESINE 그래픽아트는 리투아니아인 정서의 일부를 이루는 아주 중요한 요소이다. 이 자그마한 갤러리는 그래픽아트를 위한 센터라고 할 수 있는데, 출판사도 운영하고 있다. 실험적인 그래픽아트를 시도하고, 이 분야에서 활동하는 예술가들의 작업 환경을 지원하기 위해 노력하고 있는 곳이다. 꼭 한 번 방문해보자.
1st floor, Latako Street 3, www.graphic.lt

MENO AVILYS MEDIATEKA MENO AVILYS는 미디어 교육센터로, 영화 및 시각 매체를 학교와 대중을 대상으로 홍보하고 있다. 프로그램의 하나로 미디어테카를 설립하기도 했다. 미디어테카는 무료로 책을 읽거나 영화를 볼 수 있는 클럽 겸 도서관 시설이다. 특히 저명한 리투아니아 작가로 현재 뉴욕에서 활동하고 있는 요나스 메카스(Jonas Mekas)의 영화 자료를 다양하게 갖추고 있다.
Vilniaus 39, www.menoavilys.org

KULTFLUX 네리스 강으로 돌출된 작은 갤러리 겸 문화공간으로, 도시 디자인 및 시각예술에 초점을 맞추고 있다. 또한, 방문객들에게 도시 내에서 강의 역할을 재조명할 기회를 제공하기도 한다. 대안 예술 전시, 음악 공연, 디자인 워크숍에서부터 여름이면 공예품 위주의 벼룩시장까지 열리는 곳이다.
에너지 박물관과 Mindaugas 다리 근처의 네리스 강 제방

ST CATHERINE'S CHURCH 시내의 건축물 중 단연 손꼽히는 17세기 바로크 양식의 교회건물이다. 성수기에는 월드뮤직, 클래식, 재즈, 현대무용 등 다양한 콘서트와 이벤트가 진행된다. Vilniaus 30

WALKS AND ARCHITECTURE

UZUPIS WALK 빌넬레 강둑을 따라 공원을 가로질러 가보자. 다리를 건너면 우주피스 거리가 나올 것이다. 17세기부터 이곳은 공예가들이 모인 구역이었고, 특히 직공들이 많았다. 오늘날 이곳은 예술가들과 공예가들의 지역이다. 한 블록 올라가면 준자치지역의 예술적 자유를 상징하는 천사 동상을 보게 될 것이다. 이 동상은 2001년까지 이곳에 있었던 달걀 동상 중 하나를 치우고 세워진 것이다. 교외를 지나가면서 이곳저곳의 안뜰을 들여다보면 그 분위기를 제대로 파악할 수 있을 것이다. 어떤 건물들은 세심하게 복원되고 다른 건물들은 거의 폐허가 된 모습을 눈치챌 수 있을 것이다. 이색 경험을 하고 싶다면 시내에서 가장 오래된 묘지인 베르나디노(Bernadino) 공동묘지도 들러보라. 화창한 날에는 Barbacan Place를 찾아 다른 젊은이들과 함께 풀밭에 앉아 구시가의 멋진 경치를 감상하는 것도 좋겠다.

EVENTS

KINAS PO ATVIRU DANGUMI 6월 I 메노 아빌리스(MENO AVYLIS)가 기획하는 연례 야외 영화제이다. VASAROS TERAS(교사의 집)의 마당에 거대한 스크린이 설치되어, 무료로 그루지아나 우크나이나 등 동유럽 국가들의 영화를 볼 수 있다. 사람들은 이곳에 와서 음료를 마시며 대화를 나누기도 하는 등 창의적이고 편안한 분위기가 가득하다.

VASAROS KIEMELIS 7월 I 매주 수요일마다 무료로 영화를 상영하는 또 하나의 야외영화제. 모든 연령대의 사람들이 찾는다. 음료나 음식을 직접 가져와서 영화를 볼 수 있다.

KULTFLUX 여름 I 앞서 언급한 적 있는 문화공간으로 성수기에는 다양한 이벤트와 파티를 주최한다. 유명 음악가의 공연도 펼쳐지는데 모든 행사는 무료로 진행된다.

마르코 고디뉴의 룩셈부르크

Marco Godinho's LUXEMBOURG

룩셈부르크 대공국의 수도인 룩셈부르크 시(市)는 말 그대로 그림 같은 도시이다. 알제트(Alzette) 강과 페트뤼스(Petrusse) 강이 만나는 지점에 자리한 룩셈부르크는 도심부가 강이 협곡을 이루는 절벽 위에 놓여 있으며 교각과 구름다리를 통해 시내 다른 지역과 연결되어 있다.

인구 9만의 소도시이지만 풍부한 역사와 문화를 자랑하는 이곳은 꽤 부유한 곳이기도 하다. 유럽의 대표 금융 도시로, EU의 행정 사무국이 바로 여기에 있다. 이로 인해 160여 개 나라에서 유입된 거주민들이 룩셈부르크 인구의 절반을 이룬다. 조세 특례 국가로 알려져 많은 이가 착각하지만, 이곳의 모든 사람이 부자는 아니니 주의해주길 바란다. 또한, 룩셈부르크의 다문화적 정체성은 여행객들에게 익숙하고도 편안함을 느낄 수 있도록 도움을 줄 것이다.

룩셈부르크 시내는 24개의 구역으로 나누어져 있다. 주요 방문지는 다음과 같다: 그룬트(Grund) 지역은 구시가지로, 작은 골목길이 미로와 같이 얽혀 있고 북적이는 밤 문화를 만날 수 있는 곳이다. 클라우센(Clausen)과 파펜탈(Pfaffenthal) 쪽에는 식당과 술집이 모여 있다. 라가르(La Gare)는 인기가 많은 다문화 지역으로, 본부아(Bonnevoie)는 기차역 바로 옆에 있는 가장 넓고 다민족적인 구역이다. 키르히베르크(Kirchberg)는 새로 편입된 구역인데, 시내 북동쪽 고원지대에 조성되어 여러 EU 관련 기관이 들어서 있는 곳이다. 르상트르(Le Centre) 지역은 아주 깔끔하고 잘 정비된 곳이며, 벨에어(Belair)는 룩셈부르크를 유명하게 하는 그 부유함이 느껴지는 곳이다. 가장 비싼 지역으로, 룩셈부르크 유일의 올림픽 금메달리스트(1952년 헬싱키 올림픽)의 이름을 딴 조시바르텔 국립경기장(Stade Josy Barthel)이 여기에 있다.

수많은 방어시설과 장벽 등으로 룩셈부르크는 '북쪽의 지브롤터'로 알려졌다. 이러한 방어시설은 아름다운 옛 건축물과 함께 오랫동안 훌륭히 보존되어 왔다. 비교적 최근 지어진 건축물로는 1970년대에 피에르 볼러(Pierre Bohler)가 설계한 Kueb(현재 유럽 회의장으로 사용되고 있다), 크리스티앙 드 포잠팍(Christian de Portzamparc)이 823개의 강철 열주를 이용해 지은 근사한 필하모니(Philharmonie) 등이 있다.

룩셈부르크는 편리하게 여행할 수 있는 도시이다. 볼거리 대부분이 걸어서 닿을 수 있는 곳에 있지만, 버스나 '벨로!(Vel'oh!)'라는 자전거 대여 시스템도 이용해볼 만하다. 어떤 방법을 사용하든지 이 빽빽하고도 다채로운 도시를 마음껏 탐험해보기를 바란다. 지방색이 짙은 동시에 그 어느 곳보다도 국제적인 이 도시만의 매력을 한껏 느낄 수 있을 것이다.

PLACES TO STAY

LUXEMBOURG CITY HOSTEL
이 호스텔은 알제트 계곡에 있어 바, 레스토랑과 카페들이 몰려 있는 그룬트와클라우센에서 단 500m 떨어져 있으며 경치 또한 빼어나다. 방은 개인실과 도미토리가 있다.
2 Rue du Fort Olisy

SOFITEL LUXEMBOURG LE GRAND DUCAL 5성급 호텔로, 화려한 미래적인 장식과 하이테크 시설을 갖추고 있다. 꼭대기 층에는 미슐랭 별을 받은 셰프 앙투안 베스테르만(Antoine Westermann)이 운영하는 레스토랑이 있다. 이곳에서의 식사 비용이 부담스럽다면 바에 가서 음료를 마시며 경치를 감상하기만 해도 충분하다.
40 Boulevard d´Avranches, www.sofitel.com

HOTEL LES JARDINS DU PRÉSIDENT (CLAUSEN) 매력 넘치고 친숙한 분위기의 호텔로 구시가 중심에 있다. 일곱 개의 객실은 조르주 블랑(Georges Blanc) 과 베르나르 루아조(Bernard L'Oiseau) 가 화려하게 장식된 로맨틱 스타일로 디자인했다. 주변 지역은 특히 주말이 되면 카페와 바에 사람들로 북적인다. 2 Place Sainte Cunégonde

PARC BEAUX-ARTS HOTEL 작고 친절한 호텔로 이곳 역시 시내 중심에 있다. 미니멀한 디자인으로 깔끔하고 편안하다. 무엇보다도 아침 식사가 너무나 훌륭하다.
1 Rue Sigefroi, www.parcbeauxarts.lu

COME PRIMA 추천하고 싶은 또 다른 이탈리안 식당. 노출 벽과 모자이크, 오픈 키친 등 실내 장식도 잘 되어 있다. 내가 먹어본 중 가장 맛있는 해산물 라자냐와 맛 좋은 하우스 와인을 팔고 있다. 32 Rue de l'Eau

CHIGGERI RESTO-CAFE 이 레스토랑은 오래된 저택을 개조하여 만든 곳으로 세 개 층이 아름다운 원형 층계로 이어져 있다. 아래층에는 모던한 카페 겸 바에서 30여 종의 맥주를 팔고 있으며 그 위층은 알제트 계곡의 멋진 경치가 보이는 레스토랑으로 지중해 요리를 제공한다. 날씨가 좋은 날에는 분위기 좋은 야외 테라스에 앉을 수 있다. 15 Rue du Nord, www.chiggeri.lu

CIRCOLO CURIEL (KOMMUNISTEN 이라고도 함) 이탈리아 가족이 운영하는 레스토랑으로 과거 이탈리아 공산주의자들의 집합장소였던 공간을 사용하고 있다. 따뜻하고 소박한 분위기의 공간에서 상냥한 직원들이 풍미 가득한 파스타를 서빙해준다. 홈메이드 티라미수도 꼭 먹어봐야 한다. 107 Route d'Esch

LAGURA (LIMPERSBERG) 전 세계 요리와 이탈리안 메뉴를 모두 망라하는 세련된 레스토랑이다. 내가 좋아하는 메뉴는 설탕에 졸인 생강을 곁들인 돼지고기 요리이다. 이후에 봄드브니즈(Beaumes de Venise)산 머스캣을 곁들인 황홀한 치즈 모둠까지 먹고 나면 더 바랄 게 없어질 것이다. 18 Avenue de Faiencerie

PLACES TO EAT

INTERVIEW 도심 쪽 우체국 옆에 있는 이 뉴욕 스타일의 바는 1980년대부터 손님을 끌어모아 왔다. 안락하고 여유로운 분위기는 모두에게 어필하여 은행가에서 예술가와 학생에 이르기까지 다양한 손님이 찾아온다. 낮에는 따뜻한 카푸치노를, 밤에는 시원한 맥주를 판다. 위층에는 채식주의자 레스토랑이 있다. 21 Rue Aldringen

URBAN 나는 주로 주중 저녁 식사 전 이곳에 와서 친구들과 식전주를 마시곤 한다. 도심에 있는 이곳은 펑키하고 미니멀한 인테리어를 갖추었다. 낮이나 밤이나 분위기는 좋다. 다언어, 다문화적인 공간으로 영어를 사용하는 사람들이 많이 온다. 2 Rue de la Boucherie, www.urban.lu

BARS

D:QLIQ 룩셈부르크에서 가장 재미있는 곳. 아래층에는 활기 넘치는 바가 있어 DJ나 라이브 공연이 벌어지고, 위층에는 그룬트 지역이 내려다보이는 한층 차분한 공간이 마련되어 있어 편하게 앉아 대화를 나눌 수 있다. 굉장히 친밀한 공간으로 국적과 나이를 초월한 개방적인 마인드의 손님들을 끌어들이고 있다. 17 Rue du St Esprit

MUDAM BOUTIQUE 새로 생긴 현대미술관 내 숍으로 판매상품은 마우리치오 갈란테(Maurizio Galante)와 탈 란크만(Tal Lancman)이 세심하게 기획한다. 유니크한 보석, 혁신적인 미술 도구, 아름다운 서적과 시크한 장신구 등, 모든 것이 애정과 사랑으로 골라져 시적인 컬렉션을 이룬다. 3 Park Dräi Eechelen, www.mudam.lu

SHOPPING

FRUIT AND VEGETABLE MARKET 매주 수요일과 토요일 아침부터 오후 1시까지 기욤 2세 광장(Place Guillaume II)은 시장으로 변한다. 향신료, 신선한 과일과 채소, 치즈, 화분과 꽃 등 환상적이고 풍미 좋은 농산물로 가득하다. Place Guillaume II

MARX 이 바는 훌륭한 서비스와 저렴한 가격의 음료로 사랑받고 있다. 항상 손님들로 붐비지만, 여름에는 이 북적임에서 벗어날 수 있는 야외공간이 마련된다. EU 직원과 기타 전문가들이 많이 찾는 곳으로 손님 구성이 국제적인 곳. 42-44 Rue de Hollerich

KULTURFABRIK 대안 예술과 영화, 음악, 연극과 공연예술계의 재능 있는 신인들에게 활동 공간과 플랫폼을 지원하는 문화센터이다. Raftside, Sug(r)cane, Metro,Francesco 또는 Tristano Schlime와 같은 아티스트들의 공연을 볼 수 있다. 유럽 각지에 있는 다른 네 곳의 비슷한 기관들과 서로 연결되어 있다. 116 Rue de Luxembourg, www.kulturfabrik.lu

CAFE DES TRAMWAYS 작은 동네에 있는 주점으로 늦은 시간까지 문을 열고 커피가 맛있다. 친절하고 느긋한 분위기가 좋다. 79 Avenue Pasteur

DEN ATELIER 근교의 홀러리히(Hollerich)에 있는 과거 르노 트럭 주차장이었던 공간으로 라이브 뮤직 클럽이다. 주로 'Downtown'이라 불리며 작고 친밀한 분위기로 이따금 국제적인 뮤지션들이 나타나기도 한다. 54 Rue de Hollerich (200m from the railway station), www.atelier.lu

FELLNER ART BOOKS 그랑 뒤칼 궁전(Grand Ducal Palace) 바로 옆에 있는 이 서점은 예술 디자인 분야의 신간과 희귀본 들을 갖추고 있다. 주인은 아주 친절하여 당신이 필요로 하는 책들을 적극적으로 찾아줄 것이다. 큰 기쁨을 주는 곳! 4 Rue de l'Eau, www.fellnerbooks.com

FLEA MARKET 매월 둘째·넷째 토요일이면 아름 광장(Place des Armes)에서 벼룩시장이 열린다. 활기를 띤 분위기로 비교적 수준도 높은 편이다. Place des Armes

GALLERIES AND CULTURE

KIOSK 과거의 신문 가판대가 미니 전시공간으로 탈바꿈한 곳. AICA(국제예술비평가협회)에 의해 초청된 젊은 작가들이 도심에서 그 장소만을 위한 예술작품을 제작하게 된다. Place de Bruxelles, www.aica-luxembourg.lu

CASINO LUXEMBOURG Casino Luxembourg는 시내 최초의 현대미술센터이다. 19세기 카지노 공간을 이용해 1995년에 오픈했다. 좋은 전시와 아카이브, 워크숍 등을 진행하고 있으며 예술 교육에서도 중요한 역할을 하는 기관이다. 41 Rue Notre Dame, www.casino-luxembourg.lu

MUDAM LUXEMBOURG 2006년 오픈한 MUDAM(Musee d'Art Moderne Grand-DucJean)은 건축가 이오 밍 페이(Ieoh MingPei)가 디자인했다(이오 밍 페이는 키르히베르크(Kirchberg)에 있는 19세기 튕겐 요새(Fort Thungen)의 벽에 빌딩을 접붙인 건축가로 유명하다). 개관 이래, MUDAM의 컬렉션은 점점 더 훌륭해졌고 국제 예술계와 현지 신예 작가들을 이어주기에 이르렀다. 매주 수요일 저녁 6시부터 8시까지는 카페에서 무료 공연이 펼쳐진다. 일상에서 잠시 휴식을 취하고 싶거나 새로운 영감을 얻기 위해 마음을 열어두고 싶을 때 찾으면 좋을 것 같다. 3 Park Dräi Eechelen, www.mudam.lu

CINE UTOPIA 작고 아늑한 영화관으로 주로 인디영화를 상영한다. 16 Avenue de Faïencerie, www.utopolis.lu

CINEMATHEQUE 현지 영화광들이 모여 있는 곳이다. 편성이 잘 되어 있어 일주일에 최대 16편의 영화를 상영하는데 고전 영화에서 인디 및 단편영화까지 다양한 영화를 선보인다. 유럽 최대의 영화 아카이브도 갖추고 있으며, 로비에서는 오리지널 영화 포스터 컬렉션을 감상할 수 있다. 10 Rue Eugène Ruppert

GRAND THÉATRE DE LUXEMBOURG 전 세계가 주목하는 감독들의 작품들을 선보이는 극장이다. 이토록 작은 국가에서는 단연 돋보이는 곳이라 할 수 있다. 건물은 1960년대에 건축가 알랭 부보네(Alain Bourbonnais)가 디자인했다. 1 Rond-Point Schuman, www.theatres.lu

PHILARMONIE 크리스티앙 드 포잠팍(Christian de Portzamparc)이 설계한 빼어난 건축물로 2005년 개관되었다. 거대한 계란형 구조에 강철 기둥이 줄지어 서 있다. 그날의 공연에 따라 기둥의 조명이 달라진다. 공연은 재즈와 클래식 오케스트라, 솔로이스트 공연 등으로 이루어진다. 1 Place de l'Europe, www.philharmonie.lu

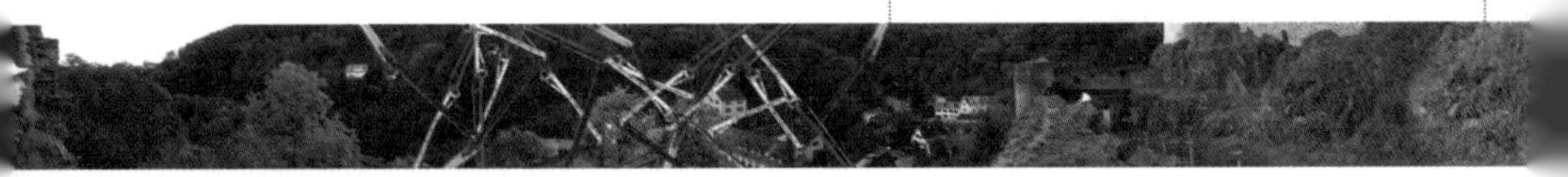

WALKS AND ARCHITECTURE

CLAUSEN, GRUND AND PFAFFENTHAL 알제트 계곡과 클라우센, 그룬트, 파펜탈의 작은 골목길을 따라 걸으며 아름다운 경치도 감상하고 맛 좋은 현지 맥주도 마셔보자 (Simon, Battin, Bofferding, Mousel, Henri Funck, Okult 등이 있다). 아니면 모젤 계곡에서 생산되는 와인도 좋다(Auxerrois, Pinot Noir,Elbling, Riesling, Rivaner, Gewurztraminer). 페트뤼스(Petrusse) 계곡은 평화와 고요를 찾을 수 있는 오아시스와 같은 곳이며, 다니엘 뷰렌의 조각 설치작품이 영구적으로 전시되고 있다. 작품의 제목은 '한 원에서 또 다른 원으로: 빌린 풍경(From One Circle to Another: landscape borrowed)'이다.

CHEMIN DE LA CORNICHE(코르니쉬 길) 이곳은 '유럽에서 가장 아름다운 발코니'라고 알려졌다. 보행자 산책로를 따라 걷다 보면 생테스프리 고원(Plateau de St Esprit)에 닿게 된다. 이곳에서 경치를 내려다보자. 10마일이나 되는 터널들이 바위산을 관통하고 있다. 그 후 보봉(Vauban) 거리를 따라 벤첼(Wenzel)로 와서 고원 위를 걷다보면 람 고원(Plateau du Rham)에 당도할 것이다. 이곳에서는 글라시스(Glacis)와 키르히베르크(Kirchberg)를 잇는 붉은 교각인 샬롯 대공부인 다리(Pont Grand-Duchesse Charlotte)가 매우 비현실적으로 보인다.

KIRCHBERG 키르히베르크 역시 걷기 좋은 곳으로, 특히 MUDAM 뒤편의 정원을 추천한다. J.K 케네디 대로 (Boulevard J K Kennedy)에서 리처드 세라(Richard Serra)의 조각인 'Exchange'를 볼 수 있을 것이다. 조금 더 가면 페르난드 레제(Fernand Leger)의 'The Grand FleurQui Marche'가 나온다. 이후 시내에서 가장 큰 스포츠센터인 D'Coque에서 수영을 해도 되고 도심 쪽 뱅 거리(Rue de Bains)로 가서 더 작은 풀장과 사우나 시설이 있는 Badeanstalt을 찾아가도 좋겠다. 그 주변에 있는 동안 Grand Hotel Cravat의 럭셔리한 전통 양식의 바에서 칵테일을 마시며 황금여신상(Gelle Fra War Memorial)과 노트르담 성당(Notre Dame Cathetral)을 바라보는 것도 좋은 추억이 될 것이다.

GARE 그랑 거리(Grand Rue)를 따라 시내를 가로지른 후 로열 대로(Boulevard Royal)를 지나 아돌프 다리(Pont Adolphe)를 건너 기차역으로 걸어보자. 인기 있는 지역인 라갸르에 도착하게 될 것이다. 그곳에서 1908년 지어신 아름다운 아르누보 건물 Villa Clivio를 구경해보자.

EVENTS

ART WORKSHOP AU CASINO LUXEMBOURG
7월 | 룩셈부르크 카지노에서 열리는 ART WORKSHOP은 매년 2주간 진행되는 행사이다. 전 세계의 젊은 아티스트들에게 문을 열고 세미나와 강연, 테마를 주제로 한 협업과 그룹전 등의 기회를 제공한다. www.artworkshop.lu

SCHUEBERFOUER 8월~9월 | 시내 전경을 볼 수 있는 관람차와 긴장감 넘치는 놀이기구가 있는 놀이공원이 조성된다. 이 축제의 별미인 튀긴 생선 요리 'FRITUR'를 먹어보자. www.funfair.lu

L'ÉIMAISCHEN 4월 | 이 지역의 부활절 이튿날 행사로, 빌 오트(Ville Haute)에 있는 Marche-aux-Poissons에 모여 'peckvillchen'이라 불리는 호각을 산다. 각양각색의 이 호각들은 세라믹이나 유리로 만들어져 있다.

CHRISTMAS MARKET 12월 | 12월이 되면 아름 광장(Place d'Armes)에는 따스한 분위기의 크리스마스 시장이 열린다. 'gromperekichelcher (감자튀김)'이나 'Drepp (현지 음료)', 'stollen(과일과 견과류가 들어간 빵)', 또는 'bouneschlupp(콩으로 만든 국민 수프)' 등을 먹어보자.

156 Valletta, Malta

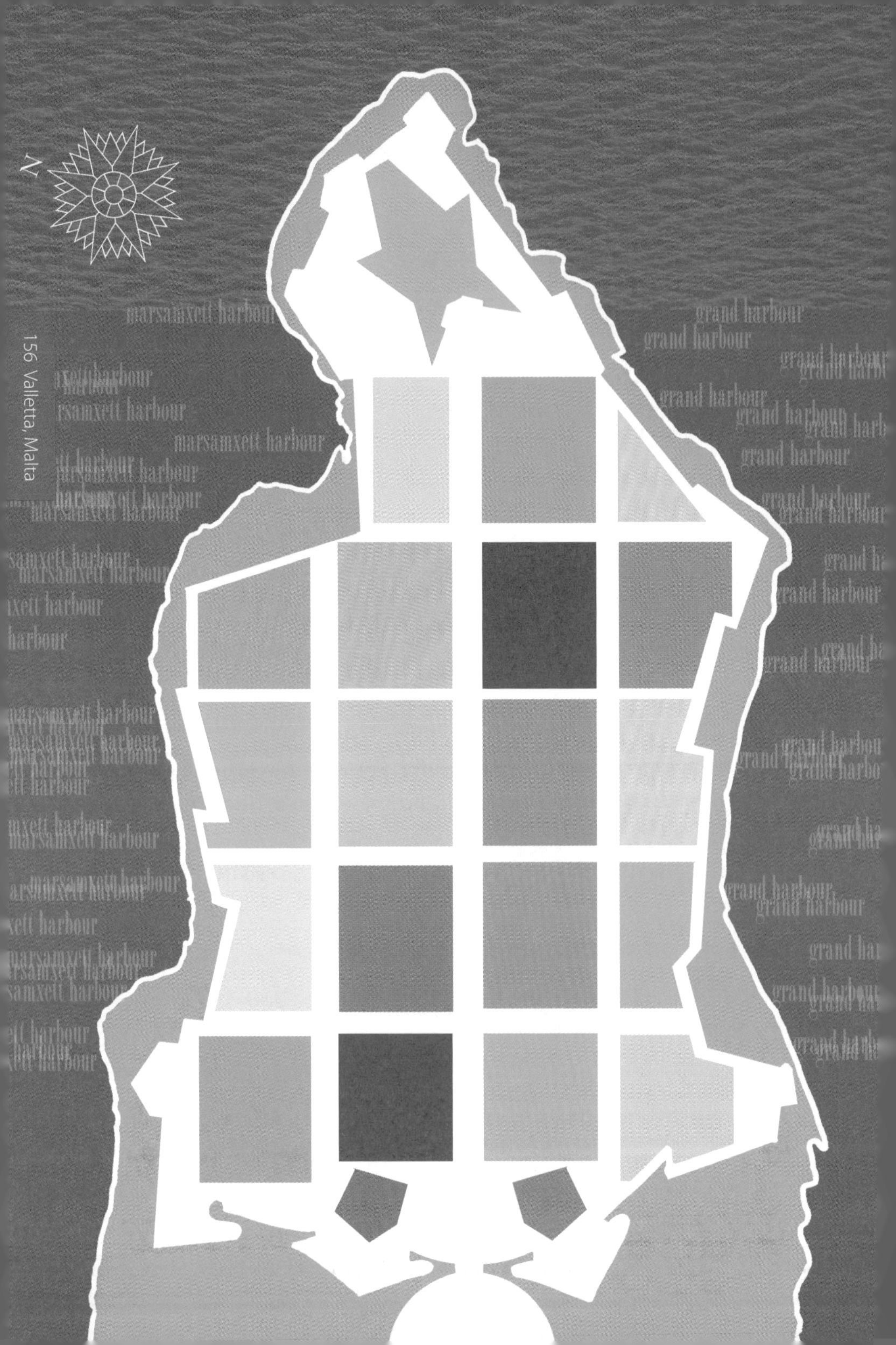

피에르 포르텔리의 발레타

PIERRE PORTELLI's VALLETTA

'발레타'라는 도시의 이름은 과거 이곳을 세운 성 요한 기사단의 수장 파리소 드 라 발레트(Jean Parisot de la Valette)에서 나왔는데, 현지인들은 이곳을 '일 벨트(Il Belt, 도시)'라 부른다. 발레타는 그랜드 하버(Grand Harbour)와 마르삼세트 하버(Marsamxett Harbour) 두 자연 항구를 끼고 있는, 말 그대로 '항구도시'이다. 16세기에 이미 격자형으로 설계된 최초의 도시 중 하나로, 이 시기 구호기사단이 지은 많은 건축물이 여전히 시내 곳곳에 남아 있다.

발레타는 매우 바로크적인 곳이다. 바이런 경(Lord Byron)은 '종과 계단과 향취의 도시'라 불렀고 벤저민 디즈레일리(Benjamin Disraeli)는 '신사가 신사를 위해 지은 궁전의 도시'로 묘사했다. 그만큼 발레타는 살아 있는 역사의 한 조각이라 해도 과언이 아니다. 모퉁이를 돌 때마다 화려한 장식의 궁전, 기사들의 숙소였던 오베르주(auberge), 교회와 마주치게 되고, 도시를 감싼 성벽은 지중해를 굽이보고 있다. 발레타는 인구 7천 명 미만의 유럽에서 가장 작은 수도로, 발레타 반도 또한 그 길이가 몇 킬로미터 남짓이어서 걸어 다니기에는 더할나위 없이 좋은 도시다. 하지만 산등성이에 있는 탓에 가파른 언덕을 따라 오르락내리락 하는 좁은 길과 계단들이 많아 걷다 보면 다소 지칠 수도 있다. 길을 따라가다 보면 성 도미니크, 성 바울, 성 어거스틴, 가르멜 성녀 등 수많은 성상을 발견하게 된다. 이 성상들은 시내 각 구역의 해당 수호신을 나타낸다.

저녁이 되면 발레타의 분위기는 한층 차분해진다. 1960년대에는 재즈바가 온 도시에 가득한 적도 있다. 특히 스트레이트 거리(Strait Street)는 항구로 들어온 선원들이 주린 배와 마음을 채우는 활기찬 곳이었다. 하지만 지난 30년간 이 거리는 침체기를 겪었고, 현재는 젊은 세대가 도시생활 전반에 활기를 불어넣으며 서서히 깨어나는 중이다. 새로운 와인바와 레스토랑이 하나둘씩 문을 열었다. 젊은 건축가와 디자이너들은 도시 내 과거의 유산을 존중하면서도 현대적인 요소를 더해보고자 여러 가지 시도를 하고 있다. 좋은 예로, 성 요한 기사단 시절부터 있었던 부둣가 창고 건물이 복원되면서 바, 레스토랑, 서점 등으로 되살아났는데 그곳만의 본질적인 특성은 그대로 남아 있다. 지금 살랑이는 한 줄기 바람이 도시를 스치는 듯하다. 나는 발레타의 거리를 서성이며 그 바람 내음을 맡는다.

PLACES TO STAY

VALLETTA G-HOUSE 16세기 타운하우스에 자리한 근사한 아파트 공간. 주방시설을 갖추고 있으며 아주 작은 부분까지 세심하게 복원되었다. 시내 중심에 있는 이 럭셔리한 숙소는 로맨틱한 휴가를 즐기기에 안성맞춤이다. 10 Mikiel Anton Vassalli Street, www.vallettahouse.com

MANOEL THEATRE APARTMENTS 창밖으로 들려오는 교회 종소리만 방해되지 않는다면 추천해주고 싶은 현대적인 아파트(교회 종소리가 거슬린다면 몰타 자체가 좋은 여행지는 아닐 것 같다…). 가격은 저렴한 편이며, 국립극장 단지의 일부이기 때문에 백스테이지 입구를 함께 사용하고 있다. 87 Old Mint Street

THE BRITISH HOTEL 인테리어 디자인 자체는 특별한 구석이 없지만, 이 2성급 호텔은 발레타에서 가장 오래된 호텔 중 하나이다. 1970년대로 시간여행을 온 것 같은 인상을 주는 곳으로, 테라스에서 보는 그랜드 하버(Grand Harbour)의 경치는 그야말로 환상적이다. 40 Battery Street, www.britishhotel.com

PLACES TO EAT

222 신개념 공간으로, 음식-음악-문화가 하나 되어 1석3조의 경험을 선사한다. 가격이 싼 편은 아니지만, 눈길을 사로잡는 인테리어에 음식까지 맛있다. 주말에는 손님들로 꽉 차니 예약을 미리 해두는 것이 좋겠다. 222 Great Siege Road

MALATA 시대의 변화를 물리치고 살아남은 레스토랑이다. 이 식당이 언제부터 있었는지는 모르겠지만, 원래의 간판이 예전 그대로 걸려 있다. 현재 이곳은 프랑스 주방장이 운영하는 편안한 분위기의 레스토랑으로 다양한 메뉴를 선보이고 있다. 약간 비싼 가격이지만 그만큼의 가치는 충분하다. St Georges Palace Square

COCKNEY'S 당신이 마르삼세트(Marsamxett) 하버를 향해 걷는 중이라면, COCKNEY'S에서의 점심이나 저녁 식사를 놓쳐서는 안 된다. 애초에는 어부들이 가는 소박한 주점이었으나 지금은 신선한 생선요리와 파스타를 선보이는 레스토랑이 되었다. 야외 테이블에서 식사하며 항구의 경치를 마음껏 감상한 뒤, 페리를 타고 이웃 동네인 실레마(Silema)로 넘어가도 좋겠다. Marsamxett Wharf

CAFE JUBILEE 내가 좋아하는 곳. 훌륭한 요리와 와인을 맛볼 수 있는 카페 겸 비스트로이다. 이곳에 들르기 전, 빈 테이블이 있기를 기도하자. 특히 연극 공연이 끝난 뒤에는 남녀노소 할 것 없이 많은 사람으로 붐빌지도 모른다. 이따금 음악을 너무 크게 틀기도 하지만 웨이터에게 소리를 조금 줄여달라고 요청하면 된다. 6 Library Street, www.cafejubilee.com

GAMBRINUS BAR 주로 현지인들이 가는 곳이지만 여행객이라고 어울리지 못할 것도 없다. 작은 코너에서 커피와 차를 팔고 있는 이곳은 1970년대식 키치한 개성의 인테리어와 너무도 맛있는 'pastizzi(콩이나 코티지 치즈가 들어간 페이스트리)'를 볼 수 있는 곳이다.
9 Triq Zakkarija

SAN PAOLO NAUFRAGO BAR 발레타의 바들은 다수가 그 지역 수호성인의 이름을 그대로 쓰고 있다. 이곳의 이름을 해석하면 '성 바울(St. Paul)의 난파선 주점' 정도가 되는데, 예상할 수 있듯 성 바울(St. Paul) 지역에 있다. 이곳은 십 대 시절을 낭비했던 나의 정다운 추억이 서려 있는 곳이다. GAMBRIUS와 마찬가지로 손님은 현지인들이 주를 이루지만 커피나 술 한잔을 위해 방문한다면 크게 환영받을 것이다.
10A Santa Lucia Street

BRIDGE BAR 더운 여름철 발레타를 여행한다면 BRIDGE BAR는 금요일 밤을 보내는 최고의 선택이 될 것이다. 야외 층계에 놓인 쿠션에 기대어 와인 한 잔을 홀짝이며 옆 철교에서 벌어지는 재즈 공연을 감상할 수도 있다. Victoria Gate

OLLIE'S LAST PUB 영화 글래디에이터 촬영 중 이곳에서 숨진 배우 올리버 리드(Oliver Reed)를 추모하기 위해 이름을 바꾼 펍이다. 사연을 알면 살짝 소름이 끼칠지도 모르겠지만, 맥주만큼은 확실히 맛있다. 수많은 영국 여행객이 이곳을 찾아온다.
136 Archbishop Street

TRABUXU WINE BAR '트라부슈'라 발음되는 이곳은 스트레이트 거리를 부흥시키기 위해 지은 발레타 최초의 와인바 중 하나이다. 거리 일부를 사용하고 있어 자동차가 통과할 수 없다. 특히 연극이나 전시 오프닝 날이면 사람들이 몰려들어 거리를 메운다. 1 Strait Street

CHIAROSCURO CELLARS 원래는 와인바였으나 더 나아가 대안 예술 이벤트와 재즈 공연, 영화 상영회 등을 진행하고 있다. 좌석이 많지 않아 서야 할 수도 있다.
44 Strait Street

몰타에서의 쇼핑은 내가 어렸을 때와 비교해 많은 변화를 거쳐왔다. 오늘날의 타 유럽 도시와 마찬가지로 유명 브랜드와 체인점이 소규모 현지 상점들을 밀어냈다. 하지만 아직 가볼 만한 곳이 몇 군데가 남아 있어 추천해 본다.

VEE GEE BEE 시내 성문 바로 옆에 있는 아트숍 겸 갤러리로 원래는 철물점이었으나 지금은 다양한 미술 재료를 팔고 있다. 최근 위층에 갤러리 공간을 오픈했다. 309 Republic Street, www.vgb.com.mt

GILDERS SHOP 장인의 공방으로 주로 기독교 용품을 만드는 곳이다. 이 외에도 'Tal-Lira'라고 하는 몰타 전통 시계도 제작한다. 이 시계의 문자판에는 그림이 그려져 있고 금 잎으로 된 케이스로 덮여 있다. Thsuma House, 302 St Paul Street.

NO 68 발레타에는 갤러리도 많지 않을뿐더러 국립현대미술관 같은 곳도 없다. 그래서 원래의 모습으로 복원된 4층짜리 미술관이 그나마 숨이 트이는 역할을 해준다. 이곳은 모든 예술 분야의 신예 아티스트를 위한 전시 공간을 마련해두고 있다. 개인적으로 최근 이곳에서 'Square'라는 타이틀의 전시를 기획한 적이 있는데, 모든 작품이 사각형 형태인 전시였다. 68 Lucy Street

ST JAMES CAVALIER CENTRE FOR CREATIVITY 지상 공격에 맞설 수 있는 포좌인 카발리에(Cavalier) 는 요새 도시 발레타에서 필수적인 시설이었다. 몰타에서 가장 오래된 건물 중 하나인 이곳은 창조의 중심지가 되어 전시 및 공연시설, 영화관, 음악실과 카페 겸 레스토랑을 갖추고 있다. 내 딸에 의하면 이곳의 치즈 케이크는 천상의 맛이라고 한다. Pjazza Kastilja, www.sjcav.org

THE LOGGIA AT THE NATIONAL MUSEUM OF FINE ARTS 국립미술관이 자리한 아름다운 바로크식 건물의 안뜰에 있는 예스러운 공간이다. 국내외 현대 미술가들의 전시공간으로 사용되고 있다. 이곳을 방문하는 동안 위층에 올라가 마티아 프레티(Mattia Preti)의 작품들을 감상해보면 어떨까. 설마 '마티아 프레티가 누구야?'라고 묻는 것은 아니겠지!! South Street, www.maltaart.com

GALEA'S ART STUDIO SHOP 내가 기억할 수 있는 가장 오래된 과거부터 죽 있었던 가게이다. 내 인생의 첫 잉크를 이곳에서 샀다. 그 당시 주인이었던 쉐브 갈리아(Chev Galea)가 코너에 앉아 수채화로 바다를 그리던 모습을 아직도 기억에 생생하다. 오늘날에는 그의 아들이 가게를 물려받아 수채화 종이와 물감을 비롯한 미술용품을 팔고 있다. 70 South Street

VALLETTA CARNIVAL 2월 | 2월 중 사흘 간 열린다. 온 도시가 밝게 채색된 꽃수레와 화려한 드레스로 수 놓이며 클럽이 몰려있는 페이스빌(Paceville) 지역에서는 광란의 유흥이 벌어지기도 한다.

SUMMER ARTS FESTIVAL 7월 | 몰타의 여름 예술축제에서는 수많은 전시와 공연이 발레타 곳곳에서 열린다.

BASTION WALK 시내 요새를 둘러보는 코스는 발레타 여행의 필수이다. 여름에는 햇볕이 너무 뜨거워질 수 있으니 반드시 모자를 쓰고, 요새의 성벽을 따라 걸어보자. 양 항구가 내려다 보이는 순환도로에서는 수려한 장관을 감상할 수 있으며 특히 그랜드 하버 쪽 경치가 더 멋지다. 이 지역은 성 바버라 요새(St Barbara's Bastion)라 불리는데 발레타에서 가장 인기가 많은 주거지이다. 나도 이곳에 사는 사람들이 너무나 부럽다! 여름의 열기 속에서 걸을 자신이 없다면 마차 택시를 이용해도 된다. 관광객다운 선택일 수 있으나 꽤 재미있을 것이다. 마부가 도시의 역사도 들려줄 것이고 값을 흥정하면서 지중해식 일상생활을 경험해볼 수 있을 것이다.

FORT ST ELMO 별의 형태를 지닌 빼어난 건축물로 발레타 끝쪽의 전략적인 위치에서 두 항구의 입구를 지키고 있다. 매년 2월이 되면 성 엘모 요새 주변은 여름을 반기는 발레타 카니발로 활기를 띤다. 요새 자체는 꽃수레를 만들기 위한 공방으로 쓰인다. 최근엔 문을 닫았지만, 조만간 다시 오픈할 수도 있다. 근처에는 버려진 교회가 있는데 몰타의 카니발 전문가인 파울로 쿠르미(Pawlu Curmi)가 작업실로 이용하고 있다. 'Il Pampalun'이라고 불리는 그는 놀라운 꽃수레를 만들어내는 장인이니 한 번쯤 방문해보자. 성 엘모 지역을 돌다 보면 거대한 판석을 종종 발견하게 될 것이다. 이것은 곡식 저장고의 뚜껑으로, 과거 기사들이 밀을 저장하기 위해 사용했다. 오늘날에는 지친 여행객들의 휴식처로 이용되고 있다.

THREE CITIES 발레타의 그랜드 하버 반대편에는 역사 깊은 요새 도시인 비토리오사(Vittoriosa), 코스피쿠아(Cospicua), 생글리아(Senglea)가 있는데, 합쳐서 '세 도시(Three Cities)'라 부른다. 발레타보다 역사가 깊은 곳들로, 최초의 기사들이 이곳에 정착했다. 이곳에 갈 때는 몰타 전통 배인 루쯔(luzzu)를 타고 10분 정도 가면 된다. 개인적으로는 이 배들이 운영되어 기쁘게 생각한다. 이들이 사라져 가는 것 같아 아쉬웠던 시기가 있었는데 최근에 다시 관광상품화되어 현지인보다는 여행객들이 이용하고 있다. 어찌 되었든 사라지지 않고 사용되고 있으니 다행스럽다. 발레타 시장까지 둘러본 후 보트를 타고 돌아오자. 한나절 정도의 일정이 될 것이다.

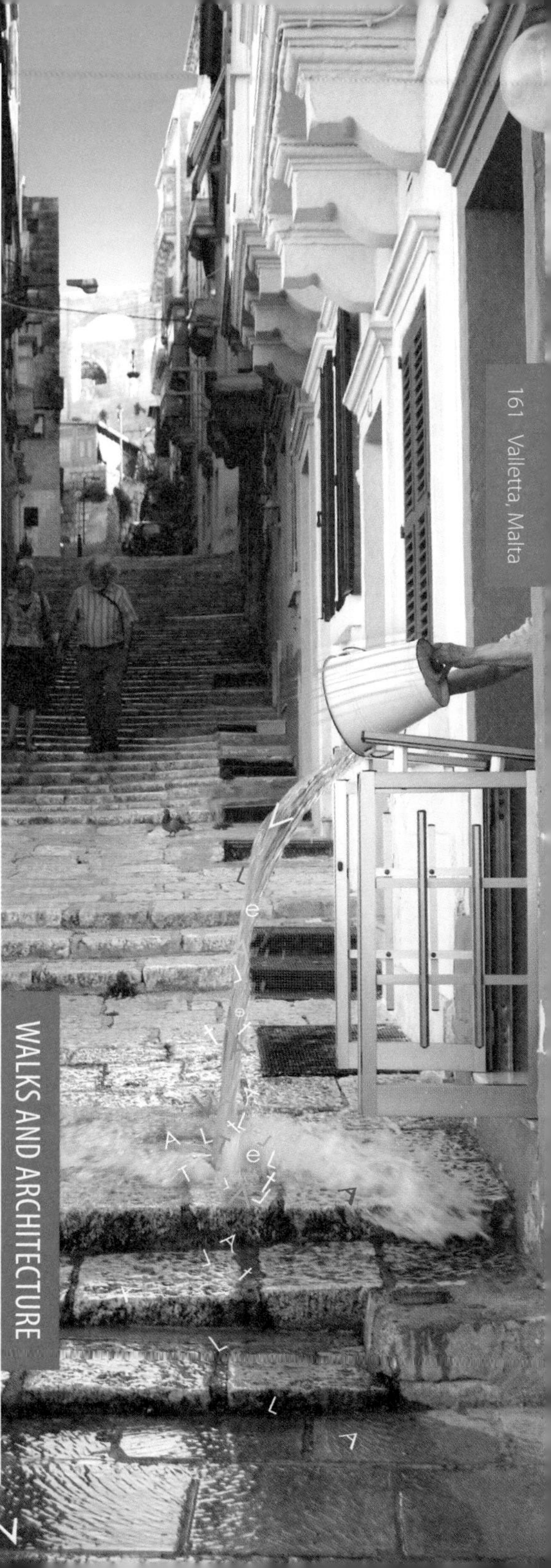

other cities
FILM
SAUNA
SAUNA
great SAUNA
SM'S
BEST
dit
DINER
HOTEL
SHOP
SHOP
NB MUSEUM
MARKET
COMEDY
Konings THEATER
BAR
BOULEVARD
summer
FESTIVAL
SWIM

에드윈 볼러버흐의 덴보스

EDWIN VOLLEBERGH'S
DEN BOSCH
~~'S-HERTOGENBOSCH~~
BOIS LE DUC

스헤르토겐보스(s'Hertogenbosch)라는 길고 복잡한 이름은 데스헤르토겐보스(des Hertogenbosch)의 축약형으로 '공작의 숲'이라는 뜻이다. 이 길고 긴 이름을 우리 네덜란드계 사람들은 그냥 '덴보스(Den Bosch)'라고 부른다(프랑스계는 Bois de Duc이라 부름). 암스테르담 남쪽으로 80km 떨어져 있는 덴보스는 북 브라반트(North Brabant) 지역의 주도이다. 중세에 이곳은 위트르헤트(Utrecht) 다음으로 큰 도시였으며, 상업과 문화의 요충지였다. 과거 요새 도시였고 제2차 세계대전을 별 피해 없이 비켜간 덕분에 대부분의 성벽이 온전히 보존되어 있다. 그렇게 주요 성곽은 여전히 물을 막아주는 등 오늘날까지 제 역할을 해내고 있다. 다른 역사적 유산들도 건재한 편으로, 오래된 건물, 교회나 방어시설 등도 지속적인 보존을 위해 늘 유지보수를 한다.

인구 1만 5천의 비교적 작은 도시인 덴보스는 오늘날 역사의 중심지로서뿐 아니라 쇼핑 도시로도 잘 알려졌다. 문화적으로도 활발한 곳이고 지역의 상업, 교육과 행정의 중심지이기도 하다. 도시의 경계에서는 자연보호 구역이 뷔흐트(Vught)까지 이어지는데, 비넨디제(Binnendieze) 수로와도 연결되어 있다. 도시 내에도 녹지가 풍부하게 조성되어 있다.

나는 항상 방문객에게 '여기는 암스테르담이 아닙니다. 하지만 암스테르담도 덴보스가 아니지요'라고 말한다. 이곳이 대도시는 아니지만 큰 도시에서는 찾을 수 없는 것들을 선사한다는 뜻이다. 사람들은 친절하고 솔직하며, 수많은 레스토랑과 바에 있는 아름다운 테라스에서 여유로움을 즐길 수도 있다. 내 스튜디오는 기차역 뒤로 놓인 로맨틱한 역사지구에 있다. 바로 옆에는 향이 그윽한 빵집이 있다. 다른 곳에서는 절대 누릴 수 없는 그런 매력을 가진 곳이다. 영감을 자극하는 것들 또한 풍부하다. 쾨니히 극장(Konigstheater), 아르테미스 극장(Theatre Artemis)과 복합문화공간인 버카데파브릭(Verkadefabriek)에서는 드라마틱한 예술이 펼쳐지고 일련의 작지만 흥미로운 갤러리들이 나 같은 사람들을 끌어당기고 있다.

시내 중심 쪽으로 걸어서 쉽게 갈 수 있고 교외 지역으로 갈 수 있는 교통수단도 많다(하지만 교외로 갈 일은 딱히 없을 것이다). 중심지 대부분은 보행로로 이루어져 있으므로 차를 가지고 오는 이들은 주변에 따로 주차하고 와야 한다. 밤 문화가 떠들썩한 곳이지만 안전한 도시이니 늦은 밤 귀가를 너무 걱정하지 않아도 된다.

PLACES TO STAY

시내에는 머물 만한 숙소가 몇 군데 있지만, 특별히 주목할 만한 곳은 없다. 내가 비즈니스를 잘 할 수만 있다면 새로운 호텔을 지을 텐데… 동참할 사람?

HOTEL CENTRAL 도심 지역 시장 근처에 있는 호텔로 잘 알려진 곳이다. 124개의 객실과 고딕 양식의 지하 공간, 평범한 테라스가 있다. Burgemeester Loeffplein 98, www.hotel-central.nl

JO VAN DEN BOSCH 살짝 구식이지만 안락하고 위치도 좋은 곳. 기차역에서 단 10분 거리에 있다. Boschdijkstraat 39A, www.jovandenbosch.nl

HOTEL TERMINUS 중앙역 바로 옆에 있는 펍 위층에 자리한 호텔로, 저렴한 가격이 장점이다. 객실은 심플하고 깨끗하며 화장실과 샤워실은 공용이다. 대부분 시설이 2층에 있어 아래층의 펍에서 나는 소란은 피할 수 있다. Boschveldweg 15

CUBA CASA 시내 중심 쪽에도 몇 군데 괜찮은 B&B가 있다. 이곳은 운하 경치를 볼 수 있는 곳으로 아늑하고도 로맨틱하다. Buitenhaven 4

PLACES TO EAT

PUNTNL SM(StedelijkMuseum)의 뮤지업샵 옆에 위치는 PUNTNL은 힙한 카페테리아로 하루 중 그 어느 때 들러도 좋을 만한 곳이다. 저렴한 가격의 네덜란드 요리를 선보이고 있는데 이곳의 별미는 안초비 빵에 치즈를 곁들인 메뉴나 아스파라거스 바비큐에 송아지 베이컨을 곁들인 요리이다. Magistratenlaan 100, www.restaurantpuntnl.nl

BRETON 코르테 거리(Korte Putstraat)는 온통 식당으로 가득 차 있다. 그중 내가 좋아하는 곳은 BRETON으로, 시내 최고의 셰프인 마크 부만스(Mark Boumans)가 운영한다. 프랑스 북부의 요리를 전문으로 하는데 양이 적어 2인분을 시켜도 된다. 맛있는 곳이다. Korte Putstraat 26, www.restaurantbreton.nl

D.I.T. 우리 스튜디오에서 디자인을 맡았던 만큼 사심이 섞이기도 했지만 정말 괜찮은 카페 겸 레스토랑이다. 음식도 맛있고 즐거운 분위기가 넘친다. 주인인 자크(Jacques)는 항상 신메뉴를 개발하고 바꾸지만, 터키식 피자, 다양한 샐러드와 왕새우 요리만은 계속 고집하고 있다. 어린이를 동반할 만한 곳은 아니니 아이들은 집에 두고 오자. Snellestraat 23, www.eetbar-dit.nl

DE BIJENKORF 시장 광장 옆 거대한 창고 건물에 있다. 극장에서 공연을 본 후 밤에 들르기에 좋은 곳이다. Markt 95, www.debijenkorf.nl

WILLY'S BONTE PALET 덴보스에서 가장 작고 아늑한 바라는 사실 외에는 달리 언급할 내용이 없다. 정다운 분위기로 한잔하기에 딱 좋은 곳이다. Hinthamerstraat 99

W2 POPCENTRE W2는 라이브 팝 음악을 지원하는 멋진 재단이다. 국내외에서 주목받는 아티스트들의 쇼케이스를 진행한다. 과거 Willem II 담배공장이었던 건물을 사용하고 있으며 내부에 괜찮은 바도 있다. Boschdijkstraat 100, www.w2.nl

PLEIN 79 클래식한 클럽 겸 바. 도심에 자리한 중세 건물의 지하실에 있다. 놀랍도록 트렌디하지는 않지만 그런 곳보다 훨씬 더 근사하다. 수준 높은 라이브 공연을 선보이며 현지인들에게 인기가 많은 곳이다. Markt 79, www.plein79.nl

CAFE HET VEULEN 전통적인 카페 겸 바. 다양한 맥주와 치즈 플레이트를 맛볼 수 있다. 게다가 땅콩도 공짜로 제공되니 이보다 더 바람직할 수 있을까? Korenbrugstraat 9A

덴보스는 예나 지금이나 대표적인 상업도시로, 매일 중앙광장에서 시장이 선다. 시장은 금요일에 가는 것이 가장 좋은데 이날 모든 것이 가장 신선하기 때문이다. 시장에 가면 품질 좋은 유기농 육류와 채소를 모두 구할 수 있을 것이다. 이와는 별개로 이 지역 쇼핑의 중심지였던 역사 또한 그대로 보존되고 있어, 여행객들이 돈을 쓸 기회도 풍부하다. 베르버스트랏(Verwersstraat) 주변 지역을 꼭 가보자. 최고의 골동품 가게와 패션 숍들이 모여 있다.

SUIT SUPPLY 맞춤 정장을 제작하기 위해 상냥한 점원들이 당신의 머리부터 발끝까지의 치수를 잴 것이다. 이곳의 재봉틀을 보면 이들이 제대로 된 비즈니스를 하고 있다는 사실을 깨달을 수 있을 테니 찬찬히 살펴보자. Verwersstraat 7

COBRA Dries van Noten, Ann Demeulenmeester, Marc Jacobs 등의 컬렉션을 갖춘 고급 부티크로 남녀 의류를 모두 취급한다. 두둑한 지갑은 필수. Klein Lombardje 2 (behind the Gold Harnas), www.cobramode.nl

OXO WOONWINKEL 당신을 기쁘게 해 줄 인테리어숍이다. 피트 하인 이크(Piet HeinEek) 외 여러 디자이너가 디자인한 벽지, 쿠션, 식기와 인테리어 소품을 팔고 있다. 이외에도 커튼이나 쿠션을 주문 제작할 수도 있다. 네덜란드 각지에서 고객이 찾아드는 가게로, 스타일 믹싱에 자신이 있는 이들에게 강력히 추천한다. Vughterstraat 72, www.oxowoonwinkel.nl

BLUE 이곳에서는 King Louie, Logo-shirt, Super-Seven과 같은 브랜드 디자이너의 신상 및 중고 의류를 판매한다. 자체 브랜드인 BlueByBettonvil은 재활용 소재와 새 원단 등을 혼합하여 상품을 제작한다. Postelstraat 14

59 DESIGN 카스티글리오니(Castiglioni) 형제의 Braakman을 아는지? 이 가게는 마치 빈티지하고 현대적인 가구 디자인 전시장처럼 황홀한 곳이다. 빌 스텀프(Bill Stumpf)나 돈 채드윅(Don Chadwick)의 에어론 체어(Aeron Chair)라든가 고전적인 파스토(Pastoe) 식기세트를 찾고 있는 당신을 만족하게 할 수 있을 것이다. 59 DESIGN은 뛰어 들어가지 않고는 도저히 그냥 지나칠 수 없는 그런 곳이다. Molenstraat 27B

DE KLEINE WINST 유명 화가 히에로니무스 보쉬(Hieronymus Bosch)가 어린 시절을 보낸 집에 있는 상점이다(사실 원래의 집은 불에 탔고 이후 몇 차례 재건되었다). 보쉬의 성은 본래 반 아에켄(Van Aeken)이었지만 그는 작품에 그의 고향 지명을 따 '보쉬(Bosch)'라고 서명했다. 역사가 어떠하든 오늘날 이곳은 중국에서 만든 잡동사니와 뛰어난 품질의 델프트(Delft)산 타일을 팔고 있는데, 나도 우리 집 벽난로를 수리하기 위해 구매한 적이 있다. Markt 29

ARTI CAPPELLI 거장들의 작품을 보기 위해서는 자연스럽게 노르트브라반트 박물관(Noordbrabants Museum)으로 향하게 될 것이다. 하지만 개인적으로는 베르버스트랏 주변에 있는 갤러리 중 한 곳을 더 선호한다. ARTI CAPPELLI는 특히 가볼 만한 갤러리로 현대 회화, 조각과 사진을 전시하고 있다. Verwersstraat 20

MAJKE HÜSSTEGE ARTI CAPPELLI에서 몇 걸음 내려가면 더 넓고 다양한 현대미술 작품을 볼 수 있는 MAJKE HUSSTEGE가 나온다. 전 세계의 작품을 고루 볼 수 있으며 갤러리와 이름이 같은 큐레이터가 직접 기획을 담당한다. Verwersstraat 28, www.majkehusstege.nl

VERKADEFABRIEK 옛날 공장을 개조하여 예술 영화관과 두 개의 무대를 갖춘 문화시설로 재탄생시켰다. 무대 위에서는 행위예술에서부터 현대무용에 이르는 다양한 공연을 볼 수 있다. 간단한 프랑스 요리를 파는 레스토랑과 바의 분위기 또한 모두 좋다. 인테리어는 피트 하인 이크가 디자인했는데, 원래의 타일 장식과 커다란 나무 테이블은 그대로 유지하고 있다. 즐거운 저녁 시간을 보낼 수 있는 흥겹고 재미난 곳이다. Boschdijkstraat 45, www.verkadefabriek.nl

STEDELIJK MUSEUM(SM) 현대미술디자인박물관으로 훌륭한 소장품을 갖추었다. 특히 도예와 보석 부문의 컬렉션이 뛰어나며 다양한 전시 프로그램이 운영되고 있다. 현재는 프랑스 디자이너 마탈리 크라세(Matali Crasset)가 재건축에 참여한 옛 공장 건물을 임시로 사용하고 있다. 현재의 공간이 너무나 근사하기 때문에 그냥 그곳에 계속 머물기를 기도해보자. Magistratenlaan 100, www.sm c.nl

ARTIS 기차역 근처의 19세기 담배 공장을 개조한 넓은 공간이다. 1985년 설립된 아티스트런 갤러리로, 전시 공간과 함께 예술 연구실도 있어 토론이나 예술 장르 간의 통합을 위한 공간을 제공한다. Boschveldweg 471

SINT JAN'S CATHEDRAL 13세기에 지어진 이 성당은 네덜란드에서도 손꼽히는 웅장한 곳이다. 115m 길이에 73m 높이를 자랑하는 거대한 규모에 이 지방만의 특색이 가미된 고딕양식으로 지어졌다. 외관은 아름다운 아치와 조각상으로 장식되었다. 공개된 부분만을 구경할 수 있을 것인데, 끊임없이 수리를 거치고 있어 한쪽이 끝나면 그다음 부분이 시작된다. 복원에 드는 예산만 해도 3천2백만 유로가 넘는다. 성당 내부에는 히에로니무스 보쉬가 그린 듯한 벽화가 있는데 확인된 사실은 아니다. Torenstraat 16

PALEISKWARTIER 구시가지 성벽을 벗어나 기차역의 서쪽으로는 빠른 속도로 개발 중인 '다운타운 구역'이 있다. 여기에는 아주 흥미로운 건축물들이 들어서기 시작했다. 이들 중 '아르마다 (Armada)'는 영국 출신 건축가 안토니 맥거크(Anthony McGuirk)가 설계한 열 채의 고층 빌딩으로 이루어져 있으며 둥근 형태의 파사드는 빠르게 전진하는 함대를 연상시킨다. 이 외에도 법원 건물이 볼 만하다. 벨기에 건축가인 찰스 반덴호브 (Charles vanden Hove)가 설계한 곳으로 내부에는 마를렌 뒤마(Marlene Dumas), 롭 버자(Rob Birza), 얀 디베츠(Jan Dibbets)와 뤽 튀망(Luc Tuymans) 등의 작품들이 있다.

WHISPERING BOAT TOUR 덴보스는 아(Aa), 돔멜 (Dommel), 디제(Dieze) 이 세 개의 강이 맞물리는 삼각주에 놓여 있다(그래서 도시의 형태도 세모인데 특히 아 강과 돔멜 강 사이에 끼어 있다). 디제 강의 운하 시스템은 시내를 관통해 흐르는데, 시간이 지나면서 공간 부족으로 인해 사람들은 운하 위로 집을 짓게 되었다. 운하가 밖으로 노출된 부분을 따라 걷는 것도 좋지만, 비넨디제(Binnendieze, 시내 안쪽의 디제 강)를 구경하는 더 재미있는 방법은 보트를 타는 것이다. 사공과 흥정하여 갑판이 없는 전통 배(whispering boat라 불린다)를 예약하자. 운하 전체를 둘러볼 수 있는데, 일부는 완전히 지하에 있기도 하다. 이 배를 타면 구시가의 숨어 있는 구석구석을 살펴볼 수도 있고, 사공이 말해주는 짧은 역사도 들을 수 있다. 이 투어는 여행객뿐 아니라 현지인에게도 인기 있는 프로그램이다. 터널은 완벽하게 복원되어 있어(유럽 기금에 감사를 표한다), 1970년대에는 이곳이 썩어가는 하수구나 다름없어 완전히 덮어질 뻔했다는 사실을 믿기 어려울 정도이다. Boat booking: Molenstraat 15a

BOULEVARD THEATRE FESTIVAL
8월 | 여름철 덴보스의 가장 중요한 행사.
연극 제작사들의 크고 작은 작품들이
시내 안팎에서 무대에 오른다.
BOULEVARD FESTIVAL이 끝나고 나면
CITY FAIR가 시작된다. 작지만 흥겨운
행사. www.festivalboulevard.nl

AFS'H ART AND ANTIQUES FAIR
4월 | 네덜란드에서 가장 오래된 미술·
골동품 박람회로 40년 이상 계속됐다.
현재는 규모가 커져 네덜란드, 벨기에,
독일 등지에서 90명 이상의 참가자가
몰려들며 수많은 관람객이 찾아온다.
www.afsh.nl

DESIGN ACADEMY SHOW 6월 | MAASLAND
ACHITECTS는 디자인 아카데미를 위해 레밍턴
(REMINGTON) 공장이었던 건물을 개조하여
근사한 공간으로 재탄생시켰다. 디자인
아카데미의 졸업전시는 언제나 볼 만한데,
도자기, 회화, 조각 작품들을 아주 저렴한 가격에
구매 가능하다. Academy of Art and Design
Sint Joost, Onderwijsboulevard 256

EVENTS

안나 프라가우스달의 오슬로

ANNA FRAGAUSDAL'S Oslo

비록 오슬로가 453km² 면적을 자랑하는 세계 최대 수도이기는 하나 그 인구는 55만 명밖에 되지 않는다. 1km²당 평균 인구수가 한 명 남짓이니, 추측할 수 있듯 이곳은 자연을 가슴 깊이 품고 있는 도시다. 오슬로의 주민들은 날씨와 상관없이 야외활동을 즐길 수 있는 오슬로의 환경에 자부심이 있다. 겨울에는 트램을 타고 스키장으로 갈 수 있고, 여름에는 같은 승차권으로 페리에 올라타 연안에 있는 작은 섬 중 하나로 건너가 피크닉이나 수영을 즐길 수도 있다.

넓은 면적에도 불구하고 도심 지역은 작은 편이라 도보로 이동할 수 있다. 물론 아주 편리한 대중교통 시스템을 이용할 수도 있다. 마리달스반넷(Maridalsvannet) 호수에서 시작되는 아케르셀바(Akerselva) 강의 물줄기가 오슬로 시내를 동서로 가른다. 내륙 동쪽의 사게네(Sagene), 그뤼네를뢰카(Grunerlokka), 그뢴란드(Gronland) 지구는 최근 주목받는 예술 구역이다. 지난 20년간 카페, 바, 클럽 및 디자이너숍들이 우후죽순 들어서면서 번화해졌다. 디자인회사, 광고기획사, 영화제작사 등이 강 동쪽에 나란히 들어섰고, 큼직한 예술·디자인 교육기관들이 잇따라 이곳에 자리잡았다. 반면 내륙 서쪽에 속하는 사인트한스하우겐(St Hans Haugen), 프롱네르(Frogner) 등의 지구는 비교적 조용한 편이다. 이쪽은 더욱 보수적인 상류층 지역으로 명품 매장이나 고급 레스토랑, 카페가 많다.

오슬로의 역사는 1,000년을 거슬러 올라가지만 시내의 건축물들은 매우 현대적이고 주민 대부분은 지난 150년간 아파트 빌딩에서 주거해왔다. 그런데도 11세기에 지어진 한 교회 건물은 1624년의 대화재도 견뎌낸 채 아직 남아 있다. 이 교회와 '중세공원'으로 알려진 그 주변 지역은 연례 인디뮤직페스티벌인 Oyafestivalen이 열리는 곳이다. 교회 바로 맞은 편에는 노르웨이 건축가 스뇌헤타(Snohetta)가 2008년 완공한 오페라 하우스가 자리 잡고 있다. 오페라 하우스는 흰 대리석 외장과 목재 인테리어를 갖추었고 마치 바다에서 솟아오른 듯 수려한 외관을 뽐내고 있다. 오슬로 주민의 도시 건축에 대한 자존심을 고취한 이 오페라 하우스는 꼭 한 번 구경해볼 만하다. 오페라 하우스에서 언덕을 올려다보면 1927년 지어진 후 최근에 새 단장을 한 에케베르그 레스토랑(Ekeberg Restaurant)이 눈에 들어올 것이다. 이 레스토랑은 노르웨이 건축사에서 기능주의 시대를 대표하는 가장 훌륭한 사례 중 하나로 꼽힌다.

PLACES TO STAY

LOVISENBERG GUESTHOUSE 오슬로의 숙박시설은 대부분 도심 쪽에 몰려 있지만, 이 게스트 하우스는 도심에서 조금 떨어져 있다. 이곳은 시내 동쪽에서 걸어갈 수 있는 거리에 있고 내부는 최근 수리되었다. 근처에는 카페와 상점, 공원 등이 많다. 가격도 저렴하고 객실 분위기도 좋다. 주인은 기독교인으로, 관심 있다면 건물 내에 있는 예배당도 이용할 수 있다. 그렇지 않다고 해도 이른 통금시간 같은 건 없으니 걱정할 필요는 없다. 단지 왁자지껄한 파티는 기대하지 말자. Lovisenberggaten 15A, 0456 Oslo

MS INNVIK 배를 이용한 MS INNVIK는 저렴한 숙소로서의 완벽한 조건을 갖추었다. 오슬로에서 가장 큰 볼거리 중 하나인 새 오페라 하우스 바로 옆에 있다. 배의 내부에는 극장이 있으며 예술적 감성의 B&B가 마련되어 있다. 객실은 다소 좁긴 하지만 가격 대비 괜찮은 편이다. 무더운 여름밤 갑판에서 즐기는 시원한 맥주 한잔을 추천하고 싶다. 달콤한 경험이 될 것이다. Langakaia, Bjørvika, 0150 Oslo, www.msinnvik.no

GRAND HOTEL 이곳은 지난 세기말 무렵 예술가들의 아지트였다. 왕궁에서 몇 블록 떨어진 칼 요한(Karl Johan) 거리에 있다. 호텔 대부분은 과거의 화려함을 유지하고 있지만 '여성 전용층'인 한 개 층만은 노르웨이 인테리어 디자이너들이 현대적인 모습으로 디자인했는데, 유명한 노르웨이 여성 셀러브리티에서 영감을 받아 꾸며진 공간이다. 콘셉트 자체는 마음에 들지만, 개인적으로는 호텔의 나머지 공간을 더 추천하고 싶다. Karl Johans Gata 31, 0159 Oslo, www.grand.no

STUDENTERHYTTA 나는 오슬로에서 사람들이 많이 찾지 않는 장소가 몇 군데 있다는 것이 정말 좋다. 이곳은 외딴 지역이기는 하나, 정말 아름다운 곳에 있다. 여름이면 근처 호수에서 수영해도 되고 돌아오는 길에 사슴과 마주칠 수도 있다. 겨울이면 크로스컨트리 스키를 즐길 수도 있다. 가격은 아주 저렴하고 직원들도 친절하다. 음식 또한 훌륭한데, 따뜻한 엘더베리 주스에서부터 3코스 정찬까지 다양하게 제공된다. 이곳에 가려면 41번 버스를 타고 쇠르케달렌 스콜레(Sorkedalen Skole)까지 가거나 마리달렌(Maridalen)으로 가서 5km 정도 걸어가면 된다. Kjellerberget, Sørkedalen, 0758 Oslo, www.studenterhytta.no

GRIMS GRENKA 오슬로 최초의 부티크 호텔로, 노르웨이 디자인회사인 Uniform이 디자인했다. 이 호텔은 스칸디나비아 디자인과 동부의 감성을 조화롭게 결합한 디자인을 보여준다. Kongens Gata 5, 0153 Oslo, www.grimsgrenka.no

MADU 가격은 비싼 편이지만 근사한 아시안 퓨전 레스토랑으로, Grims Grenka Hotel 내부에 있다. 호텔 로비로 들어가면 자동으로 벽이 열리고, 테이블 사이를 유리벽과 폭포수가 가르고 있는 공간으로 들어가게 된다. Kongens Gate 5, 0153 Oslo, www.grimsgrenka.no

GREFSENKOLLEN 그레스세나센(Grefsenasen) 산 정상에 있는 레스토랑이다. 나는 오슬로 전체가 내려다보이는 이곳의 전망을 특히 좋아한다. 음식도 매우 맛있다. 노르웨이 전통 와플에서부터 제대로 된 정찬까지 맛볼 수 있다. 위풍당당하게 서 있는 빌딩은 1927년 링네스(Ringnes) 양조장에서 처음 지었는데 몇십 년째 사람들의 사랑을 듬뿍 받고 있다. 얼마 전 개조하여 여름이면 경치를 즐길 수 있도록 만든 야외 자리도 있다. 가기 전에 예약을 해두자. Grefsenkollveien 100, 0490 Oslo, www.grefsenkollen.no

OLYMPEN(LOMPA) 원래는 독특한 동유럽 밴드들의 쇼케이스가 이루어지는 키치한 바였다. 2008년 새롭게 단장한 후, 트렌디한 바·카페·레스토랑이 되어 노르웨이 전통 음식을 제공하고 있다. 오슬로의 모습을 담은 한스 헨릭 사츠 바커(Hans Henrik Sartz Backer)의 커다란 그림이 걸려 있어 도시의 역사를 보여준다. 1층에 있는 익살스러운 분위기의 바에도 들러보자. Grønlandsleiret 15, 0190 Oslo, www.olympen.no

KAMPEN BISTRO 현지인들만 아는 아늑한 레스토랑이다. 캄펜(Kampen) 지역의 작은 목조건물들 사이에 자리하고 있다. 분위기가 너무나도 좋은 곳이다. 겨울이면 따뜻하고 정다운 느낌이 가득하고, 여름이면 옥상 정원에서 일상의 스트레스를 모두 날려버릴 수 있다. 메뉴는 매일 바뀌는데, 식사 대신 맥주 한 잔만 마셔도 좋다. 운이 좋은 날은 레스토랑 내에서 라이브 공연도 볼 수 있다. Bøgata 21, 0655 Oslo, www.kampenbistro.no

PALACE GRILL 고백하자면 아직 가보지 못한 식당이다. 하지만 꼭 가보고 싶은 곳이다. 가격대는 높지만 이곳에 대한 불평은 단 한 번도 들은 적이 없다. Palace Grill은 매우 편안한 공간으로, 몇 안 되는 테이블에 10코스 메뉴가 항상 바뀐다. 웨이터는 붙임성이 너무도 좋은 나머지 이따금씩 손님과 늦은 밤 술잔을 기울인다고 한다. 안타깝게도 예약을 할 수 없는 곳이니 서둘러서 이른 시간에 가도록 하자. 시간이 남는다면 바로 옆집에 위치한 바인 Skaugum에도 들러보자. 여름에 특히 멋진 곳이다. Solligata 2, 0254 Oslo, www.palacegrill.no

PLACES TO EAT

OSLO MEKANISKE VERKSTED 과거 용접 공장이었던 이 엄청난 규모의 공간은 성공적인 변신을 거쳐 지금의 극장과 느긋한 템포의 바를 갖추게 되었다. 높디 높은 천장, 노출 벽돌과 중고 가구 등으로 러스틱한 느낌을 유지하고 있다. 겨울에는 거대한 벽난로가 활활 타면서 따스함을 자아내고 여름에는 넓은 야외 공간에서 여유를 즐길 수 있다. 숨은 보석과 같은 곳으로 꼭 방문해보길 권한다.
Tøyenbekken 34, 0188 Oslo, www.oslomekaniskeverksted.no

BAR BOCA 이곳에서는 수줍을 필요가 없다. 작고 친숙한 느낌의 칵테일 바로 펑키한 50년대 로커빌리 스타일로 꾸며져 있다. 바텐더들도 오슬로 최고의 쿨가이들이다. 나는 이곳을 즐겨찾는데, 마치 친절한 주인이 최고의 술을 내주는 프라이빗 파티에 온 듯한 인상을 준다. 손님이 꽉꽉 들어차기 때문에 자리가 없을 때에는 몇 미터 거리에 있는 비슷한 분위기의 Aku Aku라는 바로 가면 된다. 애인과 함께 여행하는 중이라면 그(그녀)를 위해 볼케이노 칵테일을 꼭 주문해주자.
Thorvald Meyers Gata 30, 0555 Oslo

BAR ROBINET 아마 이 바에서는 관광객을 한 명도 찾을 수 없을 것이다. Bar Boca와 마찬가지로 편한 분위기에서 훌륭한 칵테일을 마실 수 있는 곳이다. 붉은 조명에 노르웨이 컬트 아티스트인 Pushwagner의 작품으로 꾸며져 있다. 비좁지만 편안한 곳이다. 현금만 받는다. Mariboes Gata 7A, 0183 Oslo

BLÅ 이곳에서 특히 마음에 드는 부분은 인테리어다. 옛날 공장이 클럽화 되어 거친 분위기를 띤다. 이곳은 원래 재즈클럽으로 시작했으나 최근 몇 년 간 다양한 장르의 음악을 선보이기 시작했다. 주말에 춤추러 가기 완벽한 장소로, DJ도 손님도 모두 멋있다. 야외공간은 강과 마주하고 있어 여름에는 맥주를 마시기에 더할나위 없이 좋은 곳이다. Brenneriveien 9C, 0182 Oslo, www.blaaoslo.no

TEDDYS SOFTBAR 실제로 정부로부터 사적보존명령을 받은 바! 1958년 해당 업태 중 처음으로 문을 열어 밀크셰이크, 핫도그 등 노르웨이의 음식이 아닌 메뉴를 팔았다. 오늘날에는 맥주와 버거만을 팔고 있는데, 칸막이 좌석과 주크박스가 있는 공간은 하드코어 로커빌리 스타일의 손님들이 즐겨찾고 있다.
Brugata 3B, 0186 Oslo

NORWAY SAYS 국제적인 명성의 노르웨이 디자인 회사로 가구, 인테리어 및 각종 설비를 전문으로 하고 있다. 사무실 내에는 작은 숍이 있다. Thorvald Meyers Gata 15, 0555 Oslo

PUR NORSK 노르웨이 디자인을 전문적으로 취급하는 작은 가게이다. 가격대는 높은 편이지만 마음에 드는 물건이 많은 곳이다. 특히 가정용품이 괜찮다. 온라인 숍도 운영하고 있다. Theresesgata 14, 0452 Oslo, www.purnorsk.no

TORPEDO BOOKSHOP 소규모 독립 디자이너 서점 겸 출판사. 이 안에서는 전시나 행사가 진행되기도 한다. 기분 좋은 경험을 위해 방문해보자. Hausmannsgata 42, 0182 Oslo, www.torpedobok.no

HUNTING LODGE 갤러리와 숍이 같은 공간을 나눠 쓰고 있다. 스트리트 웨어, 미술품, 서적과 완구를 판매하고 있다. 전체 공간을 이용하여 볼 만한 전시도 진행한다. 한 공간에서 쇼핑과 설치작품이라니, 꽤 괜찮은 것 같다. Torggata 36, 0183 Oslo, www.huntinglodge.no

FREUDIAN KICKS 오슬로 도심에 있는 쿨한 가게로 소규모 노르웨이 디자이너 브랜드와 Acne와 같은 유명 브랜드를 함께 판매하고 있다. 패션 및 예술 이벤트나 전시도 함께 열린다. 패션에 관심이 있다면 반드시 가볼 것. Prinsensgata 10B, 0152 Oslo

NORWAY DESIGNS PAPIRGALLERIET 나는 이곳에 오면 행복해진다. 다양한 종이류가 계속해서 내게 영감을 준다. 결국엔 매번 돈을 너무 많이 쓰게 된다. 조심하자. Stortingsgaten 28, 0161 Oslo, www.norwaydesigns.no

175 Oslo, Norway

THE MARKET AT BLÅ 디자인·공예 시장으로 매주 일요일 Bla 클럽에서 열린다. 규모는 작은 편에 모든 좌판이 볼 만한 건 아니지만 종종 괜찮은 물건이 발견되곤 한다. Brenneriveien 9C, 0182 Oslo

HUSFLIDEN 이곳에 와서 노르웨이의 공예를 경험해보자. 전통적인 제품을 만들며 고품질에 고가이다. 전통 의상을 구경하기 위서라도 방문할 만한 곳. Rosenkrantz' Gata 19-21, 0159 Oslo, www.dennorskehusfliden.no

KEM 거대한 미술용품점. 하지만 노르웨이가 미술용품이 싼 나라는 아니라는 사실만은 명심해두자. Brenneriveien 9B, 0182 Oslo, www.kem.no

Oslo, Norway

STANDARD 노르웨이 아티스트를 국제무대에 홍보하는 작은 갤러리. 개인적으로 좋아하는 작가인 킴 히오토이(Kim Hiothoy)가 이 갤러리에 소속되어 있다. Hegdehaugsveien 3, 0352 Oslo, www.standardoslo.no

TEGNERFORBUNDET (THE DRAWING ASSOCIATION) 정말 좋아하는 갤러리다. 소박한 곳이지만 전시를 통해 종종 진정한 숨은 보석을 발견할 수 있다. Rådhusgaten 17, 0158 Oslo, www.tegnerforbundet.no

EMANUEL VIGELANDS MUSEUM 사실 이곳은 조각가였던 구스타프 비겔란(Gustav Vigeland)의 동생의 유품을 소장하고 있는 묘라 할 수 있다. 조명이 어둡지만 이에 적응되고 나면 800m² 규모의 공간이 프레스코화로 빈틈없이 메워졌다는 사실을 깨달을 수 있을 것이다. 그림은 남자가 일생동안 겪을 각 인생의 단계를 묘사하고 있는데, 다수는 꽤 애로틱하기도 하다. Grimelundsveien 8, 0775 Oslo, www.emanuelvigeland.museum.no

KUNSTVERKET 개인 소유의 현대미술 갤러리로, 작은 공간이지만 다양한 전시와 행위예술, 설치작품 등을 선보인다. 방문할 만한 가치가 충분히 있는 곳이다. Tromsøgata 5B, 0565 Oslo, www.kunstverket.no

DOGA DogA(노르웨이디자인건축센터)는 2004년 디자인과 건축의 만남의 장이 되기 위해 설립되었다. 이곳의 전시공간은 상업적인 이벤트 공간으로도 자주 이용되는데, 예를 들어 패션쇼나 페차쿠차가 열리기도 한다. 작지만 볼 만한 숍이 있으니 이곳도 들러보자. Hausmannsgata 16, 0182 Oslo, www.doga.no

THE DESIGNER CHRISTMAS MARKET 12월 | 매년 DOGA에서는 크리스마스 마켓으로 가득 메워진다. 이 시기에 오슬로에 온다면 반드시 와서 구경해 보자. 살 만한 것들이 아주 많다. Hausmannsgata 16, 0182 Oslo, www.doga.no

DESIGNERS SATURDAY 9월 | DESIGNERS SATURDAY는 2년마다 열리는 인테리어 디자인 행사이다. 시내 곳곳에 설치된 30여 곳의 쇼룸에 뛰어난 최신 국내외 디자인 제품이 전시된다. www.designerssaturday.no

AKERSELVA LIGHT FESTIVAL 9월 | 가을로 넘어갈 무렵의 어느 밤, 어둠이 내린 아케르셀바 강을 따라 산책을 즐길 수 있다. 전체 구간이 조명으로 밝혀지며 길가 여기저기에서 다양한 이벤트가 진행된다. 엄청난 인기를 누리는 행사로 매년 수많은 사람으로 붐빈다. Starts at Maridalsvannet.

ØYAFESTIVALEN 8월 | 연례 인디뮤직 페스티벌. 전체적으로 디자인이 두드러지는 행사이다. 멋진 밴드와 즐거운 사람들을 만날 수 있다. 캠핑은 불가, 음식은 유기농이다. At the Old Church Ruins in Gamlebyen, www.oyafestivalen.no

MUSIKKFEST OSLO 6월 | 6월 초 어느 하룻동안 오슬로는 거대한 축제의 장으로 변신한다. 월드뮤직에서 하우스와 로커빌리까지 모든 장르의 음악을 들을 수 있다. 12시간 계속되는 행사로, 시내 30곳의 무대에서 펼쳐진다. www.musikkfest.no

WALKS AND ARCHITECTURE

THE RIVER WALK 아케르셀바 강은 도시를 동서로 나눈다. 이 강을 따라 걷는 것은 즐거운 일이다. 하지만 겨울에는 눈이 많이 쌓이고 얼음도 많으니 조심하도록 하자. 상수원인 마리달스반넷(Maridalsvannet) 근처에서 출발하면 된다. 이쪽은 녹지가 많고 여름에는 수영을 할 수도 있다. 오토바이를 타고 질주하는 이들이 있으니 조심하자. 강을 따라 걷다보면 사게네, 그뤼네를레샤와 그륀란드를 지나게 될 것이다. 이 부근은 시내에서도 활기가 넘치는 구역이며, 이곳을 빠져나가면 새 오페라 하우스 근처에 닿게 될 것이다. 두 시간 정도 걸리는 코스지만, 자연-도시-일상 등 오슬로의 하이라이트를 한 번에 볼 수 있는 기회가 될 것이다. 게다가 마지막에는 건축적 하이라이트가 기다리고 있지 않은가.

THE EKEBERG RESTAURANT 길 가는 사람을 붙잡고 오슬로에서 가장 유명한 건축적 랜드마크가 무엇인지 물어보면 아마도 이곳을 지목할 것이다. 라스 바커(Lars Backer)가 1927년에 디자인한 곳으로 2008년 수리되기 전까지 오랜 기간 방치되어 있었다. 오늘날 이곳은 고급 레스토랑으로 오슬로 시내의 빼어난 경치가 내려다 보이는 곳이다. 내가 추천하는 코스는 오후 내내 주변 지역을 둘러본 후 이곳의 야외 카페에 앉아 햇살 속에서 찬 맥주를 마시며 마무리를 하는 것이다.
Kongsveien 15, 0193 Oslo, www.ekebergrestauranten.com

THE BOTANICAL GARDEN 1814년 문을 연 아주 오래된 식물원. 아름답고 평화로운 휴식처이다. 느긋한 산책으로 둘러본 후 동물학 박물관이나 조용한 카페에 들러보자. 뭉크 박물관은 바로 길건너에 있다.
Located at Tøyen

VILLA STENERSEN 이곳은 노르웨이 건축의 거장 아르네 코르스모(Arne Korsmo)가 1813년 디자인했다. 원래 부유한 브로커이자 아트콜렉터였던 사람의 개인 주택으로 지어졌는데, 노르웨이에서 가장 유명한 모더니스트 건축물이 되었다. 방대한 미술 소장품을 자랑하는 이 주택은 매월 첫 번째 일요일에 가이드 투어를 운영한다. 만약 그룹으로 방문한다면 미리 다른 시간을 예약할 수 있다. Tuengen Allé 10C, 0374 Oslo, www.villastenersen.net

VIGELANDSPARKEN 드넓은 프롱네르 공원(Frognerparken)의 중앙에 서 있는 구스타프 비겔란(GustavVigeland)의 아름다운 조각은 매번 감탄을 자아낸다. 반드시 봐야 할 작품이다. 관광객 무리와 마주치고 싶지 않다면 이른 시간에 가도록 하자. 새벽녘의 공원은 몹시 특별하다.
Located at Majorstua

BYGDØY 뷔그되위 반도에는 고급 주택과 박물관, 해변이 밀집해 있다. 그중 민속박물관(Folkemuseet)이 특히 가볼 만하다. 상설전시인 'Living in the City'는 1865년부터 도시의 아파트 빌딩을 복원하여 전시하고 있는데, 이 박물관에서 내가 특히 좋아하는 부분이다. 아파트 사이를 걸으며 지난 150년간 변화된 양식을 살펴보자. 여름에 방문한다면 해변으로 나가 수영을 하자. 붐비는 후크(Huk)보다는 파라디스부크타(Paradisbukta)를 특히 추천한다.

KORKETREKKEREN/THE SCREWDRIVER 1962년 동계올림픽 때 지어진 봅슬레이 슬로프로 겨울마다 인기가 치솟는다. 썰매를 가져가서 슬로프 위를 질주해보자!
Between Frognerseteren Restaurant and Skistua, www.akeforeningen.no

THE CITY BICYCLES 자전거는 그 어느 도시를 둘러보기에도 훌륭한 교통수단이다. 신문가판대에서 80크로네짜리 자전거 패스를 사면 시내 90여 곳에 비치된 자전거를 이용할 수 있다. 3시간 내로 반납해야 하며, 겨울에는 이용할 수 없다.
www.oslobysykkel.no

Yarn from Husflider

WOLA

ŻOLIBORZ

PRAGA PÓŁNOC

ŚRÓDMIEŚCIE

OCHOTA

MOKOTÓW

WILANÓW

얀 칼베이트의 바르샤바

Jan Kallwejt's Warsaw

바르샤바에는 내가 사랑하는 것도, 싫어하는 것도 너무나 많다. 바르샤바에는 가로수가 늘어선 대로와 수많은 아름다운 공원이 도시 곳곳을 수놓고 있다. 반면 기본적으로 도시계획이랄 것이 없는 곳이며, 아름답고, 흥미롭고, 흉물스러운 건물들이 뒤섞여 있기도 하다. 기후적으로 보면 나는 바르샤바의 여름은 좋아하지만 기온이 영하로 떨어지는 겨울 날씨는 싫어한다. 최적의 방문시기는 물론 5월~9월 사이이다.

바르샤바의 격동의 역사에 대해서는 다들 조금씩은 알고 있을 것이다. 제2차 세계대전을 겪는 과정에서 완전히 파괴되었고, 러시아의 '원조'를 통해 사회주의적 사실주의 양식(폴란드어로는 'Socrealism'이라고 한다)으로 재건되었다. 이곳의 건물 대부분이 이 양식에 속한다. 주목할 만한 건축물들도 몇 있지만 이들이 상기시키는 어두운 기억 때문에 시민들에게 그 가치가 폄하되고 있다. 공산주의의 몰락 이후 한때 근대화를 향한 혼란스러운 시도가 있기도 했다. 이때도 건축 사업에 대한 제대로 된 계획이 없었던 탓에 많은 비난이 뒤따랐다. 그럼에도 불구하고 나는 이 시기에 세계 유명 건축가들이 설계한 몇몇 고층 건물을 좋아한다.

바르샤바에는 비스툴라(Vistula) 강이 흐르고 있다. 오랜 기간, 도시는 이 강에 의지해왔다. 강가를 차지하던 주요 지역들이 이동함에 따라 제방은 버려진 채 남겨졌지만, 이곳도 서서히 변화하는 중이다. 비스툴라 강 우안에는 프라가(Praga) 지구가 있다. 이곳은 비교적 전쟁의 영향을 덜 받았는데도 불구하고 결국 폐허가 되었다. 지금은 예술가들이 모여들고 매해 새로운 카페, 갤러리, 상점 등이 늘어나면서 점차 유행을 선도하는 지역으로 변모하고 있다.

강의 좌안으로 가면 도심 지역인 시루드미에시치에(Środmieście)가 있고 그 내부에 구시가지가 있다. 여행객들로 북적이는 곳이지만 그만큼 볼거리가 많은 곳이다. 네 개의 지구가 이 도심 지역을 둘러싸고 있다. 북에서 남쪽 방향으로 있는 졸리보르쉬(Zoliborz)는 녹지가 풍부한 평화로운 지역이며, 볼라(Wola)는 최근 지어졌거나 새로이 개조된 건축물들 대부분이 모여 있는 산업지구이다. 오초타(Ochota)는 조용하고 오래된 지역인데, 19세기에 축조된 뛰어난 상수도 정화시설(생각보다 놀라운 곳이다)이 볼 만하다. 마지막으로 모코토브(Mokotow)는 내가 어린 시절을 보내고 오랜 기간 살았던 곳이다. 차분하고 아름다운 곳으로 나는 아직도 이곳에 대한 깊은 향수를 품고 있다.

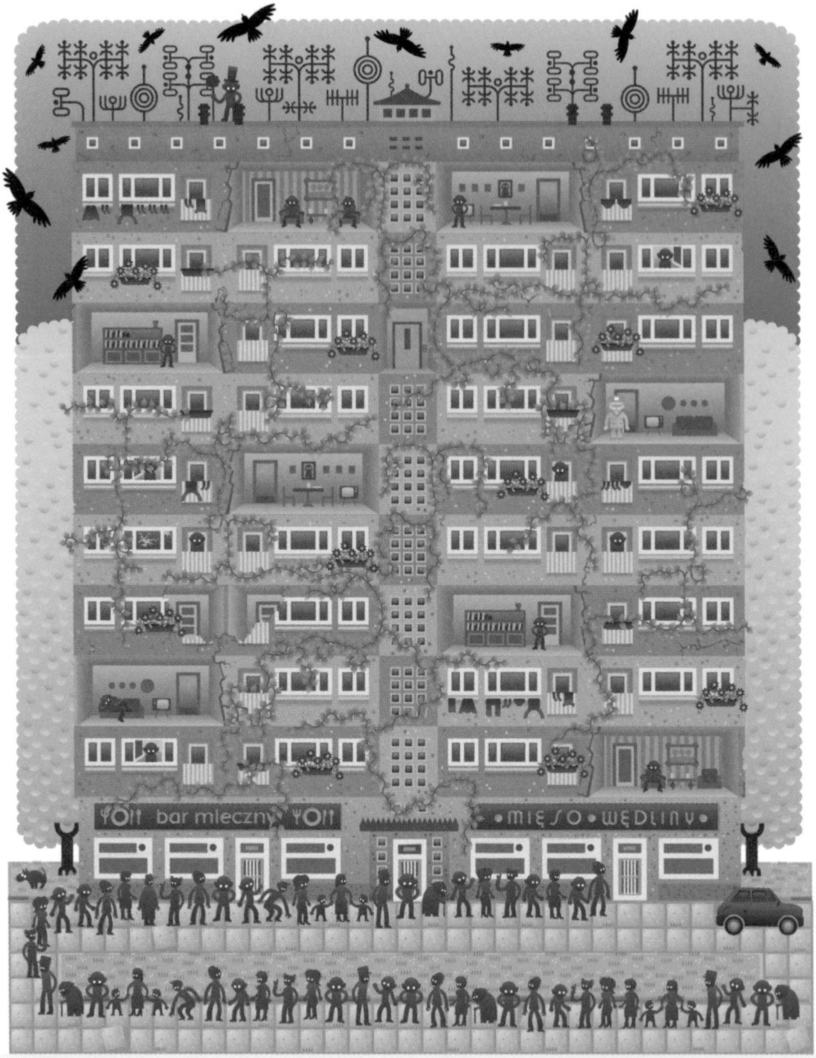

짐작 가능하겠지만 난 내 고향에서 호텔에 묵어본 적이 없다. 그러니 내가 추천하는 호텔들은 참고만 해주기 바란다.

INTERCONTINENTAL HOTEL 새로 지은 40층짜리 고층 빌딩에 자리한 고급 호텔로 시내가 훤히 내려다보이는 전망을 자랑한다. 도심 한가운데에 있다. Emilii Plater 49, 00 Warsaw, www.warszawa.intercontinental.com

JOLIE BED AND BREAKFAST 작지만 우아한 B&B. 조용한 졸리보르츠(Zoliborz) 지역에 있다. Henryka Wieniawskiego 6, 01 Warsaw

HOTEL HETMAN 프라가 구역에 있으며 도심에서 20분 정도 걸린다. 이 지역의 펑키한 술집과 레스토랑을 경험하고 싶다면 이 호텔을 추천한다. 아주 스타일리시하다고 할 수는 없지만 가격 대비 괜찮은 곳이다. Księdza Ignacego Kłopotowskiego 36, 03 Warsaw, www.hotelhetman.pl

BOUTIQUE B&B 괜찮은 B&B. 몇몇 스탠다드룸과 가족을 위한 아파트 시설을 갖추고 있다. Smolna 14, 00 Warsaw, www.bedandbreakfast.pl

ZIELNIK 모코토브 구역의 드레셰라 공원(Dreszera Park) 옆에 위치한 작은 레스토랑. 내가 사랑하는 곳이다. 가격대는 조금 높지만 폴란드 전통요리에 현대적인 요소를 가미한 음식이 맛있다. 분위기도 나무랄 데 없고, 봄이면 길 건너 공원에서 바비큐 가든을 운영한다. Odynca 15, 02 Warsaw

MILK BAR BAMBINO 밀크바는 공산주의 시대에 인기를 끌었던 가게로, 유제품으로 만든 저렴한 가격의 식음료를 팔았다. 1990년대에는 대부분의 밀크바가 문을 닫거나 파산해버린 탓에 소수의 밀크바만이 남았고, Bambino는 그중 하나다. 인테리어는 손대지 않은 채 예전 모습을 그대로 유지하고 있는데, 믿기지 않을 정도로 싼 가격에 맛있는 음식을 제공한다. Krucza 21, 00 Warsaw

CAFE KARMA 아름다운 광장에 자리한 멋진 카페 겸 바. 바르샤바의 배우와 예술인들 사이에서 인기가 높다. 나는 이곳의 무알코올 칵테일을 특히 좋아한다. 술 외에도 맛깔나는 채식주의자 메뉴와 향 좋은 커피와 차도 팔고 있다. Plac Zbawiciela 3/5, 00 Warsaw

QCHNIA ARTYSTYCZNA 우야즈도프스키 성(Ujazdowski Castle)에 위치한 아방가르드 레스토랑으로 메뉴 구성이 호기심을 자극한다. 전망 좋은 넓은 테라스를 갖추고 있으며, 성 안에 있는 현대미술관을 다녀온 후 들르기 좋은 곳이다. 개인적으로는 학생 시절에 웨이터로 일했던 추억이 있는 곳이다. Zamek Ujazdowski, Jazdow 2, 00 Warsaw

CAFE KULTURALNA 테아트르 드라마티츠니(Teatr dramatyczny) 옆에 있는 문화과학궁전(Palac Kultury) 건물에 위치한 카페 겸 바, 클럽이다. 레트로 인테리어에 좋은 DJ, 영화 상영회와 라이브 음악(주로 재즈나 펑크)이 있어 여러 사람들이 즐겨찾는다. Plac Defilad 1, 00 Warsaw

11 LISTOPADA 22 Zwiaz Mnie, Hydrozagadka, Saturator 이 세 곳의 클럽은 모두 같은 광장에 모여 있는데 나름의 개성을 지녔다. Saturator는 3개 층으로 이루어진 시끌벅적한 클럽이며, Sklad Butelek(창고 건물)은 구식 가구와 촛불이 켜진 인더스트리얼 스타일의 지하공간으로 몹시 여유로운 분위기에서 라이브 공연이 펼쳐지는 곳이다. 마지막으로 Zwiaz Mnie는 올드스쿨과 펑크가 주를 이룬다.
11 Listopada 22, 03 Warsaw

CHLODNA 25 카페 겸 바로, 반문화 집단의 비공식 아지트다. 저녁이 되면 토론, 시낭독회, 전시와 콘서트, 파티 등이 열린다. 예술인들이 몰려드는 곳이며 분위기도 좋다.
Chlodna 25, 00 Warsaw, www.chlodna25.blog.pl

REGENERACJA 모코토브에 있는 유명한 바. 언제나 사람들로 북적이며 이따금씩은 손님들이 데려온 애완견도 눈에 띈다. 술과 스낵을 즐기기에 좋은 곳으로 아래층에는 댄스플로어가 있어 새벽 4시까지 이어지는 파티에 몸을 던질 수도 있다. Pulawska 61, 02 Warsaw

BARS

GALLERIES AND CULTURE

MUSEUM OF ETHNOGRAPHY 나는 폴란드 나이브 아트를 너무도 사랑하며 특히 실레시아(Silesia) 출신의 화가들을 좋아한다. 실레시아는 폴란드의 산업지역으로 오래된 광산이 많고 직물 생산의 역사가 깊다. 민속박물관은 다소 지루하게 들릴지 모르나 (실제로 박물관의 대부분이 그렇지만) 민속 회화나 목조 작품 컬렉션만은 빼어나다고 할 수 있다.
Kredytowa 1, 00 Warsaw

WILANOW POSTER MUSEUM 대부분의 관광객이 빌라노프(Wilanow) 궁전을 방문한다. 하지만 나는 주로 이곳의 포스터 박물관에서 열리는 이벤트에 참여하기 위해 온다. 정기적으로 열리는 기획전시가 있는데, 웹사이트를 통해 전시 일정이나 정보를 미리 얻을 수 있다. 볼거리가 가장 많은 시기는 국제 포스터 비엔날레가 열리는 기간이다. St Kostki Potockiego 10/16, 02 Warsaw, www.postermuseum.pl

RASTER 개인 아파트에 위치한 Raster Gallery는 젊고 개성있는 폴란드 작가들의 전시로 유명하다. 그 중 화가인 빌헬름 사스날(Wilhelm Sasnal)은 그의 국제적인 경력을 이곳에서 시작했다. 방문하기 전에 오픈 시간을 미리 확인하도록 하자.
Hoza 42/8, 00 Warsaw, www.raster.art.pl

CENTRE FOR CONTEMPORARY ART 우야즈도프스키 성 내에 자리하고 있으며, 매번 바뀌는 전시 외에도 워크숍, 콘서트와 기타 공연이 진행된다.
ul Jazdów 2, 00 Warsaw, www.csw.art.pl

FABRYKA TRZCINY Praga 지구에서도 가장 오래된 산업단지였던 곳이다. 초기에는 마말레이드 생산 시설이 있었으나 이후 폴란드 고무 산업의 본거지로 바뀌었다. 2000m^2에 이르는 드넓은 공간은 최근 예술센터로 변신하여 극장, 클럽, 두 곳의 바, 레스토랑과 갤러리가 들어서게 되었다. 호기심을 자극하는 멋진 행사나 재즈 콘서트가 이곳에서 열린다.
Otwocka 14, 03 Warsaw, www.fabrykatrzciny.pl

SHOPPING

WARSZAWSKA NIKE 바르샤바에서 내가 신발을 살 수 있는 유일한 곳. 작은 나이키 샵으로 각종 한정판 제품을 갖추고 있다. 바르샤바 스트리트 웨어의 선구자인 'Serek'에서 운영하고 있다. 같은 거리에는 최근 괜찮은 옷가게도 많이 생겼다.
Mokotowska 24, 00 Warsaw

CZULY BARBARZYNCA 서점 및 카페로, 이름을 해석하면 '점잖은 야만인'이라는 뜻이 된다. 산뜻하면서도 현대적이고 평온한 분위기의 공간으로 저녁시간에는 작가 초청 이벤트, 낭독회, 토론 등이 열린다. 근처에는 대학 도서관도 있는데, 역시 가볼 만하다. Dobra 31, 00 Warsaw www.czulybarbarzynca.pl

MAGAZYN PRAGA 디자인 제품, 카펫, 가구 등을 파는 디자인 부티크. 프라가 지구 내 과거 보드카 공장이었던 곳을 사용하고 있다. 같은 건물에는 Bochenska Gallery 와 Wytwornia Theatre가 있으며 레스토랑노 있다. 여름이번 건물 뒷편에 야외 영화관이 설치된다. Zabkowska 27/31, 03 Warsaw, www.magazynpraga.pl

MYSIKROLIK 작은 규모의 양복점 겸 공예품 상점 겸 갤러티. 소규모 미술 진시회외 예술관련 행사가 열린다. Okolnik 11A, 00 Warsaw, www.mysikrolik.com

ARSZAWA

WALKS AND ARCHITECTURE

POWAZKI(포봉즈키 공동묘지) 바르샤바에서 가장 오래되고 가장 아름다운 공동묘지. 만성절이 되면 무덤 위로 수천 개의 촛불이 켜져, 마법과 같은 경험을 선사한다.

PALAC KULTURY I NAUKI(문화과학궁전) 바르샤바 시민들이 딱히 자랑스러워 하는 곳은 아니지만 놓쳐서는 안 될 건축물이다. 거대한 42층짜리 빌딩으로 1950년 소련 연합에서 폴란드 시민들에게 선물로 지어주었다. 건물은 사회주의 리얼리즘 양식에 아르데코와 폴라드 역사주의적 요소가 가미되었다. 대부분 관광객은 엘리베이터가 닿는 곳(30층에 있는 전망대)까지만 올라가지만, 나머지 부분도 둘러볼 만하다. 다수의 기관과 사무실이 모여 있는 곳으로 공공시설도 있어 큰 수영장이나 체육관, 겨울 정원, 극장, 영화관, 박물관 시설 등을 이용할 수 있다. 가이드 투어를 이용할 수도 있고 아니면 그냥 입장 가능한 공개 구역만 둘러봐도 충분하다. 깊은 지하실과 지하 감옥도 있는데 개방되지 않은 공간도 있다. 구경거리가 많은 근사한 곳이다.
Plac Defilad 1, 00 Warsaw, www.pkin.pl

PRAGA WALK 따뜻한 오후 무렵이 되면 프라가에서의 산책을 권하고 싶다. 플로리안스카 거리(ul. Florianska)의 바르샤바 동물원에서 출발하여 성 플로리안 성당과 성 미카엘 성당을 지난 후 오른쪽으로 꺾어 야기엘론스카 거리(ul. Jagiellonska)로 들어간다. 이 거리는 최근 프라가 구역이 어떻게 변화했는지를 보여주는 좋은 예이다. 어떤 빌딩은 사실상 버려져 있고 몇몇은 복원되었는데, 그 사이사이에 현대식 건물이 끼어 있다. 좀코브스카 거리(ul. Zabkowska)를 따라 걷다 보면 드디어 오래된 바르샤바 보드카 공장과 마주치게 될 것이다. 더 이상 술을 생산하지는 않지만 갤러리, 극장과 콘셉트 스토어(쇼핑 섹션 참조)가 있는 문화센터로 바뀌었다. 여력이 남아 있다면 같은 길을 계속 따라가서 카벤췬스카 거리(ul Kaweczynska) 거리로 들어간 후 다시 왼쪽의 오트보카(ul Otwocka)로 들어가자(이제부터는 위험한 지역이니 유의하자). 모든 여정은 오트보카 14번지의 'FabrykaTrzciny'(갤러리 섹션 참조)에서 끝내면 된다. 문화생활을 한 후 음료라도 한잔하자.
www.warszawskapraga.pl

EVENTS

WARSAW FILM FESTIVAL 10월 | 10일간 지속되는 국제영화제로 다양하고 재미있는 이벤트가 열린다. www.wff.pl

WARSAW SUMMER JAZZ DAYS 6월-7월 | 여름 내내 진행되는 기나긴 축제로, 전 세계의 재즈 뮤지션들이 유무료 콘서트를 개최한다. 시내 곳곳에서 공연이 이루어지고, 잠코비 광장(Zamkowy Square)에서는 야외공연이 연이어 벌어진다.

NOC MUZEÓW(박물관 야간 개장) 5월 | NOC MUZEOW은 일년에 하루 박물관과 갤러리들이 늦은 밤까지 문을 여는 행사이다. 수천 명의 사람들이 몰려들고, 더불어 카페들도 밤 늦게까지 문을 열어 차와 아이스크림 등을 판다. 즐거운 행사.

escreve a direcção.
Neste espaço só se escreve a direcção.

리자 라말류와 아르투르 레벨로의 포르투

Liza' Ramalho and Artur Rebelo's Porto

포르투의 지형이야말로 이 도시를 특별하게 만드는 요소이다. 포르투는 대서양과 도루(Douro) 강 사이 산자락 위에 펼쳐진 도시로, 강과 바다가 이곳만의 외형과 분위기를 만들어주고 있어 마주치는 코너마다 놀라움과 감탄을 자아낸다.

포르투갈 제2의 도시 포르투의 인구는 24만 명이다. 하지만 외곽에 위치한 가이아(Gaia), 마이아(Maia), 마토지뉴스(Matosinhos)와 곤도마르(Gondomar) 등의 지역을 모두 포함하면 이 거대한 집합체(Big Porto라 불린다) 내에 백만 명 이상의 인구가 살고 있는 것으로 집계된다. 가이아(정식 명칭: Vila Nova de Gaia)는 도루 강을 사이에 두고 포르투와 마주보고 있다. 여섯 개의 다리로 포르투와 연결되어 있는데 이 가운데 가장 유명한 동 루이스 1세(Dom Luis I) 다리는 설계사인 테오필로 세이리그(Teofilo Seyrig)에 의해 설계되었다. 다리 반대편으로 고개를 돌려보면 포트 와인 제조사의 로고들이 눈에 들어올 것이다. 이 세계적으로 유명한 와인이 이곳에서 생산되고 있다. 화이트 포트 와인을 주문해 이곳만의 별미인 소 내장요리에 곁들여 보기를 추천한다.

도루강 좌안의 히비에라(Ribiera) 지역은 포르투의 역사지구이다. 좁은 골목이 구불구불 이어지고 사람들과 카페로 붐비는 이곳은 전형적인 구시가지의 모습을 보여준다. 이따금 멋진 타이포그래피를 발견할 수도 있고 환상적인 타일이 감싸고 있는 건물이나 보도를 볼 수도 있다. 이밖에 톰(Thom)이 디자인한 독특한 도로명 게시판도 있었으나 지금은 사라지고 없다. 나와 친구들은 영감을 얻기 위해 헤네랄 움베르투 델가두 광장(Praca General Humberto Delgado) 주변 길목을 걸어다니곤 한다.

도시 위로는 니콜라우 나소니(Nicolau Nasoni)가 디자인한 바로크 양식의 클레리고스 탑(Clerigos Tower)이 솟아 있다. 이 탑은 포르투의 상징이다. 1917년에는 두 명의 곡예사가 탑 꼭대기에 올라 차 한 잔과 쿠키를 먹으며 쿠키 회사(Cookies Invicta Company)의 광고지를 탑 아래 길거리로 뿌리는 홍보 이벤트가 진행되기도 했다. 오늘날에는 225개의 계단을 올라 탑 꼭대기에서 구시가지의 전경을 감상할 수 있다.

포르투 서쪽으로 가면 알바로 비에이라(Alvaro Siza Vieira)가 디자인한 현대미술관 근처에 대서양과 도시를 연결해주는 정다운 공원이 있다. 이곳은 우리가 휴식을 위해 찾는 곳이다. 우리는 스튜디오에서 출발해 공원을 가로질러 바다로 갔다가 다시 강을 따라 구시가지로 걸어 돌아오곤 한다.

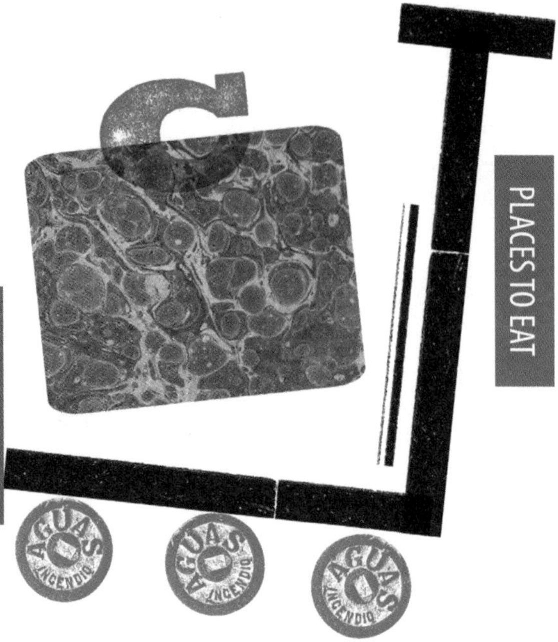

GOSHO 우리는 생선초밥을 아주 좋아하는데, 이곳은 시내 최고의 초밥을 만드는 곳이다. ANC Arquitectos가 디자인한 곳으로, 일본 건축을 연상시키는 섬세한 터치가 눈을 사로잡는다. 5성급 호텔 내부에 있는 레스토랑인 만큼 가격대는 높은 편. Avenida da Boavista 1277, 4100-130 Porto

ROTA DO CHÁ 미구엘 봄바르다(Miguel Bombarda) 거리의 갤러리를 둘러보다 가벼운 식사와 차 한잔을 하면 좋을 곳이다. Rua Miguel Bombarda 457, 4050-379 Porto

SESSENTA SETENTA 우리의 단골 레스토랑 중 하나. 아름다운 몬치쿠에 수도원 (Convento de Monchique) 내에 있는 석조 건물이다. 음식은 창의적이고 신선하며 맛이 좋다. 게다가 식사를 하는 동안 도루 강의 빼어난 전망도 감상할 수 있다. 비싼 편이지만 돈이 아깝지 않은 곳이다. Rua Sobre o Douro 1A, 4050-592 Porto

CASA NANDA 목조 인테리어에 현지 분위기가 물씬 풍기는 전형적인 레스토랑. 음식의 양이 많으며 모든 메뉴가 부뚜막에서 조리된다. Rua da Alegria 394, 4000-035 Porto

COMETA 친구가 운영하는 아주 아늑한 곳이다. 레트로 스타일의 인테리어로 꾸며져 있으며 유쾌한 손님들이 찾아드는 맛있는 식당이다. Rua Tomás Gonzaga 87, 4050-607 Porto

SALTA O MURO 시내 최고의 생선요리 전문점. 말 그대로 최고이다. 우리는 이곳을 자주 찾는다. 같은 길가에는 좋은 식당들이 수없이 늘어서 있으며 바로 근처 마토시뉴스 (Matosinhos)에 해산물 시장이 있다. 가격도 아주 저렴하다! Rua Heróis França 386, 4450-155 Matosinhos

POUSADA DA JUVENTUDE 이 유스 호스텔은 가장 재밌거나 고급스러운 빌딩은 아니지만 가장 저렴한 선택으로, 도루 강의 전망이 끝내준다. Rua Paulo da Gama 55, 4169-006 Porto, www.pousadasjuventude.pt

CASTELO DE SANTA CATARINA 세기말에 지어진 황홀한 성으로, 장식적인 가구와 키치적인 요소들로 가득하다. 포르투 업타운에 위치해 있으며 아기자기한 정원과 아름다운 자연에 둘러싸여 있다. 가격은 합리적인 편. Rua Santa Catarina 1347, 4000-457 Porto www.castelosantacatarina. com.pt

HOTEL BOAVISTA 중간 가격대의 기본적인 호텔로 위치가 좋다. 바다와 성 요한 밥티스트 요새 (San Joao Baptista Fortress)가 보이는 전망이 장점이다. Esplanada do Castelo 58, 4150-196 Porto, www.hotelboavista.com

GRANDE HOTEL DO PORTO 1880년에 지어진 전통 스타일의 호텔로, 포르투 도심에 있다. 가격이 싸지는 않지만 우아한 곳이다. Rua de Santa Catarina 197, 4000-450 Porto, www.grandehotelporto.com

VELHO
SANTA

PASSOS MANUEL 오래된 영화관에 있는 아주 트렌디하고 멋진 바. 일이 끝난 후 자주 찾는 곳이다. DJ 세트와 라이브 공연이 벌어지며, 수많은 디자인 및 건축계 종사자들이 찾아온다. Rua Passos Manuel 137, 4000-385 Porto

MAUS HÁBITOS '나쁜 버릇'이라는 이름을 가진 이 바는 근사한 모더니스트 주차 건물의 4층에 자리하고 있다. 예술 공간이 딸려 있어 문화 센터로도 운영이 되는 곳으로 정기적으로 콘서트나 기타 행사가 열린다. 편안하고 멋진 분위기에 사랑스러운 테라스도 있다. 채식주의자에겐 더 좋은 곳이다. 운영시간은 웹사이트를 통해 확인하자. Rua Passos Manuel 178, 4000-382 Porto, www.maushabitos.com

GALERIA DE PARIS 재미있는 바들이 여럿 있는 번잡한 거리로, 밤에는 바 호핑을 하기에도 좋다. 주소지의 거리 이름과 같은 이름의 이 바는 국제적이고 시크한 분위기를 풍기지만 딱히 위화감이 드는 곳은 아니다. 같은 거리의 다른 바들과 마찬가지로 꼭두새벽까지 문을 연다. Rua Galeria de Paris 56, 4050 Porto

CASA DO LIVRO 우리가 즐겨찾는 곳 중 하나. 과거 서점이었던 곳으로 지금은 아름답고 멋들어진 바로 바뀌었다. 음악도 분위기도 술도 모두 만족스러운 곳. Rua Galeria de Paris 85, 4050 Porto

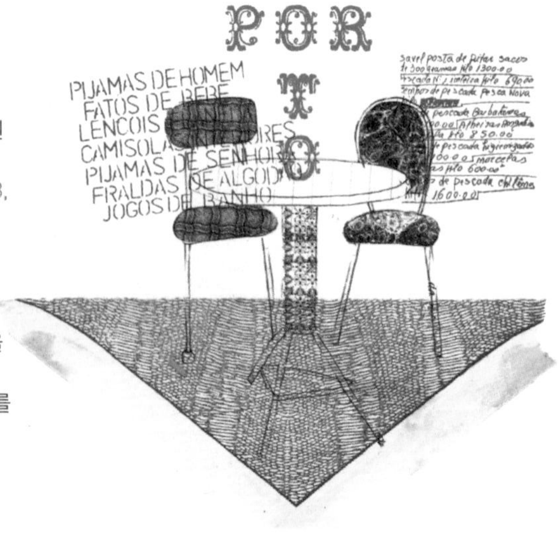

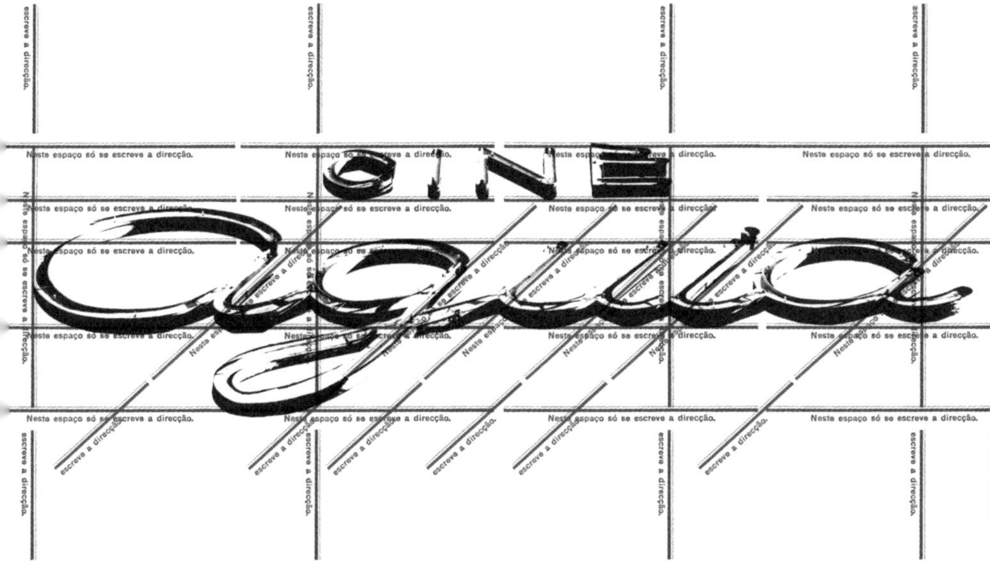

SHOPPING

CASA DE LÓ 맛있는 포르투갈 전통 케이크를 파는 가게. Travessa de Cedofeita 20A, 4050-183 Porto

ARTES EM PARTES 너무도 쿨한 4층짜리 쇼핑센터로 빈티지 레코드판(Musak)과 각종 인쇄물(MateriaPrima), 디자이너 의류 등을 살 수 있다. 뒷편으로 가면 갤러리 공간과 괜찮은 카페도 있다. Rua Miguel Bombarda 457, 4050-381 Porto

A PÉROLA DO BOLHÃO 한때 차를 파는 찻집이었으나 현재는 훌륭한 식료품점으로 아르누보 양식의 파사드가 아름답다. 볼랴오 시장 근처에 있다. Rua Formosa 277/81, 4000-252 Porto

CC BOMBARDA 작은 쇼핑몰. 포르투갈 디자이너들이 제작한 한정품이나 기타 꽤 괜찮은 디자인 제품을 찾을 수 있다. Rua Miguel Bombarda 285, 4050-382 Porto, www.ccbombarda.blogspot.com

PAPELARIA MODELO 1921년에 문을 연 가게로, 그 시절의 간판이 여전히 그대로 걸려 있다. 드로잉 재료를 구하기 좋은 곳이다. Largo dos Lóios 68, 4050-338 Porto, www.papelariamodelo.pt

MARIA VAI COM AS OUTRAS 디자인이 잘 된 서점 겸 카페로, 예술 디자인 분야 서적과 잡지 외에도 괜찮은 차와 와인을 팔고 있다. 이따금씩 라이브 공연 행사도 진행된다. Rua do Almada 443, 4050-037 Porto, www.Maria-vai-com-as-outras.blogspot.com

ÍNDEX 갤러리 겸 서점으로 다양한 도서 리스트 외에도 영화와 전시가 볼만하기 때문에 둘러볼 가치가 충분한 곳이다. Rua D Manuel II 320, 4050-343 Porto

BOLHÃO MARKET 이 지역에서 생산되는 온갖 식재료를 구할 수 있는 전통 시장이다. 나이 드신 아주머니들이 고추와 옥수수 빵, 비둘기와 소금에 절인 대구 등을 팔고 있는 모습에서 전통적인 포르투의 모습을 엿볼 수 있다. 꼭 가서 구경해보기를 권한다. 아래 거리 중 어느 곳을 통해서든 들어갈 수 있다. Rua de Fernandes Tomás, Rua Formosa, Alexandre Braga, Sá da Bandeira.

GALLERIES AND CULTURE

RUA MIGUEL BOMBARDA 차분한 주택가로 수많은 현대 미술 갤러리들이 모여있는 곳이다. 모든 예술 애호가들이 즐겨 찾으며 매월 첫 번째 토요일인 전시 오프닝 날에는 온 거리에 활기가 넘친다.

FÁBRICA DO SOM 얼터너티브 음악을 위한 곳으로 재미난 콘서트가 연이어 벌어지며 연례 일렉트로닉 뮤직 페스티발도 주관한다. 종종 수준 높은 공연을 볼 수 있는 기분 좋은 곳. Av de Rodrigues de Freitas 23-27, 4300-456 Porto

IN-SONORIDADE 락과 재즈 콘서트를 여는 예술아카데미 4th Floor, Rua do Breyner 65, 4050-126 Porto

GALERIA DAMA AFLITA 아주 재미있는 갤러리로, 주로 드로잉과 일러스트 작품들이 전시된다.
Rua da Picaria 84, 4050-478 Porto, www.damaaflita.com

MUSEU SERRALVES 알바로 시자 비에이라가 설계한 현대미술관으로 수려한 아르데코 양식의 세랄베스(Serralves) 저택을 둘러싼 넓은 부지에 세워졌다. 미술관을 에워싸고 있는 정원도 매우 아름답다. 전시 오프닝은 대체적으로 금요일 저녁에 이루어지며, 예술 관계자들이 대거 참석한다. Rua D João de Castro 210, 4150-417 Porto, www.serralves.pt

WALKS AND ARCHITECTURE

GUINDAIS FUNICULAR 동 루이스 1세 다리(Dom Luis I Bridge) 근처의 히비에라(Ribiera)에서 푸니쿨라를 타고 3분간의 여정을 거쳐 바탈랴 광장(Batalha Square)에 오르면 아름다운 경치를 감상할 수 있을 것이다. 그 뒤 커피를 한잔하거나 쇼핑을 하러 가면 된다.
Rua Augusto Rosa, 4000-098 Porto, www.metrodoporto.pt

CASA DA MÚSICA 렘 쿨하스(Rem Koolhaas)가 디자인한 곳으로 음악의 창조, 공연과 연구를 위해 세워졌다. 강철, 알루미늄과 유리로 이루어진 이 수려한 빌딩에는 공중 통로와 거대한 입구가 있다.
Av da Boavista 604-610, 4149-071 Porto, www.casadamusica.com

PALÁCIO DE CRISTAL GARDENS
미구엘 봄바르다(Rua Miguel Bombarda) 갤러리 지구에 인접한 조경 공원이다. 원래의 유리로 된 크리스탈 궁전(런던에 같은 이름의 빌딩에서 착안하여 지은 곳)은 사라지고 돔을 얹은 철골 유리 건물이 대신 들어서 공연과 스포츠 행사를 개최하고 있다. 정원의 끝자락에서는 강의 경치가 다른 어느 곳보다 근사하게 펼쳐질 것이다. Rua Dom Manuel II, 4050-345 Porto

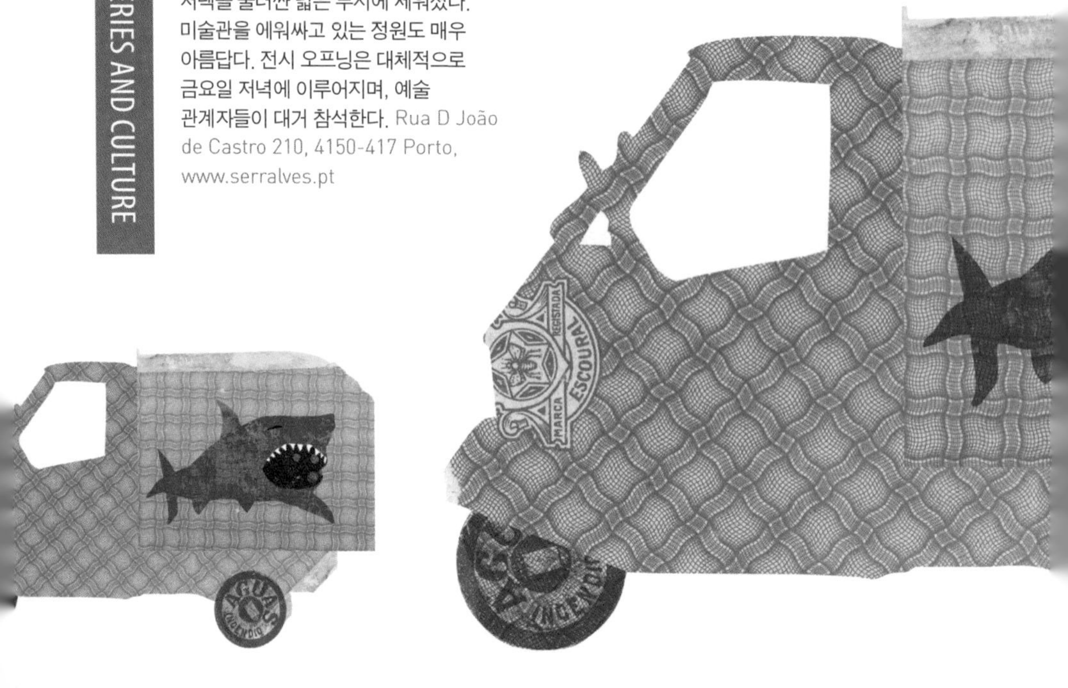

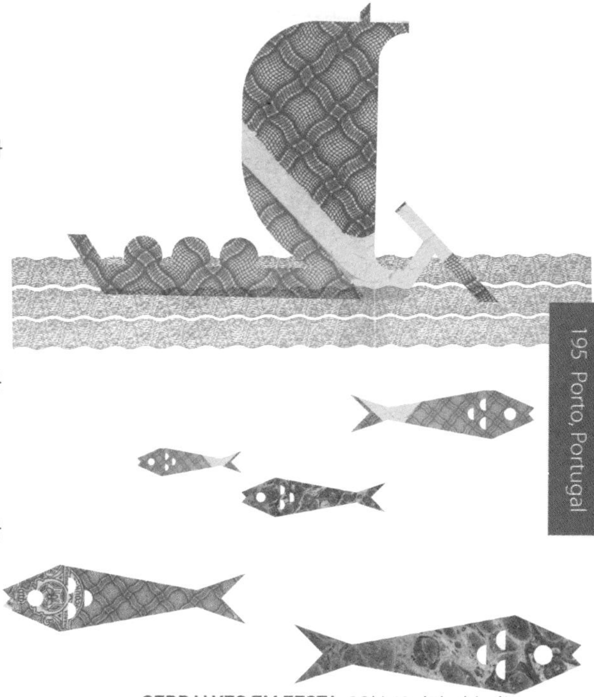

THE ÁLVARO SIZA VIEIRA SEASIDE TOUR
알바로 시자는 포르투갈에서 가장 중요한 건축가라 할 수 있다. 그가 지은 건물들은 실험적이고 반항적이며 장난기가 넘친다. 그는 마토시뉴스(Matosinhos)에서 나고 자랐으며 포르투에는 그가 설계한 건물이 여럿 있다. 이중 가장 유명한 곳은 레싸 다 팔마이라(Leca da Palmeira)의 수영장이다. 거친 콘크리트를 이용해 시자는 바다 경치를 가리지 않고, 꾸밈없이 자연 바위의 형태와 조화롭게 어울리는 수영장을 만들어냈다. 가족이나 친구들과 함께 하기 좋은 곳이다. 그곳에서 길을 조금 내려가면 보아노바 찻집(Casa do Cha da Boa Nova)이 보일 것이다. 이곳은 시자가 초기에 설계한 프로젝트 중 하나로(1956년) 마치 마토시뉴스의 해안 절벽에서 튀어나온 듯한 인상을 준다.
Avenida da Liberdade, Leca da Palmeira.

EVENTS

SERRALVES EM FESTA 6월 | 48시간 지속되는 축제로 세랄베스 현대미술관(Serralves Museum) 부지에서 음악, 전시, 공연과 엄청난 군중이 함께 어우러진다. Rua D João de Castro 210, www.serralvesemfesta.com

PECHA KUCHA NIGHT 정기적으로 열리는 행사이다. 온라인으로 일정과 장소를 체크해보자. www.pecha-kucha.org/cities/porto

SAO JOÃO FESTIVAL 23RD 6월 23일 | 성요한은 이 도시의 수호성인이다. 이 날은 엄청난 규모의 거리 파티가 벌어지는데 불꽃놀이, 길거리에서의 바비큐, 하늘로 떠오르는 등불 등으로 도시 전체가 들썩인다. 이후에는 사람들이 거리를 메운 채 플라스틱 망치와 마늘 줄기로 서로의 머리를 두드리기 시작한다. 이 파티는 바닷가에서도 계속되며 아침이 올 때까지 이어진다. 한마디로 엄청난 축제!

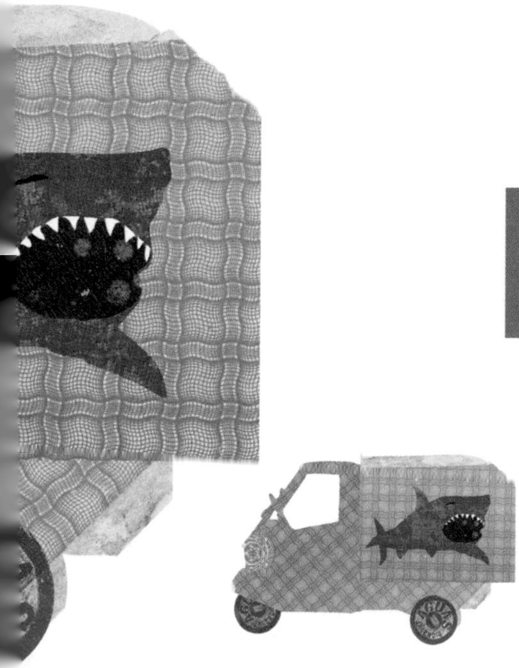

FANTASPORTO 2월 | SF 및 판타지 영화에 중점을 두고 시작된 멋진 영화제이다. 지금은 모든 장르를 아우르고 있다. 유럽 최대의 영화제 중 하나. www.fantasporto.com

NIGHTLIFE
LOCAL FLAVOUR
CULTURE
EATING

- bamboo & kristal clubs
- obor market
- posibilă gallery
- dristor kebab
- carol park

UNIVERSITATE & LIPSCANI AREA

- all hotels here
- caru cu bere
- expirat & other side
- club control
- rozalb de mura
- cochet shop
- atelier 35 gallery

VICTORIEI PLAZA AREA

- barka saffron
- picollo mondo
- studio martin
- karousel gallery
- naser restaurant
- buzești & matache area

ROMANĂ & AMZEI AREA

- galeron cafe
- 115.ro gallery
- cărturești bookshop
- green hours cafe
- athenaeum

- botanical garden
- valea cascadelor flea market
- fantastic club
- mnac

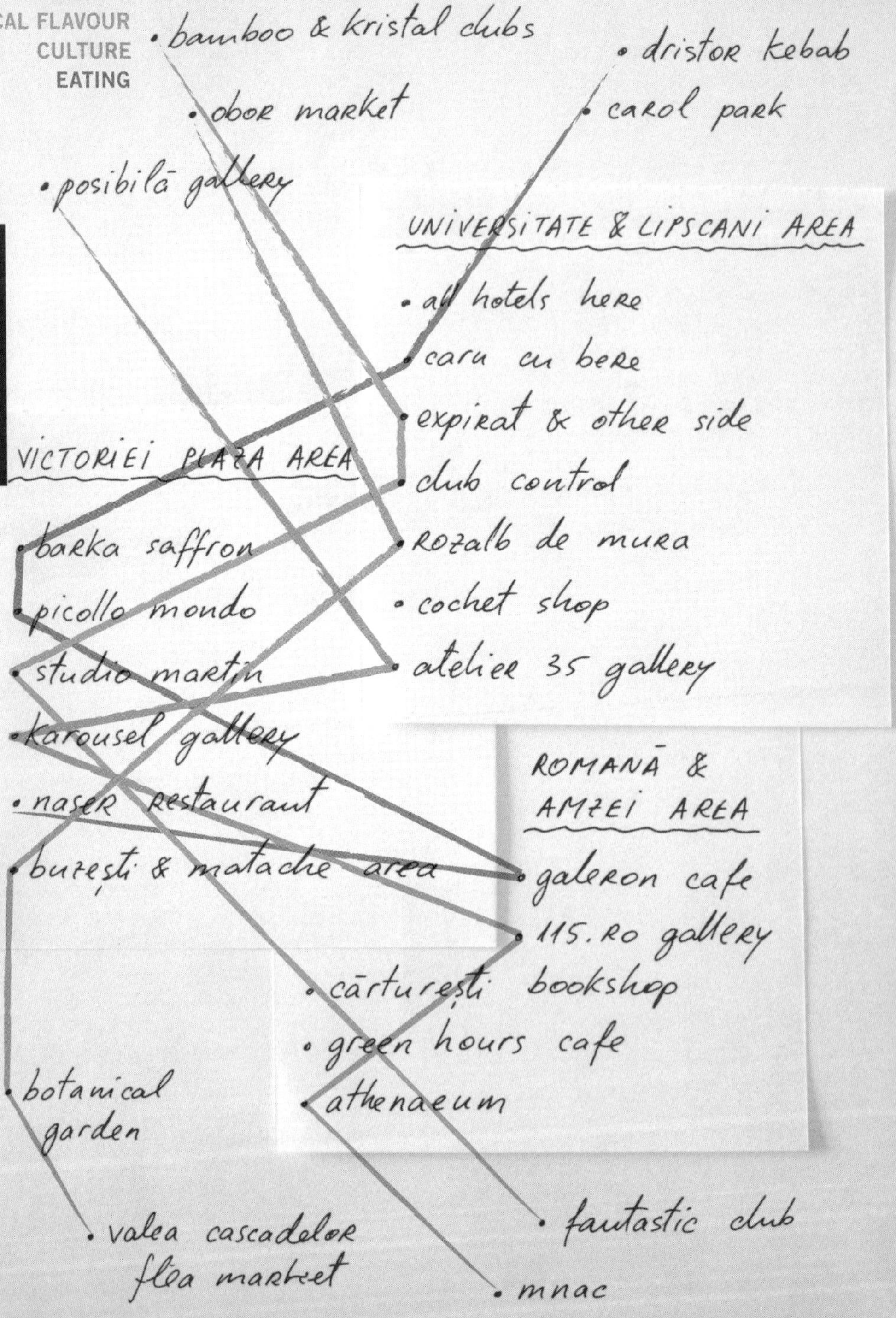

루시안 마린의 부카레스트

Lucian Marin's Bucharest

부카레스트는 다른 동유럽권 수도와 마찬가지로 공산주의 시기의 흔적이 뚜렷하게 남아 있는 곳이다. 우선 부카레스트는 동유럽에서 가장 큰 도시로 인구는 4백만에 이른다. 차우셰스쿠(Ceaușescu, 1965–1989년 집권) 집권기에 이루어진 대규모 도시화 운동이 낙태 및 피임 금지 정책과 맞물리며 상당한 규모의 자연 성장이 이루어졌다. 먼지 낀 어두운 박물관에서 지역 시장을 지나 버려진 아파트 빌딩과 폐허가 된 공사장에 이르기까지, 시내 분위기에서도 공산주의의 유산이 고스란히 느껴진다. 하지만 이런 것들이 내가 부카레스트를 좋아하는 이유이기도 하고, 이 도시를 남다르게 만들어 주는 요소이기도 하다. 나는 이런 지역들을 다니며 구소련식 아파트 단지의 끝없는 행렬 사이로 버려진 자동차나 자동차 수리점, 구두 수선집 등의 사진을 찍곤 한다.

부카레스트는 다뉴브 강의 지류인 아르제슈(Argeș) 강으로 흘러드는 딤보비차(Dambovița) 강 기슭에 자리잡고 있다. 현재 강의 대부분은 매립되었고, 지형이 평평한 탓에 동서남북을 구분하기가 어려울 수도 있다. 짧은 여정으로 방문할 계획이라면 립스카니(Lipscani)와 암제이(Amzei) 쪽을 주로 둘러보는 것이 가장 나을 것이다. 이곳에는 바, 클럽, 박물관, 레스토랑, 상점 등 주요 시설이 모두 모여 있다. 부카레스트에서 가장 오래된 구역도 있어 도시의 다층적인 정체성을 경험할 수 있을 것이다. 그 다음으로 내가 가장 자주 가는 곳들은 빅토리에이 광장(Victoriei Plaza), 로마나 광장(Romana Plaza), 대학 광장(Universitate Plaza)을 중심으로 모여 있다. 밤 문화를 즐길 수 있는 곳들이 이곳에 집중되어 있으며, Studio Martin, Kristal 또는 Bamboo 등 가장 크고 멋진 클럽들은 조금 떨어진 곳에 있다. 최근 몇 년 간 부카레스트는 현대화의 물결을 타고 있는데, 2007년 EU 가입 이후 경제 붐을 경험하기도 했다. 이러한 현상은 급격히 늘어난 여러 고급 상점들의 수만 보아도 알 수 있다.

시내를 둘러보기 위해서는 택시를 이용하는 것이 가장 안전하다. 가격도 비교적 저렴한 편이다. 사회주의의 어두운 면면을 경험하고 싶다면 지하철을 타도록 하자. 중앙터미널과 기차들은 현대화되었지만 과거 모습을 유지하는 기차역도 많다. 루마니아의 대중교통 시스템은 유럽에서 가장 큰 규모를 자랑하지만 이용은 불편한 편이다. 루마니아어를 할 줄 모른다면 버스 이용은 피하는 것이 좋다. 버스 노선도도 없을뿐더러 몹시 혼란스러운 경험이 될 것이다.

CAPSA HOTEL 웅장한 전통 유럽식 스타일의 5성급 호텔. 건물은 아름답게 복원되었고 부카레스트 구시가의 중앙에 있다. 호텔 내부에는 유명한 케이크 가게도 있는데 모두를 위해 문을 활짝 열어두고 있다.
36 Calea Victoriei, www.capsa.ro

REMBRANDT HOTEL 작고 고급스러운 호텔로 몇 년 전 최근 더욱 세련되게 개조되었다. 립스카니 지역에 있으며 대학광장에서 가깝다.
11 Smardan Street, www.rembrandt.ro

BANAT HOTEL 혁명 이전 시대의 부카레스트로 시간여행을 온 느낌을 주는 호텔이다. 도심에 자리한 오랜 건물은 여전히 아름다우며 인테리어는 사회주의 양식을 보여준다. 가격은 비싸지 않은 편이다. 5 Piata Rosetti

FUNKY CHICKEN HOSTEL 멋지고 자유스러운 분위기의 호스텔. 무엇보다도 가격이 엄청나게 싼 편. 위치도 편리하여 대학광장과 치스미지우 정원(Cismigiu Gardens)에서 10분 거리에 있다.
63 General Berthelot Street

CARU CU BERE 부카레스트에서 가장 오래된 맥주집. 루마니아 전통 술집에서 루마니아 전통 음식을 맛볼 수 있다. 루마니아 음악과 무용 공연도 종종 볼 수 있다. 구시가지에서 이곳만의 향취에 흠뻑 젖고 싶다면 이곳을 추천한다. 손님이 많으니 미리 예약하도록 하자.
5 Stavropoleos Street, www.carucubere.ro

BARKA SAFFRON 그윽하고 예술적인 분위기의 아시안 퓨전 레스토랑(비싸다!). 인도 출신의 주인은 아주 친절하고 테이블마다 찾아와 농담이나 이야기를 건네며 웃음을 선사한다. 나는 생일파티 등 특별한 모임이 있을 때 이곳을 찾는다. 1 Sanatescu Street

PICCOLO MONDO 이탈리아어로 된 이름에 속지 말자. 같은 이름의 호텔에 속해 있는 이 식당은 레바논 음식을 전문으로 한다. 딱히 고급스러운 곳은 아니지만 이곳의 요리만은 최고 수준이기 때문에 큰 사랑을 받고 있다.
9 Clucerului Road (behind 1 Mai Square), www.piccolomondo.ro

NASER 내가 시내에서 가장 좋아하는 식당이다. 일주일에 두 번씩은 온다. 위치는 도메니(Domenii) 시장 근처로 심플한 인테리어지만 맛있는 아랍 음식(케밥, 아이란, 바클라바, 카타이피, 라바네 등)을 팔고있다. 가게 주인은 하루종일 친구들과 카드나 바가몬 게임을 하며 물담배(손님들도 식후에 주문할 수 있다)를 피워댄다. 이곳의 쿠키도 꼭 먹어보기를 바란다.
86 Dumitru Zosima Street

SAORMA DRISTOR 루마니아식 케밥을 파는 분식집. 인기가 많은 곳으로, 토요일 저녁이면 파티가 끝난 후 허기를 채우기 위해 몰려드는 인파로 밤새 북적거린다. 택시를 타고 다녀오자. 기사는 어디로 가야 할지 정확하게 알고 있을 것이다. 1 Camil Ressu

GALERON 전통 로마 가옥에 자리잡은 카페이자 바, 레스토랑. 내부에는 서로 다른 테마로 꾸며진 방들이 있다. 분위기 좋은 테라스와 함께 니콜라에 골레스쿠(Nicolae Golescu)와 에피스코피에이(Episcopiei) 거리가 멋지게 내려다보이는 벽감이 있다. 암제이 플라자(Amzei Plaza)에 있어 위치도 좋고 음식은 신선하다. 술 한잔 또는 비즈니스 미팅에 적절한 장소. 18A Nicolae Golescu Street, www.grandcafegalleron.ro

ORIENT CAFE 칵테일이 다양해서 좋아하는 곳. 금요일 퇴근 후 이곳을 찾곤 한다. 16 Calea Victoriei

STUDIO MARTIN 부카레스트에서 가장 인정받는 클럽 중 하나로 유명 영화관 내에 있다. 금요일과 토요일 밤에만 영업한다. 시내 최고의 DJ들이 모여 일렉트로닉과 미니멀 음악을 선사한다. 자세한 사항은 웹사이트에서 확인해보자.
41 Iancu de Hunedoara, www.studiomartin.ro

KRISTAL 세계 50대 클럽 리스트에 빈번히 등장하는 클럽 중의 클럽. 유럽 최고의 DJ들과 이에 걸맞은 글래머러스한 인테리어를 갖추었다. 시내 최고의 클럽 중 하나. 2 J S Bach

CLUB BAMBOO 오직 가장 부유하고 가장 아름다운 루마니아니들만이 드나들 수 있는 고급 클럽. 제대로 차려입어야만 입장이 가능하다. 블링블링한 만큼 입장료와 음료는 비싸다. 39 Rămuri Tei

GREEN HOURS 안마당에 자리잡은 편한 분위기의 카페 겸 바. 젊은 손님들이 주를 이룬다. 저녁이 되면 재즈 클럽으로 변신하며 음악 및 연극공연 외에도 빈티지 의류나 책 시장이 열리기도 한다. 가게 주변은 암제이와 대학광장 사이에 놓인 최고의 지역이니 산책하며 둘러보면 좋을 것이다. 120 Calea Victoriei

EXPIRAT AND OTHER SIDE 같은 빌딩에 있는 두 곳의 클럽. 립스카니 거리 쪽의 입구로 들어가면 주류 클럽이 있고 반대편 브레조이아누(Brezoianu) 거리에 난 입구로 들어가면 보다 엣지있고 펑키한 곳이 나온다. 나의 몇몇 친구들은 정기적으로 이곳을 찾는데, 유명 그룹인 Hot Chip 멤버들이 공연 후 애프터파티를 열었던 곳이기도 하다.
5 Lipscani / 4 Ion Brezoianu, www.expirat.org

FANTASTIC CLUB 어두운 길에서 어두운 건물은 놓치기 십상이다. 입구에 촛불이 있으니 잘 살펴보자. 때로는 입장을 위해 비밀번호가 필요하기도 하다. 안으로 들어가면 마찬가지로 어둑어둑한 공간에 방들이 숨어 있다. 손님들로 붐비지만 소란을 피우는 사람들은 없고, 좋은 음악이 흘러나온다. 이 안에서는 단추 형태로 된 별도의 화폐가 사용용되며 물품보관소 티켓으로 카드놀이를 할 수 있다. 147-153 Calea Rahovei (in Biblioteca Palat Bragadiru)

CONTROL 넓은 공간을 쓰는 얼터너티브, 인디 클럽이다. 인테리어 구조도 잘 되어 있고 라이브 공연을 위한 공간도 마련되어 있다. 온라인으로 이벤트 일정을 알아보자. 19 Academiei Street, www.control-club.ro

나는 부제슈티(Buzesti)와 립스카니(Lipscani) 지역의 모든 골동품 상점을 돌아다니곤 한다. 오래된 사진, 1950년대 신문, 번호판, 가정용품 등 전후 부카레스트의 귀한 기념물들을 찾을 수 있다.

CARTURESTI 서점, 미술관, 갤러리, 카페가 2개 층을 나눠 쓰고 있다. 서점에는 루마니아어로 된 책들이 주를 이루지만 영문서적과 예술서적 코너가 있다. 이외에도 고전영화, 음악 및 선물용품도 판매되고 있다. 13 Arthur Verona, www.carturesti.ro

ROZALB DE MURA 아방가르드 하이패션을 추구하는 루마니아 의류디자인 그룹의 부티크. 이들은 아일랜드 뮤지션 로이진 머피(Roisin Murphy)를 위한 디자인도 하고 있다. 9-11 Selari Street, www.rozalbdemura.ro

KOMBINAT 멋진 옷을 파는 콘셉트 스토어로 갤러리 공간, 찻집, 그리고 팬진 도서관과 나란히 서 있다. 모두 수준 높은 인테리어 디자인을 자랑하는 가게들이다. 22 Tudor Arghesi Street

COCHET 오래된 클럽 공간에 자리한 아주 힙한 가게. 빈티지 의류, 한정판 사진작품, 비요크(Bjork) DVD 외에도 Ana Alexe 같은 현지 브랜드 및 해외 브랜드까지 모든 물건을 취급한다. 심지어 가구까지, 가게의 모든 물건이 판매용이다. 가게 안 카페에서는 조만간 라이브 공연을 열 수 있을지도 모른다. 가격이 조금 높은 편이지만 무턱대고 비싸지는 않다. 3A-3B Ion Otetelesanu, www.cochetcochet.ro

PHILATELIC CLUB 일요일 아침 이곳으로 오면 아름다운 우표를 고르느라 골몰해 있는 나를 찾을 수 있을 것이다. 마치 시간여행을 하는 듯한 경험이 될 것이다. Calea Dorobanti (near the Perla Restaurant)

MY GRANDMA'S BACKYARD 핸드메이드 및 빈티지 의류와 액세서리를 파는 재밌고 유쾌한 시장. 날짜는 블로그를 통해 확인하자. www.ciudat.blogspot.com

FLEA MARKETS 부카레스트에서 추천할 만한 벼룩시장은 두 곳이 있다. 하나는 발레아 카스카델로르(Valea Cascadelor)(목요일, 토요일, 일요일)에, 다른 하나는 비탄(Vitan)(일요일)에 있다. 자동차 판매업자나 싸구려 플라스틱 제품들은 뒤로하고 숨은 보석을 찾아 나서보자. 수많은 희한하고 재미있는 물건들 중에는 베를린에서 훔친 자전거, 구식 텔레비전과 카메라, 러시아 피규어, 베이클라이트 전화기 등도 있다.

MATACHE FRUIT AND VEGETABLE MARKET AND BUCUR OBOR 슈퍼마켓보다 더 싱싱한 청과류를 구할 수 있는 곳이다. 홈메이드 치즈, 꿀, 잼류과 야채를 살 수 있다. 부쿠르 오보르는 피와 내장이 즐비한 육류시장으로, 언제나 정신없이 분주한 모습이다. 이른 시간에 가는 것이 좋고, 소매치기를 조심하자. Piata Matache, Buzesti Street, near Victoriei Plaza

GALLERIES AND CULTURE

MNAC 비교적 최근에 생긴 현대미술관으로, 거대한 규모의 국회의사당(Casa Poporului) 건물의 일부를 사용하고 있다. 실험적인 전시와 이벤트가 진행되며 여름에는 멋진 파티도 열린다. 옥상에는 카페가 있다. 이밖에도 멀티미디어와 실험예술을 위해 설립된 KalinderuMediaLab도 운영하고 있다. 2-4 Izvor Street (entrance from Calea 13 Septembrie), www.mnac.ro

GALERIA POSIBILA 현존하는 루마니아 최고의 아티스트인 댄 퍼잡스키(Dan Perjovschi)의 전시를 보기 위해 들른 적이 있다. 개인이 운영하고 있다. 6 Popa Petre, www.posibila.ro

KAROUSEL 루마니아 현대 사진의 최고만을 전시하는 갤러리 5A George Calinescu, www.karousel.ro

ATELIER35 구도심에 위치한 젊은 예술인들을 위한 공간. 일년 내내 전시, 설치미술, 공연 외에도 다양한 워크숍을 진행한다. 13 Selari, www.atelier35.eu

OLD-SCHOOL MUSEUMS 나는 수십년간 바뀌지 않은 먼지 쌓인 곳들을 좋아한다. 철도박물관, 기술박물관, 소방박물관, 군사박물관 등… 특히 농촌박물관에는 야외에 실물 크기의 전통 가옥이 전시되어있다. Village Museum: 28 Kiseleff Road, www.muzeul-satului.ro

EVENTS

ROKOLECTIV FESTIVAL 4월 | 일렉트로닉 음악과 관련 예술을 위한 축제. 주말 기간에 벌어지며 유명 아티스트들이 꽤 참여한다(과거 DAT POLITICS, UNDERGROUND RESISTANCEAND JEAN-JACQUES PERREY 등이 참여한 바 있다). 페스티벌의 마지막 날은 MNAC GALLERY에서 진행된다. www.rokolectiv.ro

ENESCU FESTIVAL 9월 | 전세계 3천여 명의 뮤지션들이 참여하는 3주간의 클래식 뮤직페스티벌. 예술감독인 요안 홀렌더(Ioan Holender)는 넉넉지 못한 예산에도 불구하고 언제나 최고의 라인업을 구성해낸다. www.festivalenescu.ro

CASA POPORULUI – 국회의사당 놓쳐서는 안될 곳. 한마디로 어마어마하다. 독재자 차우셰스쿠(Ceaușescu)의 허영심이 빚어낸 최대 프로젝트였던 이곳은 여전히 세계에서 세 번째로 큰 빌딩으로 남아 있다. 지상 12층, 지하 8층 높이의 건물 내에는 1,100개의 방이 있다. 신고전주의 양식으로 지어진 건물은 크리스탈 거울과 셀 수 없이 많은 샹들리에, 그리고 백만 제곱미터나 되는 트란실바니아 대리석으로 채워져 있다. 이 건물을 짓기 위해 도시의 1/5이 파괴되었다. 30분 간격으로 가이드 투어가 진행된다.

BELLU CEMETERY 시내에서 가장 유명한 공동묘지. 200년 동안 사용된 곳으로, 차분한 사색의 공간이 되어 줄 것이다.

BOTANIC GARDEN 과거 왕족들의 유원지였던 곳으로 17.5헥타르에 이르는 수려한 정원이다. 주말 이른시간에 가면 식물원 전체를 내것처럼 즐길 수 있을 것이다. 봄과 가을에 특히 아름다운 곳. www.gradina-botanica.ro

CAROL PARK 공산주의 시대에는 자유 공원이라고 불리웠던 곳으로, 지난 세기 말 프랑스 조경예술가 에두아르 르동(Edouard Redont)이 설계한 공원이다. 매우 넓고, 무명용사의 묘와 호리아 마이쿠(Horia Maicu)와 니콜라에 쿠쿠(Nicolae Cucu)가 60년대에 디자인한 여러 공산주의 지도자를 기리는 묘 등 수많은 볼거리가 있다.

Hurbanovo nám.
Župné nám.
ucínska
ská
oštská
Baštová
Na vŕšku
Michalská
Sedlárska
Zámočnícka
Biela
Františkánske nám.
Nám. SNP
Kamenné nám.
Nedbalova
Uršulínska
Primaciálne nám.
KA
Kapitulská
MB
NO
PB
Koštolná
Radničná
Klobučnícka
Rybárska bř.
VY
VR
MD
Štúrova
Ventúrska
Hlavné nám.
Laurinská
Gorkého
Klariská
KM
GH
CD
CF
IV
Jesenského
Palackého
e schody
ho
vo nám.
Zelená
Panská
Medená
Tallerova
Tobrucká
oné nám.
SC
NG
PM
Múzejná
Kúpeľná
zdoslavovo námestie
WI
~ Dunaj ~
Paulíního
Rigeleho
Riečna
Nový most
JK
Tyršovo náb.
Nám. Ľ. Štúra
Šafárikovo nám.
Mostová
Rázusovo nábrežie
Vajanského nábre
Strakova
Úzka

CF Café Verne
ČD Čersťvý dizajn
GH galéria HIT
IV In vivo
KA Kastelán
KM Kino Mladosť
MB Michalska brana
MD Múzeum M. Dobeša
NG Národná galéria
NO No
PM Pizza Mizza
PB Prašná Bašta
JK Sad Janka Kráľ
SC Sub-club
VR Venturska re
VY Vydric
WI Wilsoni

마르셀 벤칙의 브라티슬라바

marcel benčik's bratislava

브라티슬라바는 오스트리아, 헝가리 두 나라와 접해 있는 유럽 유일의 수도이다. 비엔나와는 고작 60km 떨어져 있어 비엔나의 위성도시처럼 여겨질 수도 있을 것이다. 그럼에도 불구하고 이곳만의 정체성(반복된 침략으로 인해 복합적인)과 분위기를 지니고 있다.

가장 먼저 가보고 싶은 곳은 구시가일 것이다. 이곳은 유럽의 다른 구시가와 비교해 더욱 작고 오밀조밀한 곳이다. 한쪽 끝에서 반대편까지 도보로 10분 이내에 닿을 수 있다. 굽어지는 좁은 거리와 수많은 바로크 및 중세 건축물, 1990년대에 재건된 보행 지역 등 구시가지는 아주 아기자기하다. 구시가지 밖으로는 '파넬락(panelaks)'이라고 부르는 대규모 콘크리트 지역이 나타난다. 나는 주로 여기 또는 내가 일하는 스튜디오가 있는 둘로보 나마스테(Dullovo Namaste) 쪽에서 시간을 보낸다. 이곳은 도심 쪽에서 걸어서 10분 거리에 있고 버스 터미널도 가깝다.

브라티슬라바의 녹지는 풍부한 편으로 다뉴브 강이 그 가운데를 흐르고 있다. 강 위에는 여러 다리가 있는데 공산주의의 상징인 노비 모스트(Novy Most)는 세계에서 가장 긴 사장교이다. 카르파티아(Carpathian) 산맥이 말레 카르파티(Male Karpaty)와 함께 여기서 시작된다. 이곳 산자락은 숲이 빽빽히 조성되어 있으며, 27km^2 면적의 삼림공원이 있다. 근처 대학생들이 즐겨찾는 곳으로 괜찮은 카페와 펍 등도 많다.

브라티슬라바는 자본주의를 적극적으로 받아들였다. 지난 20년간 정부는 해외 자본을 끌여들이기 위해 모든 수단을 동원했고 경제는 상승세를 탔다. 수없는 개발이 이루어져 현재 이곳은 구시대의 매력과 젊고 현대적인 활기를 동시에 내뿜고 있다. 나는 슬로바키아 북쪽의 질리나(Žilina)라는 도시에서 자랐고 해외에서 공부를 했다. 그러던 어느 날 학교에 있다가 갑자기 내가 브라티슬라바를 아주 좋아하고 심지어 그리워하고 있다는 사실을 깨닫게 되었다. 이곳은 에너지 넘치는 도시로 마치 고향처럼 느껴지는 곳이기도 하다.

MAMA'S BOUTIQUE HOTEL 생긴 지 오래되지 않는 4성급 호텔로, 도심 근처의 조용한 동네에 있다. 호텔에는 생선 초밥 레스토랑이 있는데 가격 대비 훌륭한 맛을 자랑한다. 옥상에는 전망 좋은 테라스가 있고 자쿠지와 접이식 의자가 놓여 있다. Chorvatska 2, www.hotelmamas.sk

HOTEL MICHALSKA BRANA 구시가의 보행구역에 위치한 곳으로 예쁘게 꾸며진 저렴한 게스트하우스이다. 유쾌하고 안락한 분위기로 테라스가 딸려 있고 아침식사도 괜찮은 편. Bastova 4

VENTURSKA RESIDENCE 구시가 한복판에 자리한 콘도시설이다. 넓고 현대적이며 이용료도 비싸지 않다. Venturska 3

BOTEL MARINA 도심에서 몇 걸음만 옮기면 마주칠 수 있는 강 위의 유람선이다. 객실은 예상 가능하겠지만 아주 작다. 하지만 여전히 매력 있고 개성 있는 저예산 옵션이 될 것이다. Nabrezie arm gen L Svobodu

Azovská · **BBB** Babuškova · Bagarova · Bachova · Bajkalská · Baj Banskobystrická · Banšelova · Bardejovská · Bárdošova · Barónka ažantia · Beblavého · Bebravská · Beckovská · Belehradská · Beli Beniakova · Beňovského · Bernolákova · Beskydská · Betliarska ova · Blagoevova · Blatnická · Blumentálska · Bočná · Bodrocká ova · Borovicová · Borská · Bosákova · Boskovičova · Bošániho ratislavská · Bratská · Brečtanová · Brestová · Brezová · Brezov roskyňová · Brusnicová · Břeclavská · Bučinová · Budatínska · Bú Bulharská · Bulíkova · Bullova · Buzalkova · Bystrická · Bzovíck esta na Kamzík · Cesta na Klanec · Cesta na Senec · Cigeľská · Cíp **ČČČ** Čachtická · Čajakova · Čajkovského · Čaklovská · Čalovská · evského · Černicová · Červená · Červený kríž · Červeňákova · Čer ohorská · Čiernovodská · Čierny chodník · Čiližská · Čipkárska · Č Damborkského · Dankovského · Dargovská · Datelinová · Daxnero eviata · Devínska cesta · Dlhá · Dlhé diely · Dneperská · Dobrov olnozemská cesta · Domašská · Domkárska · Domové role · Donn ementisa · Dražická · Drevená · Drieňová · Drobného · Drotárska cesta · Dudova · Dudvážska · Dulovo nám. · Ďumbierska · Dunaj Einsteinova · Eisnerova · Elektrárenská · Estónska · Exnárova · edáková · Fedinova · Ferdiša Kostku · Ferienčíkova · Fialkové úde ancúzskych partizánov · Františkánska · Františkánske nám. · Fu Galandova · Galbavého · Gallayova · Gallova · Galvaniho · Gašp ercenova · Gerulatská · Gessayova · Géttingova · Gordova · Goge ová · Gruzínska · Gunduličova · Guothova · gusevova · **HHH** Haar uliakova · Hanácka · Handlovská · Hanulova · Hany Meličkovej · Havrania · Haydnova · Hečkova · Herlianska · Heydukova · Hey linická · Hlučínska · Hnilecká · Hodálova · Hodonínska · Hodžovo Horná · Hornádska · Horská · Hospodárska · Hrabový chodník · rdličkova · Hrebendova · Hríbová · Hriňovská · Hrobákova · Hrobá a · Humenské nám. · Hummelova · Hurbanovo nám. · Husova · ydinárska · Hýrošova · **ChChCh** Chalupkova · Charkovská · Chem riskova · Iľjušinová · Ilkovičova · Ílová · Inovecká · Ipeľská · Irku olinského · Jabloňova · Jačmenná · Jadranská · Jadrová · Jahodo náša · Jána Poničana · Jána Raka · Jána Smreka · Jána Stanislava a · Janotova · Jánska · Janšákova · Jantárová · Jantárová cesta · J strabia · Jašíkova · Javornská · javorová · Jazdecká · Jedenásta enského · Jiráskova · Jiskrova · Jókaiho · Jozefa Hagaru · Jozefská Jurovského · Jurská · Justičná · **KKK** K Horárskej studni · K Železr Kamenárska · Kamenné nám. · Kamilková · Kapicova · Kapitulsk arpatské nám. · Kašmírska · Kaštieľska · Kaukazská · Kazanská emensova · Klenová · Klimkovičova · Klincová · Klobučnícka · Kl ohútova · Koľajná · Kolárska · Kolísková · Kollárova · Kollárovo n árska · Koncová · Koniarkova · Konopná · Konventná · Kopanic osatcová · Kôstková · Kostlivého · Kostolná · Košická · Kovácsova a · Kpt. Jána Rašu · Krahuľčia · Krajinská · Krajinská cesta · Kra rasovského · Kratiny · Krátka · Krčméryho · Kremeľská · Kremer ova · Kubániho · Kubínska · Kudláková · Kulkovská · Kúkoľová · urucova · Kutlíkova · Kutuzovova · Kuzmányho · Kvačalova · Kve adislava Sáru · Ladzianskeho · Ľadová · Lachova · Ľaliová · Lam erského · Latorická · Laučeková · Laurinská · Lazaretská · Lec esnícka · Lečkova · Letecká · Letná · Levárska · Levická · Levoč ova · Lipová · Lipského · Liptovská · Lisovňa · Listová · Líščie ni čka · Lotyšská · Lovinského · Ľubietovská · Ľubinská · Ľublanska Luhačovická · Lužická · Lýcejná · Lykovcová · Lysákova · **MMM** ová · Magnezitová · Magurská · Macharova · Máchova · Majakov sko · Malinová · Malodunajská · Malokarpatské nám. · Malý trh Markova · Maróthyho · Marákovej · Martinčekova · Martinengov ána Hella · Mečíkova · Medená · Medveďovej · Medzierka · Med ichalská · Mikovíniho · Mikulášska · Milana Marečka · Milana Pis lynská dolina · Mlynské luhy · Mlynské nivy · Modranská · Mod oravská · Morušová · Moskovská · Mostná · Mostová · Mošovské hova · Mudroňova · Muchovo nám. · Muránska · Murgašova · Mu a doline · Na grbe · Na hrádzi · Na Hrebienku · Na hradkach · a pántoch · Na pasekách · Na paši · Na pažiti · Na piesku · Na F

va + Balkánska + Baltská + Bencíkovej + Banícka + Baničova + Ba
+ Bartoňova + Bartoškova + Baštová + Batkova + Bazová + Bazovs
kého + Bellova + Belopotocké + o Beňadická + Bencúrova + Bene
ezručova + Biela + Bielkova + Bieloruska + Bilikova + Biskupska +
Bohrova + Bohúňova + Bojnická + Borekova + Bôrik + Borinská + E
Bottova + Boženy + Němcovej + Bradáčova + Bradlianska + Bran
Bridlicová + Brigádnická + Brižitská + Brnianska + Brodná + Bro
ateľská + Budyšínska + Bujnákova + Buková + Bukovinská + Buku
va + Cablkova + Cádrova + Cesta + Mládeže + Cesta na Červený
+ Cintorínska + Cintulova + Colnícka + Cukrová + Cyprichova + C
Čapkova + Čečinova + Čelakovského + Čerešňová + Černockého +
+ Československých parašutistov + Československých tankistov
elovec + Čremchová + Čučoriedková + Čulenova + **DDD** Daliborov
ná + Delená cesta + Demänovská + Desiata + Detvianska + Devät
ského + Dobšinského + Dohnalova + Dohnányho + Doležalova + D
alova + Donská + Dopravná + Dorastenecká + Dojstojeského rad
+ Družicová + Družobná + Družstevná + Dubnická + Dubová + Dúb
+ Dvanásta + Dvojkrížna + Dvořákovo náb. + **EEE** Edisonova + Eg
+ Fajnorovo náb. + Fándlyho + Farebná + Farská + Farského + Faz
+ Fikusova + Flöglova + Floriánske nám. + Fraňa Kráľa + Franci
anská + **GGG** Gabčíkova + Gagarinova + Gajarská + Gajova + Gal
anova + Gavlovičova + Gbelská + Gelnická + Gemerská + Geolo
+ Goláňova + Goralská + Gorazdova + Gorkého + Gregorovej + G
+ Hadia cesta + Hájnická + Hájová + Halašova + Hálkova + Hálov
manecká + Harmincova + Hasičská + Hattalova + Havelkova + Ha
áčikova + Hlavatého + Hlavná + Hlavné nám. + Hlbinná + Hlboká
a + Holíčska + Hollého + Holubyho + Homolova + Hontianska + H
dná + Hradné údolie + Hradská + Hrachová + Hraničiarska + Hra
a + Hronská + Hroznová + Hrušková + Hrušovská + Hubeného + H
nic + a Hviezdna + Hviezdoslavova + Hviezdoslavovo nám. + Hybe
Chlumeckého + Chorvátska + Chotárna + Chrasťová + Chrobáko
Ivana Bukovčana + Ivana Horvátha + Ivánska cesta + **JJJ** J. Vana
akubíkova + Jakubovo nám. + Jakubská + Jalovcová + Jamnického
nčova + Janka Alexyho + Janka Kráľa + Jankolova + Jánošíkova + Ja
ná + Jaroslavova + Jarošova + Jaseňová + Jaskov rad + Jasná + jas
ová + Jégeho + Jelačičova + Jelenia + Jelšová + Jeséniova + Jesen
a + Jungmannova + Júnová + Jura Hronca + Jurigovo nám. + Jurk
adnárova + Kafendova + Kalinčiakova + Kalinová + Kalištná + Kar
Kapušianska + Karadžičova + Karloveská + Karola Adlera + Karp
+ Kežmarské nám. + Kladnianska + Klariská + Kláštorská + Klat
tá + Klzavá + Kmeťovo nám. + Knižkova cesta + Koceľova + Kočár
omárňanská + Komárnická + Komárovská + Komenského nám.
Kopernikova + Koprivnická + Korabinského + Kórejská + Koren
vorobotnícka + Kovová + Kozia + Kozičova + Kozmonautická + Ko
Kráľovské údolie + Krasinského + Kraskova + Krásna + Krásnoh
+ Kríková + Krivá + Kržkova + Krížna + Krmanova + Krupinská
kuričná + Kuliškova + Kultúrna + Kuneradská + Kupeckého + Kú
+ Kýčerského + Kyjevská + Kysucká + **LLL** Lackova + Ladislava D
anského + Ladauova + Landererova + Langsfeldova + Ľanová
+ Legionárska + Lehotského + Lenardova + Lermontovova + L
kovská cesta + Lietavská + Lichardova + Likavská + Limbová + L
Litovská + Lodná + Lombardiniho + Lomnická + Lomonosova
+ Ľubovnianska + Lúčna + Ľuda Zúbka + Ľudové nám. + Ľudovít
owske + M. Schneidera-Trnavského + Madáchova + Maďarská
va + Majerská + Mákova + Májová + Makovického + Malá + Malé
Mandľová + Mandľovníkova + Mánesovo nám. + Marhuľova + Ma
Mateja Bela + Matejkova + Matičná + Matúškova + Matúšova + M
ačná + Mestská + Meteorová + Metodova + Mickiewiczova + Mi
Mišíkova + Mládežnícka + Mliekarenská + Mlynarovičova + Mly
írova + Mokráň záhon + Mokrohájska cesta + Moldavská + Mole
vzesova + Mozartova + Mramorová + Mraziarenská + Mrázová
+ Myjavská + Mýtna + **NNN** Na baránku + Na barine + Na brez
ieli + Na kopci + Na križovatkách + Na lánoch + Na medzi + Na
+ Na skale + Na Slavíne + Na spojke + Na stráni + Na Štyridsiat

PLACES TO EAT

CAFE VERNE 내가 좋아하는 식당. 브라티슬라바 미술아카데미 지하에 숨어 있다. 나는 아침이나 점심을 먹으러 오는데, 가끔씩은 저녁에 들러 술을 한잔하기도 한다. 콘티넨탈식 아침 메뉴와 스크램블 에그가 맛있다. 오래된 벨벳 소파에 앉아 골동품 라디오와 쥘 베른(Jules Verne)에 영감을 받은 장식에 둘러싸인 채 다른 어린 학생들이나 보헤미안 지식인들과 어울려 시간을 보내도 좋다.
Hviezdoslavovo namestie 18

THE VIENNESE GROCERY 내가 아끼는 또 다른 보물이다. 비엔나 식료품점인데 앉는 자리가 있다. 멋들어진 공간은 아니지만 먹어본 것 중 가장 맛있는 스트루들을 판다고 자신있게 얘기할 수 있다. 게다가 가격도 무척 싸다. Páričkova 6

PRAŠNÁ BAŠTA 인기가 많은 식당이니 피크타임은 피해서 가는 것이 좋겠다. 기억할 수 있는 먼 과거부터 지금까지 쭉 변함없이 맛있는 요리를 만들어낸다. 여름에는 평온한 정원 공간도 마련된다. Zámočnícka 11, www.prasnabasta.sk

PIZZA MICA (PIZZA MIZZA)
브라티슬라바의 점심시간을 책임지는 또 다른 인기 식당. 근사한 테라스에서 맛좋은 이탈리안 요리를 즐길 수 있다. 또 시내에서 가장 큰, 직경이 50cm나 되는 피자를 파는 곳이기도 하다.
Tobrucka 5, www.pizzamizza.sk

TAVERNA 내 스튜디오 바로 옆, 도심에서 10분 거리에는 정말 괜찮은 그리스 식당이 있다. 실내는 온통 흰색과 파란색으로 이루어져 있으며 뻔한 전통음악이 흐르고 있다. 살짝 싸구려 느낌 나는 분위기를 참아줄 수만 있다면 이내 큰 보상을 받을 것이다. 음식이 너무나 맛있기 때문이다. 신선한 재료로 정성들여 만든 음식은 가격도 합리적이다. 너무 붐비지 않는 곳이라 언제나 빈 테이블을 찾을 수 있다. 여름에는 야외 인도에도 테이블을 놓으니 식당의 실내장식에서 벗어날 수 있을 것이다.
Košická 39, www.greckataverna.sk

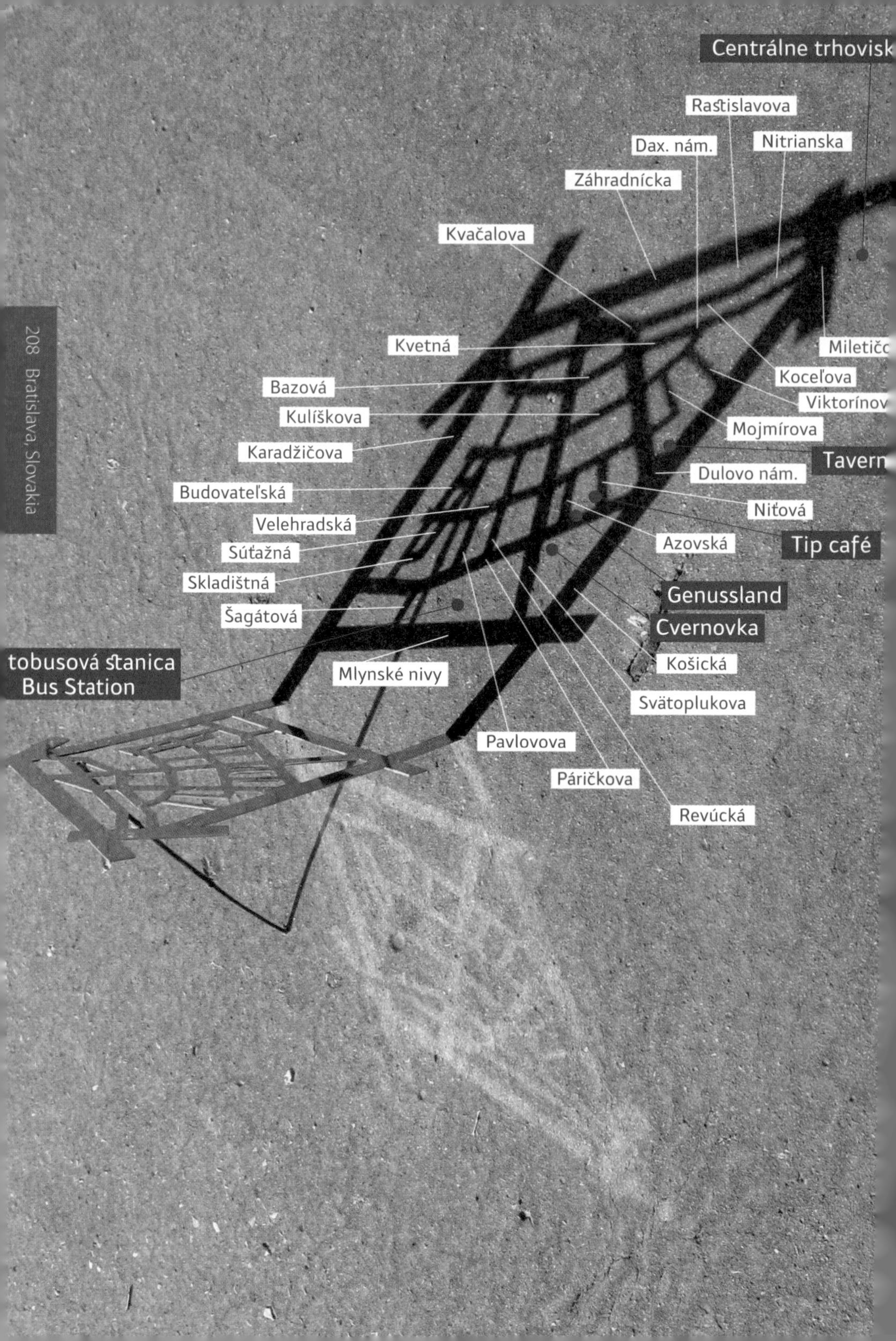

Centrálne trhovisk

Rastislavova

Dax. nám.

Nitrianska

Záhradnícka

Kvačalova

Kvetná

Miletičc

Koceľova

Bazová

Viktorínov

Kulíškova

Mojmírova

Karadžičova

Dulovo nám.

Tavern

Budovateľská

Niťová

Velehradská

Azovská

Súťažná

Tip café

Skladištná

Genussland

Šagátová

Cvernovka

tobusová staníca
Bus Station

Košická

Mlynské nivy

Svätoplukova

Pavlovova

Páričkova

Revúcká

BARS

브라티슬라바 안의 대부분의 바는 서로 걸어갈 수 있는 거리 내에 모여 있다. 다들 비슷비슷한 모습인데, 나는 이들 사이를 옮겨다니며 술을 마시곤 한다. 이 바들이 다 좋은 이유는 쓸데없이 복잡하지 않고 솔직한 기운이 느껴지기 때문이다. 이곳에서는 잔뜩 마시고 즐거운 시간을 보낼 수 있다. 하지만 모두가 다 사교적이지만은 않아서 낯선 사람들과의 대화를 꺼리는 '쿨'한 사람들도 많다.

TIP CAFE 내 스튜디오 가까이 있는 특이한 곳이다. 괴팍한 노인들과 도박쟁이들이 모여 있는 카페이지만 웨이터들은 상냥하고, 시내 최고의 커피를 판다. Páričkova 31

VYDRICA 브라티슬라바 성 언덕 한쪽의 예쁜 동네에 자리한 펍이다. 아주 편안한 분위기로, 늦은 시간까지 문을 연다. Beblaveho 6

KASTELÁN CAFE 도심에 있는 레스토랑 겸 바. 여름이면 작은 테라스를 만들고, 금요일 밤은 주로 여러 테마의 이벤트를 진행하여 좋은 음악과 함께 즐거운 분위기를 자아낸다. Židovská 19

PIVNIČKA 매주 목요일마다 재즈, 블루스, 레게 공연이 이루어지는 작은 지하 바. 다소 지저분하지만 저렴하고, 무엇보다도 이곳만의 멋이 넘친다. Palackého 2

SUB CLUB 위 언급된 모든 바들의 옆에 위치한 멋진 클럽. 핵폭탄 대피용 벙커였던 곳을 사용하고 있다. 하우스와 테크노 음악이 주를 이루고, 이따금씩 레게와 락, 드럼과 배스 등도 들을 수 있다. 나는 훌륭한 DJ들이 초대되는 이곳의 'Sub-urb' 이벤트를 특히 좋아한다. 실내 공간은 구불거리는 복도로 인해 동굴 같은 느낌을 준다. Nabrezie arm. gen. L. Svobodu, www.subclub.sk

CVERNOVKA 내 스튜디오는 오래된 부품 공장에 자리하고 있다. 2004년 생산을 멈춘 공장 건물로, 지금은 수많은 디자이너와 아티스트들의 창조 공간으로 이용되고 있다. 이외에도 종종 DJ들이나 밴드를 초청해 프라이빗 파티가 열리기도 한다. 처음부터 알고 오기가 쉽지는 않지만 전화를 해서 물어보거나, 이 빌딩에 상주하는 지인을 통해 오면 된다. 아주 신나고 재밌다. Páričkova 18

SHOPPING

브라티슬라바는 딱히 쇼핑하기 좋은 도시는 아니다. 이곳에서는 맛있는 요리와 술을 즐기고, 쇼핑은 런던이나 베를린으로 가서 하길 바란다. 개인적으로도 쇼핑은 즐기지 않는 편으로 평균 일 년에 두 번 정도 한다.

CERSTVY DIZAJN (FRESH DESIGN) 학교 건물에 자리한 상점으로, 젊은 슬로바키아 디자이너들에 의한 주얼리와 패션 제품 및 디자인 상품 등을 팔고 있다. 마음이 빼앗길 만한 상품을 언제라도 가게 어디에서든 하나쯤은 발견할 수 있다. Hviezdoslavovo namestie 18, Bratislava

IN VIVO Cerstvy Dizajn 근처에 있는 평범한 디자인숍이다. 특별한 것은 없지만 기본적인 것은 다 갖추고 있다. Panska 13

NOX 빈티지 의류에 관심이 많다면, 시내 곳곳에 갈 만한 가게가 몇 군데 있는데, 그중 가장 괜찮은 곳이다. 다른 곳에 비해 더 흥미로운 셀렉션을 갖추고 있다. Michalská 14

CENTRAL MARKET MILETICOVA (CENTRALNE TRHOVISKO) 현지인들이 쇼핑을 하는 곳으로, 이곳만의 독특한 매력이 있다. 청과류도 품질이 좋고, 이외에도 생활용품 등 다양한 물건을 팔고 있다. 방문하기 가장 좋은 날은 토요일이지만 시장은 매일 선다. 식음료는 파는 작은 노점상들이 많기 때문에 점심을 때우러 가기에도 좋은 곳이다. Miletičova Street

FLEA MARKET 매주 첫 번째 토요일이면 호르스키 공원(Horsky Park)에 동네 벼룩시장이 선다(트롤리버스 207번을 타고 가면 된다). Letna 1

GALERIA HIT 나는 갤러리를 즐겨 찾지 않는 편이다. 브라티슬라바의 갤러리들도 다른 곳과 마찬가지의 모습을 지녔다. 조용하고 모두 비슷비슷한 모습들. 하지만 이곳만은 예외로, 내가 자주 들르게 되는 곳이다. AFAD(미술디자인아카데미) 건물에 있는 작은 공간으로, 안으로 들어오려면 뒤뜰로 들어가 초록색 간판이 달린 금속 문을 찾아야 한다. 재능 있는 젊은 슬로바키아인들의 작품을 전시하고, 이곳을 운영하는 멋진 사람들이 내 집처럼 편안하고 따뜻한 분위기를 만들어준다. 전시 오프닝 행사도 훌륭한 편이다. 문을 닫는 날도 많으니 미리 오픈 시간을 확인하고 가자.
Hviezdoslavovo namestie 18,
www.vsvu.sk/galeria_medium

13M³ 예술, 과학, 기술의 연계를 통한 뉴미디어의 진화를 목표로 하는 다학제적 공간. 이곳의 전시들은 종종 유러머스하고 도시적인 분위기를 띠며 많은 영감을 준다.
Transit Studios, Student 12

SLOVAK NATIONAL GALLERY
국립미술관의 전시도 이따금씩 아주 볼 만하다(최근 1980년대 이후의 슬로바키아 미술에 대한 수준 높은 전시를 개최한 적이 있다). 오래되어 보이는 건물에 자리하고 있는데, 실제로 1950년대 지어진 건물을 재건했다. 70년대에 건물 뒤편에 추가된 별관의 구조는 흥미롭다. 20세기 슬로바키아 미술 컬렉션이 특히 괜찮다.
Esterházy Palace, Námestie L Štúra 4, www.sng.sk

KINO MLADOST 1913년에 지어진 구식 영화관으로, 도심 한복판에 있다. 예술영화와 인디영화를 상영한다.
Hviezdoslavovo namestie 17

GALLERIES AND CULTURE

kova ⊹ Nerudova ⊹ Nevädzova ⊹ Nezábudková ⊹ Nezvalova ⊹ Nív
é záhrady ⊹ Novinárska ⊹ Novobanská ⊹ Novodvorská ⊹ Novohorská
Obchodná ⊹ Obilná ⊹ Oblačná ⊹ Oblúková ⊹ Očovská ⊹ Odbojárov
kárska ⊹ Olivová ⊹ Olšová ⊹ Ondavská ⊹ Ondrejovova ⊹ Ondrejská ⊹
rieškova ⊹ Ormisova ⊹ Osadná ⊹ Oskorušová ⊹ Osloboditeľská ⊹ Ôsr
vocná ⊹ Ovručská ⊹ Ovsištské nám. ⊹ Ožvoldíková ⊹ **PPP** Pajštúnska
Panónska cesta ⊹ Panská ⊹ Papraďová ⊹ Parcelná ⊹ Páričkova ⊹ P
⊹ Pavlovova ⊹ Pavlovská ⊹ Pažického ⊹ Pažítková ⊹ Pečnianska ⊹
Petzvalova ⊹ Pezinská ⊹ Piata ⊹ Pieskovcová ⊹ Piesočná ⊹ Peišta
átennícka ⊹ Plavecká ⊹ Plíckova ⊹ Pluhová ⊹ Plynárenská ⊹ Plzen
snou hôrku ⊹ Pod lipami ⊹ Pod Lipovým ⊹ Pod násypom ⊹ Pod Rov
Zečákom ⊹ Podbrezovská ⊹ Podháj ⊹ Podhorská ⊹ Podhorského ⊹
hradná ⊹ Podtatranského ⊹ Poddunajská ⊹ Podzáhradná ⊹ Pohrani
ká ⊹ Poludníková ⊹ Poniklecová ⊹ Popolná ⊹ Popovova ⊹ Popradsk
a ⊹ Požiarnická ⊹ Pračanská ⊹ Prašná ⊹ Prestaničné nám. ⊹ Porep
ánskom mlyne ⊹ Pri hradnej studni ⊹ Pri hrádzi ⊹ Pri kolíske ⊹ Pri k
i Starom mýte ⊹ Pri strelnici ⊹ Pri Struhe ⊹ Pri Suchom mýte ⊹ Pri
ibylinská ⊹ Pridánky ⊹ Priečna ⊹ Priehradná ⊹ Priekopnícka ⊹ Priel
ká ⊹ Prípojná ⊹ Prístavná ⊹ Prokofievova ⊹ Prokopa ⊹ Veľkého ⊹ Pr
uškinova ⊹ Pútnická ⊹ Prenejská Pod Kobylou ⊹ Pod Krásnou hôrk
žami ⊹ Pod Válkom ⊹ Pod vinicami ⊹ Pod záhradami ⊹ Pod Zečákor
dlesná cesta ⊹ Podolučinského ⊹ Podniková ⊹ Podpriehradná ⊹ P
blianky ⊹ Poľná ⊹ Poľnohospodárska ⊹ Poloreckého ⊹ Poľská ⊹ Polu
cná ⊹ Považanova ⊹ Považské ⊹ Povoznícka ⊹ Povraznícka ⊹ Požiar
⊹ Pri Bielom kríži ⊹ Pri dvore ⊹ Pri Dynamitke ⊹ Pri Habánskom ml
ej prachárni ⊹ Pri Starom háji ⊹ Pri strarom letisku ⊹ Prí Starom m
ch ⊹ Pri zvonici ⊹ Priama cesta ⊹ Pribinova Pribišova ⊹ Pribylinsk
ká ⊹ Príjazdná ⊹ Príkopova ⊹ Primaciálne nám. ⊹ Primoravská ⊹ P
vosienková ⊹ Pšeničná ⊹ Púchovská ⊹ Púpavová ⊹ Pustá ⊹ Puškin
iová ⊹ Radlinského ⊹ Radničná ⊹ Radničné nám. ⊹ Radvanská ⊹ Ra
⊹ Ráztočná ⊹ Rázusovo náb. ⊹ Ražná ⊹ Rebarborová ⊹ Remeseln
edová ⊹ Riazanská ⊹ Ribayova ⊹ Ríbezľová ⊹ Riečna ⊹ Rigeleho
covská ⊹ Rošickeho ⊹ Rovná ⊹ Rovniankova ⊹ Rovníkova ⊹ Royova ⊹
adnícka ⊹ Rumančekova ⊹ Rumunská ⊹ Rusovská cesta ⊹ Rustave
. ⊹ Rybničná Rytierska ⊹ **SSS** Sabinovská ⊹ Sadmelijská ⊹ Sadová
dmokrásková ⊹ Segnáre ⊹ Segnerova ⊹ Sekulská ⊹ Sekurisova ⊹ Se
ova ⊹ Silvánska ⊹ Sinokvetná ⊹ Skalická ceste ⊹ Skalná ⊹ Skerlič
kovičova ⊹ Sladová ⊹ Slatinská ⊹ Slávičie údolie ⊹ Slepá ⊹ Sliačska
⊹ Slovinská ⊹ Slovnaftská ⊹ Slowackého ⊹ Smetanova ⊹ Smikova
kova ⊹ Sokolská ⊹ Solivarská ⊹ Sološnická ⊹ Somolického ⊹ Se
nevského ⊹ Srnčia ⊹ Stachanovská ⊹ Stáličova ⊹ Stanekova ⊹ Sta
á vinárska ⊹ Staré grunty ⊹ Staré ihrisko ⊹ Staré záhrady ⊹ Starhra
avbárska ⊹ Staviteľská ⊹ Stepná cesta ⊹ Stodolova ⊹ Stolárska ⊹
ná cesta ⊹ Strmé sady ⊹ Strojnícka ⊹ Stromová ⊹ Stropkovská ⊹ S
zdná ⊹ Suchá ⊹ Suché mýto ⊹ Suchohradská ⊹ Súkennícka ⊹ Súľov
a ⊹ Svoradova ⊹ Svrčia ⊹ Syslia ⊹ **ŠŠŠ** Šafárikovo nám. ⊹ Šafranc
rínska ⊹ Ševčenkova ⊹ Šiesta ⊹ Šikmá ⊹ Šinkovská ⊹ Šintavská ⊹ Ši
portová ⊹ Šrobárovo nám. ⊹ Šťastná ⊹ Štedrá ⊹ Štefana Králika ⊹ Š
ská ⊹ Štúrova ⊹ Štvrtá ⊹ Štymdlova ⊹ Šulekova ⊹ Šumavská ⊹ Šu
icova ⊹ Táborská ⊹ Tajovského ⊹ Talichova ⊹ Tallerova ⊹ Tatranská
locvičná ⊹ Tematínska ⊹ Teplická ⊹ Terchovská ⊹ Teslova ⊹ Tešedí
Tokajícka ⊹ Tolstého ⊹ Tománkova ⊹ Tomanova ⊹ Tomášikova ⊹
išovská ⊹ Trenčianska ⊹ Treskoňova ⊹ Tretia ⊹ Trhová ⊹ Trnavská ⊹
a ⊹ Tuhovská ⊹ Tulipánová ⊹ Tupého ⊹ Tupolevova ⊹ Turbínová ⊹ T
⊹ Údernícka ⊹ Údolná ⊹ Ulliská ⊹ Uhorková ⊹ Uhrova ⊹ Uhrovecká
ca Planét ⊹ Ulica svornosti ⊹ Úprkova ⊹ Úradnícka ⊹ Uránová ⊹ U
rého ⊹ V záhradách ⊹ Vajanského náb. ⊹ Vajnorská ⊹ Valachovej
šavská ⊹ Vavilovova ⊹ Vavrínová ⊹ Vazovova ⊹ Važecká ⊹ Vážska ⊹
ová ⊹ Vetvárska ⊹ Vetvová ⊹ Vidlicová ⊹ Viedenská cesta ⊹ Vietna
⊹ Vlárska ⊹ Vlastenecké nám. ⊹ Vlčie Hrdlo ⊹ Vlčkova ⊹ Vodný vrcł
ňanská ⊹ Vrbenského ⊹ Vŕbová ⊹ Vresová ⊹ Vretenová ⊹ Vrchná
okohorská ⊹ Vyšehradská ⊹ Vyšná ⊹ Výtvarná ⊹ Vývojová ⊹ **WW**
nicou ⊹ Za tehelňou ⊹ Záborského ⊹ Zadunajská cesta ⊹ Záhorác
cká ⊹ Zámocké schody ⊹ Zámočnícka ⊹ Západná ⊹ Západný rad ⊹

Nobelova · Nobelovo nám. · Nová · Novackého · Nové Páleník
· Novosadná · Novosvetská · Novoveská · Nový záhon · OOO Ob
· Odborárske nám. · Odeská · Okánıková · Okıužná · Olbrachtov
etalova · Oráčska · Oravská · Orechová · Orechový rad · Orenburs
· Ostredková · Ostružinová cesta · Osuského · Osvetová · Ovčiars
Palárikova · Palisáy · Palkovičova · Palmová · Panenská · Pankúc
ánska · Pasienková · Pastierska · Paulínyho · Pavla Horova · Pavlo
ekníkova · Pernecká · Pestovateľská · Peterská · Petöfiho · Petrž
· Pilárikova · Pílová · Pionierska · Pivonková · Plachého · Planck
· Pod brehmi · Pod Kalváriou · Pod Klepáčom · Pod Kobylou · F
kalou · Pod strážami · Pod Válkom · Pod vinicami · Pod záhradam
· Podkolibská · Podlesná cesta · Podolučinského · Podniková · F
ská · Polárna · Polianky · Poľná · Poľnohospodárska · Poloreckéh
· Poštová · Poočná · Považanova · Považská · Povoznícka · Povr
nova · Prešovská · Pri Bielom kríži · Pri dvore · Pri Dynamitk
· Pri seči · Pri starej prachárni · Pri Starom háji · Pri strar
ti · Pri vinohradoch · Pri zvonici · Priama cesta · Pribinova
ná · Prievozská · Príjazdná · Príkopova · Primaciálne nám
vá · Prvá · Prvosienková · Pšeničná · Púchovská · Púpavo
· Pod Lipovým · Pod násypom · Pod Rovnicami · Pod ska
á · Podháj · Podhorská · Podhorského · Podjavorinskej · P
Poddunajská · Podzáhradná · Pohraničníkov · Pohronská
ecová · Popolná · Popovova · Popradská · Porubského ·
á · Prašná · Prestaničné nám. · Porepoštská · Prešernov
j studni · Pri hrádzi · Pri koliske · Pri kríži · Pri mlyne · Pi
i · Pri Struhe · Pri Suchom mýte · Pri šajbách · Pri trati
riečna · Priehradná · Priekopnícka · Priekopy · Priemysel
ná · Prokofievova · Prokopa · Veľkého · Prokopova · Prúd
· Prenejská RRR Rácova · Račianska · Račianske mýto · R
ká · Rajská · Rajtáková · Raketová · Rákosová · Rastislavc
o · Repíková · Repná · Rešetkova · Revolučná · Révová · Revúck
rova · Robotnícka · Rolnícka · Romanova · Röntgenova · Rosn
arínová · Rozvodná · Rožňavská · Rubinsteinova · Rudnayovov na
Ružinovská · Ružomberská Ružová dolina · Rybárska brána · Ryb
ovská · Sartorisova · Sasinkova · Seberíniho · Sečovská · Sedlkár
anova · Senická · Senná · Schillerova · Sibírska · Siedma · Sienk
· Skladištná · Sklenárova · Skorocelová · Skuteckého · Skýcovsk
ová · Sínavská · Slnečná · Slnečnicová · Slovanské nábrežie · Slo
molnícka · Smrečianska · Snežienková · Sochánova · Sochorov
· Spätná cesta · Spišská · Spojná · Spoločenská · Sputnikov
nicová · Stará Ivanská cesta · Stará Prievozská · Stará Vajnorsk
a · Starohorská · Staromestská · Staromlynská · Stroturský chod
ná · Strážnická · Strečnianska · Stredná · Strelecká · Strelkov
i · Studenohorská · Stuhová · Stupavská · Súbežná · Sudová ·
· Sútažná · Svätoplukova · Svätovojtešská · Svetlá · Svíbová · Sv
aldova · Šalviová · Šamorínska · Šándorova · Šarišská · Šášovs
íravská · Škarniclova · Školská · Škovránčia · Šoltésovej · Špitáls
novičova · Štefunkova · Štepná · Štetinova · Štiavnická · Štítov
· Šustekova · Šuty · Švabinského · Švantnerova · TTT Tabakov
da · Tbiliská · Tehelná · Tehelná · Tehliarska · Technická · Tekovs
a · Thurzova · Tibenského · Tichá · Tılgnerova · Tımravina · Tobr
ianska · Topoľová · Toryská · Továrenská · Tranovského · Trávn
ýto · Trnková · Tŕňová · Trojdomy · Trojičné nám. · Trstínska · T
ká · Turnianska · Tvarožkova · Tylova · Tyršovo náb. · UUU Učit
1. mája · Ulica 8. mája · Ulica 29. augusta · Ulica padlých hrdin
· Uršulínska · Ušiakova · Uzbecká · Uzka · Užiny · VVV V. Pigu
árska · Vančurova · Vansovej · Vápencová · Vápenná · Varínsk
dská · Veľké Štepnice · Vendelínska · Ventúrska · Veterná · Vet
vihorlatská · Viktorínova · Vilová · Vihoradnícka · Višňová · Ví
beľská · Vrakunská · Vrakunská cesta · Vrančovičova · Vranovsk
ková cesta · Vyhnianska cesta · Výhonská · Východná · Vysok
ova · Wolkrova · ZZZ Za farou · Za kasárňou · Za sokolovňou ·
hradnícka · Záhumenná · Záhumenská · Zákutie · Zálužická ·
y · Zátišie · Zátureckého · Závadská · Záveterná · Závodná ·

SAD JANKA KRÁĽA 나는 잘 걸어다니지 않는다. 애써 운동을 하고자 할 때는, 강을 건너 시내 최대 녹지인 사드 얀카 크랄라(Sad Janka Kraľa)로 가 산책을 하곤 한다. 겨울에는 다소 우울한 분위기일 수 있으나 여름에는 한적한 분위기에 싱그러움이 넘친다. 공원으로 갈 때는 기둥에 회전하는 UFO 형태의 레스토랑(음식은 형편없지만 전망만은 끝내주는)이 매달려 있는 거대한 콘크리트 다리인 노비 모스트(Novy Most Bridge)를 건너면 된다.

SLAVIN AND HORSKY PARK 성 뒤편 언덕에 놓인 공동묘지로, 시내 경치를 감상하기 좋은 곳이다. 제2차 세계대전 중 브라티슬라바 해방 때 희생된 소련 병사들을 기리기 위해 세운 위령탑도 있다. 여름밤이면 꽤 로맨틱해지는 곳이다. 위령탑 아래 앉아 아래로 펼쳐지는 불빛들을 바라볼 수 있다. 슬라빈 북부에는 드넓은 호르스키공원 (삼림공원)이 있는데, 작은 카페와 펍 등 산책을 즐길 시설이 마련되어 있다.

DEVIN CASTLE 슬로바키아의 역사적 아이콘 중 하나이다. 기본적으로는 다뉴브와 모라바 강이 펼쳐지는 전망의 오래된 요새 유적지이다. 구시가에서 25km 거리에 있으며, 버스를 타고 갈 수 있다.

WILSONIC 3월 | 도심 공원에서 펼쳐지는 일렉트로닉 뮤직 페스티벌. 작지만 환상적인 분위기의 축제로, 브라티슬라바의 모든 디자이너와 아티스트들이 모여든다.
www.wilsonic.sk

PECHA KUCHA NIGHTS 내가 자주 참여하는 정기 이벤트. 문화예술계 종사자들을 만날 수 있는 좋은 기회가 되며, 인기도 많은 행사.
www.pechakucha.sk

INTERNATIONAL FILM FESTIVAL BRATISLAVA 12월 | 전 세계의 영화가 소개되는 영화제로 특히 신인 감독의 작품과 독립영화들을 다루고 있다. 구시가에서 다뉴브 강을 건너면 있는 AUPARK SHOPPING CENTER에서 개최된다.

PLEČNIK'S STADIUM

3.5A TO WIEN

beautiful sky

1 hour to Alex

Railway Station

CESTA

Slovenska Avenue

Tivoli Pond

FRANCESCO ROBBA

Mr. Josef Plečnik

Edvard Rav

Main Square
KONGRESNI TRG

½ hour to Venice

LJUBLIANICA RIVER

lift

OLD TOWN

FRENCH REVOLUTION SQUARE

Good morning

Castle Hill
GRAD

HAPPY

ZOISOVA C.

City I

SWAMP

LJUBLJANICA

KARLOVSKA CESTA

LJUBARJEV PREKOP

PRADNIKOVEGA CESTA

our the side

라도반 옌코의 류블랴나

R. JENKO's Ljubljana

나는 내 인생의 대부분을 류블랴나에서 살았고, 이곳을 진심으로 사랑한다. 류블랴나는 자연과 도시의 분주함이 조화로운 균형을 이룬 곳이다. 큰 도시는 아니지만 그렇다고 해서 심심한 곳도 아니다. 주말에는 벼룩시장, 어린이들을 위한 워크숍, 전시회, 그리고 독립 극단의 야외공연 등이 펼쳐진다. 여름에는 40개 이상의 페스티벌이 열리며, 겨울에는 크리스마스 축제가 벌어진다. 도시 위로 솟은 류블랴나 성의 언덕에서는 멋진 경치를 내려다볼 수 있다.

류블랴나 최고의 관광지로는 중앙시장을 꼽을 수 있다. 여행객들은 이곳이 세계 최고의 시장이라고 말한다. 나는 특히 여름에 향기와 컬러로 가득한 이곳을 즐겨 찾는다. 이 시장과 도심 지역의 대부분은 슬로베니아 최고의 건축가 요제 플레츠니크(Jože Plecnik)가 설계했다. 그는 오스트리아의 건축가인 오토 바그너 밑에서 공부했다. 요제 플레츠니크는 트로모스토베(Tromostovje), 잘레(Žale) 공동묘지, 대리석 기둥으로 장식된 사다리꼴 층계가 있는 트리글라브(Triglav) 보험사 건물과 같은 건축을 포함한 도시적 구조물을 통해 류블랴나에 큰 족적을 남겼다.

류블랴나는 현대적인 유럽 대도시로 거듭나기 위해 대규모 개발과정을 거치고 있다. 지역적 특징이 강한 편이지만 베네치아에서 고작 250km, 비엔나에서 380km 떨어져 있을 뿐이며 지중해, 슬라브, 게르만 문화의 교차점에 위치해 있다. 덕분에 아주 흥미로운 건축유산이 많으며 이러한 점은 앞으로의 개발에 간과해서는 안 될 요소다. 최근에는 현대 슬로베니아 및 국제적인 건축가들에 의해 새로운 공간이 들어서기도 했지만, 무척 아름다운 몇 채의 아르누보 양식의 건물들과 함께 플레츠니크(Plecnik), 파비아니(Fabiani), 슈비츠(Šubic)와 라브니카르(Ravnikar) 등 이곳의 대표 건축가들이 설계한 건축물들은 그대로 유지되고 있다. 활기찬 구시가지는 지속적으로 정돈되어 더욱 아름답게 성장하고 있으며 류블라니차(the Ljubljanica) 강 반대편에 세워진 현대미술관은 시끌벅적한 예술 지구의 허브 역할을 하고 있다.

녹지가 당신의 취향에 더 맞다면 알프스 산이 서쪽으로 한 시간 거리에 있으므로 그곳을 가면 된다. 겨울에는 대자연에서 스키를 즐길 수 있을 것이다. 베네치아의 보석같은 휴양지인 피란(Piran)은 남쪽으로 한 시간 거리에 있고, 류블랴나 시내에는 두 개의 큰 공원이 있다(티볼리 공원과 잘레 공원). 한마디로 말해 류블랴나는 모두를 위해 준비된 도시다.

XXI 요리와 음악을 너무도 사랑하는 건축가 친구가 운영하는 곳이다. 그랜드 피아노는 그 누구라도 연주할 수 있도록 개방되어 있고, 즉흥 연주는 흔히 일어나는 일이다. 환상적인 요리의 재료는 모두 현지 농부와 어부들에게서 바로 공수되어 온다. Rimska Cesta 21

RIVER HOUSE 강변에서 근사한 시간을 보내보자. 친절한 직원, 즐거운 음악, 맛좋은 음식, 그리고 칵테일까지도 훌륭하다. Gallusovo Nabrežje 31, www.riverhouse.si

RESTAVRACIJA JB 모던 유러피언 퀴진을 표방하는 고급 레스토랑이다. 아르누보식 디테일이 돋보이는 플레츠니크(Plecnik) 건물에 자리하고 있다. Miklošiceva 17, www.jb-slo.com

PLACES TO EAT

AS RESTAURANT AND LOUNGE 도심 보행구역의 숨은 골목에 있는 레스토랑. 잠들지 않는 곳이다. 나는 이곳 지하의 파티 공간에서 수많은 밤을 보냈다. 즐거운 경험이 보장되는 곳이다. 식당 자체는 슬로우푸드 생선요리를 전문으로 하며, 당신이 천천히 즐길 여유가 된다면 꼭 들르시길. 한가득 놀라움을 선사해 줄 것이다. Knafljev prehod, Copova ulica 5A, www.gostilnaas.si

NOBEL BUREK 기차역 근처에 있는 작은 노점상이다. 길 위에서 맛난 식사를 하고 싶어하는 이들을 위해 따뜻한 부렉 (치즈나 고기로 속을 채운 빵)을 연신 만들어낸다. 가격대비 너무도 훌륭한 패스트푸드점. Miklošiceva 30

CELICA HOSTEL 한때 군사 감옥이었던 건물로, 2003년 80 인 이상의 국내외 아티스트들이 참여하여 유스호스텔로 개조했다. 그 인기와 더불어(Rough Guide는 이곳을 세계 최고의 숙소 25곳 중 하나로 꼽았고, 론리 플래닛에서는 힙한 호스텔 1위로 선정했다.) 경험해볼 가치가 있는 숙소이다. Metelkova ulica, www.souhostel.com

FLUXUS HOSTEL 작고 편안한 호스텔로, 시내 중심쪽의 나마 (Nama) 백화점 옆에 위치한 오래된 아파트 건물에 자리하고 있다. 싱글 침대가 16개, 더블 침대는 하나밖에 없으니 미리 예약을 해두는 것이 좋겠다. Tomšiceva 4, www.fluxus-hostel.com

PLACES TO STAY

ANTIQ HOTEL 비더마이어 의자와 벽지, 그리고 옛날 류블랴나 신문으로 꾸며진 공간은 키치한 부분이 없지않아 있지만 그보다도 안락하고 정다운 호텔이다. 객실의 가격대는 다양하며, 도심 쪽에 있어 이동이 편리하다. Gornji trg 3, www.antiqhotel.si

BIKOFE BiKoFe는 현지 속어로, 말 그대로 해석하자면 '커피 마실래?' 가 된다. 도시 예술과 접목한 작은 바로, 디자이너, 아티스트, 뮤지션과 학생들로 항상 활기를 띠며 손님들과 웨이터들까지도 대부분 서로를 알고 있다. 매월 새로운 미술전시가 이루어지며, 종종 DJ가 와서 언더그라운드 음악을 선사하기도 한다. Židovska steza 2

SAX PU 나는 이 작은 선술집에 자주 들른다. 재즈 애호가들에게 추천하고 싶은 곳이며, 특히 정원에서 맥주를 마실 수 있는 여름에 더욱 좋다. 벽화와 그래피티로 꾸며진 곳. Eipprova ulica 7

ŽMAUC 이 바의 이름은 'Od Žmauca sosed pa ud brataprjatu'의 준말로, 해석하자면 'Žmauc의 이웃과 형의 친구' 쯤이 된다. 이름이 모든 것을 설명해 주고 있는 곳. 가게 파사드의 그림도 감상하고, 재밌고 개성 넘치는 단골손님들도 만나보자. 십년 넘게 사랑받아 온 곳이다. Rimska 21

CAFEE OPEN 모두가 환영받고 특히 게이들도 환영받는 곳. 해외 신문도 구할 수 있고 공연이나 문학의 밤 행사가 진행되기도 한다. 스낵과 커피가 너무도 맛있다. Hrenova ulica 19, www.open.si

CAJNICA CHA 그 어떤 종류라도 (말 그대로 그 '어떤' 종류라도) 제대로 된 차 한잔이 간절하다면 이곳을 추천한다. 가끔 사람이 너무 많아지기도 한다. 스낵과 점심식사도 훌륭하다. Stari trg 3, www.cha.si

BAR SLAŠCICARNA VIKI 마치 다른 시대에서 온 것 같은 느낌을 주는 아주 느긋한 분위기의 카페. 수십 년 간 아무것도 바뀌지 않은 듯 하지만, 이곳의 케이크는 정말 맛있다. 잊혀 버린 곳 같지만 언제나 손님들로 붐빈다. Ziherlova 2

ALTERNATIVE CULTURE

METELKOVA MESTO 새로 태어난 대안문화 공간으로 Trans Europe Halles의 회원이며 중앙 기차역 근처의 메텔코바(Metelkova)거리의 코너에서부터 마사리코바(Masarykova) 거리에 걸쳐 뻗어 있다. 어반컬처와 그래피티 아티스트들을 위한 창조의 허브이며, 예술가와 음악인들을 위한 스튜디오 공간도 제공한다. 고등학생, 대학생, 현지 예술인, 음악인, 다양한 하위문화(펑크, 메탈, 레게 등)의 팬들까지 다양한 사람들이 이곳을 찾아온다. 내부에는 여러 클럽도 있다: MenzaPri Koritu, Gala Hala, Club Gromki, ChanellZero, Jalla Jalla, Teahouse at Marici's, 게이클럽인 Tiffany, 레즈비언 클럽인 Monokel.
낮에는 독립 정치사회 도서관 겸 정보센터가 운영되지만, 주로 밤에 활기를 띠는 곳이다. 그 활기는 아침까지 이어진다.
Metelkova City, www.metelkova.org

KLUB K4 이 전설적인 지하 클럽은 류블랴나 초기 클럽 중 하나였다. 1989년 처음 문을 연 이래 펑크, 록, 디스코 등의 음악을 그 당시 사회주의 도시에서 선보였다. 수많은 유명 뮤지션들이 이곳에서 첫발을 내디뎠으며, 게이들도 반겨주는 첫 번째 클럽이었다. 인테리어는 몇 해 전 바뀌었는데, 그 거친 듯한 인더스트리얼 룩이 근사하다. K4에서는 VJ들이 선사하는 비주얼과 함께 현재 주류를 이루고 있는 언더그라운드 음악의 새로운 스타일을 만나게 될 것이다. Pink Saturday는 정기적으로 있는 게이들의 밤이다. Kersnikova 4, www.klubk4.org

SUB SUB 차별화된 나이트 클럽으로 라이브 공연이 활발하게 펼쳐진다. 순수 비주얼 아티스트 외에도 국제적 명성의 뮤지션과 DJ 들을 만나볼 수 있다.
Hala Tivoli

SHOPPING

기본적으로 도심은 소규모 디자이너숍들로 가득 차 있다. 이 가운데 일부는 디자이너의 작업실도 겸한다. Cliche, Almira Sadar, Vodeb, Devetka, Draž, 수제화 브랜드 Butanoga, Marjeta Grošelj의 가방, Akultura 등은 모두 둘러볼 만하고 걸어갈 수 있는 거리에 모여 있다.

ROGAŠKA STORE 특별히 빼어난 디자인의 유리제품 상점으로, 상품 진열과 음악, 조명, 숙련된 직원 등 모든 것이 완벽한 가게.
Mestni trg 22, www.rogaska-crystal.com

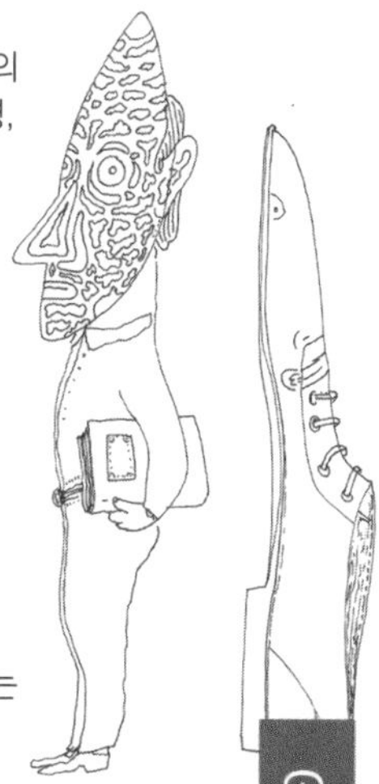

CUKRCEK 초콜릿과 캔디를 파는 곳이다 (가게 이름도 '사탕과자'란 뜻). 상냥한 점원들과 수제 초콜릿이 오후 산책의 마무리를 달콤하게 장식해 줄 것이다.
Mestni trg 11, www.cukrcek.si

ARS GALLERY 독립 디자이너와 아티스트가 제작한 그림과 주얼리 등을 파는 곳. 미술재료도 취급한다. Jurcicev trg 2

SMET UMET 중고 제품과 재활용품을 이용하여 제품을 디자인하는 문화-환경 관련 단체가 운영하는 가게. Malgajeva 7, www.smetumet.com

POZITIVE 독립 디자인숍. 반드시 가볼 것.
Zrinjskega ul 5

SREDA 오픈한 지 오래되지 않은 디자이너숍으로 혁신적인 슬로베니아 디자인 제품이 모여 있다. 열쇠고리에서부터 테이블까지, 가게 내의 모든 물건이 판매용이다.
Passage Ajdovšcina, www.sreda.si

ARTIST MARKET 여름철이면 특정일에 벼룩시장과 예술시장이 함께 열린다. 매주 일요일 구시가 쪽에서 만날 수 있다.
Cevljarski most, Gornji trg

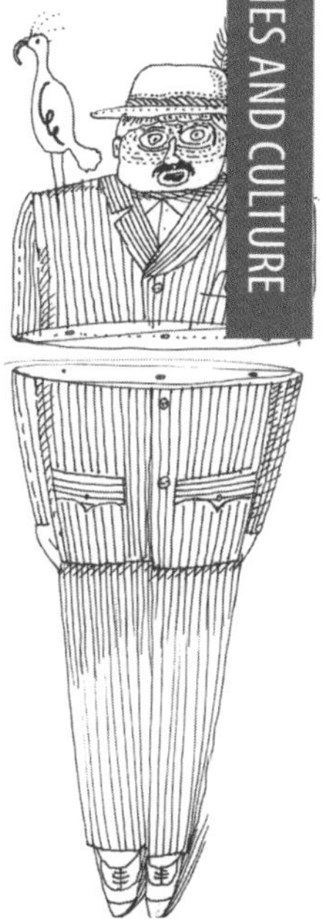

GALLERIES AND CULTURE

BEŽIGRAJSKA GALLERY 시립미술관의 일부로, 시각 및 시화 컬렉션이 훌륭하게 갖추어져 있다. 미리 예약을 하는 것이 좋다. Vodovodna 3

NATIONAL AND UNIVERSITY LIBRARY Rokopisni Oddelek (희귀본 및 필사본) 쪽의 소장 목록이 대단하며, 방대한 양의 슬로베니아 포스터도 소장하고 있다. 건물 자체도 몹시 흥미롭다. 예약은 필수.
Turjaška 1, www.nuk.uni-lj.si

ARCHITECTURAL MUSEUM 건축 외에도 시각디자인 및 산업디자인을 다루는 박물관이다. 이곳의 소장품은 슬로베니아 그래픽 디자인의 역사 대부분을 채우고 있다. 볼 만한 전시와 강연 프로그램이 운영된다.
Fužinski grad, Pot na Fužine 2

GALERIJA GLESIA 현대미술가 타냐 팍 (TanjaPak)이 설립한 유리 갤러리. 현대 유리공예 전시를 볼 수 있다.
Precna 6, www.glesia.si

GALLERY T5 최근 개조된 담배 공장으로, 지금은 현대 디자인과 건축을 다루는 콘셉트 갤러리로 변신했다. 페차쿠차의 밤이 이곳에서 정기적으로 열린다. Tobacna ul 5

KUD FRANCE PREŠEREN 예술기관으로, 문화행사, 전시, 실험극, 거리 공연 및 다양한 세대를 위한 워크숍 등이 열린다. 이곳에서 주최하는 Trnfest Festival은 반드시 봐야 할 여름의 주요 행사다.
Karunova ul 14, www.kud-fp.si

ŠKUC GALLERY 30년 넘게 슬로베니아의 무정부 문화의 주축이 되어 온 곳. 전시, 이벤트, 출판과 기록을 할 수 있는 국제적인 아트센터로 굳건히 자리잡고 있다. 시대가 변해도 여전히 새로운 곳. Stari trg 21, www.galerija.skuc-drustvo.si

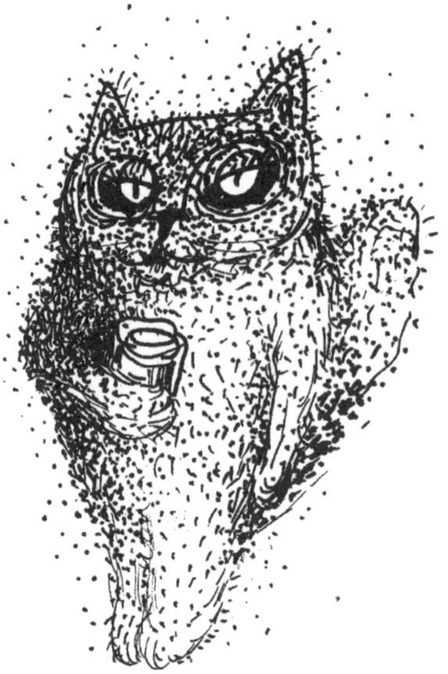

BIENNALE NEODVISNE ILUSTRACIJE
독립 일러스트레이션 비엔날레
www.bienaleneodvisneilustracije.com

MESEC OBLIKOVANJA 빅 재단
(Foundation Big)에서 주최하던 행사가
대규모 디자인 행사로 발전했다. 시내
곳곳에서 다양한 행사가 진행되며, 주로
10월에 개최된다.
www.mesecoblikovanja.com

**BIENNIAL OF VISUAL COMMUNICATION
ARTS** 브루멘 재단(Brumen
Foundation)에서 개최하는 국내 최고의
시각커뮤니케이션 공모전. 주로 가을에
열린다. www.brumen.org

TIPO BRDA SOCIETY 타이포그래피
디자인 워크숍과 전시를 운영하는 단체
www.tipobrda.com

LJUBLJANA CASTLE 주변 경치를 한눈에
담을 수 있는 근사한 성. 전체적으로 볼거리가
많으며 새롭게 단장한 건물들에서는
정기적으로 전시회가 열린다.

CLASSIC ARCHITECTURE 이 지방의
건축에 대해 탐구하고 싶다면, 플레츠니크의
플레츠니코바 트리츠니카(Plecnikova
tržnica)로 가서 디자인이 아름다운 시장에서
여정을 시작해보자. 그다음 트로모스토비예
(삼중다리, Tromostovje)를 향해 가다가 시청
(Mestna Hiša) 방향으로 꺾은 다음 메스트니
광장(Mestni trg), 스타리 광장(Stari trg),
고르니 광장(Gornji trg) 등 자갈이 깔린
골목길을 거닐어 보자. 바로크에서 아르누보에
이르는 건축 양식을 살펴볼 수 있을 것이다.

TOURIST BOATS 새로운 각도에서 시내
구경을 할 수 있는 방법. 트로모스토비예에서
관광 보트를 타고 출발해 보자.

ŽALE CEMETERY AND TIVOLI PARK
도시에서 벗어나 평온한 휴식을 취할 수 있는
아주 특별한 두 공원.

KINODVOR MESTNI KINO 유럽의 영화 관련
기관이다. 최근 개조를 거쳐 영화인들과 관련
전문가들의 집결 장소가 되었다.
Kolodvorska 13, www.kinodvor.org

RONDA DE SANT PERE
CARRER DE CASP
PASSEIG
Teatre Tívoli
City Hall
Biblioteca Judicial de Barcelona
Plaça de Catalunya
CARRER DE PELAI
C. GRAVINA
Plaça de Castella
CARRER DELS TALLERS
C. BERGARA
C. JOVELLANOS
Església Adventista del Setè Dia
C. DE VALLDONZELLA
Església de Santa Maria de Montalegre
Consorci Universitat Internacional Menéndez Pelayo de Barcelona
C. DE MONTALEGRE
Jardins de Victoria de los Angeles
CARRER D'AUSIÀS MARC
Plaça d'Urquinaona
CARRER DE ROGER DE LLÚRIA
Teatre Borràs
C. DE TRAFALGAR
C. DE FONTANELLA
AV. DEL PORTAL DE L'ÀNGEL
VIA LAIETANA
C. D'ESTRUC
C. DE LES MOLES
Institut d'Estadística de Catalunya Biblioteca
C. DE JONQUERES
Biblioteca Judicial de Barcelona
C. D'ORTIGOSA
LA RAMBLA
C. DE RIVADENEYRA
Parròquia Major de Santa Anna
Plta. Ramon Amadeu
Teatre Club Capitol
C. DE SANTA ANNA
C. DE LES RAMELLERES
Pl. de Vicenç Martorell
C. DE LES SITGES
La Central del Raval
C. D'ELISABETS
Plaça Bonsuccés
C. BONSUCCÉS
C. D'EN XUCLÀ
Reial Acadèmia de Ciències i Art de Barcelona Biblioteca
Teatre Poliorama
C. DEL DOCTOR DOU
C. DEL NOTARIAT
PTGE. D'ELISABETS
Il·lustre Col·legi de Notaris de Catalunya Biblioteca
C. DEL PINTOR FORTUNY
C. COMTAL
C. ESPOLSA-SACS
PTGE. PATRIARCA
C. DE N'AMARGÓS
C. DE LES MAGDALENES
C. TOMÀS MIERES
C. DE MONTSIÓ
C. JULIÀ PORTET
CRÓ. SANT BONAVENTURA
C. BERTRELLANS
C. DE CANUDA
Ateneu Barcelonès Teatre
C. D'EN BOT
C. FLOR
Pl. de la Vila de Madrid
PTGE. DUC DE LA VICTÒRIA
C. DEL DUC DE LA VICTÒRIA
PTGE. MAGAROLA
C. DURAN I BAS
Pl. de Carles Pi i Sunyer
Centre de Documentació Estadística
Fundació Balmesiana - Biblioteca
Pl. dels Peixos
C. DELS CAPELLANS
C. RIPOLL
C. COPONS
C. MISSER FERRER
Pl. D'Isidre Nonell
C. SAGRISTANS
C. DEL DR. JOAQUIM POU
Associació Enginyers Industrials Catalunya Biblioteca
Orfeó Català
C. DEL PALAU DE LA MÚSICA
C. D'AMADEU VIVES
C. RAMON MAS
Pl. Lluís Millet
Escola de Música del Palau
C. DE SANT PERE MÉS ALT
Biblioteca Francesca Bonnemaison
C. VERDAGUER I CALLÍS
Associació Cultural L'Antic Teatre
C. SANT
Santuari de la Mare de Déu de l'Ajuda
C. MARE DE DÉU DEL PILAR
PERE MIT.
Capella de Sant Josep Oriol
C. DE SANT PERE MÉS BAIX
C. BEATES
C. VOLTA DE LA PERDIU
C. DE LES FREIXURES
Pl. Beates
AV. DE FRANCESC CAMBÓ
C. DEL CARME
CARRER DEL CARME
Escola de Música Juan Pedro Carrero Biblioteca
C. DE MONTJUÏC DEL CARME
Parròquia de la Mare de Déu de Betlem
PTGE. MIL VUIT-CENTS
C. DE JERUSALEM
PTGE. VIRREINA
C. CABRES
Biblioteca de Catalunya
Pl. de Sant Galdric
C. FLORISTES DE LA RAMBLA
Plaça de la Gardunya
Plaça Canonge Colom
C. DE LA MORERA
Plaça de Sant Josep
La Boqueria
Pas de Ramon Cabau
Museu de l'Eròtica de Barcelona
C. D'EN ROCA
C. DE PETRITXOL
C. DE LA PORTAFERRISSA
C. PERÚ
C. CUCURULLA
Pl. Cucurulla
Col·legi d'Arquitectes de Catalunya Biblioteca
C. DELS ARCS
C. BOTERS
Cercle Artístic de Sant Lluc Biblioteca
Círcol Maldà
C. DEL PI
C. LLADRE
AV. DE LA CATEDRAL
Pl. Antoni Maura
Plaça Nova
C. DE LA PALLA
Pl. de Frederic Marès
Mercat Gòtic Antiguitats
Arxiu Històric de la Ciutat de Barcelona Biblioteca
Pla de la Seu
Museu del Calçat
Pl. St. Felip Neri
C. DE MONTJUÏC DEL BISBE
C. DEL BISBE
C. STA. LLÚCIA
BDA. CANONJA
Museu Odontològic de Catalunya
C. TAPINERIA
Santa Església Catedral Basílica de Barcelona
Pl. Garriga i Bachs
Museu Frederic Marès
C. COMTES
Fira de Productes Tradicionals Catalans
Pl. del Pi
C. CARDENAL CASAÑAS
Parròquia Santa Maria del Pi
Pl. Sant Josep Oriol
Mostra d'Art
C. DELS BANYS NOUS
BDA. SANTA EULÀLIA
C. ST. FELIP NERI
Església de Sant Sever
C. ST. SEVER
C. AVE MARIA
CARRER DE L'HOSPITAL
Teatre Romea
C. PETXINA
PTGE. D'AMADEU BAGUES
Parròquia de Sant Agustí
C. ARC DE SANT AGUSTÍ
C. DE LA JUNTA DE COMERÇ
Pla de la Boqueria
C. DE LA BOQUERIA
CARRER DE SANT PAU
Gran Teatre del Liceu
C. AROLAS
C. QUINTANA
C. LLEBRES
C. DELS CECS DE LA BOQUERIA
C. RAURIC
C. ALSINA
C. L'ARC STA. EULÀLIA
C. VOLTA REMEI
C. DEL CALL
C. ARC DE ST. RAMON DEL CALL
Plta. Manuel Ribé
C. MARLET
C. ST. DOMÈNEC DEL CALL
C. FRUITA
C. DE SANT HONORAT
C. DE LA PIETAT
Centre Excursionista de Catalunya
Museu d'Història de la Ciutat
Pl. Ramon Berenguer el Gran
C. PARADÍS
C. BROCATERS
C. FRENERIA
C. VEGUER
C. LLIBRETERIA
Museu Holografia
La Central del MHCB
Plaça de Sant Jaume
Pl. de L'Àngel
C. JAUME I
C. DE FERRAN
Parròquia de Sant Jaume
Ajuntament de Barcelona
C. DE LA CIUTAT
C. ARLET
Pl. Sant Just
C. HÈRCULES
C. RERA ST. JUST
Residència Mare de Déu de l'Esperança Capella
C. DAGUERIA
C. BISBE CAÇADOR
Reial Acadèmia de les Bones Lletres Biblioteca
Pl. d'Emili Vilanova
C. NAVARRO
C. SANTA MARGARIDA
C. DE LES PENEDIDES
C. DE LA UNIÓ
PTGE. MADOZ
C. VIDRE
C. DE LES HEURES
C. D'EN BEAT SIMÓ
C. TRINITAT
C. D'AVINYÓ
PTGE. CREDIT
C. PAS DE L'ENSENYANÇA
Pl. Sant Miquel
C. FONT SANT MIQUEL
Capella del Palau
Mercat Numismàtica i Filatèlia
Plaça Reial
C. TRES LLITS
C. COLOM
C. DE LA LLEONA
BDA. SANT MIQUEL
C. POU DOLÇ
C. GEGANTS
C. DELS TEMPLERS
C. BELLAFILA
C. PALMA SANT JUST
C. LLEDÓ
BDA. DE CAÇADOR
C. DEL SOTS-TINENT NAVARRO
C. REINA ELIONOR
C. SALVADOR AULET
Fundació Salvador Seguí Biblioteca
Palau Güell
Centro Galego de Barcelona
C. DE LANCASTER
PTGE. BACARDÍ
C. NOU DE ZURBANO
C. D'ESCUDELLERS BLANCS
Plta. Sant Francesc
C. N'AGLÀ
C. DE N'ARAI
C. CERVANTES
Pl. Veronica
C. DE PALAU
Pl. Regomir
C. COMETA
Pati d'en Llimona
BDA. VILADECOLS
C. POM D'OR
Pl. Traginers
C. JUPÍ
C. DE GUÀRDIA
Teatre Principal
C. DELS ESCUDELLERS
Pl. de George Orwell
C. RELLOTGE
C. D'OBRADORS
C. DE LA COMTESSA DE SOBRADIEL
C. CALELLA
C. SANT SIMPLICI
Capella de Sant Cristòfol del Regomir
C. DEL REGOMIR
C. CORREU VELL
C. HOSTAL D'EN SOL
C. DEL SOTS-TINENT NAVARRO
C. DE L'ARC DEL TEATRE
Pl. del Teatre
PTGE. DE LLUÍS DUTCHET
C. DE SANTA MÒNICA
Parròquia Sant Josep
C. DE MONTSERRAT
Filmoteca de Catalunya
PTGE. D'ESCUDELLERS
C. NOU DE SANT FRANCESC
C. DE JOSEP PIJOAN
Pl. del Joaquim Xirau i Palau
C. GINJOL
PTGE. PAU
C. D'EN RULL
C. DELS CÒDOLS
C. ROSA
Universitat Progressista d'Estiu de Catalunya
C. D'EN SERRA
C. D'EN CARABASSA
C. TIMÓ
C. DE MILANS
C. D'ATAÜLF
C. RIUDARENES
C. GROC
C. D'EN GIGNÀS
C. TONELL
C. D'ÀNGEL J. BAIXERAS
C. DE LA FUSTERIA
C. AMPLE
C. MARQUET
DE LA MERCÈ
C. PLATA
C. SIMÓ OLLER
C. DE LA MERCÈ
Fundació Privada Elisava
Pl. de la Mercè
Universitat Pompeu Fabra
C. LOUIS BRAILLE
C. D'EN BOLTRES
Pl. d'Antonio López
PASSEIG DE COLOM
PG. D'ISABEL II
C. REINA CRISTINA
C. LLAUDER
C. SILS
PTGE. BANCA
Fira Nova Artesania
Museu de Cera de Barcelona
Pl. Duc de Medinaceli
C. DE JOSEP ANSELM CLAVÉ
PTGE. DORMITORI SANT FRANCESC
LITORAL
C. DRASSANES
Mercat de Santa Caterina
Escuela Superior Europea de Comercio
Escola Tècnico Professional - Xavier
Foment del Treball Nacional - Biblioteca
C. DE MERCADERS
C. DELS AVELLÀ
C. TRAGÍ
C. MAÇANET
Pl. Sta. Caterina
C. DEL PARE GALLIFA
El Rey de la Magia
C. L'ARC SANT SILVESTRE
C. SEMOLERES
C. COLOMINES
C. FLOR DE LLIRI
C. L'OLI
C. SIDÉ
Pl. de la Llana
C. BÒRIA
LA LLANA
C. DE LA CADENA
C. CIVADER
C. CANDELES
C. COTONERS
C. BARRA DE FERRO
C. DE L'ARGENTERIA
C. VIGATANS
C. GÍRITI
C. CARASSA
C. GRUNYÍ
C. BROSOLÍ
C. BANYS VELLS
C. MANRESA
Pl. Jacint Reventós
C. ROSIC
C. BASEA
C. DE LA NAU
C. TARONGETA
C. ABAIXADORS
Pl. Víctor Balaguer
C. CAP DEL MÓN
C. CAPUTXES
C. DE L'ESPASERIA
C. JOAN MASSANA
C. DE CANVIS NOUS
C. ARENES
C. CANVIS VELLS
C. AGULLERS
C. CONSELLERS
C. DELS
C. ORIGUES
C. TROMPETES
C. PANSES
C. DEL CONSOLAT DEL MAR
Reial Acadèmia Catalana de Belles Arts de Sant Jordi
C. ÀLVAREZ DE CASTRO
C. DE SANT JACINT
Pl. de Joan Capri
C. SOMBRERERS
C. STA. MARIA
Pl. Sta. Maria
C. MIRALLERS
C. ST. CLIMENT

아스트리드 스타브로의 바르셀로나

ASTRID STAVRO'S BARCELONA

바르셀로나로 오는 가장 좋은 방법은 비행기를 이용하는 것이다. 바다의 경치, 해변, 하늘에서 내려다보는 도시 전경은 숨 막힐 정도로 아름답다(팁: 최고의 전망을 위해서는 비행기 오른편에 앉을 것). 시내로 날아 오는 방법은 한쪽에는 바다, 반대 편에는 티비바보(Tibibabo) 산이 둘러 싸고 있는 바르셀로나의 지형을 이해하는 데에도 도움이 될 것이다. 산 쪽이 주택가, 바다 쪽이 도심인 점만을 기억한다면 시내에서도 길을 찾기가 쉬울 것이다.

바르셀로나는 대도시로, 여러 구역으로 나뉘어 있다. '시우타트 벨라(Ciutat Vella)'라고 알려진 중세 지구는 도심 쪽에 있다. 이곳은 다시 네 개의 지구로 나뉜다. 바르셀로네타(Barceloneta)는 해변의 모래사장과 산책로를 따라 줄지어 선 카페와 레스토랑으로 유명하다. 보르네(Borne)와 라리베라(La Ribera) 쪽이 포함된 카스크 안틱(Casc Antic), 고딕 지구인 바리 고틱(Barri Gotic), 그리고 과거 '바리오 치노(Barrio Chino)'로 알려졌던 라발(Raval)이 있다. 시우타트 벨라는 가우디를 제외한 대부분의 유명 관광지가 몰려 있는 곳이다. 이곳은 계절을 불문하고 일년 내내 가장 붐비는 장소인 동시에 바르셀로나에서 가장 아름다운 곳이기도 하다. 근사한 레스토랑, 부티크, 박물관, 고딕 아치와 로마 유적 등이 이곳에 있다.

에이삼플라(Eixample) 지구는 모더니즘 구역으로, 중세도시의 성벽이 끝나는 곳에서 시작된다. 19세기 중반 일데폰스 세르다(Ildefons Cerda)에 의해 설계된 이 지역은 직사각형의 블록들이 반복되는 거대한 그리드로 구성되어 있다. 라 페드레라(La Pedrera), 카사 바티요(Casa Batillo), 그리고 사그라다 파밀리아(Sagrada Familia)와 같은 카탈루냐 모더니즘의 대표적인 예들이 이곳에 있다. 또 다른 주요 지역인 그라시아(Gracia) 지구는 과거 독립된 마을이었다가 20세기에 들어서 바르셀로나로 편입된 곳이다. 그라시아는 작은 집들과 광장에서 이루어지는 일상생활 등 여전히 소도시적인 특성을 유지하고 있다. 이곳은 시내에서 도보로 접근 가능한 가장 카탈루냐적 특징이 두드러지는 곳이다. 덜 알려져 있지만 주요 관광지 못지 않게 근사한 곳이 있다면 바로 근교인 포블르누(Poblenou) 지역을 꼽을 수 있다. 런던으로 치면 소디치쯤 되는 곳이다. 공장과 창고로 가득한 산업지구였던 곳의 일부가 트렌디한 로프트로 바뀌었다. 이곳은 수많은 예술가와 디자이너의 보금자리가 되어주고 있다.

바르셀로나에서는 카탈루냐어와 스페인어 두 언어가 쓰인다. 정치적인 이유로 인해 대부분의 간판은 카탈루냐어로만 표기되어 있다. 언어 문제는 도시에 문화적인 풍요를 더해주고 있지만 민감한 사안이기도 하다. 카탈루냐와 스페인과의 관계 및 카탈루냐의 독립 의지와 관련된 대규모 논쟁은 끊이지 않는다.

park hotel
BA
se
BA
JER
SOLIN
D

HOTEL OMM 건축가 줄리 카펠라와 인테리어 디자이너인 산드라 타루엘라, 이사벨 로페즈가 디자인한 최고 수준의 호텔이다. 바르셀로나의 패셔너블한 그라시아 거리(Passeig de Gracia)에 있다. 넓은 공간은 따뜻한 분위기를 지니면서도 매우 독창적이다. 같은 블록에는 잘 알려진 건축가인 안토니오 가우디의 작품 라페드레라와 카사밀라가 있다. Rosselló 265, 08008 Barcelona, www.hotelomm.es

BANYS ORIENTALS 부티크 호텔의 선구자 격인 이곳의 성공은 부분적으로 좋은 위치(El Born)에 있다. 그리고 호텔의 모토는 '가격 대비 높은 가치'라 해도 무방할 것이다. 19세기 저택을 개조한 이곳의 객실은 훌륭하게 디자인되어 있어 숙박비가 네 배나 더 비싸다 해도 전혀 아깝지 않을 것이다. 호텔 부지에는 전통 바르셀로나식 레스토랑인 SenyorParellada가 있다. Argenteria 37, 08003 Barcelona, www.hotelbanysorientals.com

PARK HOTEL 편안한 분위기의 이 호텔은 20세기 중반 합리주의 건축의 독특한 예라 할 수 있다. 로비에는 근사한 모자이크 장식의 바가 있다. 꼭대기 층의 테라스가 딸린 객실은 바르셀로나의 꼭꼭 숨겨진 비밀이라 할 수 있다. Marqués de l'Argentera 11, 08003 Barcelona, www.parkhotelbarcelona.com

CASA CAMPER 같은 이름의 제화 브랜드를 가진 이들이 운영하는 이 힙한 호텔은 사치와 금욕이 독특한 조합을 이루어 마치 줄리앙 슈나벨(Julian Schnabel)이 테레사 수녀를 만난 것 같은 느낌을 준다. 하지만 절묘하게 조화롭다. Carrer Elisabets 11, 08001 Barcelona, www.camper.com

CAL PEP 떠들썩한 분위기의 Cap Pep은 그 시작부터 오늘날까지 끊임없이 사랑 받아온 곳이다. 바르셀로나 최고의, 가장 신선한 타파스 셀렉션을 갖추고 있으며 현지인과 관광객 모두에게 인기 있다. 저녁 8시에 문을 열지만 자리를 잡으려면 7시 45분까지 도착해야 한다. 최고의 자리는 'barra(바)'의 왼쪽 끝 자리이다. Plaça de les Olles 8, 08003 Barcelona, www.calpep.com

ELS PESCADORS 바르셀로나에서 말 그대로 '가장' 맛있는 생선 요리 식당. 위치는 근교의 포블르누 중심가에서 살짝 비켜 있는데, 찾아가기 쉽다. 여름이면 나무들이 줄지어 선 한적한 광장이 내려다 보이는 테라스에서 맛있는 요리를 즐길 수 있다. Plaça Prim 1, 08005 Barcelona, www.elspescadors.com

LA TORNA 바로 옆 가게인 Tragaluz Group에서 운영하는 호화로운 Mercado Santa Catarina에서의 식사가 더 끌릴지도 모르겠다. 하지만 시장 끝에 자리잡은 이 조그마한 원형 식당이야말로 시장에서 바로 가져온 신선한 생선과 고기 요리를 즐기기 위해 현지 미식가들이 찾는 식당이다. 나가는 길에 잊지 말고 이탈리아 건축가 베네데타 타글리아부어(Benedetta Tagliabue)가 디자인한 컬러풀한 시장의 천장을 구경해보자. Inside the Mercado de Santa Caterina, Av de Francesc Cambó, 08003 Barcelona

EL XIRINGUITO DE ESCRIBÀ 바닷가에서 맛있는 파에야와 마리스코를 먹고 싶다면 당연히 이곳을 추천한다. 살살 녹는 디저트도 맛을 봐야 하니 배 속에 공간을 조금 남겨두자. Litoral Mar 42, Playa Bogatell, 08005 Barcelona, www.escriba.es

RESTAURANTE AGULLERS 이곳은 우리 스튜디오 직원들이 즐겨찾는 곳이다. 어떤 이들은 매일 이곳에서 식사를 한다. 아닌 게 아니라 동료인 안나는 이 식당 최고의 단골 손님이다. 맛있는 홈메이드 요리가 저렴하기까지 하다. Agullers 8, 08003 Barcelona

EL VASO DE ORO 시끄럽고 붐비는 크루즈선 스타일의 타파스 바인 이곳은 좁고 긴 복도로 이루어져 있다. 바에 앉기 위해서는 밖으로 나간 다음 다른 수많은 문 중 하나로 다시 들어와야 한다. Balboa 6, 08003 Barcelona

ALASTRUEY 지난 50년간 손톱만큼도 변하지 않은 곳이다. 시장에서 공수한 신선한 재료로 전통요리를 선보인다. Mercaders 24, 08003 Barcelona

ENVALIRA 합리적인 가격과 맛있는 음식을 자랑하는 제대로 된 전통 레스토랑이다. 쌀 요리와 최고의 맛을 지닌 카넬로니를 추천한다. Plaza del Sol 13, 08012 Barcelona

EL PARAGUAYO 엄청나게 두툼하고 육즙이 가득한 스테이크와 따뜻한 유카를 바닷가 근처에서 즐겨보자. Parc 1, 08002 Barcelona

EL TOSSAL 드문 일이지만 여행 책자에서 이 식당을 발견한다면, 이들이 시장에 있는 재료만을 사용하여 요리한다는 설명을 보게 될 것이다. 하지만 이는 잘못된 정보이다. 식당의 유일한 웨이트리스는 식당의 주인이자 사냥꾼인 사내의 부인이다. 당신이 먹는 음식은 그녀의 남편이 주말 동안 스페인 북부의 숲에서 사냥해온 것들이다. 맛깔난 홈메이드 스튜와 식당의 별미인 야생 멧돼지 요리를 권하고 싶다. 실내 장식은 데이비드 마멧(David Mamet)의 영화 '미스터 헐리웃(State and Main)'을 연상시킨다. Tordera 12, 08012 Barcelona

CARBALLEIRA 나는 입구에 거대한 수조가 있는 이 갈리시아 식당의 오래된 장식을 좋아한다. 훌륭한 해산물 요리를 제공하는 이 식당에서 오래된 웨이터 중 하나는 과거 캠퍼 잡지에 나온 적이 있는 모델이다. 영화 감독 페르난도 트루에바(Fernando Trueba)를 닮은 외모라 그를 알아볼 수 있을 것이다. Reina Cristina 3, 08003 Barcelona

IL GIARDINETTO RESTAURANT Correa & Mila 건축사무소에서 디자인한 이 식당은 1974년 FAD 인테리어 디자인상을 수상했지만 요즘 보기에 그리 세련된 모습은 아니다. 2개 층은 나뭇가지 모티브가 그려진 기둥이 받치고 있고 벽은 나뭇잎 모형으로 장식되어 있다. 구식이지만 맛있는 이태리 식당으로, 부유한 예술 관계자들이 오랫동안 즐겨찾아온 곳이다. La Granada del Penedès 22, 08006 Barcelona

225 Barcelona, Spain

BAR MARSELLA 바르셀로나에서 가장 오래된 술집으로 1820년에 처음 문을 열었다. 어니스트 헤밍웨이가 자주 찾는 곳이기도 했다. 오늘날 이곳은 젊은이들이 북적거리는 시끌벅적한 장소가 되었다. 천장은 수십 년간의 담배연기로 인해 캐러멜처럼 쩌들어 있고 화려한 장식의 샹들리에는 희미한 불빛을 비춘다. 바닥은 모자이크로 아름답게 장식되어 있다. Carrer de Sant Pau 65, 08001 Barcelona

GINGER 아름다운 바리고틱 광장에 위치한 70년대 스타일의 멋진 칵테일, 와인, 타파스 바이다. 같은 길가에 우리 스튜디오가 있어 이곳은 우리들의 아지트로 애용되고 있다. 운이 좋게도 칵테일 리스트와 타파스가 둘 다 아주 훌륭하다. Lledó 2, 08002 Barcelona

LA CONCHA 람블라스 거리에서 살짝 벗어난 허름한 길가에 있다. 이 유명한 바는 모로칸/게이/키치적인 분위기를 띠고 있다. 바의 이름은 영리한 말장난으로 조개껍질과 여성의 생식기를 가리키는 속어이다. 보헤미아를 옮겨 놓은 듯한 곳으로 노랗고 붉은 조명과 낮은 천장, 그리고 성 정체성이 애매모호한 손님들이 공간을 채우고 있다. Guàrdia 14, 08001 Barcelona

PIPA CLUB 이 파이프 담배 클럽은 레알 광장(Plaza Real)의 오래된 주택 2층에 자리한 미로와 같은 아파트 공간이다. 들어가기 위해서는 문 앞에서 초인종을 눌러야 한다. 아름답게 장식된 유리 케이스 안에 담긴 근사한 파이프 담배 컬렉션과 오래된 양철 담배 상자들이 벽을 장식하고 있다. 분위기도 좋거니와 평범한 다른 술집들과는 아주 차별화된 곳이다. Plaza Real 3, 08002 Barcelona, www.bpipaclub.com

BOADAS 람블라스 거리 한가운데 있는 이곳은 테이블이 없는 1940년대 칵테일 바로, 과거의 매력을 그대로 간직하고 있다. Tallers 1, 08002 Barcelona

IDEAL 영국 스타일의 예스러운 칵테일 바. 유럽 최대의 위스키 셀렉션을 갖추고 있다. 최고의, 말 그대로 최고의 진토닉을 만들어준다. Aribau 89, 08036 Barcelona

GIMLET 칵테일을 마시기 좋은 곳이다. 손님도 많고 공간은 작지만 사랑스러운 바이다. 바의 이름이기도 한 김렛 칵테일을 추천한다. Rec 24, 08021 Barcelona

LORING ART 현대미술 서적을 전문으로 취급하는 서점. Gravina 8, 08001 Barcelona, www.loring-art.com

LA CENTRAL 바르셀로나 최고의 서점이자 우리 스튜디오의 주요 클라이언트이다. McSweeney's 에서부터 보석 같은 소규모 출판물들에 이르기까지 다양한 서적을 갖추고 있다. 시내 몇 군데에 지점이 있다. 라발(Raval) 점은 과거 예배당이었던 카사 델라 미제리코르디아(Casa de la Misericordia)에 자리잡고 있다. 빼어난 건축물 안에 있는 점심 메뉴는 맛이 좋기까지 하다. Calle Elisabets 8, 08001 Barcelona, www.lacentral.com

VINÇÓN Vincon의 창립자이자 대표인 페르난도 아마트(Fernando Amat) 는 여전히 매주 화요일 오후 새로운 아이디어와 흥미로운 제품을 가진 이들을 위해 사무실 문을 열어둔다. 이는 스페인 최고의 제품들로 가득한 환상적인 디자인숍에 대한 그의 철학을 반영한 것이다. 과거 예술가 라몬 카사스(Ramon Casas)의 주택이었던 가게는 그 쇼윈도 진열만으로도 구경할 만한 가치가 있다.Passeig de Gràcia 96, 08008 Barcelona

LA BOLSERA 미술용품, 파티 및 축제용품, 포장재료 상점이자 영감을 얻기 위해 찾는 곳. Calle de Xuclà 15, 08001 Barcelona, www.labolsera.com

RAIMA 이곳은 바르셀로나에서 가장 유명한 문구점이다. 고딕 지구의 분위기 있는 옛 건물에 위치한 가게는 제품을 고루 잘 갖추고 있지만 직원들은 몹시 불친절하고 불쾌할 정도로 느리다. Calle Comtal 27, 08002 Barcelona, www.raima.com.es

SERVEI ESTACIÓ 여섯 개 층에 걸쳐 수만 가지를 팔고 있는 곳으로, 각 층이 서로 다른 상품을 전문으로 하고 있다. 바르셀로나에서 가장 흥미롭고 정신없는 상점이다. Aragó 270-272, 08007 Barcelona, www.serveiestacio.com

GRANJA MASCARBÓ 이 오래된 밀크바(Granja)에서 맛보거나 살 만할 것을 찾으리라는 기대는 버려라. 대신 몬트세(Montse)라는 나이 지극한 여인이 바리고틱의 이 아름다운 거리에서 일어나는 최신 가십거리들을 얘기해줄 것이다. 입구의 간판은 그 자체로도 박물관에 있을 법한 작품이다. Lledó 78, 08001 Barcelona

SAN ANTONIO MARKET 매주 일요일 오전 8시부터 오후 3시까지 식료품 시장 바로 바깥쪽에 열리는 고서적 및 주화 전문 시장. Ronda Sant Pau/Carrer Comte d'Urgell, 8015 Barcelona

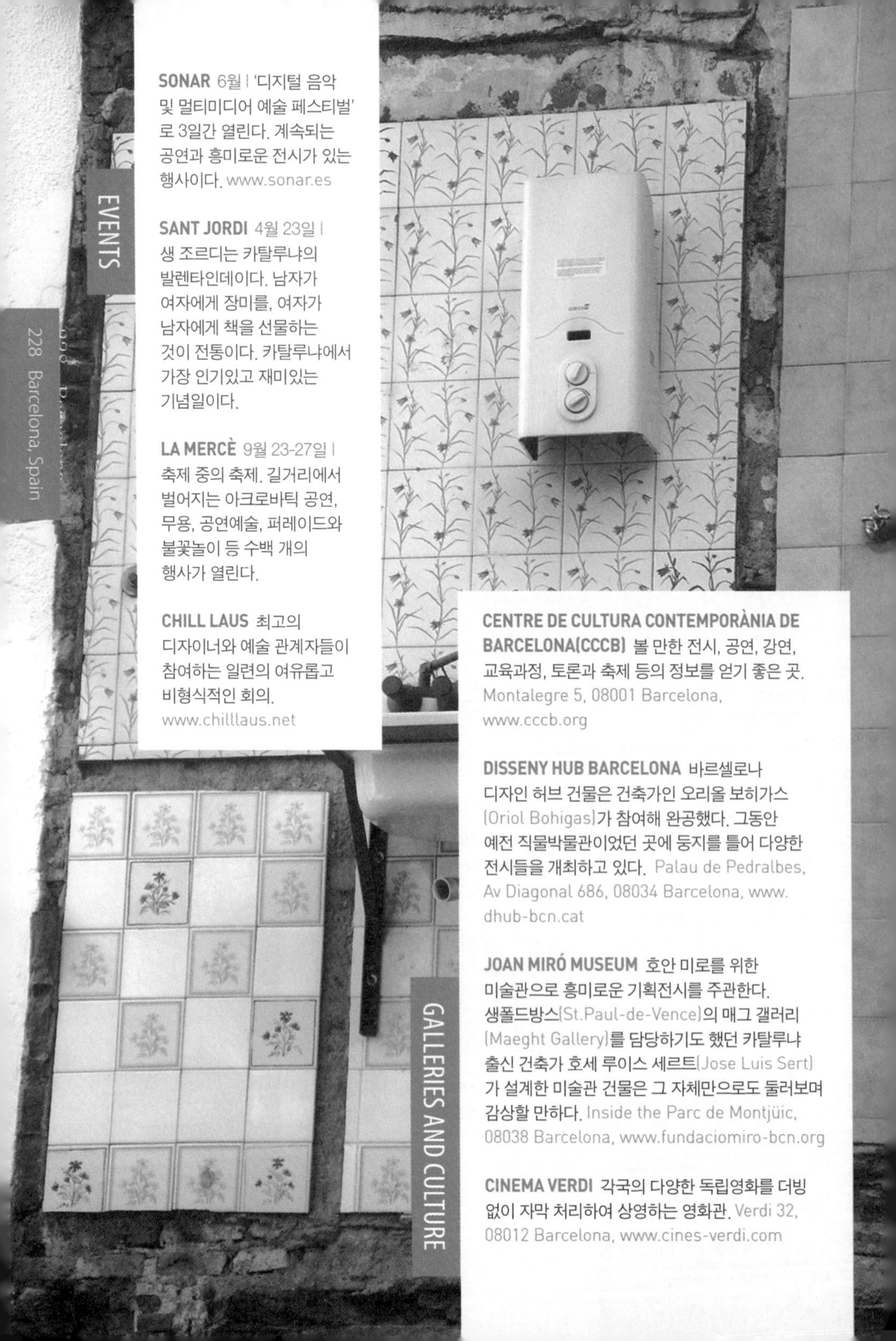

EVENTS

SONAR 6월 | '디지털 음악 및 멀티미디어 예술 페스티벌'로 3일간 열린다. 계속되는 공연과 흥미로운 전시가 있는 행사이다. www.sonar.es

SANT JORDI 4월 23일 | 생 조르디는 카탈루냐의 발렌타인데이다. 남자가 여자에게 장미를, 여자가 남자에게 책을 선물하는 것이 전통이다. 카탈루냐에서 가장 인기있고 재미있는 기념일이다.

LA MERCÈ 9월 23-27일 | 축제 중의 축제. 길거리에서 벌어지는 아크로바틱 공연, 무용, 공연예술, 퍼레이드와 불꽃놀이 등 수백 개의 행사가 열린다.

CHILL LAUS 최고의 디자이너와 예술 관계자들이 참여하는 일련의 여유롭고 비형식적인 회의. www.chilllaus.net

GALLERIES AND CULTURE

CENTRE DE CULTURA CONTEMPORÀNIA DE BARCELONA(CCCB) 볼 만한 전시, 공연, 강연, 교육과정, 토론과 축제 등의 정보를 얻기 좋은 곳. Montalegre 5, 08001 Barcelona, www.cccb.org

DISSENY HUB BARCELONA 바르셀로나 디자인 허브 건물은 건축가인 오리올 보히가스(Oriol Bohigas)가 참여해 완공했다. 그동안 예전 직물박물관이었던 곳에 둥지를 틀어 다양한 전시들을 개최하고 있다. Palau de Pedralbes, Av Diagonal 686, 08034 Barcelona, www.dhub-bcn.cat

JOAN MIRÓ MUSEUM 호안 미로를 위한 미술관으로 흥미로운 기획전시를 주관한다. 생폴드방스(St.Paul-de-Vence)의 매그 갤러리(Maeght Gallery)를 담당하기도 했던 카탈루냐 출신 건축가 호세 루이스 세르트(Jose Luis Sert)가 설계한 미술관 건물은 그 자체만으로도 둘러보며 감상할 만하다. Inside the Parc de Montjüic, 08038 Barcelona, www.fundaciomiro-bcn.org

CINEMA VERDI 각국의 다양한 독립영화를 더빙 없이 자막 처리하여 상영하는 영화관. Verdi 32, 08012 Barcelona, www.cines-verdi.com

바르셀로나에는 잘 알려진 모더니스트 건물들 외에도 관심을 가질 만한 건축물이 많다. 이 중 개인적으로 좋아하는 몇 곳을 추천한다.

MIES VAN DER ROHE PAVILION
1928년 바르셀로나 국제 박람회의 독일관으로 지어진 20세기의 주요 건축 작품인 이 건물은 이후 해체되었다가 1983년 오리올 보히가스 및 건축가 팀에 의해 다시 원래의 위치인 몬주익 언덕에 자리잡게 되었다. Av Marquès de Comillas s/n, 08038 Barcelona, www.miesbcn.com

MARITIME MUSEUM 개인적으로 이 박물관의 소장품에는 관심이 없지만 건물 그 자체는 빼어난 고딕 양식의 도시 건물이자 미스 반 데어 로에가 좋아했던 곳이다. Av de les Drassanes s/n, 08001 Barcelona, www.mmb.cat

MUNTANER 342 호안미로 미술관을 설계한 카탈루냐 출신 건축가 조세프 루이스 세르트가 디자인한 건물이다. Carrer de Muntaner 342, 08022 Barcelona

MONTJUIC CEMETERY
이 굉장한 공동묘지에는 호안 미로와 음악가 아이작 알베니즈(Isaac Albeniz), 그리고 화가인 산티아고 루시뇰(Santiago Rusinol) 등 다수의 유명인이 잠들어 있다. 바다가 내려다보이는 이곳은 바르셀로나 최대의 공동묘지이자 길을 잃기도 쉬운 곳이다. Mare de Déu de Port 54-58, 08038 Barcelona

PALO ALTO 팔로 알토는 아름답고 퇴폐적인 토스카나의 빌라가 산업지구인 포블르누의 한가운데에 마술처럼 옮겨져 있는 듯한 인상을 준다. 이 건물에는 일러스트 작가인 하비에르 마리스칼을 포함한 여러 디자인 및 건축 스튜디오 사무실이 자리잡고 있으며, 괜찮은 구내 식당도 있다. Pellaires 30-38, 08019 Barcelona, www.paloaltobcn.org

STOCKHOLM MINUS SUBURBS

닐 스벤슨의 스톡홀름

NILLE SVENSSON'S STOCKHOLM

항공 노선에 따라 스톡홀름 공항에 착륙하는 과정에서 숲과 간간히 놓인 농가 외에는 아무 것도 없는 땅 위를 넘어올 수도 있을 것이다. 특히 겨울에는 경치가 더욱 장엄하고 황량해 보일 수 있다. 나는 외국에 다녀올 때마다 이 풍경이 일반적인 수도에 착륙할 때 보는 사방으로 뻗어나가는 도시의 모습과 얼마나 대조되는지를 비교하곤 한다. 내 친구 중 하나는 스톡홀롬이 얼마나 시골스러운지에 대해, 그리고 제 아무리 최근 국제 도시로서 세련되게 변해가고 있다 해도 '한 세대만 거슬러 올라가면 농부'인지에 대해 이야기한다.

스톡홀롬은 말라렌(Malaren) 호수와 우스테르횬(Ostersjon)의 소금물(또는 국제적인 명칭인 발틱해)을 연결하는 좁은 통로 위에 놓여 있다. 처음에 이 연결로를 지키기 위한 요새로 건설되었기 때문에 신도심(Innerstaden)은 여전히 초기에 도시가 지어진 섬들 위에 자리잡고 있다. 스톡홀롬은 다음 다섯 개의 구역으로 나뉜다. 감라스탄(Gamla Stan), 노르말름(Norrmalm), 외스테르말름(Ostermalm), 쿵스홀멘(Kungsholmen), 쇠데르말름(Sodermalm), 바사스탄(Vasastan). 각 구역에는 저마다의 특성이 있다. 감라스탄은 가장 오래된 구역이고 노르말름은 도심 지역이다. 외스테르말름은 상류층 주거지역이고, 쇠데르말름은 소외지역이 예술적으로 변모한 곳이며, 쿵스홀멘은 '모든 사람들이 예술적으로 변할 것이라 기대하지만 딱히 그런 일이 일어나고 있지 않은 별 특징없는 곳'이다. 바사스탄은 젊고 도시적이며 전문직들이 모여 있는 구역이다.

이런 구분에도 불구하고 스웨덴의 사회경제는 주거지에 있어 근본적인 차이를 크게 허용하지 않는다(하지만 불행히 이것도 급속히 바뀌는 중이다). 그래서 지역간의 차이는 도심과 교외를 비교할 때나 눈에 보이게 된다. 현재의 일반적인 추세는 '고상해진' 스톡홀름이 남쪽 중심으로, 특히 지하철 붉은 노선을 따라, 지금까지 교외로 간주되던 곳들이 시내로 동화면서 성장하고 있다는 것이다.

아, 그리고 시내에는 주목할 만한 섬이 세 군데 더 있다. 스켑스홀멘(Skeppsholmen)에는 현대미술관이 있고, 유르고르덴(Djurgarden)에는 큰 공원과 유원지가 있다. 롱홀멘(Langholmen)은 쇠데르말름의 유르고르덴이다.

마지막으로 이 가이드를 읽은 후에도 스톡홀름이 취향에 맞는 곳이 아니라고 느껴진다면 폴 뉴먼(Paul Newman)의 황홀한 영화 「스톡홀름의 위기(The Prize)」를 보기 바란다. 아마 당신의 생각을 바꿔줄 것이다.

나는 언제나 상대방이 거주하고 있는 도시의 호텔에 대해 질문하는 것은 잘못된 정보 일색의 대답을 요구하는 것과 같다고 생각해왔다. 아래 언급한 호텔 중 그 어느 곳에도 머문 적이 없음을 먼저 밝히니 판단은 여러분의 몫이다.

AF CHAPMAN 낡은 선박을 호스텔로 개조한 곳이다. 잘 알려진 랜드마크인 만큼 스톡홀름 주민들은 이곳을 선택하는 것이 기발하지 못하다고 생각할 것이다. 하지만 위치와 비용 면에서 뿌리치기 힘든 곳이다. 미리 예약을 하는 것이 좋을 것이다.
Skeppsholmen, 11149 Stockholm, www.stfturist.se

LYDMAR 절제된 양식의 고급 호텔로 시내 중심가에 있다. 예술사진에 알러지가 있다면 이곳을 피하는 것이 좋다. Sturegatan 10, 11435 Stockholm, www.lydmar.com

COLUMBUS 일종의 고급화된 호스텔 겸 호텔로 쇠데르말름에 있다. 여자 친구의 부모님이 스톡홀름을 방문할 때마다 묵는 곳인데, 우리 집 바로 옆에 있기 때문인 점도 있긴 하지만 호스텔 자체도 꽤 괜찮은 것 같다.
Tjärhovsgatan 11, 11621 Stockholm, www.columbus.se

FINNHAMN 이곳은 1박2일 또는 주말 여행에 적합한 곳이다. 커다란 여름별장을 호스텔로 개조한 시설이다(그렇다, 나는 호스텔을 선호한다). 시내 동쪽의 아름답고 교통도 편리한 섬에 자리잡고 있다. 호스텔 내에는 괜찮은 식당이 있는데 항상 붐비는 광경이 고요한 섬의 평온과 대조되어 놀랍기까지 하다. 섬에서 따로 오두막을 한 채 빌릴 수 있다. 개인적으로는 여기에서 이곳 직원들의 도움으로 아주 성공적인 총각파티를 벌인 적이 있다.
13025 Ingmarsö, www.finnhamn.se

THE DAYS OF THE BOUTIQUE HOTELS ARE FINALLY OVER

CLARION 솔직히 인정하자. 부티크 호텔은 이미 유행이 지났다. 이제는 어딘가로 갈 때마다 나는 객실이 많고 로비가 왁자지껄하며 자극을 주는 그런 호텔에 묵고 싶다. 사람들이 쉴새없이 줄지어 드나들고, 이국의 언어로 대화가 오가고, 택시가 왔다갔다 하고, 록스타와 모델 애인이 싸우는 그런 모습들 말이다. 만약 누군가 한 번만 더 날 위해 침대 머리맡에 어두운색 원목 판자가 대어져 있고 샤워기가 수도꼭지가 벽에서 바로 튀어나와 있는 그런 곳을 예약해 놓는다면, 난 차라리 그냥 집에 있겠다. 클라리온 호텔은 스톡홀름 남쪽에 한 곳, 그리고 내륙 쪽에 한 곳이 있으며, 일종의 중간적인 콘셉트의 호텔이기 때문에 부티크 호텔 습관을 물리칠 수 있는 한 방법이 될 것이다. 남쪽에 있는 클라리온 호텔은 자칭 '아트 호텔'인데, 내 생각에는 새로운 '디자인 호텔'인 것 같다.
Ringvägen 98, 10460 Stockholm, www.clarionstockholm.com

물론 아래 목록보다는 훨씬 많은 맛집이 있다. 아아, 이 안내서 쓰는 일은 너무도 어렵다. 스톡홀름에서 괜찮은 해산물 식당이나 아시안 음식점은 찾기 힘들다. 하지만 이외에는 선택의 폭이 넓다. 특히 주말에는 사전 예약을 하는 것이 좋다. 현금이 부족하다면(프리랜스 디자이너들이 항상 그렇듯) 미리 가격을 확인하고 들어가야 나중에 원치 않는 충격을 피할 수 있을 것이다. 식당이나 카페, 바 등에서 조그만 용 그림의 로고를 발견한다면 그곳은 'gulddraken'이라는 상을 받은 맛집이라는 뜻이다. 그 로고는 누가 디자인했을까?

PLACES TO EAT

EN FLICKA PÅ GAFFELN 스톡홀름 북쪽에 위치한 아주 괜찮은 현지 식당이다. 전통 콘티넨탈식 요리를 선보인다. Frejgatan 79, 11326 Stockholm, www.enflickapagaffeln.se

CLOUD NINE 생긴 지 그리 오래 되지 않는, 사려 깊게 디자인된 식당으로 북부 클라리온 호텔 근처에 있으며 특별한 디저트 룸이 있다. 식당의 공동 대표 중 한 명은 서핑 마니아로 스톡홀름 내에 다른 식당들을 함께 운영하고 있다. 그를 따르는 고객 무리들은 이곳으로도 그를 따라 온다. Linnégatan 89E, 10055 Stockholm, www.cloudnine.se

MATKULTUR 스톡홀름은 작은 도시인 만큼 오랫동안 발길이 닿지 않는다던가 숨겨진 곳이랄 데가 별로 없다. 하지만 보통은 먼 동쪽의 쇠데르말름까지 둘러보게 되지는 않을 것이다. 이 식당과 옆집의 바는 분위기가 좋으며, 이 바에는 아마도 이 도시에서 가장 작은 미술 갤러리가 딸려 있다. 메뉴는 정기적으로 바뀌고 음식의 맛은 오락가락하지만 의욕은 높아서 일종의 '월드 푸드' 마냥 다양한 음식을 선보인다. Erstagatan 21, 11636 Stockholm, www.matkultur.nu

LANDET 그래, 거짓말했다. 이 레스토랑은 발길이 닿지 않는 곳에 있다. 하지만 실은 콘스트팍 미술디자인대학 바로 옆에 있어서 디자인 학생들이 찾는 곳이니 이 책에 실을 만하다. 유명한 곳으로 1층에는 괜찮은 식당이 있고 위층에는 '예술학교에게는 너무 멋진' 공간이 있다. LM Ericssons väg 27, 12637 Hägersten, www.landet.nu

BERNS ASIATISKA 아마도 스톡홀름 최고의 모던 차이니즈 요리를 하는 식당이 아닐까. 도심 지역의 호텔, 영화관, 바 그리고 클럽 등이 들어선 거대한 19세기 건물 안에 자리잡고 있다. 내 취향에 이곳은 너무도 아늑하지 못하지만, 당신이 거창한 디자인을 갖춘 오픈된 공간을 선호한다면 추천한다. Berzelii Park, 10325 Stockholm, www.berns.se

ROXY 내가 자주 찾는 몇 안 되는 곳 중 하나이다. 현대 스페인식 요리법이 가미된 맛있는 음식과 멋진 바를 갖추고 있다. 바로 옆집의 지하공간도 차지하게 되어 이곳에서 행사를 열거나 클럽 파티를 벌이기도 한다. Nytorget 6, 11640 Stockholm

TEATERGRILLEN 최고급, 최고가, 최고의 셰프 토레 레트만(Tore Wretman)의 음식, 그리고 1968년 이후 바뀐 적 없는 아주 근사한 인테리어가 있는 곳. Nybrogaten 3, 11434 Stockholm, www.teatergrillen.se

ALLMÄNNA GALLERIET 레스토랑이자 갤러리인 이곳은 공장 건물을 몇 층 올라가면 이름 없는 입구 뒤에 자리하고 있다. 흡연이 금지된 이후로 늦은 밤 바에서 이상한 냄새가 날 때도 있는데 이것은 모두 배관에 문제가 있어서이다. Kronobergsgatan 2, 11233 Stockholm, www.ag925.se

LE ROUGE 이곳은 굉장히 분위기 있으며 언론 관계자들이 즐겨찾는 곳이다. 개인적으로도 아주 좋아하는 곳이다. 음식도 훌륭하다고들 하는데, 비싼 가격 대비 아주 좋지는 않다. 구시가에 있으니 오는 길에 옛 건물들을 둘러보는 것도 좋을 것이다. Österlånggatan 17, 11131 Stockholm, www.lerouge.se

INDIGO 누군가는 이곳을 '스톡홀름 유일의 바'라고 칭했다. 유러피언 분위기에 DJ들도 꽤 실력이 있어 당신의 조부모님이 부모님에게 경고했던 음악을 틀어준다. 200m 정도 내려가면 길 건너편에 Ljunggrents라는 식당이 있는데 테라스 공간이 좋다. 여름에는 그곳에서 식사를 하고 Indigo로 향하면 된다. Götgatan 19, 11646 Stockholm

TRANAN 모든 도시 여행 책자의 단점은 정보가 오래되어 부정확해질 수 있다는 점이다. 하지만 그럼에도 불구하고 이곳과 바로 아래의 Riche는 적어도 다음 세대까지는 계속해서 지금과 같은 멋진 손님들을 끌어당길 것이라고 생각한다. Karlbergsvägen 14, 11327 Stockholm, www.tranan.se

RICHE 예술적이고 아름다운 이들(둘 중 하나를 버려야 한다면 '예술적인'을 버릴 사람들)을 위한 유명한 술집이다. 종종 당신의 입에서 '흠…'이라는 소리가 나오게 하는 전시를 열기도 하는데 이 모두가 이곳의 매력이다. '마지막에 Riche에 갔어'라고 말하는 것은 당신이 즐거운 밤을 보냈다고 말하는 것과 같다(당신이 35세 이상이라면 무언가 일이 잘못 돌아갔다라고 말하는 것과 같다). Birger Jarlsgatan 4, Stockholm, 11434, www.riche.se

GONDOLEN 이 바는 카나리나히센 엘리베이터(Katarinahissen walkway) 아래 수면 30m 위에 매달려 있다. 경치와 칵테일이 모두 훌륭하다. 하지만 밤새 머물고 싶은 장소는 아니다. 이른 저녁 한잔하거나 주중에 점심을 먹기에 더 좋다. Stadsgården 6, 10465 Stockholm, www.eriks.se

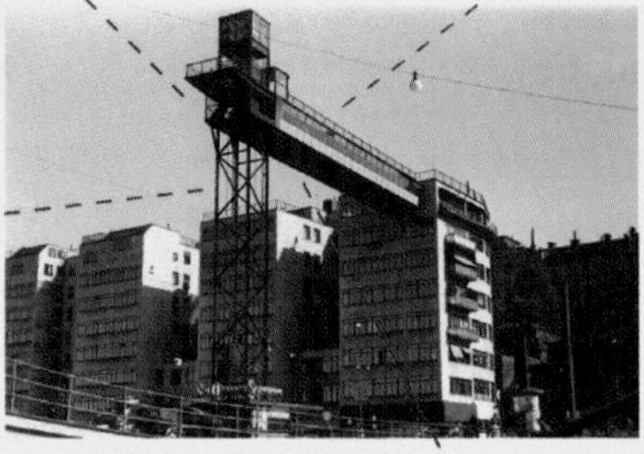

THERE IS A NICE VIEW
FROM GONDOLEN

WE ENDED UP AT RICHE

KONSTIG 다소 지극히 평범하기도 한 디자인 서점으로 다양한 서적을 갖추고 있다. 이곳을 운영하는 여인은 약간 도도한데, 그 때문에 이 가게가 더 쿨해 보이기도 한다. 혹시 관심이 있다면 바로 옆집은 운동화 가게이다. Asogatan 124, 11624 Stockholm, www.konstig.se

PAPER CUT Konstig와 비슷한 면이 있지만 DVD와 잡지에 더 전문화된 곳이다. 쇼핑으로 점차 재미가 더해지는 거리에 자리하고 있으니 여기저기 둘러보면 좋을 것이다. Krukmakargatan 3, 11851 Stockholm, www.papercutshop.se

MICKES SKIVOR 중고 레코드/CD 매장으로 분류가 아주 잘 되어 있다. 스톡홀름 최고의 가게는 아닐 수도 있지만 괜찮은 곳 중 하나이다. 대부분 분위기가 좋은 카페들이 몰려 있는 이쪽 거리를 거닐기에 좋은 시작 포인트가 될 것이다. Långholmsgatan 20, 11733 Stockholm, www.mickes-cdvinyl.se

RAINBOW MUSIC 나만큼이나 중고 레코드판에 관심이 많다면 도심 쪽의 멋쟁이 가게들을 뒤로 하고 시외에 있는 이 레코드집으로 향하길 바란다. 날 이곳에 놔둔다면 몇 시간이고 즐겁게 보낼 수 있다. Höstvägen 7, Solna

10 GRUPPEN 마리메코와 흡사하여 스웨덴 디자인계에 소송이 끊이지 않게 하는 곳이다. 정말 괜찮은 상품도 꽤 있다. Götgatan 25, 11646 Stockholm

PUB 이 옛날식 백화점은 얼마 전 완전한 변신을 이루었다. 두 개의 독립 숍과 콘셉트로 나뉘어 있으며 스칸디나비아 패션에 중점을 두었다. 내가 특히 좋아하는 브랜드는 +46과 Aplace이다. Hötorget, 11157 Stockholm

KONSTNÄRERNAS CENTRALKÖP 찾아가기는 힘들지만 미술용품을 구입하기에 가장 좋은 곳이다. 한 예술가 단체가 운영하고 있으며 누구나 이 단체의 회원이 될 수 있다. 그래픽 디자인 관련 재료가 더 필요하다면 시내에 있는 Matton으로 가보자. Fiskargatan 1, 11620 Stockholm, www.konstnarernas.se

BLACK MARKET 제대로 된 의류 매장으로 내가 좋아하는 피터 옌슨(Peter Jensen)을 포함한 국내외 브랜드를 취급한다. 바사스탄의 갤러리 지구에 있다. Eriksgatan 79, 11332 Stockholm, www.blackmarketsthlm.se

SERIESLUSSEN COMIC STRIP 잡지는 나에게 있어 주된 아이디어의 원천이다. 잡지는 현대 문화의 순간순간을 책, 영화나 다른 '진지한' 형태가 할 수 없는 방식으로 압축하여 표현한다. 이 가게는 전 세계의 빈티지 잡지를 보유하고 있다. 당신의 외국어 능력이 핀란드 억양의 스웨덴어를 이해하는 수준까지 이르렀다면 가게 주인과 즐거운 대화를 나눌 수 있을 것이다. 코너를 돌면 최고의 만화책 가게도 있다. Bellmansgatan 26, 11847 Stockholm

ALEWALDS SPORT 나는 겨울날 일본인 관광객들이 혹한에서 살아남기 위해 도착하자마자 구매한 거대한 오리털 파카를 껴입고 다니는 모습을 구경하는 것을 좋아한다. 따뜻한 옷이나 하이킹 장비를 사야 한다면 바로 이곳에 가야 한다. Kungsgatan 32, 11135 Stockholm, www.alewalds.se

SIVLETTO 대규모 지하실/주차장 타입의 상점, 미용실, 카페가 있는 곳이다. 1050년대 로커빌리/티키/핫로드 스타일을 전문으로 하며 그들의 열정 또한 감동적이다. Malmgårdsvägen 16-18, 11638 Stockholm, www.sivletto.com

PUB DEPARTMENT STORE AT HÖTORGET

GALLERIES AND CULTURE

CRYSTAL PALACE 예술/공예 분야를 다루는 흥미로운 갤러리.
Karlbergsvägen 44, 11362 Stockholm

HUDIKSVALLSGATAN 여러 갤러리가 모여 있는 빌딩이다. 주로 오프닝 날(매주 목요일)에는 함께 행사를 진행한다. 근처의 Crystal Palace와 함께 하룻밤 만에 아주 많은 예술을 경험할 수 있다.
Hudiksvallsgatan 6-8, 11330 Stockholm

INGER MOLIN 공예를 예술과 같은 수준에서 다룬 초기 갤러리 중 한 곳이다. 언제나 좋은 전시가 진행된다. Kommendorsgatan 24, 11448 Stockholm, www.galleriingermolin.se

MAGASIN 3 개인 소유의 미술 전시홀로 신도심 바로 외곽에 있다. 주로 최신 국제 예술품 및 설치작품을 전시한다. 1st Floor, Stockholm Konsthall, Frihamnen, 11556 Stockholm, www.magasin3.com

VISNINGSLÄGENHETER 시립박물관과 국립박물관 둘 다 시내에 아파트나 주택들을 보존하고 있다. 이 집들은 원래의 상태를 유지하면서 과거 세기와 최근 시대의 스톡홀름 시민들의 일상의 모습을 보여준다. 웹사이트에서 자세한 정보를 찾아보자.
www.stadsmuseum.stockholm.se, www.nationalmuseum.se

DANSMUSEET 보석과 같은 곳. 이 작은 박물관에는 전 세계에서 수집한 무용 관련 물품이 대단한 컬렉션을 이루고 있다. 레제(Leger)가 디자인한 무대 의상이나 무대 세트 미니어처만으로도 입장료가 아깝지 않다. Gustav Adolfs Torg 22–24, 11152 Stockholm, www.dansmuseet.nu

TENSTA KONSTHALL 근교에 위치한 힙한 아트 공간으로 언제나 좋은 전시가 열린다.
Taxingegränd 10, 16304 Spånga, www.tenstakonsthall.se

PASS THE GRAND HOTEL TO GET TO THE MUSEUM OF MODERN ART

STADSHUSET 시청 건물은 벽돌이 수천만 개 남을 때 무엇을 할 수 있을지 보여주는 아주 좋은 예이다. 그리스 기둥과 같은 형상을 제대로 표현하기 위해 건물의 파사드가 약간씩 굴곡진 모습을 잘 살펴보라. 건축가인 라그나르 오스트베리(Ragnar Ostberg)가 제대로 표현되지 않은 굴곡에 만족하지 못해 인부들에게 벽을 다 뜯어내고 처음부터 다시 짓게 했다는 말도 있다.
Ragnar Östbergs Plan 1, 11220 Stockholm

MARKELIUSHUSET 시청사에 간다면 물가를 따라 계속 걸어서 마르켈리우스후세(Markeliushuset)에 닿을 수 있다. 본래 협동적인 기능주의자의 꿈을 실현시키기 위해 식당과 식료품점, 탁아소 등을 모두 건물 입주민이 운영하도록 지은 곳이다. 여기에는 훌륭한 점심 식당이 있고 1층에는 Petitfrance라는 베이커리가 있다. 식당 주방에서 아파트까지 물건을 실어나르던 조그만 엘리베이터는 아직도 운행된다.
John Ericssonsgatan 6, 11222 Stockholm

NOTICE THE CURVATURE OF THE STADSHUSET TOWER

GLOBEN 스톡홀름 빙상경기장(주로 하키 경기에 이용되는 곳)은 거대한 원형으로 보기 흉하다. 하지만 포스트모던 키치적인 측면에서는 꽤 멋지다고 할 수 있다.
Arenavägen 60, 12177 Stockholm, www.globearenas.se

SKÄRGÅRDEN 만약 당신이 여름에 스톡홀름을 방문하는데 군도를 구경하지 않겠다면, 이는 당신에게 뭔가 큰 문제가 있다는 얘기다. 다른 곳들에 대한 정보도 많지만 특히 핀함(Finnhamn), 산드함(Sandhamn) 또는 뢰들뢰가(Rodloga)를 가보길 권유한다.

TUNNELBANAN 다수의 지하철역이 예술적으로 장식되어 있으며 몇 군데는 예술가에게 일임했다. 교통패스를 사는 곳에서 지도를 얻을 수 있을 것이다. 카알라봬겐(Karlavagen) 역은 내가 미술학교를 다니던 4년간 매일 아침 지하철을 내린 곳이다. 벽에는 커다란 사진 몽타주가 있는데 아직도 내게 깊은 영향을 미치고 있다.

내 생각에 조깅은 경치를 감상하기에 최고의 방법인 것 같다. 내가 자주 이용하는 코스는 오르스타비센(Arstaviken, 소데르말름 남쪽의 물가)을 따라가는 것이다. 남부 클라리온 호텔에서 숙박을 한다면 더할나위 없이 좋을 것이다. 하마비슬루센(Hammarbyslussen)에 놓인 교각으로 가서 다리를 건넌 후 바로 오른쪽으로 꺾도록 하자. 물가를 따라 계속 달리다가 보트 가게 뒤를 지나 다시 두 개의 다리를 지난 후 새로 조성된 주택가로 들어가라. 다시 다리가 나오면 지나자마자 왼쪽으로 돌아서 물가로 내려간 후 다시 왼쪽의 길을 따라 호텔로 돌아오면 된다. 총 8km 정도의 거리이다. 이 코스를 44분 내로 달릴 수 있다면 당신은 나보다 빠른 것이다. 당신이 이레로 지나갈 아름답고도 특이한 붉은색 다리는 노먼 포스터(Norman Foster)가 설계한 것이다.

메렛 애버솔드의 취리히

MERET AEBERSOLD'S ZURICH

나는 취리히의 많은 것을 사랑한다. 오밀조밀하고, 다니기 쉽고, 자연도 가까우며 문화적으로도 풍요롭다. 나는 유럽 곳곳에서 살아보았고 지금은 런던에서 일하고 있지만 취리히는 내가 편히 쉬며 단순한 일상을 즐기고 싶을 때 돌아가는 바로 그런 곳이다. 그만큼 살기 좋은 도시다.

취리히는 다양한 얼굴을 가졌다. 12개의 구역(Kreise이라 불린다)으로 나뉘어 있고 해당 구역은 다시 저마다 특색 있는 분위기를 지닌 한두 개의 지역으로 나뉜다. 내가 취리히에 머물때에는 주로 3, 4, 5구역을 찾는다. 이 지역들은 과거 노동자 주거지역이자 홍등가였던 곳으로, 여전히 대표적인 유흥가이다. 거리에는 수많은 바와 레스토랑과 함께 멋진 갤러리와 독립 상점들이 늘어서 있다. 취리히는 유럽에서 가장 부유한 도시로 알려져 있는데 여러 조사를 통해 그만큼 삶의 질 또한 최고 수준인 것으로 밝혀졌다. 이러한 취리히의 화려한 면을 경험하고 싶다면 1, 2구역의 도심 지역, 그리고 취리히 호수 끝자락에 있는 6구역을 추천한다.

취리히는 몹시 아름다운 도시이다. 숲으로 둘러싸인 도시는 리마트(Limmat) 강이 취리히 호수를 만나는 접점에 자리잡고 있다. 강과 호수가 취리히의 삶의 질을 풍요롭게 하며 뚜렷한 특징을 부여해 주고 있다. 물가에는 야외 수영장이나 공원이 많은데, 밤에는 이 야외 수영장들이 술집으로 변신해 맛있는 요리나 술과 함께 더운 여름밤을 즐길 수 있도록 해준다. 도시를 둘러싼 산과 자연 속으로 가는 것도 어렵지 않다. 인접 도시인 바젤(Bazel)이나 베른(Bern)도 기차로 한 시간이 채 걸리지 않는다.

시내 이동 또한 매우 손쉽게 이루어진다. 트램, 버스, 기차 등 대중교통 시설이 잘 마련되어 있고 시내가 작기 때문에 걸어서도 다닐 수 있다. 내가 추천하는 교통수단은 기차역에서 자전거를 빌려 시내와 시외를 모두 둘러보는 방법이다.

PLACES TO STAY

HOTEL ROTHAUS 한때 사창가로 쓰였던 이 호텔은 활기 넘치는 4구 한가운데에 있는 랑스트라세(Langstrase)에 있다. 1층에는 작고 괜찮은 바가 있어 나는 친구들과 종종 이곳을 찾곤 한다. 가격도 비교적 저렴한 편이다.
Sihlhallenstraße 1, 8004 Zurich, www.hotelrothaus.ch

HOTEL GREULICH 개인적으로 이 디자인 호텔과 함께 산업디자인 수업을 진행한 적이 있어서 잘 알고 있다. 미니멀하고 간소한 객실은 중정을 둘러 배치되어 있으며, 옆에는 자작나무 정원이 있다. 호텔 내 레스토랑은 최고 수준으로, 지중해식과 실험적인 요리를 선보인다. Herman-Greulich-Straße 56, 8004 Zurich, www.greulich.ch

GASTHAUS ZUM GUTEN GLÜCK 문을 연 지 그리 오래되지 않은 게스트하우스로, 취리히에 부족했던 저렴한 숙박시설의 폭을 넓혀주게 된 곳이다. 방은 심플하면서도 친근한 느낌으로 디자인되었다. 괜찮은 바와 카페도 함께 있다. Stationsstraße 7, 8003 Zurich, www.zumgutenglueck.ch

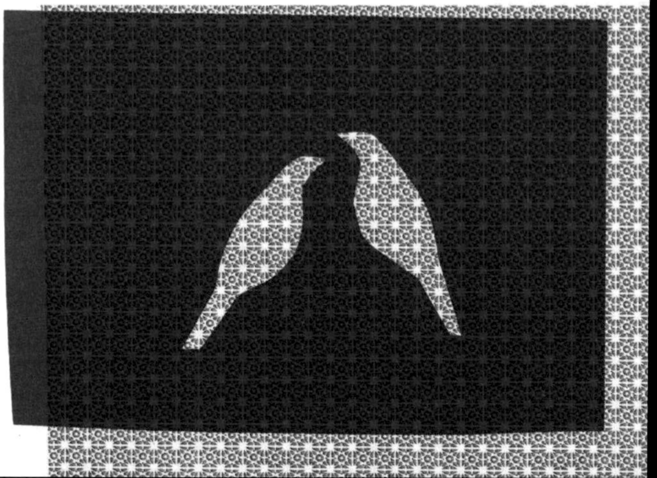

ROSSO 내가 가장 좋아하는 이탈리안 레스토랑이다. 옛날 창고 건물에 자리잡고 있는데, 왁스 처리된 콘크리트 바닥 등 원래의 모습을 그대로 지니고 있다. 나는 항상 피자와 함께 디저트로 이곳의 전설이라 할 수 있는 초콜릿 밤(chocolate bomb)을 주문한다. 2인 이상이 방문한다면 사전에 예약해야 한다. 같은 건물 지하에는 중고 가구점이 있는데 이곳도 가볼 만하다. Geroldstraße 31, 8005 Zurich, www.restaurant-rosso.ch

ITALIA 또 다른 훌륭한 이탈리안 식당인데, 매우 전통적인 느낌이다. 복잡하지 않고 일상적인 음식을 저렴한 가격에 제공한다. 안티파스토 미스토(antipasto misto)와 오징어 먹물 파스타를 강력히 추천한다. 주말에는 미리 예약하도록 하자. Zeughausstraße 61, 8004 Zurich, www.ristorante-italia.ch

LILY'S STOMACH SUPPLY 태국에서 인도에까지 이르는 아시아 요리를 적당한 가격에 맛볼 수 있는 곳이다. Busaba와 Wagamamas를 섞어 놓은 듯한 느낌이다. Langstraße 197, 8005 Zurich, www.lilys.ch

VOLKSHAUS 작고 친숙한 분위기의 공간으로 풍미 넘치는 전통 스위스 요리를 즐길 수 있다. 나는 식사 외에도 식당 앞쪽의 넓고 서민적인 바에서 커피나 술을 한잔하기 위해 이곳을 즐겨 찾는다. Stauffacherstraße 60, 8004 Zurich, www.restaurantvolkshaus.ch

MAISON BLUNT 랑스트라세 근처의 모로코 식당으로 낡은 주차장을 개조해 사용하고 있다. 모로코 전통 장식과 주차장의 옛 모습이 섬세하고 보기 좋은 조화를 이룬다. 메체 메뉴가 다양하며 맛있다. Gasometerstraße 5, 8005 Zurich, www.maison-blunt.ch

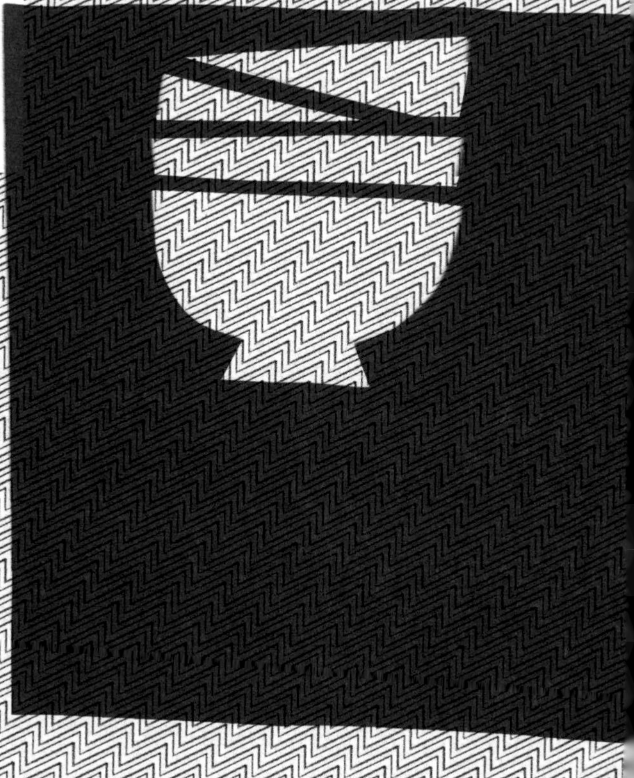

BARS

5월에서 9월 사이에 취리히는 방문한다면 (날씨에 따라 다르겠지만) 강과 호수 근처 야외 테이블에 앉아서 술과 함께 분위기를 즐길 수 있는 몇 군데 아주 근사한 바가 있다. 나는 이곳들을 모두 똑같이 아낀다.

PRIMITIVO 리마트 강변에 자리한 심플한 느낌의 괜찮은 야외 레스토랑. 식음료를 포장해 갈 수도 있고 옥상에서 경치와 테이블 서비스를 즐길 수도 있다. 수영을 하기에도 좋은 위치이다. Oberer Letten, Wasserwerkstraße, 8037 Zurich

EISENBAHNWAGEN Primitivo에서 200m 정도 떨어진 곳에 있다. 이름이 말해주듯 이 바는 옛 철도 차량을 개조하여 만든 곳이다. Primitivo보다 덜 붐비고 관광객이 적은 곳이다. 나는 퇴근 후 이곳에 들러 친구들과 맥주를 한잔하곤 한다. Oberer Letten, Wasserwerkstraße, 8037 Zurich

BADI UNTERER LETTEN 리마트 강 3m 위에 지어진 이 오래된 야외 수영장은 7월이면(정확한 날짜는 홈페이지를 확인할 것) 야간에도 오픈을 하여 벽면을 이용해 영화를 상영하고 음료를 서빙한다. 놓쳐선 안 될 독특한 경험이 될 것이다. Wasserwerkstraße 131, 8037 Zurich, www.filmfluss.ch

SEEBAD ENGE 취리히 호수에 있는 이 야외 수영장은 수면 위에 지어져 있다. 겨울에는 사우나, 여름에는 수영장인 이곳은 밤이 되면 물 위의 바로 변신한다(여성만 입장할 수 있는 곳도 따로 있다). 언제 이곳을 찾든 알프스 산맥의 경치는 숨막힐 듯 아름다울 것이다. Mythenquai 9, 8002 Zurich (in Rentenanstalt Park), www.seebadenge.ch

안타깝지만 여름에 취리히를 방문할 수 없다면 위 리스트는 별 쓸모가 없을 것이다. 대신 아래의 '일반적인' 바를 찾아가보자.

TOTAL BAR 이 바는 원래 주인이 사는 집의 일부분으로, 바에서 버는 돈은 그들의 빚을 갚는 데 쓰였다고 한다. 편안한 분위기와 스타일을 지닌 곳이다. Tellstraße 19, 8004 Zurich, www.totalbar.ch

CASABLANCA CAFE-BAR 이 아늑한 곳은 낮에는 커피, 밤에는 술을 마실 수 있는 트렌디한 공간이다. 나는 이곳의 창가에 앉아 지나가는 사람들을 바라보곤 한다. Langstraße 62, 8004 Zurich, www.cafe-casablanca.ch

LONG STREET 원래 스트립 클럽이었던 곳인데 실내장식은 그다지 바뀌지 않았다. 여전히 빨간 벨벳 천으로 뒤덮여 있고 여자들이 춤을 추던 공간도 있다. 파티 분위기를 내기에는 완벽한 곳이다. 언제나 트렌디한 사람들로 가득 차 있고 윗층에는 자정에 오픈하는 작은 댄스플로어도 있다. Langstraße 92, 8004 Zurich, www.longstreetbar.ch

STERNWARTE URANIA 48m 높이의 천문대 꼭대기에 있는 바. 이곳에서 보는 도시 전경이 아주 그만인지라, 나는 취리히를 처음 방문하는 사람들을 늘 이곳에 데려온다 . Uraniastraße 9, 8001 Zurich

Z AM PARK 프릿쉬비즈(Fritschiwiese) 공원에 놓인 사랑스러운 카페이다. 인테리어는 Studio Aekae에서 디자인했는데 손상된 바닥용 나무 판자를 재활용하여 바와 가구를 만들었다. 의자는 다시 몇몇 디자이너의 손을 거쳐 일 년에 몇 번씩 경매에 올려진다. Zurlindenstraße 275, 8003 Zurich, www.zampark.ch

ZUKUNFT 랑스트라세 구역에 있는 클럽으로 멋진 파티와 공연이 있는 곳이다. 나는 Sonar Kollektiv, Richard Dorfmeister와 같은 DJ들과 The Whitest Boy Alive 같은 밴드의 공연을 모두 이곳에서 보았다. 월간 프로그램집은 주로 재기발랄한 예술가들이 디자인한다. Dienerstraße 25, 8004 Zurich, www.zukunft.cl

HIVE 취리히 시내의 서쪽 끝은 목요일부터 일요일까지 거대한 파티의 장으로 변한다. 그리고 그 중심에 Hive가 있다. 이곳은 최근 나의 친구이기도 한 Aekae 소속 디자이너들이 리모델링을 담당했으며, 두 개의 플로어가 있는 곳이다. 얼터너티브 일렉트로닉 음악의 라이브 공연 라인업이 훌륭하다. Geroldstraße 5, 8005 Zurich, www.hiveclub.ch

HELSINKI KLUB 이곳은 Hive에서 멀지 않은 곳에 있지만 완전히 다른 류의 장소이다. 좁고 오래된 주차장에 위치한 작은 클럽으로 예술가 피필로티 리스트(Pipilotti Rist)의 형제인 톰 리스트(Tom Rist)가 운영하고 있다. 언더그라운드적인 멋과 함께 라이브 재즈, 블루스, 힙합 공연이 펼쳐진다. 이곳은 쥬크박스로도 잘 알려져 있는데, 두 달에 한 번씩 특별히 선정된 음악가, 예술가와 친구들이 프로그램을 준비한다. 나는 바로 옆집인 Rosso에서 저녁식사를 마친 후 이곳에 와서 느긋한 분위기를 즐기고 새로운 밴드의 공연도 보곤 한다. Geroldstraße 35, 8005 Zurich, www.helsinkiklub.ch

MAKING THINGS 4구에 있는 이 곳은 세 명의 패션 디자이너가 운영하는 작은 편집숍 겸 스튜디오이다. 직접 제작한 프린팅된 의류와 장신구 외에도 국내외 브랜드를 취급하고 있다. 이곳에서 마음에 드는 것들을 발견할 수 있을 것이다. Gruengasse 20, 8004 Zurich, www.makingthings.ch

ELASTIQUE Making Things 바로 맞은편에 있는 이 가게는 내가 마치 제임스 본드 영화 속에 있는 것 같은 느낌을 준다. 1950, 60, 70년대의 최고급 빈티지 가구를 갖추고 있어 디자인박물관 같은 분위기를 자랑한다. Gruengasse 19, 8004 Zurich

ONYVA 구시가에 문을 연 가게로, 비싸지 않은 해외 브랜드 의류와 액세서리를 팔고 있다. 중고 가구를 기발하게 활용한 인테리어도 볼 만하다. Zaehringerplatz 15, 8001 Zurich, www.onyva.ch

FIDELIO Costume National, Viktor & Rolf, Raf Simons 등의 디자이너 브랜드를 다루는 고급 상점. 더 젊은 세대를 겨냥한 2호점도 근처에 있다. Munzplatz 1 (Fidelio 1) and Nuschelerstraße 30 (Fidelio 2), 8001 Zurich, www.fidelio-kleider.ch

KANZLEI FLOHMARKT 이 벼룩시장에서는 신발부터 70년대 램프까지 모든 것을 찾을 수 있다. 매주 토요일 이른 아침부터 오후까지 열린다. 학교 운동장에 자리하고 있으며 같은 곳에 Xenix 바와 영화관이 있어 여름에는 야외 상영도 해준다. Helvetia Platz, 8004 Zurich, www.flohmarktkanzlei.ch, www.xenix.ch

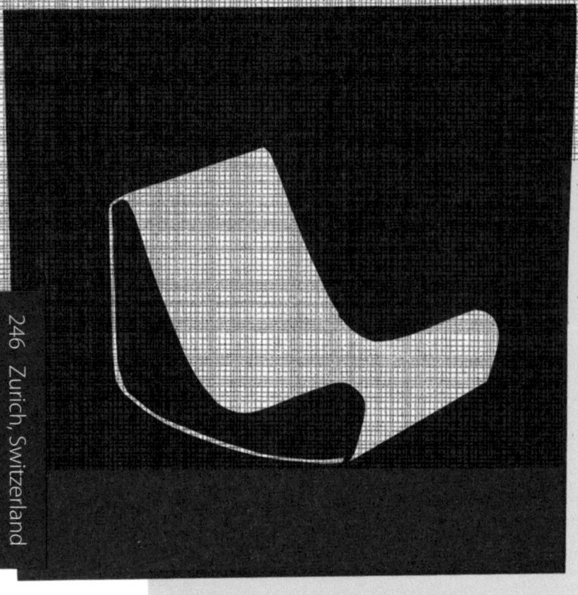

LUX PLUS 트렌디한 중고 가게로 의류와 액세서리 셀렉션이 잘 되어 있다. Ankerstraße 24, 8004 Zurich, www.luxplus.ch

ERBUDAK 나는 이 분위기 있는 작은 부티크를 좋아한다. 사장인 딜라라 에르두박은 Les Prairies de Paris, John Smedley, Dreyfuss와 같은 브랜드를 들여와 몹시 글래머러스한 느낌을 살리고 있다. Engelstraße 62, 8004 Zurich, www.erbudak.com

16 TONS 내 운동화 컬렉션을 보강하기 위해 오는 곳. 빈티지 의류와 드레스에서부터 중고 음반(레게와 댄스홀) 그리고 전 세대를 아우르는 운동화를 아주 합리적인 가격에 판매하고 있다. 레게와 댄스홀 장르를 좋아한다면 반드시 들를 것! Anwandstraße 25, 8004 Zurich, www.16tons.ch

ORELL FÜSSLI KRAUTHAMMER 취리히의 구시가 중심에 위치한, 내가 무척 사랑하는 디자인 서점이다. 나는 이곳의 예술 서적들을 뒤적거리며 며칠이라도 보낼 수 있다. Marktgasse 12, 8001 Zurich

MUSEUM FÜR GESTALTUNG 취리히 예술대학 바로 옆에 있어 잘 아는 곳이다. 주제에 따른 기획전시 프로그램이 훌륭하다. 박물관에는 두 개의 별관이 있는데 Plakatraum에는 포스터 소장품들이 아주 볼 만하고 Museum Bellerive는 큰 빌라에 있어 일 년 내내 기획 전시가 진행된다. Ausstellungsstraße 60, 8005 Zurich, www.museum-gestaltung.ch

MIGROS MUSEUM FÜR GEGENWARTSKUNST 모든 장르의 현대미술을 위한 센터이다. 스위스의 협동조합 슈퍼마켓 체인점인 미그로스(Migros)의 기금을 통해 운영되고 있다. Limmatstraße 270, 8005 Zurich, www.migrosmuseum.ch

GALERIE FREYMOND-GUTH 현대미술을 다루는 작은 지하 갤러리이다. 예술가들이 모여 설립한 이곳은 2006년 비영리 프로젝트 공간 Les Complices에서 시작되었다. Brauerstraße 51, 8004 Zurich, www.freymondguth.com

GRAPHISCHE SAMMLUNG 스위스에서 두 번째로 큰 미술 소장품을 자랑한다. 대부분 옛 거장들의 작품이지만, 내가 본 최근 컬렉션은 해외의 현대미술과 떠오르는 스위스 예술가들에 초점을 맞추고 있었다. 새로운 영감을 얻기에 너무나도 좋은 곳이다. Rämistraße 101, 8092 Zurich, www.graphischesammlung.ch

FOTOMUSEUM WINTERTHUR 빈터투어(Wintertur, 도심에서 30분 거리)에 위치한 이 갤러리에서는 수준 높은 사진 전시를 볼 수 있다. 역사 사진에서부터 상업적으로 응용된 사진, 건축, 패션에 이르는 다양한 사진 세계를 다루고 있다. Gruzenstraße 44-45, 8400 Winterthur, www.fotomuseum.ch

HAUSKONSTRUKTIV 구성주의 미술, 그리고 이후 모더니즘으로부터 현재까지의 발전에 초점을 맞춘 미술관이다. 개인적으로는 미술관의 디자인과 소장품이 일맥상통하는 점이 특히 마음에 든다. 하지만 전시물보다는 건물 자체를 감상하기 위해 가는 게 더 나을 것이다. Selnaustraße 25, 8001 Zurich, www.hauskonstruktiv.ch

DE PURY AND LUXEMBOURG 현대미술을 위한 국제적인 갤러리. Limmatsraße 264, 8005 Zurich, www.depuryluxembourg.com

RIFF RAFF 내가 취리히에서 가장 좋아하는 영화관이다. 디자인도 잘되어 있을뿐더러 수많은 독립영화도 상영한다. 영화관에 있는 바와 비스트로도 아주 괜찮다. Neugasse 57, 8005 Zurich, www.riffraff.ch

ROTE FABRIK 멋진 창고 건물에 자리한 예술센터로, 좌파 성향의 연극, 음악, 정치, 미술을 다루고 있다. 여름이면 야외에 길다란 테이블을 설치하여 이곳에 앉아 식사나 음료를 즐길 수 있다. 나는 이곳의 자연스러운 분위기를 좋아한다. Seestraße 395, 8038 Zurich, www.rotefabrik.ch

GALLERIES AND CULTURE

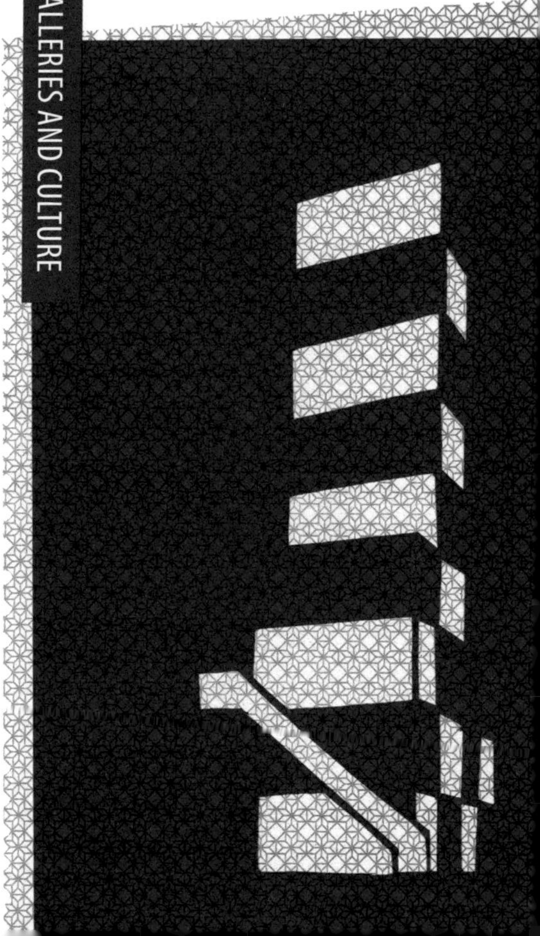

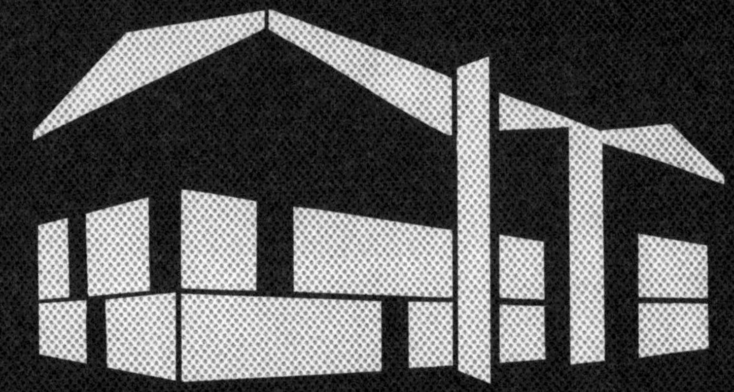

THERME VALS 시내에서 두 시간 반 정도 걸리는 온천 스파 리조트로 산자락에 놓여 있다. 스위스 출신 건축가 페터 춤토르(Peter Zumthor)가 설계한 이곳은 스위스에서 정말 아름다운 건축물 중 하나이다. 완전한 여유를 즐길 수 있으며, 완전히 스위스적인 경험을 할 수 있는 곳이다. www.therme-vals.ch

BAHNHOF STADELHOFEN 1990년 산티아고 칼라트라바(Santiago Calatrava)가 디자인한 기차역이다. 다층 구조로 이루어져 승강장, 지하 아케이드, 기차역 뒤편의 언덕을 다양한 각도에서 볼 수 있도록 설계되었다.

HEIDI WEBER HAUS 르코르뷔지에의 마지막 작품으로 취리히 호수 옆에 자리하고 있다. 콘크리트와 바위로 지어져 있으며 이 위대한 건축가가 직접 제작한 여러 조각과 회화작품, 가구와 그의 필체 등이 소장되어 있다. Höschgasse 8, 8008 Zurich, www.centrelecorbusier.com

LINDENHOF PARK 취리히 중심가에 있는 공중 공원이다. 고대 로마 요새의 유적 주변에 조성되어 있다. 휴식을 취하거나 구시가와 리마트 강, 시내를 둘러싼 언덕의 아름다운 경치를 즐길 수 있는 곳이다. 가장 가까운 트램 역은 'Rennweg'이다.

EVENTS

ZÜRCHER THEATER SPEKTAKEL 8월 I 호숫가에서 펼쳐지는 연극 축제로 어릴 적부터 쭉 갔던 페스티벌이다. 좋은 연극 공연, 거리 공연이 펼쳐지며 야외 식당과 바가 많다. www.theaterspektakel.ch

BLICKFANG 11월 I 디자인 박람회의 국제적인 네트워크의 일환으로 열리는 행사로, 200여 명의 디자이너들이 가구, 패션, 주얼리 등 온갖 상품을 판매한다. 크리스마스 선물을 사거나 다른 디자이너들의 작품을 보며 아이디어를 얻기에도 좋은 곳이다. Kongresshaus Zurich, Gotthardstraße 5, 8002 Zurich, www.blickfang.com

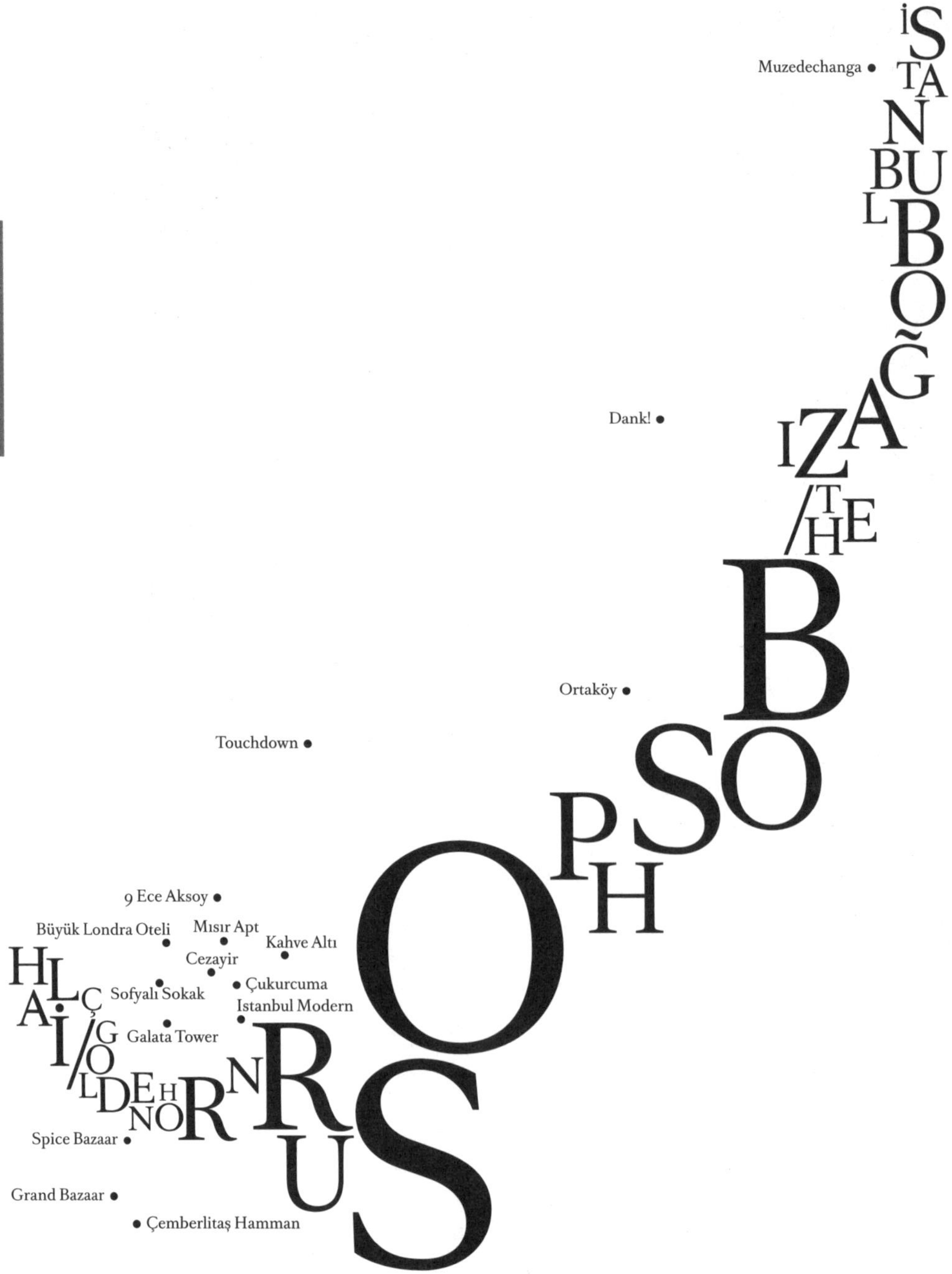
İSTANBUL BOĞAZI
/THE BOSPHORUS
HALİÇ
/GOLDEN HORN
Muzedechanga
Dank!
Ortaköy
Touchdown
9 Ece Aksoy
Büyük Londra Oteli
Mısır Apt
Kahve Altı
Cezayir
Çukurcuma
Sofyalı Sokak
Istanbul Modern
Galata Tower
Spice Bazaar
Grand Bazaar
Çemberlitaş Hamman

비앙카 벤트의 이스탄불

Bianca Wendt's

ISTANBUL

나와 내 남자친구가 이스탄불에서 일자리 제안을 받았을 당시만 해도 그 제안은 고려할 가치도 없어 보였다. 나는 석사과정을 막 마친 참이었고 런던 생활에 꽤 적응된 상태였다. 어쨌거나 봄이 오고 있었고 비용도 남이 내주는 터라 우리는 그냥 주말 여행 겸 다녀와 보기로 했다. 그러나 놀랍게도 나는 처음부터 이스탄불과 사랑에 빠지게 되었고, 얼마 후엔 짐을 싸고 있었다.

이스탄불은 보스포러스(Bosphorus) 해협 양쪽에 자리잡은 도시다. 보스포러스 해협은 흑해와 마르마라해를 가르며 아시아와 유럽을 지리적으로, 그리고 문화적으로 이어주는 교각 역할을 해왔다. 이곳에는 그야말로 모든 것이 있다. 모스크, 궁전, 연기 자욱한 바, 고대 방식의 찻집, 쾌락적인 클러빙, 바다 수영, 골동품, 쇼핑, 그리고 현대미술까지.

공식적인 인구는 1,300만 명이지만 실은 2,000만 명에 가깝다. 이스탄불은 제멋대로 뻗어나간 도시이며 여러 지역은 저마다의 개성을 지니고 있다. 베욜루(Beyoğlu)가 아마도 가장 적합한 예일 것이다. 이곳은 오랜 기독교 지역으로, 19세에 지어진 거대한 건축물들이 현대적인 미술관이나 상점들과 나란히 서 있다. 이 지역은 카페, 바, 갤러리와 상점이 늘어선 보행가인 이스티클랄 거리(İstiiklal Caddesi)가 그 중심을 가로지르고 있다. 베욜루 내에는 예술적 분위기의 동네가 여럿 있다. 지한기르(Cihangir)는 트렌디한 주민을 위한 유럽 스타일의 카페와 바를 갖추고 있고 멋진 시내 전경을 내려다 볼 수 있는 곳이다. 추쿨추마(Cukurcuma)는 역사가 깊은 구역이지만 또 다른 역사지구인 갈라타(Galata)와 함께 새로 떠오르고 있는 곳이다. 밤문화를 즐기고자 한다면 튀넬(Tunel)로 가면 된다. 베욜루 외에도 방문할 곳은 많다. 옛 항구 부근과 토파네(Tophane)로 가면 물 위에서 물담배와 주사위 놀이를 즐길 수 있다. 니샨타쉬(Nişantaşı)는 이스탄불에서 가장 화려한 교외지역으로 비싼 상점과 유로트래시들로 가득하다. 술탄아흐멧(Sultanahmet)은 역사지구로 대중 목욕탕과 성희롱을 동시에 목격할 수 있을 것이다. 흑해 연안에는 해변과 함께 해산물 전문 식당이 있고 음악 페스티벌이 벌어진다. 마지막으로 페네(Fener)와 발라트(Balat) 구역은 비잔틴 벽화와 함께 풍부한 역사를 자랑한다.

나는 이스탄불에서 외국인으로서의 '이질성'을 항상 의식하고 있지만 동시에 환영받고 있다는 느낌도 받는다. 사람들은 친절하여 택시 안까지 들어와 기사에게 손님 대신 길을 설명해 줄 정도로 이방인을 잘 도와준다. 유구한 역사는 도시 전체에 스며 있지만 이스탄불은 끊임없이 변화하고 있다. 아름답고 시간을 초월한, 항상 분주한 도시다. 그다지 공감되지 않는 도시설계가 이루어진 지 몇십 년이 지났음에도 불구하고 이스탄불은 저만의 매력을 내뿜고 있다.

PLACES TO STAY

BÜYÜK LONDRA 1892년에 지어진 곳은 오리엔탈 익스프레스 시대의 가장 명망 높은 호텔이었다. 오늘날에는 그 빛바랜 위엄만이 호텔의 매력으로 남아 있다. 객실은 다소 낡았지만 가격 면에서는 나쁘지 않다. 호텔의 최고 장점은 로비에 있는 바라고 할 수 있다. 바에는 이곳에 살고 있는 앵무새들과 퉁명스러운 바텐더, DIY 음료, 전축과 LP 컬렉션이 있다. 이곳에서는 언제나 한두 명의 개성 강한 인물을 볼 수 있을 것이다. 최근 나는 스웨덴 작가들과 함께 이곳에 우연히 들른 적이 있다. 우리 중에는 범죄 소설 작가인 하칸 네서(Hakan Nesser)와 대담한 성격의 영국문화원 직원이 있었는데, 이 사람은 나중에 내 코트를 훔치려 했다. Meşrutiyet Caddesi 117, Taksim, www.londrahotel.net

WITT ISTANBUL 이스탄불의 보헤미안 지역인 지한기르에 위치한 호텔이다. 객실은 호텔이라기보다는 아파트에 가까운데 Wallpaper* 상 수상자인 Autoban이 디자인했다. 넓은 객실은 대리석 주방과 욕실, 현대적인 가구로 채워져 있으며 몇몇 객실은 보스포러스 해협이 내려다 보이는 전망을 갖추고 있다. Defterdar Yokuşu 26, Cingahir, www.wittistanbul.com/eng

HOTEL LES OTTOMANS 완전히 데카당적인 분위기의 이 해안가 호텔은 원래 1790년대 한 군사령관을 위해 지어졌다. 전통 오토만 양식으로 복원되어 호화롭게 장식된 이곳은 온갖 최신 편의시설를 갖추고 있다. 하지만 호텔의 홈페이지는 다소 불만족스러울지도 모르겠다. Muallim Naci Caddesi 68, Kuruçeşme, www.lesottomans.com

VILLA ZURICH 디자인 면에서는 별다를 것이 없는 호텔이지만, 지한기르라는 예술적인 지역의 편리한 위치에 있다는 점과 저렴한 가격에 친절하고 깨끗하다는 점만은 강조하고 싶다. 아래층에는 붐비는 카페 겸 바가 있어 여름철이면 길가에까지 테이블을 가득 채우고, 꼭대기 층에는 이스탄불에서 손꼽는 생선요리 전문 레스토랑(Doğa Balık)이 있다. Akarsu Yokupu Caddesi 44-46, Cingahir, www.hotelvillazurich.com

PLACES TO EAT

DOKUZ ECE AKSOY 작고 아늑한 식당으로 '토마토 위에 눈이 내렸어요'와 같은 상상력 넘치는 이름을 가진 홈메이드 요리를 선보인다.
Oteller Sokak 9, Tepebası, Istanbul

KARDEŞLER KEBAB 내가 이스탄불에 있을 때면 찾는 단골집이다. 지한기르 한복판에 있고 아주 간소한 인테리어의 식당이다. 야외에 앉아서 인접한 모스크에서 들려오는 기도 소리를 들으며 세상 돌아가는 모습을 바라보는 것도 좋다. 게다가 단돈 1유로만으로도 배불리 먹을 수 있다(렌틸 수프와 lahmacun을 먹어보자). 가게 문이 닫힌 것을 본 적이 없으니 24시간 영업을 하는 것 같다.
Agahammam Caddesi 1, Cingahir

CEZAYIR 1901년 Italian Workers' Society에서 지은 빌딩을 아름답게 복원한 건물에 자리잡고 있다. 이곳에는 레스토랑, 라운지, 바, 그리고 여름에 개방하는 커다란 정원이 있다. 'Cezayir'는 터키어로 '알제리 사람'을 의미한다. 레스토랑이 있는 거리는 원래 알제리인 거리였으나 나중에 프랑스 정부 기금을 통해 몹시 '프랑스스럽게' 변모하여 프랑스인 거리가 되었다. Cezayir는 주변의 수많은 유사 식당들 중에서도 눈에 띄는 곳이다. Hayriye Caddesi 12, Galatasaray, www.cezayir-istanbul.com

Mesut ERSOY
34 THB 78

MÜZEDECHANGA 이 레스토랑은 시내 외곽에 있다. 자가용이나 택시를 이용해서 찾아가야 하는데 그 여정 자체도 재미있다. 부유한 해안가 동네인 베벡(Bebek), 오르타쿄이(Ortakoy), 아르나붓쿄이(Arnavutkoy)를 지나면서 집들이 점점 커지는 것을 볼 수 있을 것이다. 레스토랑은 본래 사반치(Sabancı) 가 소유의 저택이었던 광대한 부지에 자리잡고 있는데 저택은 현재 미술관으로 이용되고 있다.
Sakıp Sabancı Caddesi 22, Emirgan

KAHVE ALTI 내가 아침식사를 하기 위해 자주 찾는 곳이다. 원래 작은 카페가 딸려 있는 아주 터키적인 스타일의 빈티지 옷가게였는데 음식이 더 유명해져서 카페가 가게를 점령해버렸다. 편안한 분위기의 안뜰로 자리를 잡아보자. 개인적으로 추천하는 메뉴는 시미트(simit) 요리와 신선한 오렌지 주스, 그리고 짜이(cay) 차 한 잔이다. 이 정도면 완벽한 식사가 된다. 물론 점심과 저녁 메뉴도 있다. Anahtar Sokak 15, Cihangir

WWW.YEMEKSEPETI.COM 평상시에 집에 앉아서 컴퓨터 화면만 보는 것을 좋아하지는 않지만, 마감에 쫓기고 있거나 숙취에 시달리고 있거나 밖에 비가 많이 내리고 있다면, 이 웹사이트는 하늘이 내리신 선물이 될 것이다. 상상할 수 있는 모든 음식(터키 전통음식, 케밥, 초밥, 아이스크림, 심지어 맥도날드 햄버거까지)이 주문 후 30분 이내로 배달된다. 웹사이트는 대부분 영어 안내가 되어 있다.

BARS

SOFYALI SOKAK 활기 넘치는 튀넬(Tunel) 주변은 밤문화를 즐기기에 안성맞춤인 곳이다. 라키(raki) 술이 흐르는 메쩨 메뉴들과 맥주를 즐기면서 게임이나 주사위 놀이를 할 수도 있고 조용히 칵테일을 음미해도 된다.

TOUCHDOWN 호화로운 쇼핑가인 니샨타쉬(Nişantaşı) 지구의 한 쇼핑몰 내에 있는 이곳은 미식축구를 응용한 인테리어로 꾸며져 있다. 이곳은 영원히 유행에 뒤쳐지지 않을 그런 곳이다(개인적으로는 왜 그런지 잘 모르겠지만!). 언론, 광고, 출판계 사람들과 어울린다면 반드시 가야 할 곳이다.
Abdi Ipekçi Caddesi 61, Nişantaşı

NU TERAS 유럽스러워 보이기는 하지만, 이스탄불의 야경이 발 아래 펼쳐지는 200년 된 건물 옥상에서 즐기는 파티와 그 순수한 쾌락은 도전해볼 만한 가치가 있다. 주말보다는 주중에 오는 것이 낫고, 두둑한 지갑을 들고 와야 한다. 원래는 레스토랑이었다가 해가 지면 나이트클럽으로 바뀌는 곳이니, 식사를 빨리 하지 않으면 사람들이 당신 얼굴(또는 음식) 앞에서 엉덩이를 흔들어대게 될 것이다!
Meşrutiyet Caddesi 149/7, Tepebaşı

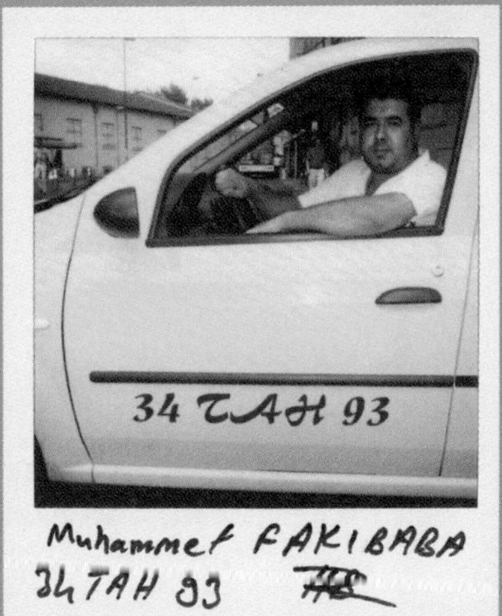

Ahmet Çiçek

ABDULLAH, THE GRAND BAZAAR
그랜드 바자르는 꼭 가봐야 한다. 싸구려 관광상품이 점점 더 많아지고 있기는 하지만 여전히 엄청난 장관을 이루는 곳이다. 압둘라(Abdullah)는 그랜드 바자르 내에 있는 가게로, 전통 공예, 천연소재 이불, 타월, 담요와 비누를 팔고 있다. Halıcılar Caddesi 62, Kapalıçarsı, www.abdulla.com

MISIR ÇARSISI (향신료 시장) 그랜드
바자르보다는 덜 관광지화되었고 규모가 작은 이 시장은 이집트 시장으로도 알려져 있다. 신기하고 재미있는 온갖 향신료를 파는데 주인이 색상별로 세심히 배치한다. 카다몬, 그린 커민, 홍고추, 카레, 참깨, 코코넛 가루, 강황, 사프론 등이 자루와 박스에 채워져 있거나, 차곡차곡 쌓여 있다. 머리 위에는 말린 오크라, 고추와 가지 등이 매달려 있기도 하다. 이외에도 다양한 오일, 로즈워터와 터키의 때수건인 수공예 'kese' 등도 찾을 수 있다.
Near the Galata Bridge

MIDNIGHT EXPRESS 이스티클랄 거리에
있는 아름다운 Mısır Apartment 내에 위치한 상점이다. 보물상자 같은 곳으로, 신중히 선택된 터키 패션 상품과 소량의 가정용품과 주얼리를 판매하고 있다. 부부 디자이너인 바누 보라(Banu Bora)와 타이푼 뭄주(Tayfun Mumcu) 소유의 상점으로, 패션 저널리스트인 수지 맨키스(Suzy Menkes)의 이스탄불 방문에 영감을 얻어 오픈한 곳이다. 2nd Floor, Mısır Apt, İskiklal Caddesi 163/5, Galatasaray, www.midnightexpress.com.tr

ETERNAL CHILD 세트럴 세인트 마틴 동문인
굴 구다마르(Gul Gurdamar)의 브랜드로, 젊은층을 겨냥한 편한 니트웨어와 함께 독특한 디자인과 재질로 된 컬러풀한 선글라스 컬렉션을 선보이고 있다. Sold in Beymen Shopping Centre, Abdi Ipekci Caddesi 23, Nisintasi

ECE SÜKAN VINTAGE 터키에서 빈티지는
그리 인기가 많지 않지만, 터키 유명 모델이자 스타일리스트인 에이스 수칸(Ece Sukan)은 직접 고른 1920~90년대 여성 의류 컬렉션을 통해 빈티지에 대한 의식을 변화시키고자 한다.
Ahmet Fetgari Sokak 152, Teşvikiye

34 TEB 67
Dirkan Gulcurbek

ROBINSON CRUSOE 작고 친숙한 분위기를 지닌 이곳은 이스탄불에서 내가 가장 좋아하는 서점이다. 문학, 안내서, 역사, 예술, 디자인, 영화와 잡지까지 다양한 영문 서적이 준비되어 있다. 나는 빈손으로 이곳을 떠난 적이 없다.
İskiklal Caddesi 389, Beyoğlu

ÇUKURCUMA 이스탄불의 추쿨추마 지구는 질 좋은 골동품에서 잡동사니까지 모든 것을 찾을 수 있는 곳이다. 예술적인 분위기의 베욜루의 중심에 있으며 갈수록 가꾸어지고 정비가 되는 중이다. 여기서 한 가게만 콕 집어서 추천하기는 어렵다. 어디서 무엇이 나올지 장담하기 어려우니 가능하면 여기저기 모두 둘러보기를 권한다.

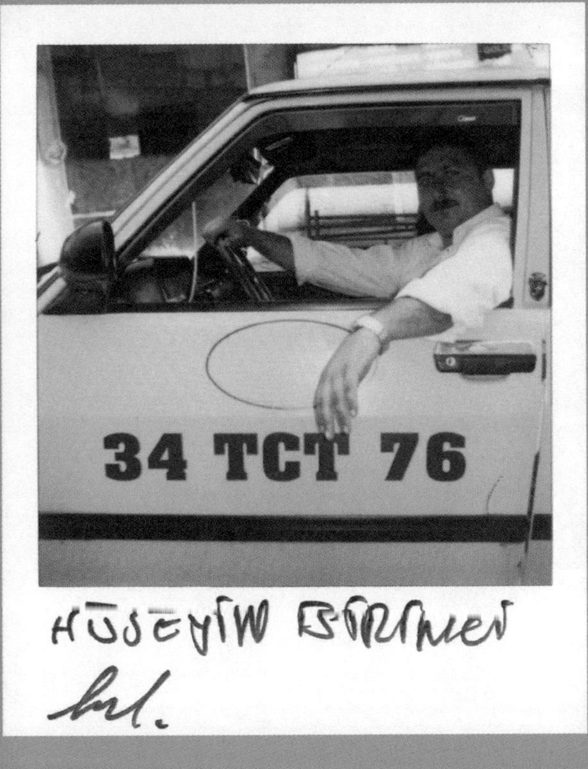

DANK 650평방미터의 지하 주차장에 자리한 탓에 찾아가기는 어렵지만, 빈티지 가구에 관심이 있다면 꼭 한 번 가볼 만한 곳이다. 살짝 흠이 간 1960~70년대 가구가 끊임없이 바뀌며, 수입업자와 생산자의 창고에서 공수된다. 나는 최근 이곳에서 살짝 스크래치가 난 임스 의자를 35파운드 정도의 가격에 샀다.
Otlukbeli Caddesi, Yol sok, Mayadrom Uptown Etiler Alışveriş Merkezi P2 Garaj Katı, Etiler, www.dank-design.com

이스탄불 내에는 택시가 18,000여 대 있으며 택시 없는 이 도시는 상상조차 할 수 없다. 내가 이스탄불에 도착하자마자 듣게 된 조언은 택시 사기꾼을 조심하라는 것이었다. 이들은 경치 좋은 코스로 태워주겠다고 하거나, 길을 잃은 척 하기도 하고 대낮에 야간 요금을 청구하기도 한다. 이런 택시 운전사 중 대부분이 실은 멀쩡한 사람들이라는 사실을 깨닫는 데 오랜 시간이 걸리지 않았다. 말도 많고, 수많은 담배와 자동차 경적 소리에 휩싸여(하지만 안전벨트는 부족하다) 그들의 일상은 수많은 손님과 엮여 있다. 똑같이 생긴 택시는 하나도 없다. 모든 택시는 노란색이지만 '노란색'이라는 색깔에는 엄청난 범위의 관용이 숨어 있다. 한 가지 일러주고 싶은 것은 택시 문에 새겨진 면허 번호를 표기한 특이하고도 멋진 서체들에 주목하라는 것이다. 글자는 주로 검정이나 푸른색 계열로 쓰여 있다. 이따금씩 기사의 자녀들 이름이 뒤에 새겨져 있기도 하고 터키 국기나 택시의 등급과 로고 같은 2차 정보, 색색의 테두리 등이 끝도없이 다양하게 펼쳐진다(콘셉트 및 예술 감독: 비앙카 벤트, 사진: Mine Kasapoğlu).

ISTANBUL MODERN 부두의 오래된 창고 건물이 국내외 현대미술 전시관으로 탈바꿈한 곳이다. 전시의 퀄리티는 고르지 못한 편이지만 둘러볼 만한 가치는 충분하다. 이곳에 오게 된다면 Istanbul Modern Café에 가보기를 권한다. 보스포러스 해협과 맞닿아 있으며 세기 중반의 가구로 가득 채워져 있다. 미술관 내에는 조각공원, 비디오 및 사진 갤러리 외 고전영화를 상영하는 영화관도 있다. Meclis-i Mebusan Caddesi 4, Liman Sahasy Antrepo, Tophane, www.istanbulmodern.org

GALERIST Mısır Apartment 내에 위치한 Galerist는 스타일리시하고 혁신적인 갤러리로 후세인 칼라얀과 같은 터키 출신의 현대 미술가와 디자이너의 전시를 열고 있다. Mısır Apt 311/4, İskiklal Caddesi 163, Beyoğlu

URA! 터키 예술계에 젊은이들을 위한 문화/하위문화 공간이 부재함을 인식한 터키 미술가 미다 코라이(Mihda Koray)가 2007년 설립한 미술관으로 이곳 역시 Mısır Apartment 내에 자리하고 있다. URA!에는 국내외의 재능 있는 젊은 예술가들이 소속되어 있고 시각예술, 음악, 문학 등 장르를 구분하지 않는다. 이외에도 잡지를 출간하고 있다. 1st Floor, Mısır Apt, İskiklal Caddesi 163, Beyoğlu

PLATFORM GARANTI 이 갤러리는 예술과 연구의 허브이자 촉진자로서의 역할을 표방하고 있다. 위층에는 아카이브와 연구 공간을 갖추고 있으며 터키와 해외의 현대 미술 작품을 전시한다. İskiklal Caddesi 115A, Beyoğlu, www.platformgaranti.blogspot.com

BAS 베욜루에 있는 이 작은 공간은 예술가인 바누 제네토을루(Banu Cennetoğlu)가 운영하고 있다. 이곳에서는 예술가를 다룬 책과 기타 인쇄물을 제작하고 전시한다. BAS에서 제작된 인쇄물 중에는 Bent 시리즈가 있다. Meşrutiyet Caddesi 92A, Tünel, Beyoğlu, www.b-a-s.info

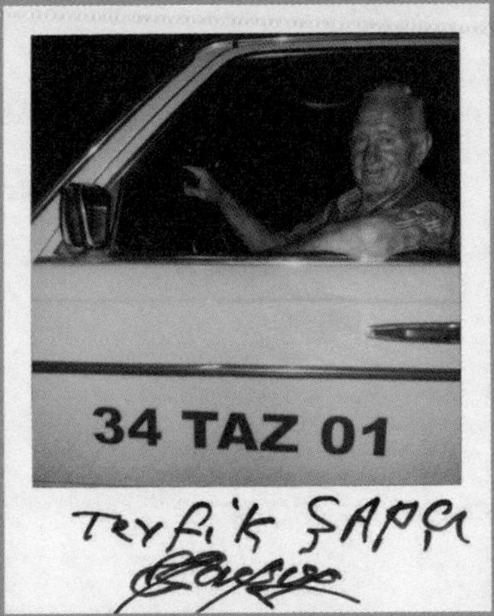

EVENTS

ISTANBUL GRAPHIC DESIGN WEEK
5월 | 전 세계의 디자이너들이 모여 워크숍, 전시, 토론 등을 펼친다.
www.grafist.org

ISTANBUL BIENNIAL 9월-11월 | 대규모 국제 예술행사로 전시, 워크숍, 강연 시리즈 외에도 당신이 기대하는 수많은 행사가 진행된다.
www.iksv.org

WALKS AND ARCHITECTURE

ÇEMBERLITAŞ HAMAMI 전통 터키탕인 이곳은 그 자체로도 건축적인 경이를 보여준다. 거대한 돔이 감싼 대리석 공간에는 지붕의 별 모양 창을 통해 내리는 햇살이 가득하며, 1584년 처음 지어진 이후 계속해서 사용되고 있다. 비록 대부분의 이용객이 관광객인 탓에 가격도 비싸지만, 공중 목욕탕을 경험할 수 있는 좋은 기회가 될 것이다. 목욕으로 긴장을 풀고 나면 전에 겪어본 적 없는 상쾌함과 함께 다시 태어난 느낌을 받게 될 것이다.
Vezirhan Caddesi 8, Çemberlitaş,
www.cemberlitashamami.com.tr

YEREBATAN SARNICI 이스탄불의 역사 깊은 지역에 위치한 최대 규모의 지하 저수조로, 비잔틴 시대 콘스탄티노플의 정원에 물을 대기 위해 지어졌다. 이곳에서는 지하 기둥이 숲을 이루며 마법과 같은 장관이 펼쳐진다. 형편없는 클래식 음악을 틀어놓지 않는 시간에는 고요 속에 물이 똑, 똑, 떨어지는 소리를 들을 수 있다. 뜨겁도록 더운 날 열을 식히기에도 좋은 곳이다.
Yerebatan Caddesi 13, Sultanahmet,
www.yerebatan.com

ATATÜRK KULTUR MERKEZI 터키 건국의 아버지인 아타튀르크(Ataturk)를 기리기 위해 지어진 곳이다. 1956~57년 사이에 축조되어 이스탄불 내 얼마 되지 않는 현대 건축물의 보석이라 할 수 있다. 원래 오페라 하우스로 설계되어, 지금은 연극과 발레 공연도 볼 수 있다. Taksim Square, Kocatepe

broadway

BARBICAN

st martins

architecture

WHITE

CUBE

5

museum 52

new (n cn)

map

brick lane

TATE

southbank

N47

magma

st bride's

hayward

DESIGN MUSEUM

MAN & EVE

bonour

wapping

조안나 니마이어의 런던

JOANA NIEMEYER'S LONDON

사무엘 존슨 박사는 일찍이 이런 명언을 남겼다. "런던에 싫증이 난 사람은 인생에 싫증이 난 것이다. 런던에는 삶이 선사할 수 있는 모든 것이 있다." 지난 11년간 런던에 산 내 경험에 비추어 볼 때, 그의 말은 전적으로 옳다. 상상할 수 있는 모든 류의 사람의 온갖 관심사를 충족시킬 수 있는 도시이며, 여기서의 문제는 단지 어디에 있는 무엇이 당신에게 맞는가 정도이다. 유럽 최대의 수도인 런던은, 그 각각의 부도심들이 어색하게 연결된 모습으로 인해 외부인들에게는 위압적으로 거대해 보일 수도 있을 것이다. 특히 주 교통수단으로 지하철을 이용한다면, 여러 노선이 얽힌 모습이 각 허브를 연결하는 요상한 별자리처럼 보일 수도 있을 것이다. 또 실제로 그렇기도 하다. 내가 보기에 런던은 여러 마을이 합쳐져 형성된 그 본질을 유지해 왔으며, 이러한 거대 도시에 적응하기 위해서는 각 마을의 특징을 잘 이해하고 있어야 한다.

내가 사는 동네는 이스트엔드(East End)이다. 사람들은 런던의 이스트엔드를 사랑하거나, 아니면 아예 싫어한다. 이곳은 가난한 예술가들의 점령지였다가 어느날 갑자기 너무도 트렌디해져 '스톡홀롬이 그다지 세련되지 못해 그곳을 떠나온' 희한한 콧수염을 단 짜증나는 사람들로 가득 찬 지역이 되어버렸다. 그럼에도 불구하고 이곳이 생기 넘치는 곳이며 런던 예술·디자인계의 뛰고 있는 심장이라는 사실만은 부인할 수 없을 것이다. 내가 추천하는 곳들의 대부분이 이 지역에 몰려 있고, 나머지는 런던의 기타 디자인 구역에 있다.

내가 런던 그 자체와 특히 이스트엔드를 유달리 사랑하는 이유 중 하나는 이곳에 사는 사람들의 다양성 때문이다. 영국은 뛰어난 디자인으로도 잘 알려져 있지만 예술계를 가까이 들여다보면, 디자인이 그렇게 뛰어난 것은 세계 각국에서 온 톱디자이너들이 모였기 때문이라는 것을 알 수 있을 것이다. 심지어 내가 이곳에 사는 기간을 통틀어 영국에 대해 통달한 친구는 겨우 네 명 사귀었을 뿐이다. 이는 내가 무슨 영국 혐오증에 사로잡혀 있기 때문이 아니라, 내 주변 사람들의 인구 구성 자체가 이미 다문화적인 데에 있다. 내가 사는 동네는 전 세계 최고의 실력자들이 한데 모인 바로 그곳이다. 도시가 이 이상 더 무엇을 베풀 수 있을까? 어렸을 때부터 나는 중요한 행사에서 나만 빠지는 것이 싫었다. 런던에서는 그런 느낌을 단 한 번도 받아본 적이 없다. 나는 그 모든 것의 중심에 서 있다.

런던에는 합리적인 가격의 편안한 숙소가 절대적으로 부족한 편이다. 특히 이스트엔드 쪽은 더욱 그렇다. 이곳의 숙소들은 극도로 세련되고 비싸거나, 아니면 완전히 슬럼화 되어 있다.

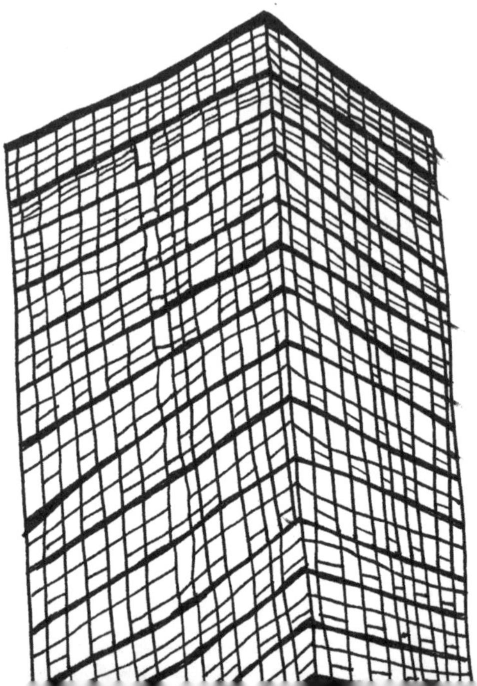

THE ZETTER 대부분의 디자인 스튜디오가 모여 있는 클러큰웰(Clerkenwel)의 한가운데 위치한 부티크 호텔이다. 주말이면 한산해지는 동네이지만 이스트엔드와 웨스트엔드 두 곳 모두 편리하게 갈 수 있다는 것이 장점이다. 나는 이곳의 레스토랑도 좋아하는데, 클라이언트와 미팅을 하기에도 적합한 장소이다. 86-88 Clerkenwell Road, London EC1M 5RJ, www.thezetter.com

HOXTON HOTEL 직접 숙박을 해본 적은 없지만, 이야기는 많이 들었던 곳이다. 펑키하고 현대적인 디자인으로 꾸며져 있으며 쇼디치(Shoreditch), 혹스턴(Hoxton) 지역 한가운데에 있다. 이 주변은 금요일이나 토요일 밤에는 시끌벅적해질 수 있으나, 오히려 이렇게 모든 것이 모여 있는 곳에 머물고픈 당신이라면 강력히 추천한다. 81 Great Eastern Street, London EC2A 3HU, www.hoxtonhotels.com

THE ROOKERY 지은 지 그다지 오래 되지 않은 호텔로, 클러큰웰의 조용한 길가에 있어 위치도 좋은 편이다. 목판으로 감싼 벽장식과 골동품 가구들은 마치 옛날 신사들의 클럽이나 제임스 본드적인 분위기를 풍긴다. 소호(Soho) 지역에 자매 호텔도 있는데, 그곳은 디자인이 더 잘 되어 있다. Peter's Lane, Cowcross Street, London EC1M 6DS, www.hazlittshotel.com

ROUGH LUXE 킹스크로스(King's Cross) 역에서 길을 건너면 있는 호텔로, 반은 럭셔리하고 나머지 반은 허물어진 듯한 디자인이 눈길을 사로잡는 곳이다. 벽의 회반죽 칠이 벗겨져 재질과 스타일의 대조가 두드러진다. 이 가격에 공용 화장실을 쓰게 되리라고는 상상도 못했겠지만 이것도 다 경험이라고 생각하자.
1 Birkenhead Street, London WC1H 8BA, www.roughluxe.co.uk

CAMDEN SQUARE B&B 내가 찾을 수 있었던 가장 저렴한 옵션이다. 혼잡한 캠던 타운(Camden Twon)에서 멀지 않은 한 조용한 주택가에 있으며 한 건축가와 그의 부인이 운영하는 곳이다. 두 개의 객실은 각각 싱글룸과 더블룸이다. 집은 주인이 직접 설계했는데, 심플하고 개방적인 공간에 살짝 일본적인 분위기가 흐른다. 캠던 로드(Camden Road)에서 지상철을 타면 이스트엔드로 손쉽게 올 수 있다.
66 Camden Square, London NW1 9XD

THE PRINCESS 가스트로

펍인 이곳은 아래층에는 펍 공간이 있고 위층에는 우아한 식당이 있는데 양쪽 모두 맛있는 음식을 제공한다. 로맨틱한 저녁식사나 일요일의 만찬을 즐기기에 알맞은 곳이다. 혹스턴 주변의 모든 디자이너들이 퇴근 후 맥주 한잔을 하기 위해 이곳에 들른다. 76 Paul Street, London EC2A 4NE, www. theprincessofshoreditch. com

BUSABA 식당 자체만큼이나

North Design에서 제작한 로고도 유명하지만 음식도 맛있고 가격도 저렴하다. 소호에 두 군데 지점이 있는데 창가에 앉게 된다면 지나쳐 가는 분주한 풍경을 감상할 수 있을 것이다. 8-13 Bird Street, London W1U 1BU, 106-110 Wardour Street, London W1F 0TR, www. busaba.com

LMNT 가장 독특한 인테리어를

갖춘 곳 중 하나. 나무 위 오두막에 앉아 훌륭한 일요일의 만찬을 즐기며 오페라 가수의 공연도 볼 수 있는 곳이다. 특히 여자 화장실에 있는 그림들도 주의 깊게 보자. 316 Queensbridge Road, London E8 3NH

MANGAL 킹스랜드 로드

(Kingsland Road)에서 가장 괜찮은 터키 레스토랑이다. 저녁에 가면 유명한 미술가인 길버트와 조지(Gilbert and George) 를 볼 수 있을 것이다. 이들은 매일 저녁 이곳에서 식사를 한다(이들은 집에 주방이 없는 것으로도 잘 알려져 있다). 14 Stoke Newington Road, London N16 7XN, www.hasanmezemangal. co.uk

BISTROTHEQUE

산업지구인 해크니 (Hackney) 지역에 숨겨진 보석 같은 곳으로 런던 내 거의 모든 잡지의 론칭 행사가 열리는 곳이다. 음식도 물론이거니와 바도 훌륭하고, 정기적으로 게이 카바레 공연이 열린다. 주변 지역은 다소 위험한 편이다. 나는 예전 상사와 함께 이곳에 온 적이 있는데 그는 누가 그의 고급 승용차에서 바퀴를 훔쳐갈까 봐 불안해했다. 23-27 Wadeson Street, London E2 9DR, www. bistrotheque.com

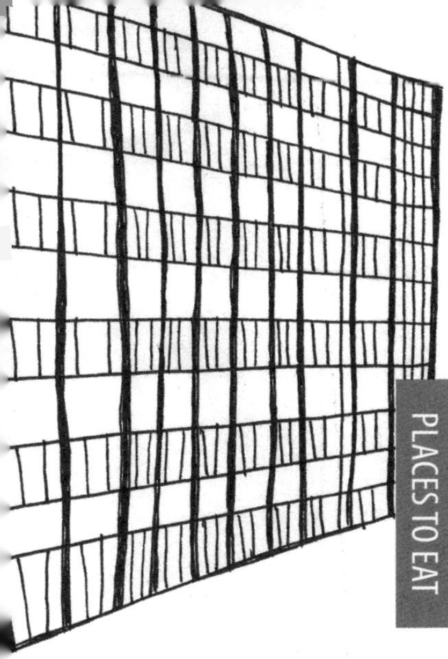

CANDID ARTS TRUST 앤젤(Angel)

지역에서 지난 20년간 변하지 않은 유일한 곳일 것이다. 시티 로드(City Road)에서 한 골목 뒤에 자리한 이 카페는 낡은 계단을 올라 2층에 있다. 소파와 양초가 여기 저기 놓여 마치 누군가의 거실에 들어온 듯한 느낌을 준다. 음식은 저렴하지만 맛있다. 점심시간에 오기 좋은 곳이다. 3 Torrens Street, London EC1V 1NQ, www.candidarts.com

SONG QUE 혹스턴 주변의 수많은 베트남

음식점 중 최고로 손꼽는 곳으로 가격도 싸고 맛있다. 주말에는 줄을 서야 하지만 그만한 가치가 있다. 'Beef in Battle Leaf' 를 맛본 후 소고기 수프를 먹어보자. 134 Kingsland Road, London E2 8DY

ST JOHN BREAD & WINE St John의 본점은

클러큰웰 지역에 있지만 나는 스피탈필즈 시장에 있는 지점을 더 선호한다. 음식은 환상적이다. 영국 전통요리를 창의적으로 재해석한 메뉴(파스닙을 곁들인 골수요리나 토끼 냄비요리는 어떠신지?)를 선보이고 있으며 이외에도 큰 규모의 파티를 위해 통돼지구이를 하기도 한다. 나는 먹고 남은 돼지 머리를 비닐에 담아가서 Ten Bells Pub 에 들러 맥주를 마신 적이 있다. 채식주의사는 다른 식당을 찾는 것이 좋겠다. 94-96 Commercial Street, London E1 6LZ, www.stjohnrestaurant.co.uk

ICA BAR 개인적으로 웨스트엔드에 올 때마다 이곳의 존재로 인해 안도감을 느끼곤 한다. 이곳에서는 게이 빙고에서부터 기발한 방식의 스피드 데이트와 같은 재미있는 이벤트가 열린다. 음식도 괜찮고 이곳에 딸린 서점은 런던 최고의 잡지 및 독립 DVD 섹션을 갖추고 있다. The Mall, London SW1Y 5AH, www.ica.org.uk

FREUD 은밀한 지하공간에 자리잡은 곳으로 이곳에서는 최고의 칵테일을 맛볼 수 있다. 얼음이 다 떨어지면 문을 닫는데, 한 번은 밤 10시에 실제로 이런 사태가 벌어진 적도 있다! 그러니 일찌감치 가야 한다. 코벤트 가든(Covent Garden)에서 쇼핑을 하다가 점심을 먹으러 들르기에도 좋은 곳이다. 198 Shaftesbury Avenue, London WC2H 8JL

PRINCE GEORGE 나의 단골 술집이다. 월요일에는 퀴즈 이벤트가 열리고 밤 11시가 되면 집주인이 커튼을 모두 내리고 그녀가 잠들 때까지 모두를 가둬 둔다. 진정한 런던의 맛을 느끼고 싶다면 'Flowers' 한 잔과 식초에 절인 달걀을 주문해보자. 40 Parkholme Road, London E8 3AG

NOTTING HILL ARTS CLUB 웨스트 런던에 위치한 재미있는 분위기의 바 겸 클럽이다. 프로듀서 마크 론슨(Mark Ronson)을 배출해낸 곳이기도 하다. 다양한 예술 및 음악 행사를 진행하고 있으며, 대표인 데이빗에 의하면 수요일에 오는 것이 제일 좋다고 한다. 나는 이곳에서 'Stuck on Me'라는 배지를 주제로 한 전시를 연 적이 있다. 21 Notting Hill Gate, London W11 3JQ, www.nottinghillartsclub.com

JAGUAR SHOES 과거엔 아는 사람들만이 찾는 곳이었으나 지금은 모두에게 알려진 곳이 되어 토요일이면 말도 안 되는 규모의 인파가 몰리곤 한다. 주중이 가장 분위기가 좋고 흥미로운 일러스트 전시를 열고 있다. 34-36 Kingsland Road, London E2 8DA, www.jaguarshoes.com

CAFE OTO 바 겸 음악 공연장으로 다양한 실험음악 공연이 벌어지고, Helvetic Centre의 연계로 도서 출간 행사가 열리기도 한다. 8-22 Ashwin Street, London E8 3DL, www.cafeoto.co.uk

NO-ONE/THE OLD SHOREDITCH STATION 샵, 카페, 바, 전시 공간이 결합된 곳이다. 오후 내내 이곳의 무선인터넷을 이용하며 나만의 사무실로 이용하기에도 좋은 장소. 1 Kingsland Road, London E2 8AA

DALSTON JAZZ BAR 멋진 밤의 피날레를 장식하기에 최적의 장소이다. 멋진 남녀로 가득 찬 곳이다(개인적으로 토요일에는 사람이 너무 많다). 저녁 9시가 되면 모든 테이블과 의자가 치워지고 모두가 춤을 추기 시작한다. 이곳의 DJ들은 고집이 있는 자들이라 신청곡은 받지 않다가 갑자기 'Mambo Number 5'를 세 번 연 속 틀어주기도 한다. 신나는 밤을 보낼 수 있는 곳. 4 Bradbury Street, London N16 8JN

TATE MODERN BAR 나는 런던에 오는 모든 친구들을 런던 최고의 전망을 자랑하는 이 바에 데려온다. 이곳에서 바라보는 런던은 거대하면서도 다정한 모습이다. 운이 좋다면 소파 자리에 앉아 한나절을 보낼 수 있을 것이다. 발코니 자리는 회원들만이 접근 가능하다. 53 Bankside, London SE1 9TG, www.tate.org.uk

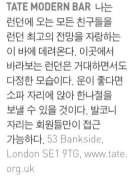

SHOPPING

BEYOND THE VALLEY 센트럴 세인트 마틴의 학생이 연 작은 가게로 시작해 점차 유명해진 곳이다. 카나비 스트리트(Carnaby Street) 뒤편에 있는데, 런던 내 신진 디자이너의 의류와 디자인 제품을 살 수 있다. 또는 당신의 작품을 직접 팔 수도 있는 곳이다. 이 가게로 인해 뉴버그 스트리트(Newburgh Street)는 작은 와인바와 독특한 상점이 들어선 아주 재미있는 거리로 변신하게 되었다. 이 가게에서 나는 특히 노에미 클라인(Noemi Klein)의 주얼리 제품을 좋아한다. 2 Newburgh Street, London W1F 7RD

MAGMA BOOKS 런던 최고의 그래픽 디자인 서점. 패링던(Farringdon)과 코벤트 가든(Covent Garden)에 지점이 있다. 117-119 Clerkenwell Road, London EC1R 5BY, 8 Earlham Street Covent Garden London WC2H 9RY, www.magmabooks.com

HURWUNDEKI 상품과 가게 인테리어 때문에 내가 무척 좋아하는 곳이다. 2층 구조의 매장에서 신상과 빈티지 의류를 모두 취급하고 있으며 나무랄데 없는 셀렉션을 보여준다. 가격은 다소 높은 편일 수 있지만 마음에 드는 옷을 찾기 위해 여기저기 뒤지는 수고가 필요없는 곳이다. 98 Commercial Street, London E1 6LZ, www.hurwundeki.com

SHELF 체셔 스트리트(Cheshire Street)는 최근 브릭레인을 대신해 인기를 모으고 있는 곳으로, 금요일부터 일요일까지 문을 여는 꽤 괜찮은 디자인 매장들도 몇 군데 있다. 나는 특히 이 가게를 좋아하는데, 프린트, 타일과 세라믹 활자 등을 판매하고 있다. 40 Cheshire Street, London E2 6EH, www.helpyourshelf.co.uk

SPITALFIELDS AND BRICK LANE MARKETS
브릭레인과 스피탈필즈 주변 지역은 일요일마다 수많은 사람으로 폭발할 지경이 된다. 브릭레인은 원래 전통 시장이었던 곳이었고, 스피탈필즈는 트렌디하고 예술적인 대안이었다. 오늘날 이 두 곳은 낡은 잡동사니부터 재밌는 디자인 신상품까지 모든 것을 파는 사람들로 가득하다. 때로는 견디기 힘들 만큼 붐비기도 하는데, 이럴 때 나는 대신 업마켓(Up-Market)으로 향한다. 업마켓은 스피탈필즈에서 새로 분리된 곳으로, 사람도 적어 구경하기도 좋고 독일과 아프가니스탄 음식 등 다양한 음식을 팔고 있다. 주말 대신 화요일이나 금요일에 스피탈필즈 마켓을 찾아가는 것도 좋다. 주중에는 다양한 이벤트가 열리며(목요일에는 골동품 시장, 수요일에는 레코드 시장이 열린다) 분위기도 더 느긋하다.
Commercial Street, London E1 6BJ

COLUMBIA ROAD FLOWER MARKET 일요일 이른 아침이면 이 작은 거리는 화사한 꽃시장으로 변한다. 싱싱한 꽃을 아주 저렴한 가격에 구할 수 있는, 말 그대로 시장이다. 특이하게도 이 꽃시장으로 인해 반대편에 들어서기 시작한 트렌디한 상점들과 갤러리들이 수혜를 입고 있다. 이들 갤러리 중에는 Ryan's World 같은 곳도 포함된다. 이 멋진 갤러리는 실력 있는 작가의 작품을 비싸지 않은 가격에 판다. 주변에 괜찮은 카페나 펍도 많다. Columbia Road, London E1, www.columbia-flower-market.freewebspace.com

BROADWAY MARKET 컬럼비아 로드(Columbia Road)와 브릭레인(Brick Lane)에서 걸어갈 수 있는 거리에 있는 농장 직거래 시장이다. 매주 토요일 열리는데 내가 사는 곳에서 멀지 않아 자주 찾곤 한다. 멋스러울 게 없는 지역에 트렌디한 모습을 갖춘 오아시스 같은 곳으로, 시장 끝에는 런던 필즈 공원(London Fields Park)이 있다. 일년 내내 개방되는 야외 수영장에서 수영을 하거나, 수많은 카페 중 하나에서 커피를 산 후 탁구대 옆에 앉아 런던 사람들이 지나가는 모습을 바라보는 것도 좋겠다. 런더너들이 자신을 바라보듯 진지하게 받아들일 필요는 없다! Broadway Market, London E8, www.broadwaymarket.co.uk

LOTTO

MAN&EVE 예술과 디자인의 경계를 허물며 전시마다 아주 시각적인 접근을 시도하는 갤러리. 나는 이곳의 특별 초대전 초대장을 수집하고 있는데, Grafik Magazine의 마틸다 색소우(Matilda Saxow)가 디자인한 것들이다. 갤러리 내를 자유롭게 돌아다니는 고양이들을 주의하자. 131 Kennington Park Road, London SE11 4JJ, www.manandeve.co.uk

DESIGN MUSEUM 내가 학창시절 내내 일했던 곳이며, 흥미로운 사람들도 많이 만날 수 있었던 곳이다. 강변에 있어 위층에서는 전망이 좋고, 종종 아주 뛰어난 전시도 열리곤 한다. 테이트 모던을 이미 다녀 온 당신이라면 더 규모가 작은 전시를 보기 위해 돈을 지불하는 것이 아깝게 느껴질 수도 있을 것이다. 하지만 아직 정부 지원을 기다리고 있는 상황이기 때문에 과금될 수 밖에 없다. 나는 밤 10시까지 오픈하는 금요일에 방문하기를 좋아한다. 28 Shad Thames, London SE1 2YD, www. designmuseum.org

WAPPING PROJECT 카나리 와프(Canary Wharf) 방면 동쪽으로 멀리 떨어진 곳에 있다. 발전소를 개조한 공간을 사용하고 있으며 큐레이터는 Jerwood Moving Image Award 의 심사위원인 줄스 라이트(Jules Wright)이다. 대부분의 사람들은 맛있는 음식을 먹기 위해 이곳에 가지만 개인적으로는 미술품이 더 낫다고 생각한다. Wapping Wall, London E1W 3ST

WHITE CUBE 수풀이 가득한 홍스턴 광장 (Hoxton Square)에 있는 이곳은 그 건축물, 예술계 내에서의 위상, 그리고 이곳에서 개최되는 전시들로 인해 반드시 가봐야 할 곳이다. 여름이면 광장 전체가 거대한 설치미술품으로 뒤덮인다. 48 Hoxton Square, London N1 6PB, www.whitecube.com

MUSEUM 52 샘 테일러우드(Sam Taylor-Wood)의 예전 조수였던 이가 세운 이 미술관은 White Cube에서 비롯된 곳이라 할 수 있다. 내가 좋아하는 미술가인 필립 하우스마이어 (Philip Hausmeier)가 소속되어 있기도 하다. 미술관이 위치한 레드처치 스트리트 (Redchurch Street)에는 둘러볼 만한 갤러리들이 꽤 있다. 매월 마지막 목요일에 진행되는 특별 초대전을 이용해 관람하는 것도 좋겠다. 52 Redchurch Street, London E2 7DP

FORMCONTENT 세 명의 금세공사와 미대 출신들이 설립한 예술 프로젝트로, 예술가와 큐레이터 간의 협력을 도모하여 실험적인 전시 방식을 탐구하는 것을 목표로 하고 있다. 우수한 수준의 출판물들을 제작한 바 있으며 정기적으로 이벤트를 개최한다. 달스턴(Dalston) 내의 활기 차지만 참신하게 느껴질 정도로 유행과 상관없는 리들리 로드 마켓(Ridley Road Market)에 자리하고 있다. 51~63 Ridley Road, London E8 2NP, www.formcontent.org

TATE MODERN 현지인들만 아는 비밀이라고 하긴 어렵지만 그래도 반드시 가봐야 할 곳이다. 사우스 뱅크(South Bank)에 있는 발전소를 멋지게 개조하여, 최고의 현대미술 체험을 선사하는 공간이 되었다. 입구의 터빈 홀에서는 카르슈텐 휠러(Carsten Holler)의 엄청난 미끄럼틀, 올라퍼 엘리아슨(Olafur Eliasson)의 거대한 태양, 도리스 살세도(Doris Salcedo)의 3피트 깊이의 균열 등 스케일이 큰 설치 미술 작품들이 매번 바뀌며 전시되고 있다. 53 Bankside, London SE1 9TG, www.tate.org.uk

THE PHOTOGRAPHERS' GALLERY 옥스포드 스트리트(Oxford Street)의 번잡함에서 잠시나마 피할 수 있는 곳이다. 무료 입장이며 갤러리숍에서는 한정판 사진 관련 서적들도 판매되고 있다. 16-18 Ramillies Street, London W1F 7LW, www.photonet.org.uk

SERPENTINE GALLERY 하이드파크 한가운데 위치한 무료 갤러리. 개최되는 전시들도 볼 만하고 괜찮은 서점도 딸려 있다. 매년 여름이면 특별히 디자인된 파빌리온을 설치하고, 일련의 흥미로운 행사들을 주관한다. Kensington Gardens, London W2 3XA, www.serpentinegallery.org

VICTORIA & ALBERT MUSEUM V&A Museum은 세계 최대의 장식미술 및 디자인 박물관이며 도자기, 유리, 직물과 보석 등이 방대한 컬렉션을 이루고 있다. 디자이너들 사이에서는 박물관의 로고 자체도 유명한데, 지금은 고인이 된 앨런 플렛쳐(Alan Fletcher)가 디자인했다. 해마다 여름이면 안뜰에서 'village fete'라는 흥미로운 행사를 주최한다(이벤트 섹션 참고). Cromwell Road, London SW7 2RL, www.vam.ac.uk

HAMPSTEAD HEATH 런던에는 녹지가 많은 편이다. 하이드 파크, 리젠트 파크, 빅토리아 파크 등… 하지만 햄스테드 히스에 견줄 만한 곳은 없다. '런던의 허파'로 알려진 이곳은 거대한(3.5km²) 규모를 자랑하는데, 일부는 바뀌었지만 나머지는 자연 그대로 보존되고 있다. 목초지, 숲과 연못 등이 있으며 연못 중에는 남녀가 분리된 연못 수영장도 있는데, 여성용 연못은 더 아름답고 차분한 휴식처의 분위기를 자랑한다. 특히 주중이 더 좋다. 팔라먼트 힐(Parliament Hill)에서는 런던의 경치를 내려다 볼 수 있다. 날씨가 좋으면 두어 시간 정도 들여 이곳을 감상해보는 것도 좋다. 아마 반드시 길을 잃게 되겠지만 그저 그 순간을 즐기면 된다. 이내 다시 도시를 만나게 될 테니 말이다.

THE BARBICAN 바비칸은 60!70년대에 지어진 다용도 건물로 유명 건축사무소인 Chamberlin, Powell and Bon이 디자인했다. 콘크리트 테라스와 타워들이 들어서 있고 그 중앙에는 극장, 영화관과 전시관 두 곳이 있는 바비칸 센터(Barbican Center)가 자리하고 있다. 방문할 만한 가치가 있는 곳이다.

REGENT'S CANAL WALK 리젠트 운하는 원래 런던 교외로 물품을 운반하기 위해 축조되었다. 오늘날은 그저 도시에서 평화로운 휴식처가 되어주는 곳이다. 동서를 가로지르며, 이즐링턴(Islington)에서는 잠시 지하로 들어가기도 한다. 만약 숙소를 동쪽에 잡았다면 브로드웨이 마켓(Broadway Market)에서 운하를 만나 왼쪽으로 꺾은 다음 운하가 템즈 강을 만나는 라임하우스(Limehouse)까지 걸으면 된다. 그 끝에는 고든 램지(Gordon Ramsay)가 운영하는 가스트로펍이 자리하고 있으니 그곳에서 재충전을 하면 된다.

BRICK LANE WALK 브릭레인은 주말이 되면 몹시 붐빈다. 그래서 난 주로 주중에 이 멋진 거리를 산책하곤 한다. 브릭레인은 지난 300년간 이주민들의 보금자리였다. 처음에는 위그노 교도, 그 다음은 유대인과 아일랜드인, 그리고 지금은 방글라데시인이 대거 자리잡고 있다. 베스날 그린 로드(Bethnal Green Road)에서 산책을 시작하자. 쇼디치에 보다 가까운 트렌디한 지역이다. 발걸음을 옮기기 시작하면 두 개의 베이글 가게를 지나게 될 것이다. 혹시 배가 고프다면 싸디 싼 가격의 솔트비프 베이글(salt-beef bagel)을 하나 먹어보자. 아주 맛있다. 만약 금요일에 온다면 체셔 스트리트(Cheshire Street)를 따라 내려가면서 작은 디자인 상점들을 둘러보자(주중 다른 날에는 문을 닫는 곳들이다). 이후 브릭레인을 따라 계속 걷다보면 회교사원에 닿게 될 것이다. 이 주변의 풍부한 역사를 상징하는 가장 뚜렷한 지표이다. 회교사원이 되기 전에는 교회로 쓰였으며 그 전에는 시나고그였다. 여기서 오른쪽으로 돌아 스피탈필즈에 들러 이곳을 둘러싼 트렌디한 가게들과 노점상을 구경하자. 다시 브릭레인으로 돌아와 화이트채플 로드(Whitechapel Road)까지 쭉 걸어보자. 회교사원을 지나면 완전히 다른 모습의 동네가 나타날 것이다. 혹스턴스러운 트렌디함은 온데간데 없이 사라지고 방글라데시 분위기의 거리가 눈앞에 펼쳐질 것이다. 브릭레인의 끝에서는 오른쪽으로 돌아 Whitechapel Art Gallery에 들어가보자. 이스트엔드에서 중요한 예술공간으로, 몇 해 전 새롭게 단장했다.

EVENTS

V&A SUMMER FETE 7월 | THEV&A VILLAGE FETE는 한 주말 동안 박물관 안뜰에서 진행된다. 아이디어 넘치는 디자이너들의 기발한 부스와 게임 등을 둘러보자. 재미있는 행사. www.vam.ac.uk

THE BIG DRAW 트라팔가 광장(Trafalgar Square)에서 천재 쿠엔틴 블레이크(Quentin Blake)와 함께 드로잉에 빠져 볼 수 있는 기회. www.thebigdraw.org.uk

NOTTING HILL CARNIVAL 8월 | 런던 서쪽에서 벌어지는 유명한 거리 축제. 사람만 많고 이벤트는 별로 없어 개인적으로는 싫어하는 행사다. 하지만 많은 사람들은 실제로 아주 멋지다고 생각하는 것 같다.

OPEN HOUSE LONDON 9월 | 한 주말 동안 런던 내 700여 채의 빌딩이 대중에게 문을 활짝 연다. 온갖 종류의 건축물을 살펴볼 수 있다. 모두 무료 입장이다. www.londonopenhouse.org

ST BRIDE LIBRARY 타이포그래피를 위한 공간으로 참여할 만한 대담이나 행사 등이 열린다. 일부는 무료로 진행된다. www.stbride.org

THE LONDON DESIGN FESTIVAL 9월 | 다소 과대평가된 듯도 한 대규모 이벤트. 하지만 홈페이지를 통해 가볼 만한 토론이나 행사가 있는지 확인해보자. www.londondesignfestival.com

THE RCA SHOW 5월-6월 | 왕립예술학교가 주관하는 흥미로운 졸업쇼. 훌륭한 프린트를 살 수 있는 기회이다. www.rca.ac.uk

DESIGNS OF THE YEAR 대중과 심사위원단에 의해 우승자가 가려지는 공모전. 내가 선택한 사람이 우승하는 일은 드물지만 여전히 재밌는 행사이다. www.designmuseum.org

디자이너 소개

크리스토프 나르딘
오스트리아, 비엔나

비엔나 응용미술대학에서 공부한 크리스토프 나르딘은 졸업 직후 동료 및 친구 들과 함께 나크슈마르크트(Naschmarkt) 근처에 스튜디오를 차렸다. 분석적이고 체계적인 접근 방식을 추구하는 그는 프리랜스 팀과의 긴밀한 협력 하에 섬세하고도 개성있는, 창의적인 디자인을 만들어 낸다. 또한 크리스토프는 다양한 분야의 프로젝트 참여를 통해 작품 속의 참신함을 유지하고자 노력한다. 책과 포스터 작업을 특히 선호하지만 아이덴티티나 웹디자인과 같은 기업 디자인도 진행하며, 언제나 스타일보다는 그 본질에 중점을 두려고 한다. 결과물이 언제나 수상을 목표로 한 것은 아니지만, 크리스토프는 레드닷어워드(Red Dot Award)의 'Best of Best'상, iF 커뮤니케이션 디자인상, 유러피안 디자인 어워드(European Design Award), 뉴욕의 타입 디렉터스 클럽(Type Director's Club)과 아트 디렉터스 클럽(Art Directors Club)에서 수여하는 상 등 다수의 상을 받았다.

2007년 크리스토프는 폰스 힉맨(Fons Hickman)과 함께 'Beyond Graphic Design'(Verlag Hermann SchmidtMainz 저)이라는 도서를 작업했고 2008년에는 알로이스 게슈퇴트너(Alois Gstottner)와 함께 'agcn'이라는 디자인 네트워크 구축 작업에 참여했다. 이 네트워크는 콘텐츠, 이미지, 타이포그래피, 공간 디자인 및 관련 법규의 개발과 컨설팅을 위해 설립되었다.

그는 예술, 음악, 공연예술에 조예가 깊을 뿐 아니라 경제, 과학과 정치에도 큰 관심을 갖고 있다.

www.christofnardin.com

테레사 스드랄레비치
벨기에, 브뤼셀

테레사 스드랄레비치의 주 작업 분야는 연극, 이벤트, 영화, 페스티벌, 사회·정치 운동 등 사실 거의 모든 분야의 포스터 제작이다. 그녀는 종종 워크숍에서 직접 실크스크린 인쇄를 하기도 하고, 대량 오프셋 인쇄를 한 자신의 작업물들이 시내 도처에 '합법 및 불법적으로' 깔린 모습과 맞닥뜨리곤 한다. 테레사는 어린이 및 성인 대상의 잡지나 도서, 브로슈어의 삽화 작업을 하기도 한다. 이밖에 전시회에도 활발히 참여하고 있으며, 특히 큰 스케일의 작업이나 새로운 주제에 대한 제안이 들어오면 마다하지 않는다. 현재 몇 권의 도서 편집 디자인 작업을 진행 중이다.

비록 테레사의 국적은 이탈리아이고 현재 브뤼셀에 작업실을 두고 있지만, 그녀는 프랑스 및 이탈리아 쪽 네트워크도 유지하고 있으며 여러 다국적 프로젝트에 참여하고 있다. 운이 좋게도 테레사는 집 바로 뒤에 있는 아름다운 공간에 작업실을 마련할 수 있었다. 그녀는 이 공간을 무언가 심각한 주제를 연구하며 집필하는 예술가, 그녀의 파트너와 함께 쓰고 있다.

www.teresasdralevich.net

보리스 보네프
불가리아, 소피아

보리스 보네프는 소피아에서 활동하고 있는 젊은 디자이너로, 소피아 국립 예술대학 북&그래픽 디자인과를 졸업했다. 이후 2년간 모 디자인 스튜디오에서 피카소 전시회 관련 그래픽 디자인, 소피아 시(市) 커뮤니케이션 시스템을 위한 서체 디자인 프로젝트 등에 참여했다.

보리스의 주된 관심 분야는 편집디자인이며, 그중에서도 특히 도서, 포스터, 카탈로그에 집중되어 있다. 그는 타이포그래피와 실험적인 서체를 좋아하여 최근 이 분야에서 많은 작업을 진행해 왔다. 보리스는 일러스트 작가이기도 하다. 어린이 책 『몽상가의 지침서(A Dreamer's Manual)』를 펴냈다.

그의 작업은 그래픽 디자인 그룹 사이트인 Behand Network나 typographicposters.com, 또는 Flickr에서 그의 닉네임인 boisbo로 검색하면 찾아볼 수 있다.

bob1bonev@abv.bg

마르티나 스켄데르
크로아티아, 자그레브

마르티나는 자그레브 대학 디자인과를 졸업했다. 그녀는 대학과정 내내 프리랜서로 활동했으며, 아르헨티나의 산후안 대학에서 인턴십을 하던 중 애니메이션과 웹디자인에 관심을 갖게 되었다. 졸업작품으로는 일련의 인터랙티브 애니메이션을 이용해 에코 시스템 구조를 표현한 어린이용 웹사이트를 제작했다.

현재 그녀는 자그레브 도심에 위치한 디자인 스튜디오 'Revolucija'에서 그래픽 디자이너, 웹디자이너 겸 일러스트 작가로 활동하고 있다. 그녀의 주 분야는 웹디자인이지만 이외에도 인터랙티브 CD, 교육용 소프트웨어, 게임디자인, 로고디자인, 전시 및 북디자인 등 모든 분야의 작업을 해내고 있다.

마르티나는 사물을 관찰하고, 탐험하고, 배워나가고, 그리고 당연하지만 창조해내는 일을 좋아한다. 영어, 스페인어, 독일어를 구사하며 여행, 독서, 그리고 도예를 비롯한 공예 작업을 즐긴다.

에브리피데스 잔티데스
키프로스, 니코시아

에브리피데스 잔티데스는 키프로스 및 영국에서 공부했고, 현재 키프로스의 니코시아 대학 부교수로 재직 중이다. 이외에도 키프로스 공과대학의 초빙 강사, 프리랜스 아티스트, 그래픽 디자이너이자 유럽 각지의 프로젝트에 컨설턴트로서 활동 중이다.

그의 작업은 기호학 연구, 그리고 구·문어를 포함한 언어의 시각화에서 기호학의 중요성을 근간으로 하여 이루어진다. 에브리피데스는 정기적으로 국제 학회나 미술·디자인 비엔날레 등에 논문을 발표하고 있으며 2006년 그리스와 키프로스에서 열린 그래픽 일러스트 어워드(EVGE) 등의 대회에서 심사위원을 맡기도 했다. 이외에도 그는 국제 타이포그래피협회(ATypI)의 키프로스 대표를 맡고 있다. 그가 예술가로서 제작한 작품들은 영국과 이탈리아, 그리스, 프랑스, 캐나다, 레바논, 러시아를 비롯한 세계 각지에서 전시되었다. 그의 논문과 비주얼 작업은 여러 나라의 학회와 미술/디자인 도록 등에 소개되었다.

필립 블라첵
체코, 프라하

필립 블라첵은 1993년부터 그래픽 디자이너로 일해 왔으며 2000년 프라하대학교 예술대학을 졸업했다. 2003년에는 직접 Designiq이라는 디자인 스튜디오를 설립하여 로고 제작과 CI 작업, 그리고 문화사업 관련기관 홍보에 주력해왔다.

필립은 유명한 책인 『타이포그래피 실습(Typography in Practice)』의 공동 저자로, 그래픽 디자인 전문 계간지에 정기적으로 기고하고 있다.
또 타이포그래피, 그래픽 디자인, 시각 커뮤니케이션 분야를 다루는 잡지인 TYPO Magazine을 발행하는 출판사의 설립자이기도 하다. 이외에도 체코와 세계의 그래픽 디자인을 소개하는 웹사이트인 Typo.cz의 서버를 갖고 있다.
1999년부터는 서체와 로고디자인 강의를 해왔으며 국제 기구인 ATypI의 체코 대표를 맡고 있다.

필립 블라첵은 여행을 좋아하여 최근에는 아시아, 아프리카와 중동의 여러 나라를 여행했다. 또한 그는 카페에서의 여유로운 아침식사를 즐기며 펍이나 바, 야외 비어가든에서 보내는 긴긴 밤을 사랑한다.

www.typomag.com
www.designiq.eu

LA GRAPHIC DESIGN

덴마크, 코펜하겐

LA는 2007년 그래픽 디자이너인 안네 스트란펠트와 리젯 윌센이 설립한 디자인 스튜디오이다. 그들은 각각 런던과 코펜하겐에서 공부했고, 함께 예술, 문화, 패션, 출판과 광고 분야의 클라이언트를 위해 그래픽 작업을 진행하고 있다. 그들이 맡는 프로젝트들은 개별적인 접근과 작업 방식을 통해 이루어지고 있다. 그들은 클라이언트의 의견에 경청하고, 철저한 리서치 과정을 거쳐 클라이언트가 미처 깨닫기 전에 그들이 원하는 바가 무엇인지를 알고 이를 충족시키는 능력에 자부심을 갖고 있다.

안네와 리젯은 샬로트 페리앙(CharlottePerri-and), 아일린 그레이(Eileen Gray), 니클라스 루만(Niklas Luhmann), 폴 맥카시(Maul McCarthy), 만 레이(Man Ray), 그리고 플럭서스(Fluxus) 운동의 영향을 받았다고 한다. 그들의 작업에는 풍부한 유머와 장난기, 그리고 차분한 우아함이 공존하고 있다.

향후 그들은 영감을 주는 클라이언트와의 흥미로운 작업을 이어나가는 동시에 미술관과 박물관 등을 위한 대규모 출판 작업에 참여하고 싶어 한다.

www.lagraphicdesign.dk

블라디미르 & 막심 로기노프

에스토니아, 탈린

블라디미르와 막심 로기노프는 2008년 함께 디자인 회사 HMF(handmadefont.com)를 창립했다. 두 디자이너는 그들을 둘러싼 세상에서 영감을 얻어 완전히 새롭고 극도로 시각적인 서체(그들이 만들어 낸 서체는 일러스트를 대체하여 사용될 수 있을 정도이다)를 만들어내고 있다. 그들은 온갖 산업 분야의 클라이언트와 작업을 해왔으며 그들의 작품은 다수의 잡지와 신문에 소개된 바 있다.

HMF는 다양한 예산 범위의 주문 제작 서체 개발 의뢰를 받고 있으며, 바로 구매 가능한 서체 여러 가지도 이미 갖추고 있다. 이들의 재기발랄한 서체는 명함부터 패키지 디자인, 옥외 광고 등 그 다양한 분야에서 활용이 가능하다.

그들은 이렇게 말한다. "우리는 아름답게 제작된 디자인을 통해 아이디어를 현실로 만듭니다. 우리는 좋은 아이디어라면 어느 곳에서나 응용될 수 있다고 믿습니다."

www.handmadefont.com

힐리파 히크라스
핀란드, 헬싱키

힐리파 히크라스는 핀란드 방송사인 YLE에서 그래픽 디자이너로 일하며 지도나 도표 등의 그래픽 자료 제작과 높은 수준의 일러스트 작업을 담당하고 있다. 그녀는 압박이 심한 환경에서의 작업, 교대 근무, 급박한 상황에서의 순간적인 의사 결정 등에 익숙하다. 스트레스를 많이 받을 것 같지만 적어도 집까지 일을 가져갈 경우가 없다는 뜻이기도 하다!

힐리파는 동시에 자신만의 디자인 사무실을 운영하고 있다(그녀의 TV 세계가 무너질 때를 대비하여!). 이곳에서의 작업은 대부분 인쇄물 디자인이며 특히 포스터 디자인에 열정을 쏟고 있다. 그녀는 수많은 국제 포스터 공모전에서 수상한 바 있으며 몇몇 대회의 심사위원으로도 참여한 적이 있다.

그녀는 한두 가지 그래픽 요소를 사용한 심플한 디자인과 연필 드로잉을 좋아한다. 또다른 애정과 영감의 원천이 있다면 바로 시인데, 특히 현대 핀란드 시에 많은 관심을 갖고 있다.

www.hilppahyrkas.fi

엘라민 메샤
프랑스, 파리

엘라민 메샤는 프랑스에서 자랐고, 스트라스부르 국립장식미술학교와 보스톤의 SMFA에서 공부했다. 졸업 후 그는 파리의 국립타이포그래피연구소(Atelier National de RecherchesTypographiques)의 수습연구원으로 일하는 동시에 프리랜스 디자이너로도 활동했다. 2005년 엘라민은 Studio Apeloig의 일원이 되어 파이돈(Phaidon)사의 Cave Art나 Japan Style과 같은 출판 작업에 참여하는 등 다양한 작업을 수행했다. 이밖에도 그는 27 Graphistes pour l'Europe(27인의 유럽 그래픽 디자이너)이나 파리의 Galerie Anatome에서 열린 VU et 80+80 photo-graphisme 등 다수의 행사와 전시에 참여해왔다.

2008년부터 그는 Xavier Barral Edition사의 북디자인을 담당해왔으며 303 Art Revue의 디자인을 감독하고 있다.

크리스티아네 바이스뮐러
독일, 베를린

크리스티아네 바이스뮐러는 1975년 독일에서 태어났다. 뮌스터 미술대학에서 그래픽 디자인을 공부하며 디자인 잡지인 Bianca 115을 공동 창간했다. 2002년 졸업 후 그녀는 런던으로 건너가 Thomas Matthews, Why Not Associates, Coppenrath Publishing House 등에서 일했다. 이 기간 동안 크리스티아네는 타 디자이너들과 공동작업을 진행하며 그래픽 잡지에 기고하거나 Stuck on Me 전시에 참여하는 등 다양한 활동을 해왔다.

크리스티아네는 2005년 베를린의 Pentagram Design Ltd.에서 주스투스 욀러(Justus Oehler)의 디자인팀에 합류하게 되었다. 팀내 작업은 다양한 분야를 아우르고 있는데 표지판 시스템부터 신용카드 디자인, 인쇄 및 패키지 디자인을 포함하고 있다. 클라이언트로는 시티은행, 빌레로이앤보쉬, 스타드할레 빈, 세리프 퍼블리싱, 룩셈부르크 필하모니, 베를린 커뮤니케이션 박물관 등이 있다.

www.christianeweismueller.com

디미트리스 카라이스코스
그리스, 아테네

디미트리스는 아테네와 런던에서 그래픽 및 인터랙티브 디자인 교육을 받았다. 런던에서 2년 정도 경력을 쌓은 후 아테네로 돌아와 개인 스튜디오를 오픈했다. 인쇄와 영상물 디자인을 모두 다루는 그는 특히 포스터 디자인을 전문으로 한다. 2007년 그리스 그래픽 공모전에서 재즈 음악가를 위한 포스터 시리즈로 1등상을 받았고, 이듬해에는 27Graphistes pour l'Europe에서 그리스를 대표했다. 2009년에는 아테네에서 열린 국제 포스터 전시를 직접 기획하기도 했다.

디미트리스는 도서 관련 프로젝트에도 참여해 왔는데, 2007년 출간된 사진집인 Flotsam & Jetsam 등이 있다. 그는 자비 출반에도 관심을 갖고 있는데 조만간 이를 실행에 옮기고 싶어 한다. 그의 사업 파트너는 반려견 '오로'뿐인데 디미트리스가 온갖 진지한 주제들로 조언을 구하곤 한다. 그들은 긴 산책과 오래된 책, 서핑과 티노스(Tinos) 섬을 좋아한다.

www.dimitriskaraiskos.com

다비드 바라스
헝가리, 부다페스트

다비드 바라스는 구 유고슬라비아의 노비사드(NoviSad)에서 나고 자랐으며, 1993년부터 부다페스트에 살았다. 헝가리 미술아카데미에서 석사를 마친 후 수년 간 여러 광고 에이전시에서 경력을 쌓았다. 이후 사진에 대한 열정으로 출판사인 Marquard Media의 크리에이티브 프로듀서가 되어 다수의 멋진 잡지를 위한 패션 및 셀레브리티 기사를 제작했다. 최근에는 Visual Group Productions라는 디자인 에이전시를 설립하여 크리에이티브 디렉터로 활동 중이다. 부티크 창작 에이전시 형태로 시작된 이 회사는 현재 헝가리 최고의 사진가, 사진 감독, 영화 감독과 3D 애니메이션 작가 등을 관리하며 그 어떤 창작 프로젝트에도 투입할 수 있는 맞춤 팀을 구성해준다. 이와 동시에 다비드는 디자인 컨설팅 회사인 David Barath Design도 운영하고 있다.

다비드의 디자인 철학은 브루노 무나리(Bruno Munari)의 인용문을 통해 표현될 수 있다. "중국의 속담에 이르기를, 단순화는 지성의 증거이다. 몇 마디 말로 표현될 수 없는 것은 많은 단어로도 표현될 수 없다".

www.davidbarath.com

UNTHINK
아일랜드, 더블린

Unthink는 노엘 쿠퍼(Noelle Cooper)와 콜린 파머(Colin Farmer)로 이루어진 디자인 그룹이다. 디자이너가 더 많을 때도 있지만 대부분 단둘이서 작업을 진행한다. 그들은 1998년 미술대학에서 만났지만 서로 다른 길을 걸었다. 노엘은 학위를 받은 후 XMi, Boyle Design Group, Dynamo 등의 스튜디오에서 경력을 쌓았다. 한편 콜린은 나이도 많고 돈도 벌어야 했던 상황 때문에 수료 후 프리랜스로 지내다가(다른 말로 하자면 낮에는 TV를 보다가) Creative Inc.에서 일하게 되었다. 둘은 가족과 친구들을 위해 프리랜스 작업도 병행하고 있었는데 얼마 지나지 않아 이를 주업으로 삼아도 될 만큼 일감이 충분하다는 사실을 깨달았다. 2006년 콜린은 노엘의 아이디어를 훔쳐 Unthink를 시작했고, 곧 노엘도 한몫 챙기고자 동참하게 되었다.

두 디자이너는 창의적인 디자인에 대한 열정을 나누고 있으며 Unthink는 독창적이고 흥미로운 작업을 가능케 하는 프로젝트를 찾고자 고군분투하고 있다. 그들의 작업실은 더블린 도심 리피강 북쪽에 있는 한 오래된 섬유제조 건물에 있다. 작업을 의뢰하는 클라이언트와 친구 들이 점점 늘어나 심지어는 구두로도 많은 프로젝트를 부탁해오기 때문에 곧 함께 일할 수 있는 사람을 찾아나설지도 모르겠다.

www.unthink.ie

루치아 파스칼린
이탈리아, 트리에스테

루치아 파스칼린은 1980년 이탈리아 트레비소에서 태어났다. 2004년 베네치아 대학의 미술디자인 학부를 졸업했으며, 2007년에는 시각 커뮤니케이션과 멀티미디어 학위를 땄다. 졸업 논문으로 스위스 그래픽 디자이너인 볼프강 바인가르트(Wolfgang Weingart)를 주제로 그의 작품의 진화 과정을 분석했으며, 그의 아이디어와 방법론에서 영감을 얻어 실험적인 타이포그래피 작품을 선보였다.

학창 시절 그녀는 밀라노의 Design Communication Studio에서 경험을 쌓았고, 현재는 트리에스테에서 일하면서 이곳 소재의 StudioTassinari/Vetta와 협업하고 있다.

아르비츠 바라노프스
라트비아, 리가

아르비츠는 언제나 다중적인 정체성의 소유자였다. 1983년 리가에서 태어나 구소련의 마지막 순간을 맛보았지만 성장 과정의 대부분은 새 자유국가인 라트비아에서 이루어졌다. 학교에서는 언어와 경영을 공부했지만 저녁에는 미술 수업을 들었다. 15살에 독일을 여행하던 중 생애 첫 SLR 카메라를 사게 되었고, 그때부터 아르비츠는 카메라의 뷰파인더를 통해 그만의 시각언어를 탐구하기 시작했다.

아르비츠는 대학에 진학해 처음엔 IT를 전공했지만 그는 곧 이것이 너무 괴짜스럽고 상상력이 부족한 분야라고 여기게 되었다. 그래서 브레멘 예술대학으로 편입하여 디지털미디어를 전공하게 되었다. 졸업 후 그는 리가로 돌아와 프리랜스 멀티미디어 디자이너로 일하기 시작했고 2년간 여러 웹, 인쇄, 방송 관련 상업 프로젝트 작업을 진행했다. 하지만 결과적으로 프리랜스로서의 삶은 그에겐 맞지 않았다. 그리하여 아버지의 번역 사업을 이어 받기로 결심했고, 디자인과 뉴미디어 아트에 대한 열정은 별도로 이어나가고 있다.

www.arvidsbaranovs.com

엘레나 드보레츠카야
리투아니아, 빌니우스

빌니우스에서 태어난 엘레나 드보레츠카야는 덴마크에서 그래픽디자인을 공부했다. 이후 모스크바에서 한동안 경력을 쌓은 뒤 다시 고향으로 돌아와 프리랜스 디자이너 겸 일러스트 작가로 활동하게 되었다. 그녀의 작업은 광고 에이전시와의 창작 프로젝트가 주를 이루는데, 생생한 디테일과 컬러, 장난기 넘치는 일러스트로 널리 알려져 있다. 엘레나의 작업은 종종 개인적이며 사실 그대로를 묘사하기보다는 감정을 나누며 타인과 소통하고자 한다. 그녀는 리투아니아 광고 협회에서 시상하는 두 개의 상을 받았고 그녀의 작품은 독일 디자인 잡지인 Page에 게재된 적이 있다.

앞으로 그녀는 교외에 있는 별장에서 텍스타일 디자인과 패션, 벽화 작업, 회화 작업 등 평면 작업에 더 치중하고자 한다. 그녀는 나뭇잎, 식물, 흙, 야생 동물 등 자연에서 영감을 얻는다. 또한 수공예품이나 수제작한 일러스트, 그리고 물감과 흙을 이용한 작업 등을 좋아한다. 엘레나는 행복한 유년시절의 가치에 대한 큰 믿음이 있으며 언젠가는 어린이를 위한 그림책을 만들고 싶어 한다.

www.mayagrafik.com

마르코 고디뉴
룩셈부르크, 룩셈부르크

마르코 고디뉴는 포르투갈에서 태어나 아홉 살에 룩셈부르크로 이주했다. 프랑스, 독일, 스위스에서 공부를 마친 후 현재는 룩셈부르크와 파리를 오가며 생활하고 있다. 그의 작업은 공간과 시간의 주관적인 경험, 세계 지형, 개인과 상황을 반영한 지도 제작에 중점을 두고 있다. 드로잉, 조각, 설치와 영상작업을 포함한 그의 후기 개념미술적 작품들은 미니멀한 감각과 위트 넘치는 인터랙티브 요소를 사용해 정체성, 다문화성과 이주에 대한 질문을 조명하고 있다.

지난 수년간 마르코는 다수의 기관과 대회에서 수상했다. 2006년에는 에슈 비엔날레(Esch Biennial)에서 심사위원 특별상을 받았으며 랭스 지방의 샹파뉴-아르덴 지역 현대미술기금(FRAC)에서 레지던스 작가로 선정되었다. 그의 작품은 유럽 각지의 갤러리에서 전시되었으며 그는 룩셈부르크와 파리에 작업실을 운영하고 있다.

www.marcogodinho.com

피에르 포르텔리

말타, 발레타

피에르 포르텔리는 말타에서 나고 자랐다. 영국의 스윈든 예술 디자인 대학에서 그래픽 디자인을 공부한 후 발레타로 돌아와 꾸준히 작업 활동을 이어가고 있다. 피에르의 작업은 주로 북디자인과 일러스트 미술에 집중되어 있다. 그의 작품은 그리스, 리히텐슈타인, 오스트리아, 키프로스, 튀니지, 산마리노, 이탈리아, 미국 그리고 말타에서 전시된 바 있다.

제 50회 베니스 비엔날레에서 전시된 Lovedifference 및 미켈란젤로 피스톨레토(Michelangelo-Pistoletto)와 공동작업을 한 바 있고, 2008년 생테티엔에서 개최된 국제 에듀 디자인 비엔날레에서 전시를 했는가 하면 필립 아펠로이그가 기획한 '27인의 유럽 그래픽 디자이너' 전시 포스터 등에 참여했다.

피에르는 현재 말타 대학의 초빙강사이자 말타의 현대미술 단체인 START의 창립 멤버로, 발레타 소재의 전시공간인 No 68의 공동 설립자로 활동 중이다.

www.pierreportelli.com

STUDIO BOOT

네덜란드, 덴보스

"흉측한 것을 만들어보라. 결과와 외형을 좇지 말라. 특별한 것을 만들기 위해 위험을 감수하라." 이는 에드빈 볼러버흐(Edwin Vollebergh)와 페트라 얀센(Petra Janssen)이 세운 디자인 스튜디오 'Studio Boot'의 강령이다. 이 둘은 80년대에 미술학교에서 만났고 디자인에 대한 포스트모던적 접근이라는 공통 관심사로 인해 가까워지게 되었다. 그들은 함께 스트리트 스타일과 광고, 사진 작업 등을 혼합하여 작업하곤 했다.

1991년 설립된 Studio Boot는 전통적인 네덜란드 디자인 철학에서 한 발짝 떨어져 있다. 그라푸스(Grapus), 알랭 르 케르넥(Alain Le Quernec), 페렛(Perret)과 마리스칼(Mariscal) 등의 일러스트 작가 및 디자이너들의 따스함과 유쾌함에서 영감을 얻은 그들은 책과 포스터, 브랜딩과 기업 디자인 등 진행되는 모든 작업에 유머와 텍스처, 컬러, 그리고 무엇보다도 감성적 요소를 포함시키고자 한다. 눈에 띄는 그들의 일러스트적이고도 그래픽적인 디자인은 유명세를 타게 되어 덴보스 내에 넓은 클라이언트 층을 갖게 되었다. 이외에도 그들은 디자인 학교 학생들과 함께 아이디어와 디자인을 공유하며 젊은 디자이너의 창의적인 독립성을 배양하고 있다.

www.studioboot.nl

안나 프라가우스달
노르웨이, 오슬로

안나는 노르웨이의 작고 눈덮인 골짜기에서 태어났다. 그녀는 현재 오슬로에 살고 있지만 여전히 자연을 아끼고 사랑하며, 남편과 귀여운 아들 닐스와 함께 아름다운 스키장 근처에서 살고 있다.

그녀는 시드니 미술대학에서 전자 예술을 전공한 후 런던의 센트럴 세인트 마틴에서 시각 커뮤니케이션 석사과정을 마쳤다. 현재 그녀는 2001년부터 일해 온 광고 에이전시 McCann의 아트 디렉터로 재직 중이며, 뉴 미디어에 초점을 맞추고 있다.

대부분이 디지털 작업이긴 하지만 안나의 일러스트 및 디자인적 관심은 수작업을 향해 있다. 그녀의 가족은 공예 분야에 조예가 깊고, 그녀 역시 그녀의 뿌리와 역사에서 많은 영감을 얻어 공예를 통해 자신을 표현하곤 한다. 이러한 관심사와 업무 간의 이질감을 메우기 위해 그녀는 자신만의 작은 디자인 에이전시인 'Annafragausdal'('가우스달에서 온 안나'라는 뜻. 가우스달은 그녀가 태어난 골짜기이다)을 운영하고 있다. 이 에이전시를 통해 그녀는 흥미를 끄는 저예산 또는 무료 작업을 의뢰받아 진행하고 있으며 이것은 상업적인 작업을 지속하는 데 집중할 수 있도록 도움을 준다.

안나의 디자인적 특징은 독특함 또는 의외성이라 할 수 있다. 그녀는 종종 작품을 마주하는 관객에게 놀라움을 선사하곤 한다.

www.pickles.no

얀 칼베이트
폴란드, 바르샤바

얀 칼베이트는 원래 폴란드 출신이지만 현재 스페인 말라가에 거주하고 있다. 바르샤바와 함부르크 소재의 에이전시에서 6년간 일했으며, 현재는 프리랜스 그래픽 디자이너이자 일러스트 작가로 전 유럽과 북미의 클라이언트에게서 의뢰를 받고 있다. 그의 주 분야는 일러스트, 의상디자인과 개인 예술 프로젝트이다.

얀의 작업은 언제나 심플함과 세련된 형태를 유지한다. 그는 이러한 요소를 배열하고 반복하여 세심한 디테일을 지닌 복합적이면서도 위트 넘치게 구성된 이미지를 연출해낸다. 대부분의 작업은 두세 가지 톤의 제한적인 컬러 팔레트를 이용하고 있으며, 다층적인 상징이나 갑작스러운 왜곡의 요소를 첨가하여 흥미를 살려내고 있다.

www.kallwejt.com

R2
포르투갈, 포르투

리자 데포세즈 라말류와 아르투르 레벨로는 1995년 포르투 예술대학에서 공부하던 중 디자인 스튜디오인 R2를 설립했다. 현재 그들은 문화 기관, 큐레이터, 예술가와 건축가 등을 포함해 고객층이 폭넓다. 이밖에도 도서나 포스터, 설치 작업 등 자신들만의 작업도 진행하고 있다.

이들의 작품은 2008년 레드닷 어워드 커뮤니케이션 부문 수상, 2006년 제 22회 브르노 국제 그래픽 디자인 비엔날레 그랑프리상, 2005년 대만 국제 포스터 디자인 공모전 심사위원 특별상 등 많은 디자인상을 받았다. R2는 또한 주요 디자인 비엔날레에도 참여하여 주로 문화 분야의 포스터나 도서 작업을 맡기도 했다. 이들의 작품은 Eye, Print, Art and Design, Intramuros 등의 잡지와 Gustavo Gili, Index Book, Rotovision, DieGestalten Verlag, Victionary 등의 출판사에서 출간된 도서에 게재된 바 있다.

R2는 교육, 심사, 집필 그리고 리서치 등의 일도 병행하고 있다. 리자와 아르투르는 2007년부터 AGI의 멤버이다.

www.r2design.pt

루시안 마린
루마니아, 부카레스트

루시안 마린은 2년간 광고 및 브랜딩 회사에서 일한 후 2006년에 프리랜스로 전향했다. 그는 디자인 미디어의 전 분야를 아우르는 작업을 하는데, 특히 브랜드 아이덴티티와 뉴미디어 프로젝트를 전문으로 하고 있다. 또한 점차 확장되고 있는 디자이너 네트워크와 협력하여 웹사이트 개발과 지원에 이르는 완성도 높고 창의적인 솔루션을 이끌어낸다. 그는 인터네틱스 상을 두 번 받았다. 이외에도 여러 전시에 참여했으며 책을 펴내기도 했다.

루시안은 열렬한 사진가이다. 그가 찍은 부카레스트와 루마니아의 사진은 www.flickr.com/photos/lucianmarin에서 볼 수 있다. 또 그는 골동품, 여행, 자연을 사랑하며 아름답게 디자인된 스탬프를 수집하고 있다.

www.lucianmarin.ro

마르셀 벤칙
슬로바키아, 브라티슬라바

마르셀 벤칙은 슬로바키아 북쪽의 질리나에서 태어났다. 코메르시아 아카데미에서 공부했고, 기업에서 몇 년 간 경력을 쌓은 후 대학으로 돌아와 브라티슬라바 예술디자인 아카데미(AFAD)에서 석사와 박사학위를 취득했다. 현재 그는 AFAD의 시각 커뮤니케이션과에서 근무하며 그래픽 디자인과 시각 커뮤니케이션 분야의 프리랜서로 일하고 있다. 또한, 연례 그래픽 디자인 학회인 KUPE를 조직하는 동시에 다른 디자인 행사와 워크숍을 운영한다.

마르셀의 관심 분야는 폭넓은 편이지만 특히 국내외 건축과 사회주의 협약을 주제로 한 다학제적 프로젝트에 열의를 보인다.

www.afad.sk

라도반 옌코
슬로베니아, 류블랴냐

라도반 옌코는 1981년 바르샤바 미술아카데미를 졸업했다. 그후 줄곧 그래픽 디자인과 일러스트 작업을 해왔으며 특히 포스터 디자인을 전문으로 했다. 경력을 쌓는 과정에서 여러 상을 받았는데 1999년 뉴욕의 아트디렉터스클럽에서 수여한 은상, 2008년의 대만 국제 포스터 디자인 공모전에서 수여한 심사위원 특별상 등이 있다. 그가 작업한 포스터는 예루살렘의 이스라엘 박물관, 뮌헨 국제 디자인박물관(Museum Die Neue Sammlung) 및 오르후스 소재 덴마크포스터박물관(Dansk Plakatmuseum)의 영구 소장품이 되었다.
라도반은 전 세계의 잡지와 다수의 책에 소개된 바 있으며, 직접 디자인 서적인 Visual Thinking(1999)과 Posters-Affiches(LaLook, 2005) 두 권을 출간하기도 하였다.

현재 그는 다양한 클라이언트가 의뢰한 극장, 박물관과 은행에 이르는 프로젝트들을 자신의 스튜디오에서 책임 디자이너로서 진행하고 있다. 이밖에 슬로베니아의 시각문화 부흥을 위해 설립된 브루멘 재단의 창립 멤버이며, 류블랴냐 미술디자인 아카데미의 교수로서 젊은 세대에게 그의 폭넓은 경험을 전수하고 있다.

www.brumen.org

아스트리드 스타브로
스페인, 바르셀로나

Studio Astrid Stavro는 바르셀로나에 위치한 독립적이면서도 다분야에 걸친 디자인 및 커뮤니케이션 컨설팅 회사이다. 그들의 작업은 효과적으로 문제를 해결하고 변화를 이끄는 개성 있고 지적인 디자인을 추구한다. 그들의 클라이언트로는 국제 음악 대회인 Maria Canals, Arcadia, DHUB(Design Hub Barcelona-바르셀로나의 새 디자인 박물관), Reina SofiaMuseum, MACBA(바르셀로나 현대미술관), 그리고 출판사인 Planeta와 FAD Annual Book이 있다. 이 스튜디오는 4년 미만의 기간 동안 40개가 넘는 디자인 상을 거머쥐었다.

스튜디오 운영 외에도 아스트리드는 출판사인 El Palace Editions와 El Palace Exhibitions, El Palace Products를 공동운영하며 아이디어와 시각 현상을 탐구하고 있다. 여기에서의 작업은 전시회나 출간, 또는 제품의 양식으로 표현된다.

아스트리드는 Etapes, Visual, Grafik 등의 잡지에도 기사나 리뷰를 정기적으로 싣고 있다. 그녀는 IDEP에서 편집 디자인을 가르치고 그래픽 디자인 강좌를 열기도 하며 여러 국내 디자인 공모전의 심사위원으로 참여하고 있다. 또 마르코라는 이름을 가진 아가의 엄마이기도 하다.

www.astridstavro.com

닐 스벤손
스웨덴, 스톡홀롬

1970년생인 닐 스벤손은 스톡홀롬 소재의 콘스트팍 예술대학에서 공예 및 디자인을 전공했다. 1997년 졸업 후 그는 그래픽 디자이너, 일러스트 작가, 애니메이션 작가로 일했다. 주요 고객으로는 H&M, MTV, Sony, eBay, Volkswagen 외 많은 스웨덴 기업이 있다.

닐의 작업은 다수의 디자인 잡지와 책에 소개되었고, 세계 각지에서 전시된 바 있다. 그는 Sweden Graphics라는 디자인 에이전시와 출판사인 Pocky, 예술잡지인 Konstnare과 출판 기술 벤처기업인 publit.se의 공동 창립자이기도 하다. 그는 강의도 많이 하는 편인데 그의 강의는 티후아나, 시드니와 쿠알라룸푸르 등 색다르고 멋진 곳들에서 이루어지며 전 세계의 워크숍 홀릭들을 만족시켜 주고 있다.

닐은 세계 최고의 그래픽 디자이너라고 자부하고 있었으나 그 생각은 최근 그의 어린 딸이 그림을 그리기 시작하면서 바뀌었다.

메렛 애버솔드
스위스, 취리히

메렛은 스위스에서 태어나 현재 런던에서 활동하고 있는 산업디자이너이다. 그녀는 바젤에서 직물 디자인을 공부한 후 취리히에서 산업디자인을 전공했으며 취리히에서 7년을 살았다. 직물디자인과 산업디자인 양쪽의 스킬을 혼합하여 가방과 신발을 포함한 액세서리 디자인을 주로 하고 있다.

경력을 쌓는 과정에서 그녀는 Baumann, Qwstion, K-Swiss와 같은 다양한 직물 및 제품회사에서 일했고 런던의 푸마에서 일하기도 했다. 소녀 시절 어머니의 하이힐을 처음 발견한 이후 신발은 그녀의 열정의 대상이 되어왔다.

비앙카 벤트
터키 이스탄불

비앙카 벤트는 호주에서 태어나 시드니, 이스탄불, 브뤼셀 및 앤트워프에서 거주하며 일해왔다. 현재는 런던에서 자신의 스튜디오를 운영하며 책과 잡지, 아이덴티티 작업, 전시디자인과 웹디자인 등 다양한 매체를 아우르는 디자인을 하고 있다. 그녀에게는 지금까지의 프로젝트를 통해 맺어진 사진가, 일러스트 작가, 편집자와 웹 프로그래머 들과의 인적 네트워크가 있다.

그녀가 맡은 프로젝트에는 Topshop, Topman과 Comme des Garcons를 위한 광고 및 인쇄물 등이 포함된다. 주요 클라이언트로는 영국패션협회, 잡지 Rubbish, 런던 패션위크, 나이키 등이 있다. 이스탄불에서 일하는 동안에는 사진/패션잡지인 2 debir에서 일하며 사반치 대학에서 강의하기도 했고, 프리랜스로 Biz 잡지와 의류 브랜드인 Eternal Child 관련 프로젝트를 진행했다. 같은 시기에 개인 프로젝트도 진행하고 있었는데 8760 in Istanbul이라는 이 프로젝트는 깨어 있는 매 시간 창 밖의 모습을 1년간 사진으로 남긴 것이다.

비앙카의 작품은 Creative Review, Grafik, The London Fashion Week Daily, Co-op Magazine, One Hundred at 360 Degrees: Graphic Designs New Global Generation (Laurence King저) 등에 소개된 바 있다.

www.biancawendt.com

조안나 니마이어
영국 런던

조안나는 독일 출신의 일러스트 작가이자 디자이너이다. 2005년 센트럴 세인트 마틴에서 커뮤니케이션 석사학위를 취득한 후 이후 줄곧 런던에서 지내며 경력을 쌓아왔다. 4년간 Thomas Manss & Co에서 일하며 Foster +Partners와 Bowers & Wilkins의 모든 출판물을 담당했다.

그녀의 작업은 개발 단계에서 일러스트레이션과 타이포그래피를 결합한 방식으로 진행되며 스크린 인쇄나 제본과 같은 전통적인 방법으로 표현된다. 조안나는 전시 기획에 참여하기도 했는데 배지(badge) 전시회였던 Stuck on Me는 런던의 Notting Hill Arts Club과 베를린의 Galerie Walden에서 개최되었다. 본 전시에는 조나단 엘러리(Jonathan Ellery), Experimental Jetset, Spin 등의 디자이너들이 함께 참여했다.

2009년 조안나와 리사 슈쿠르는 런던에서 디자인 스튜디오인 April을 열게 되었다. 이곳에서 그들은 알랭드보통, JohnMcAslan + Partners, the V&A 와 같은 고객을 대상으로 디자인 작업을 하고 있다. 이외에도 파리 공항이나 아테네 지하철에 들어갈 작업을 의뢰 받기도 했다.

조안나는 메렛 애버솔드(취리히 편 참고), 그리고 냄새가 좀 나지만 끝없이 영감을 주는 고양이 존스와 함께 한 아파트에서 살고 있다.

www.studio-april.com

감사의 글

우선 이 책을 처음 구상하고 전체적인 기획을 담당한 조안나 니마이어에게 감사의 말을 전합니다. 그녀는 이 프로젝트의 전 과정에 있어 훌륭한 동료가 되어주었습니다.

또한 기고자 서른한 명 모두의 열정과 헌신이 없었다면 이 책은 완성되지 못했을 것입니다. 그들의 노력은 진정 빛났습니다. 모두에게 깊은 감사를 표합니다.

이외에도 영업과 마케팅의 안드리우스 주크니스, 제작의 미셸 우, 이 두 전문가의 크나큰 도움에도 감사드립니다.

디자인을 도와준 리사 슈쿠르, 산드라 젤머, 마틸드 드라테, 웹페이지 작업을 도와준 Design Aspekt, 교정을 맡아준 에이미 색빌과 제스 브리테인,
라덱 시둔,
파울루스 드라이볼츠,
탈 로스너,

그리고 이 책을 구매함으로써 제 구멍 난 저축 통장을 메꾸는 데 도움을 주신 친절한 분들 모두에게도 감사의 말씀을 전합니다.

그래픽 유럽 | **1판 1쇄 발행일** 2016년 7월 20일 | **지은이** 지기 해너오어 외 | **옮긴이** 권호정 | **펴낸이** 김문영 | **펴낸곳** 이숲 **등록** 2008년 3월 28일 제301-2008-086호 | **주소** 서울시 중구 장충단로 8가길 2-1 | **전화** 2235-5580 | **팩스** 6442-5581 | **Email** esoopepub@naver.com
Homepage www.esoope.com | **facebook page** EsoopPublishing | **ISBN** 979-11-86921-20-3 03980
▶ 이 도서의 국립중앙도서관 출판예정도서목록(CIP)은 서지정보유통지원시스템 홈페이지(http://seoji.nl.go.kr)와 국가자료공동목록시스템(http://www.nl.go.kr/kolisnet)에서 이용하실 수 있습니다. (CIP제어번호 : CIP2016015796)